21世纪高职高专创新教材

机械制图(第三版)

主　编　易慧君　姜丽萍

上海科学技术出版社

内容提要

本书第三版是编者融入多年的教学经验,借鉴项目化教学理念,采用任务驱动的模式编写而成的。全书共分六个项目,内容包括平面图形的绘制、无精度要求形体图样的识读与绘制、典型零件图样的识读与绘制、标准件与常用件图样的识读与绘制、装配图的识读与绘制、用 AutoCAD 2024 绘制二维图形。项目一~项目五在每个任务开始增设"基础任务",便于引入相关项目任务的学习。本书配备了任务分析视频、三维实体展示动画、CAD 命令操作与应用视频等大量动态学习资源,读者可以扫描二维码识读、学习。

本书可作为高等职业技术学院、高等专科学校、继续教育学院机械类、近机类的机械制图教材,也可作为有关工程技术人员的参考用书。

图书在版编目(CIP)数据

机械制图 / 易慧君,姜丽萍主编. -- 3版. -- 上海:上海科学技术出版社,2025. 7. --(21世纪高职高专创新教材). -- ISBN 978-7-5478-7212-3

Ⅰ. TH126

中国国家版本馆CIP数据核字第20255QM225号

机械制图(第三版)

主编 易慧君 姜丽萍

上海世纪出版(集团)有限公司
上 海 科 学 技 术 出 版 社 出版、发行
(上海市闵行区号景路159弄A座9F-10F)
邮政编码 201101 www.sstp.cn
上海普顺印刷包装有限公司印刷
开本 787×1092 1/16 印张 17.5
字数:420千字
2011年8月第1版
2025年7月第3版 2025年7月第1次印刷(总第12次)
ISBN 978-7-5478-7212-3/TH·114
定价:45.00元

本书如有缺页、错装或坏损等严重质量问题,请向工厂联系调换

外,第三版教材对常见绘图和编辑命令的操作和应用基本上逐一录制了讲解视频,使本教材能成为读者学习使用 AutoCAD 软件的得力助手。

5. 力求与《技术制图》《机械制图》相关国家标准规定同步,并尽可能使教材中应用到的都是当前最新标准。教材零件图中的精度标注采用了最新标准,但是新标准在企业中应用有一个比较长的推广过程。为适应企业现状,教材在项目三任务一"知识拓展"部分简要介绍了旧标准与新标准中精度标注之对比。

6. 对第二版内容进行了认真、科学的修订:查漏补缺,梳理了部分文字内容,按最新标准订正了形状和位置公差的内容,重新绘制了部分插图,订正了相关错误,更便于读者学习使用。

本教材由南京科技职业学院易慧君、姜丽萍担任主编,怀化职业技术学院李柳、付昌星担任副主编。易慧君对全书进行了统稿和定稿。参加本教材编写的人员还有:南京科技职业学院王姣、蔡建余,怀化职业技术学院杨阳,郴州职业技术学院陈巧莲等。

由于编者水平有限,加之时间仓促,书中难免有错误之处,期望广大读者批评指正。

本书按其主要内容编制了各项目课件,并提供各任务的"基础任务"参考答案,在上海科学技术出版社网站"课件/配套资源"栏目公布,欢迎读者登录 www.sstp.cn 浏览、参考、下载。

编者

为顺应高职教育的发展，根据教育部颁布的"高职高专机械制图课程教学基本要求（机械类专业适用）"，按照高职高专的培养目标，编者汲取了近年来多个院校机械制图课程教学改革的成果，并结合多年的教学经验，借鉴项目化教学理念，采用任务驱动的模式，分别于2011年编写出版了《机械制图》教材第一版、2015年出版了第二版。随着科学技术的发展和高职高专教学改革的进一步深入，结合本课程的教学现状，编者充分汲取兄弟院校对第二版教材的使用意见和部分专家的建议，现对教材进行了修订。

本次修订在保持教材原有特色和框架结构基本不变的基础上，做了一定的调整、精简和内容优化工作。第三版教材主要有以下特点：

1. 在结构上相对传统教材体系做了改革。将应知的知识、应会的能力分解在各个项目任务中，通过"提出任务—学习相关知识—完成任务—拓展提高"的方式，完成绘图与读图任务，提高学生的空间想象力、手工与计算机绘图能力。

2. 在内容编排上，教材基本以"图样的识读与绘制"作为项目名称，突出了学习目的。各项目以图样类型为出发点进行项目整合，既汲取了传统教材中的章节精华，又顺应了教学改革的需要。

3. 结合信息技术的发展，第三版教材增加了大量的课程在线动态资源，如教材中每个任务伊始的"基础任务"，录制了任务分析视频；对于教材中无立体图对照的二维图样，绝大部分为其配备了三维实体展示动画；针对项目六 AutoCAD 内容，录制了比较详细的命令操作与应用视频等。读者可扫描教材中的二维码，轻松进行在线观看学习，提高学习效果。

4. 升级采用 AutoCAD 2024 作为项目六 CAD 内容教学，CAD 部分项目任务的安排与机械制图部分的学习基本对应。为弥补教材因篇幅原因而对 CAD 操作介绍可能不

目 录
Contents

绪论 ·· 1

项目一　平面图形的绘制 ·· 4
　任务一　绘制带斜度、锥度的平面图形 ·· 4
　任务二　绘制带圆弧连接的平面图形 ·· 16

项目二　无精度要求形体图样的识读与绘制 ··· 24
　任务一　认识点、线、面投影 ·· 24
　任务二　识读与绘制简单平面立体 ·· 39
　任务三　识读与绘制简单回转体 ··· 43
　任务四　绘制截交线 ·· 47
　任务五　绘制相贯线 ·· 56
　任务六　绘制组合体三视图 ··· 62
　任务七　识读组合体三视图 ··· 73
　任务八　绘制组合体轴测图 ··· 79
　任务九　识读与绘制机件视图 ·· 86
　任务十　识读与绘制机件剖视图 ··· 92
　任务十一　识读与绘制机件断面图 ·· 101

项目三　典型零件图样的识读与绘制 ··· 110
　任务一　认识零件图 ·· 110
　任务二　绘制零件图 ·· 128
　任务三　识读零件图 ·· 145

项目四 标准件与常用件图样的识读与绘制 ············ 156
任务一 识读与绘制螺纹与螺纹联接件图样 ············ 156
任务二 识读与绘制键、销联接图样 ············ 169
任务三 识读与绘制齿轮图样 ············ 173
任务四 识读与绘制滚动轴承与弹簧图样 ············ 183

项目五 装配图的识读与绘制 ············ 192
任务一 认识装配图 ············ 192
任务二 测绘装配体 ············ 200
任务三 识读装配图、拆画装配体零件图 ············ 207

项目六 用 AutoCAD 2024 绘制二维图形 ············ 212
任务一 用 AutoCAD 2024 绘制与编辑平面图形 ············ 212
任务二 用 AutoCAD 2024 完成平面图形的文字与尺寸标注 ············ 229
任务三 用 AutoCAD 2024 绘制零件图 ············ 244
任务四 用 AutoCAD 2024 绘制装配图 ············ 247

附录 ············ 251
参考文献 ············ 273

绪 论

一、图样的定义和课程内容

在工程技术中,根据投影原理和有关标准的规定,所绘制的能表示物体结构、形状和大小的图形,称为图样。为了指导生产、安装、使用和维护,用数字、文字和符号在图样中标注出物体的大小、材料等技术说明和要求,这样的图样又被称为工程图样。在现代生产活动中,无论是机器的设计制造与维修,还是房屋建筑、水利工程、桥梁工程的设计与建造都必须依赖图样才能进行。图样已成为人们表达设计意图和交流技术思想的工具。工程图样是工程界的技术语言。

图 0-1 所示为阀体立体图,该图样直观、易于识读。但它的不足是绘制不易(进行手工绘制不容易;利用三维软件进行实体造型比较容易实现,但需要进行专门的软件学习),而且难以将零件的内部结构和细节都表达清楚,同时不便于标注尺寸和有关技术要求。因此,工程上采用了一种正投影的图样,如图 0-2 所示。这种图样能清楚表达零件的内外结构形状、尺寸大小、技术要求等内容,其绘制方便、表达清晰、便于标注,是目前工程界广泛使用的工程图样。但这种图样没有立体感,要看懂它,能将图样与所表示的零件立体相对应,并进行设计、制造、检验、装配等工作,需经过专门的训练。本课程就是研究机械图样的绘制(画图)和识读(看图)规律与方法的一门课程。

 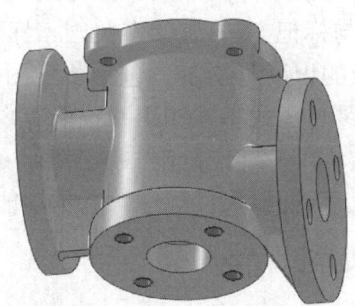

图 0-1 阀体立体图

本课程的主要内容有:
1) 平面图形的绘制 包括《技术制图》《机械制图》等国家标准的有关规定,几何作图方法,斜度、锥度及平面图形的绘制知识与技能等内容。
2) 无精度要求形体图样的识读与绘制 包括投影基本知识、基本体视图、组合体视图、轴测图、图样的表达方法等内容。

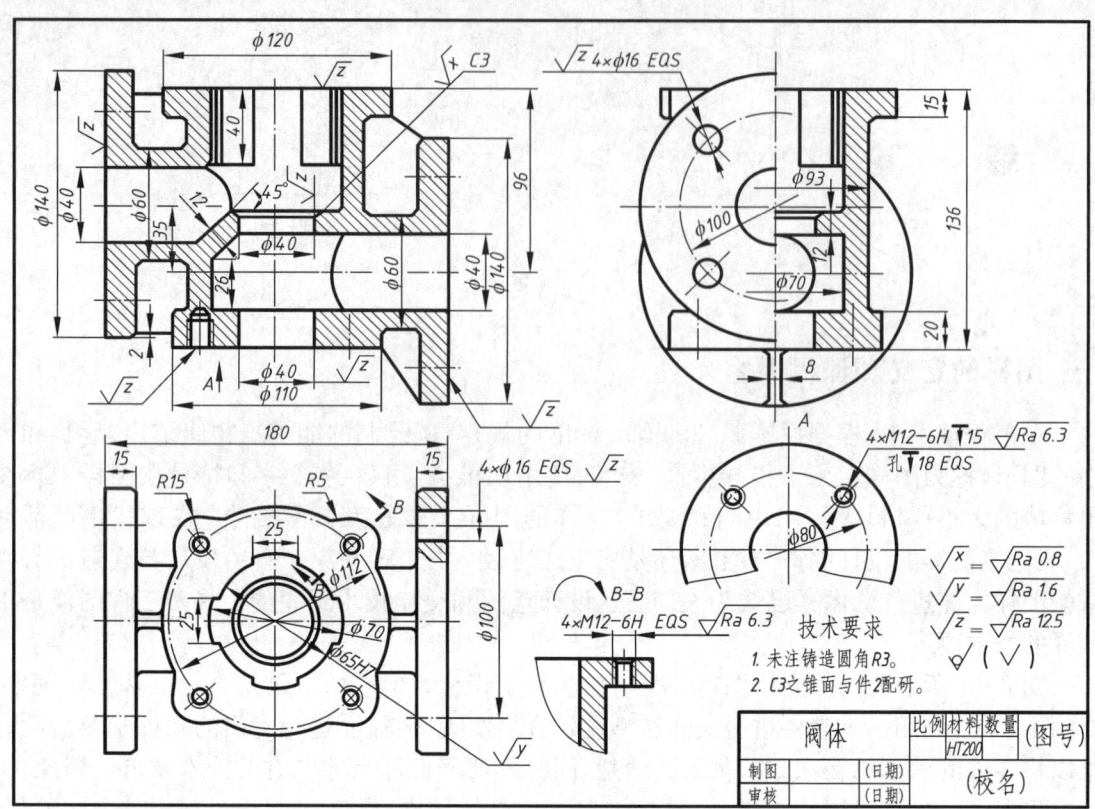

图0-2 阀体零件图

3) 典型零件图样的识读与绘制 包括零件图的作用、内容、表达方案、尺寸与技术要求等的标注,识读与绘制零件图的基本知识与技能等内容。

4) 标准件与常用件图样的识读与绘制 包括螺纹、螺纹紧固件、键、销、轴承、齿轮及弹簧的规定画法与标记方法,查阅有关国家标准的方法等内容。

5) 装配图的识读与绘制 包括装配图的作用、内容、表达方法,测绘部件,绘制装配图,由装配图拆画零件图的基本知识和技能等内容。

6) 用AutoCAD 2024绘制二维图形 包括AutoCAD 2024的绘图、编辑、显示控制、绘图环境设置、文字注写、尺寸标注等基本功能和操作方法等内容。

二、本课程的学习任务

本课程的主要任务是培养学生具有一定的识读和绘制机械图样的能力、空间想象能力、思维能力以及绘图技能。具体要求如下:

(1) 掌握正投影法的基础理论和基本方法,具备较强的空间想象能力和空间分析能力;

(2) 能熟练识读与绘制中等复杂程度的零件图(常见典型零件)和装配图(由20种左右零件构成);

(3) 初步具备计算机绘图能力;

(4) 能养成认真负责的工作态度和严谨细致的工作作风;

（5）具备较强的自学能力、独立工作能力、团队协作能力与审美能力等。

三、本课程的学习方法

（1）本课程是一门实践性要求较强的技术基础课，在学习过程中，必须注重理论联系实际，细观察、多揣摩、勤动手，掌握正确的绘图与读图方法和步骤，从而提高识读与绘制图样能力。

（2）有意识地进行空间想象与思维能力的培养和训练。在理论学习中，要尽量弄清相关问题的空间情况；在绘图与读图实践中要借助模型、实物、轴测图等进行图物分析对比，反复进行由空间到平面、由平面到空间的交叉练习；要记忆常见结构的平面图形与立体形状，增加头脑中的表象积累，不断提高自己的空间想象能力。

（3）养成良好的学习习惯。做到认真预习、专心听课、独立作业、及时复习。要掌握绘图技巧、提高读图与绘图能力，必须加强相关训练。读图与绘图能力的获取是通过一系列作业来实现的，因此按时、独立、认真完成作业是本课程学习中非常重要的方法之一，一定要予以重视。

（4）要熟记制图有关国家标准，做到严格遵守、认真贯彻；能熟练地查阅相关标准和手册，以便正确识读与绘制机械图样。

项目一　平面图形的绘制

平面图形的绘制能力是绘制机械图样的基础。本项目主要介绍了图纸幅面、比例、字体、图线与尺寸标注等《技术制图》《机械制图》国家标准的有关规定,几何作图方法,斜度、锥度及平面图形的绘制知识与技能。

任务一　绘制带斜度、锥度的平面图形

【学习目标】
1. 了解《技术制图》和《机械制图》国家标准的有关规定。
2. 掌握尺寸标注的方法。
3. 掌握斜度、锥度的定义及画法。
4. 能根据所学知识正确绘制带斜度、锥度的平面图形。

基础任务——抄画简单平面图形

1. 画图要求

按 1∶1 比例抄画如图 1-1 所示的图形,不需要标注尺寸。

2. 关联知识点

(1)铅笔、分规与圆规等使用方法;(2)比例;(3)图线。

3. 基础任务的分析与参考答案

任务分析可扫描二维码,参考答案请登录 www.sstp.cn 浏览、参考。下同,不再一一说明。

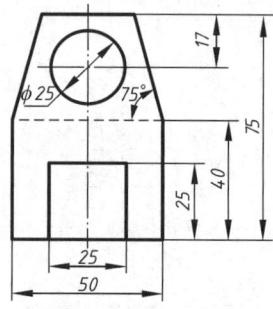

图 1-1　简单平面图形

一、相关知识

国家标准《技术制图》和《机械制图》是工程界重要的技术基础标准,是绘制和阅读机械图样的准则和依据。我国的国家标准(简称国标)代号是"GB"。例如"GB/T 14689—2008"即表示图纸幅面和格式。其中"GB/T"为"国标/推荐"性标准,14689 为发布顺序号,2008 是年号。注意:《机械制图》标准适用于机械图样,《技术制图》标准普遍适用于工程界各种专业技术图样。

国家标准《技术制图》和《机械制图》的有关规定如下。

(一) 图纸幅面及格式

1. 图纸幅面(GB/T 14689—2008)

为了使图纸幅面统一和方便存档管理,并符合缩放复制原件的要求,应优先采用 A0、A1、A2、A3、A4 五种基本幅面,如图 1-2 所示。必要时可加长幅面,其尺寸必须由图纸的短边成整数倍增加,具体图幅中的 B、L、e、c、a 尺寸(表 1-1)的含义如图 1-3 所示。

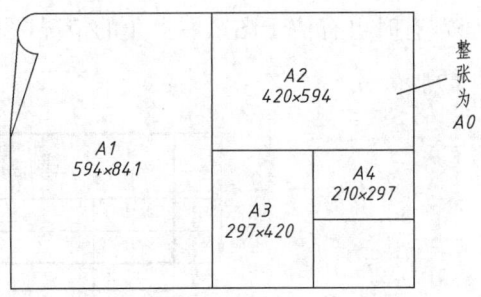

图 1-2 图纸幅面尺寸关系

表 1-1 图纸幅面尺寸 (mm)

幅面代号	$B \times L$	e	c	a
A0	841×1189	20	10	25
A1	594×841	20	10	25
A2	420×594		10	25
A3	297×420	10	5	25
A4	210×297	10	5	25

2. 图框格式(GB/T 14689—2008)

用粗实线画图框,分为留装订边和不留装订边两种格式,如图 1-3 所示。同一产品的图样只能采用一种格式。

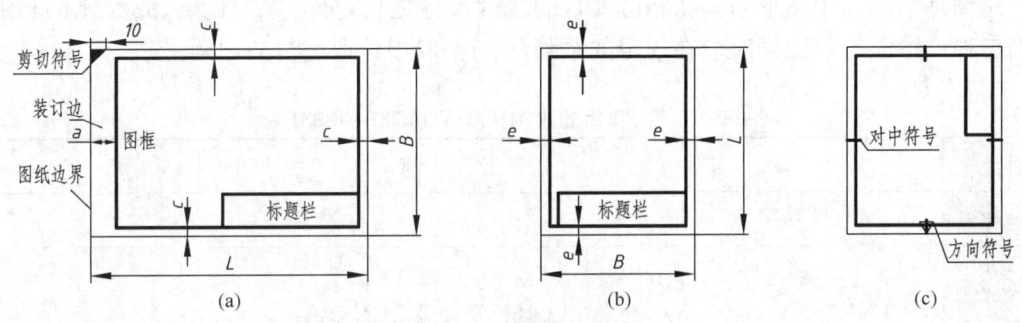

图 1-3 图框格式

3. 标题栏

每张图纸都必须画出标题栏。标题栏的位置一般位于图纸的右下角,如图 1-3a、b 所示。当标题栏的长边置于水平方向并与图纸的长边平行时,构成 X 型图纸,如图 1-3a 所示;若标题栏的长边与图纸的长边垂直时,则构成 Y 型图纸,如图 1-3b 所示。图 1-3a、b 两种情况下,看图方向与标题栏文字方向一致。

标题栏的格式和尺寸可按国家标准(GB/T 10609.1—2008)的规定绘制。本书建议在制图作业中采用如图 1-4 所示标题栏格式。正常情况下标题栏位于图纸的右下角(图 1-3a、 b)，有时也有位于图纸右上角的情况(图1-3c)。

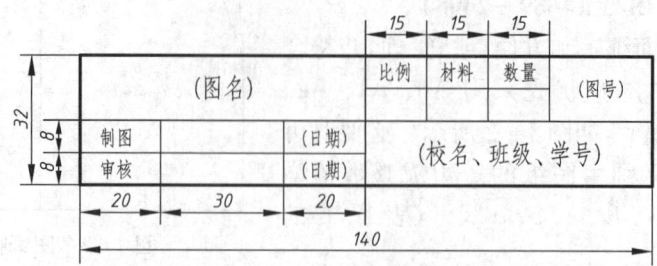

图1-4 学生用标题栏

4. 对中符号和方向符号(GB/T 14689—2008)

为使图样复制和缩微摄影时定位方便，在图纸各边长的中点处要画出对中符号。对中符号是从图纸各边长的中点处，分别用粗实线画入图框内约5mm的一段粗实线(参考图1-3c)，对伸入标题栏内的那部分省略不画。

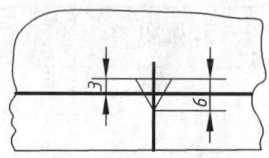

图1-5 方向符号

为了充分利用预先印制的图纸，允许将X型图纸的短边置于水平位置使用(如A3竖放、竖画、竖看)，或将Y型图纸的长边置于水平位置使用(如A4横放、横画、横看)。此时，看图方向与标题栏文字方向不一致，需借助方向符号来明确绘图及看图时图纸的方向。方向符号为细实线绘制的等边三角形，位于图纸下边对中符号处(参考图1-3c)，其大小以及相对对中符号的位置详情如图1-5所示。

(二) 比例

比例是指图样中图形与实物相应要素的线性尺寸之比，分为原值比例、放大比例和缩小比例三种。绘制工程图样时应在规定的系列(表1-2)中选取适当的比例。

表1-2 常用的比例(GB/T 14690—1993)

种类	比 例					
原值比例	1:1					
放大比例	5:1　　2:1　　$1×10^n:1$		4:1　　2.5:1			
	$5:1×10^n$　$2×10^n:1$		$4:1×10^n$　$2.5:1×10^n$			
缩小比例	1:2　　1:5　　$1:1×10^n$		1:1.5　　1:2.5	1:3	1:4	1:6
	$1:2×10^n$　$1:5×10^n$		$1:1.5×10^n$　$1:2.5×10^n$	$1:3×10^n$	$1:4×10^n$	$1:6×10^n$

注：n为正整数。

为了使图样直接反映实物的大小，绘制图形时应优先采用原值比例。如实物和图纸大小不符，可采用相应的放大或缩小比例，所采用的比例以能清晰表达图样为准。

注意：不论采用何种比例绘制图形，在标注尺寸时，均按机件的实际尺寸大小注出，如图1-6所示。

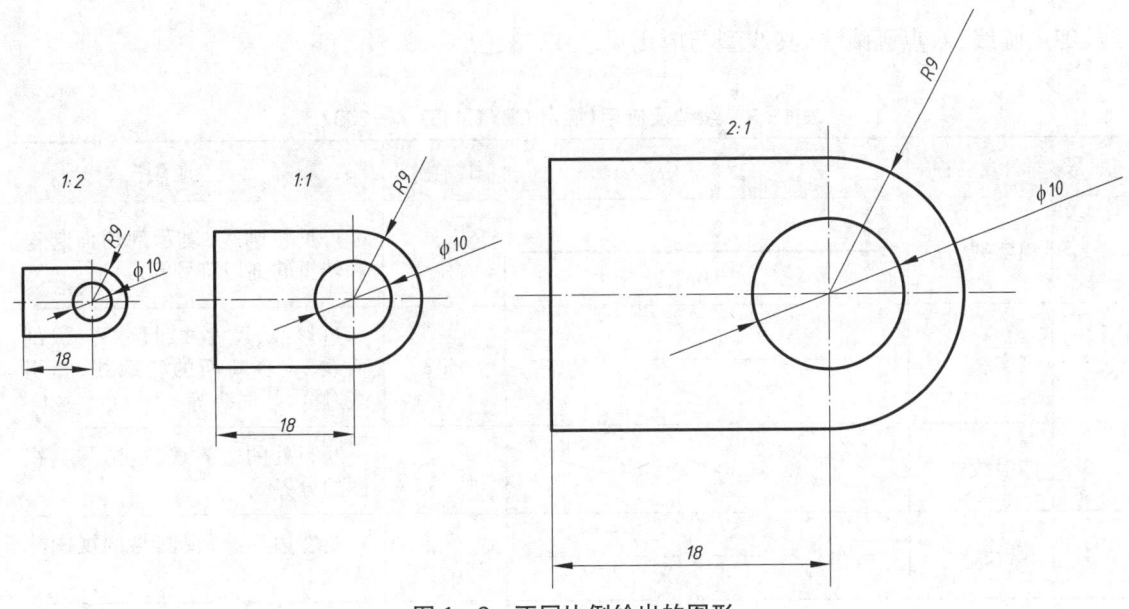

图 1-6 不同比例绘出的图形

（三）字体（GB/T 14691—1993）

图样中书写的汉字、数字和字母，必须做到字体工整、笔画清楚、间隔均匀、排列整齐。字体的号数即字体高度（用 h 表示），公称尺寸系列为八种：20、14、10、7、5、3.5、2.5、1.8 mm。

汉字应写成长仿宋体，并采用国家正式公布的简化字。汉字的高度不应小于 3.5 mm，其字宽一般为字高 h 的 $1/\sqrt{2}$。数字和字母分为 A 型和 B 型。A 型字体的笔画宽度 d 为字高 h 的 $1/14$；B 型字体的笔画宽度 d 为字高 h 的 $1/10$。数字和字母可写成直体或斜体（常用斜体），斜体字字头向右倾斜，与水平基准线约成 75°。在同一图样中，只允许选用一种形式的字体。图 1-7 是字体示例。

1234567890
(a) 斜体数字示例

ABCDEFGHIJKLMNO
(b) 斜体大写拉丁字母示例

字体工整笔画清楚间隔均匀结构匀称
(c) 长仿宋体字体示例

字体工整笔画清楚间隔均匀结构匀称
(d) 仿宋体字体示例

图 1-7 字体示例

（四）图线

1. 线型及应用

绘图时应采用国家标准规定的图线形式来绘图（GB/T 17450—1998，GB/T 4457.4—2002）。国家标准《技术制图　图线》中规定了 15 种基本图线线型，《机械制图　图样画法　图线》中规定了 9 种图线。机械图样上常用的线型为粗实线、细实线、波浪线、双折线、细虚线、细点画线、双点画线等，其线型与应用见表1-3、图1-8。

表1-3　线型及应用（摘自 GB/T 4457.4—2002）

序号	图线名称	线　型	图线宽度	一般应用
1	粗实线	——————	d	可见轮廓线、表示剖切面起讫和转折的剖切符号等
2	细实线	——————	$d/2$	过渡线、尺寸线、尺寸界线、剖面线、重合断面的轮廓线、指引线、螺纹牙底线等
3	波浪线	〜〜〜〜	$d/2$	断裂处的边界线、视图与剖视图的分界线
4	双折线	⌐⌐⌐⌐	$d/2$	断裂边界线、视图与剖视图分界线
5	细虚线	- - - - - -	$d/2$	不可见棱边线、不可见轮廓线
6	粗虚线	━ ━ ━ ━	$d/2$	允许表面处理的表示线
7	细点画线	—·—·—·—	$d/2$	轴线、对称中心线、剖切线等
8	粗点画线	━·━·━·━	d	限定范围表示线
9	细双点画线	—··—··—	$d/2$	相邻辅助零件的轮廓线、可动零件极限位置的轮廓线等

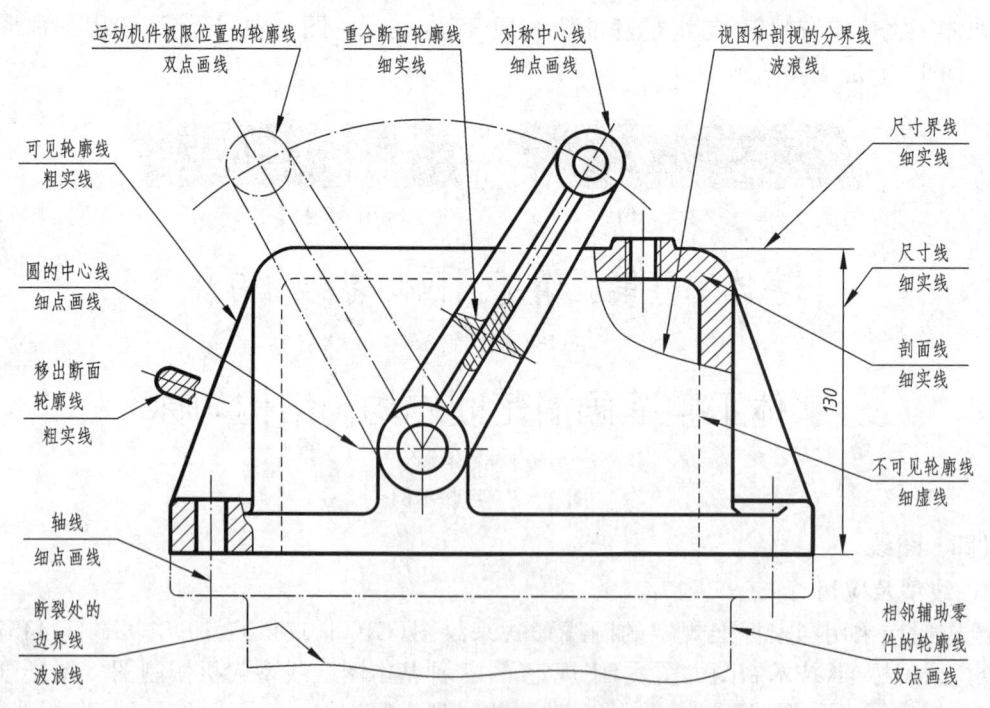

图1-8　图线应用示例

2. 图线宽度

图线分为粗细两种规格。粗线的宽度 d 应按图的大小和复杂程度,在标准系列中选择,细线的宽度约为 $d/2$。

图线宽度系列为 0.13、0.18、0.25、0.35、0.5、0.7、1.4、2 mm。

粗实线的宽度一般为 0.5 mm 或 0.7 mm。

3. 注意事项

(1) 在同一图样中,同类图线的宽度应一致,虚线、点画线、双点画线的线段长度和间隔应大致相同。

(2) 细点画线应超出轮廓线 2~5 mm。绘制圆的对称中心线时,圆心应在线段与线段的相交处。当所绘圆的直径较小、画点画线有困难时,细点画线可用细实线代替。

(3) 虚线、细点画线与其他图线相交时,都应以画相交。当虚线处于粗实线的延长线上时,虚线与粗实线之间应有空隙。

(4) 当几条图线重合时,应按粗实线、虚线、细点画线的优先顺序画出。

图线画法注意事项示例如图 1-9 所示。

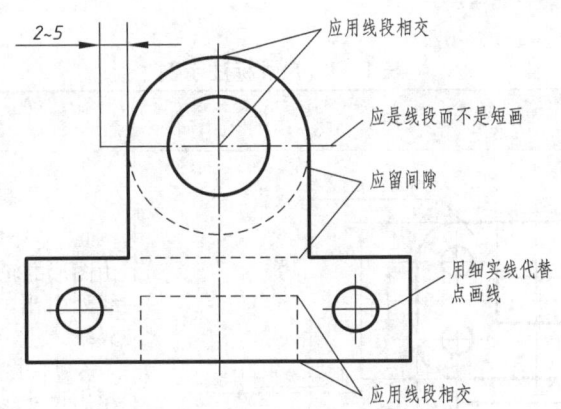

图 1-9 图线画法注意事项示例

(五) 尺寸标注

机械图样只表示物体形状,而物体的大小要由标注的尺寸来决定。在标注尺寸时要严格遵守国家标准有关规定。本节只介绍国家标准中关于尺寸标注的基本要求(GB/T 4458.4—2003),其他内容将在以后逐步介绍。

1. 基本规则

(1) 机件的真实大小应以图样上所注的尺寸数值为依据,与图形的比例及绘图的准确度无关。

(2) 图样中(包括技术要求和其他说明)的尺寸以 mm 为单位时,不必标注计量单位的符号(或名称);如采用其他单位,则应注明相应计量单位的符号或名称。本教材除特别说明外,图中所标的尺寸数值单位默认为 mm。

(3) 图样中所注的尺寸,为该图样所示机件的最后完工尺寸,否则应另加说明。

(4) 机件的每一尺寸,一般只标注一次,并应标注在反映该结构最清晰的图形上。

2. 尺寸的组成要素

一个完整的尺寸由尺寸数字、尺寸线、尺寸界线、尺寸线终端所组成（图 1-10）。尺寸线终端有箭头和斜线两种形式，如图 1-11 所示。机械图样中一般采用箭头作为尺寸线的终端。

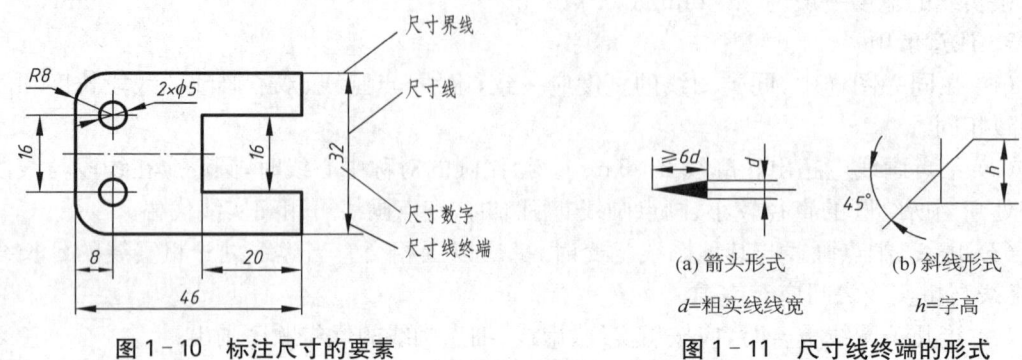

图 1-10 标注尺寸的要素　　　　图 1-11 尺寸线终端的形式

3. 尺寸标注示例（表 1-4）

表 1-4 尺寸标注示例

项目	图　　例	说　　明
尺寸界线		1. 尺寸界线用细实线绘制，并应由图形的轮廓线、轴线、对称线、中心线处引出，也可用这些线作为尺寸界线 2. 尺寸界线一般垂直于尺寸线，超出尺寸线 2～3 mm
尺寸线		1. 尺寸线用细实线绘制。不能用其他图线代替，一般也不得与其他线重合或画在其延长线上 2. 尺寸线应平行于被标注的线段，其间隔 5～7 mm，尺寸线与尺寸界线避免交叉
尺寸数字		线性尺寸数字一般应注写在尺寸线的上方，也允许注写在尺寸线的中断处；线性尺寸数字注写应尽量避免在图示 30°范围内标注尺寸，当无法避免时引出后水平标注；尺寸数字不能被图形上的任何图线所通过，否则应将该图线断开

(续表)

项目	图 例	说 明
直径与半径标注		标注直径时,在尺寸数字前加"ϕ",标注半径时,在数字前加上"R",其尺寸线应通过圆心,尺寸线终端应画上箭头; 当圆弧半径过大时可折弯标注; 球半径用"SR"表示,球直径用"$S\phi$"表示
角度标注		标注角度尺寸时,尺寸界线应沿径向引出,尺寸线是以角度顶点为圆心的圆弧,角度的数字一律写成水平方向,角度数字一般注在尺寸线中断处,必要时也可注在外边,也可引出标注
小尺寸标注		无足够位置注出的小尺寸,应把箭头移到尺寸线的外边,也可用小圆点替代箭头,尺寸数字也可写在尺寸界线或斜线的外边或引出标注

(六) 斜度

斜度是指一直线(平面)相对于另一直线(平面)的倾斜程度,用代号"S"表示。其大小用它们之间夹角的正切值表示。如图 1-12a 所示,斜度 $S=\tan\alpha=(H-h)/L$。在图样中,用 $1:n$ 标注,前面加上"∠"斜度符号,斜度符号的斜线方向与斜度方向一致,如图 1-12 所示。n 为正整数。

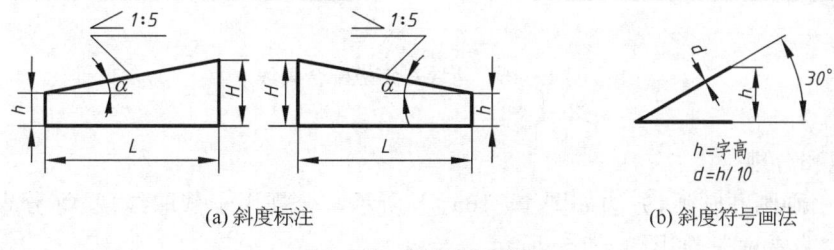

(a) 斜度标注   (b) 斜度符号画法

图 1-12 斜度及其符号

（七）锥度

锥度是指正圆锥底直径与圆锥高之比，用代号"C"表示。如图 1-13a 所示，锥度 $C = D/L = (D-d)/l = 2\tan(\alpha/2)$。在图样中，用 1：$n$ 标注，前面加上锥度符号"◁"，锥度符号的方向与锥度方向一致，如图 1-13b、c 所示。n 为正整数。

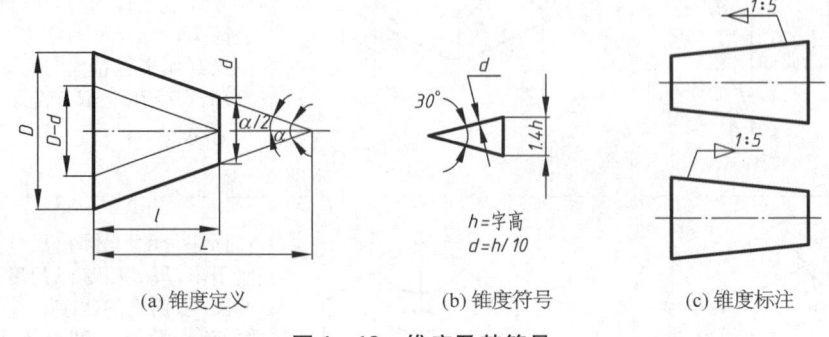

(a) 锥度定义　　(b) 锥度符号　　(c) 锥度标注

图 1-13　锥度及其符号

（八）常用绘图工具的使用方法

1. 图板和丁字尺

画图时，用胶带纸将图纸固定在图板上，尺头靠紧图板的左边，画图时铅笔和图板倾斜 60°左右。丁字尺上下平行移动画出水平线，三角板与丁字尺配合画出垂直线，如图 1-14 所示。

2. 三角板

画图用的三角板有两个，45°和 30°。三角板与丁字尺配合画出垂直线。还可以画出 30°、45°、60°及 75°、15°的倾斜线。两块三角板配合画线的方法如图 1-15 所示。

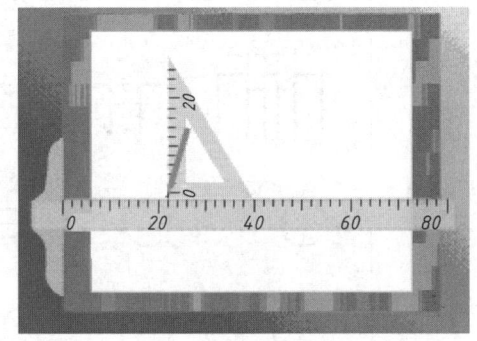

图 1-14　三角板与丁字尺配合画线

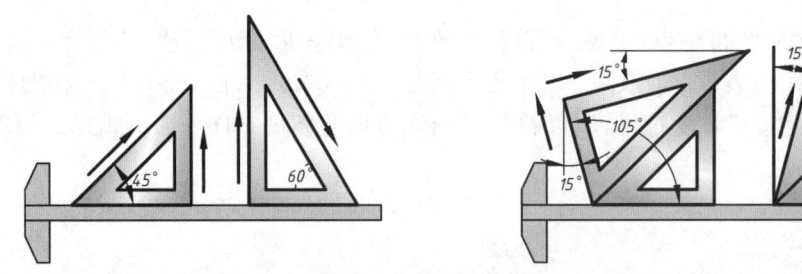

图 1-15　两块三角板配合画线

3. 圆规和分规

圆规用于画圆和圆弧，方法如图 1-16a、b 所示。分规用于截取线段、等分直线或圆弧、量取尺寸，尖端要对齐，如图 1-16c 所示。

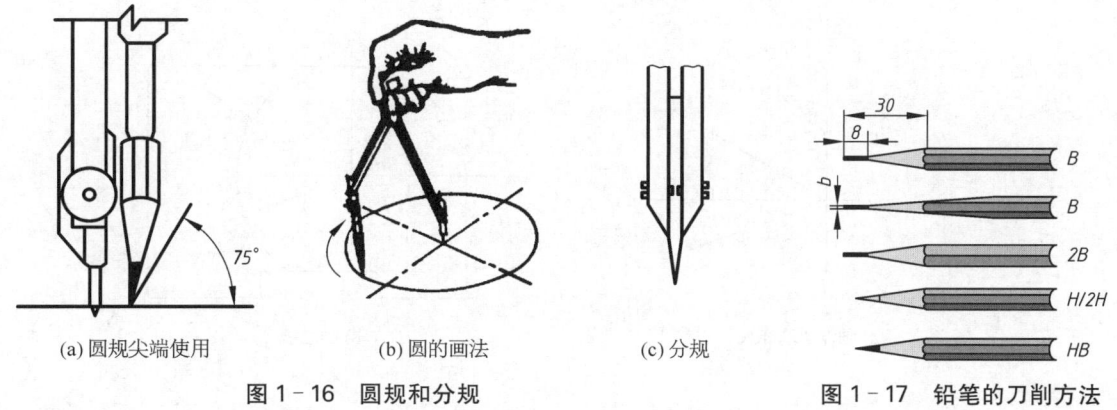

(a) 圆规尖端使用　　(b) 圆的画法　　(c) 分规

图 1-16　圆规和分规

图 1-17　铅笔的刀削方法

4. 铅笔

绘图的铅笔用"H"和"B"代表笔芯的软硬。"H"表示硬、"B"表示软。数字代表软硬程度,"H"数字越大越硬,"B"数字越大越软。硬铅(H、2H)用于打底稿,"HB"铅笔用于写字,笔尖削圆锥形;软铅(B、2B)用于加深轮廓线,笔尖削成扁矩形,短边宽度为粗实线线宽,如图 1-17 所示。

二、实践提高

(一) 改正平面图形的尺寸标注错误

1. 题目要求

分析图 1-18a 中的尺寸标注错误,按 1∶1 比例抄画图 1-18a,并正确标注尺寸。

2. 解题过程

(1) 分析图中尺寸标注错误,具体错误见图 1-18b。

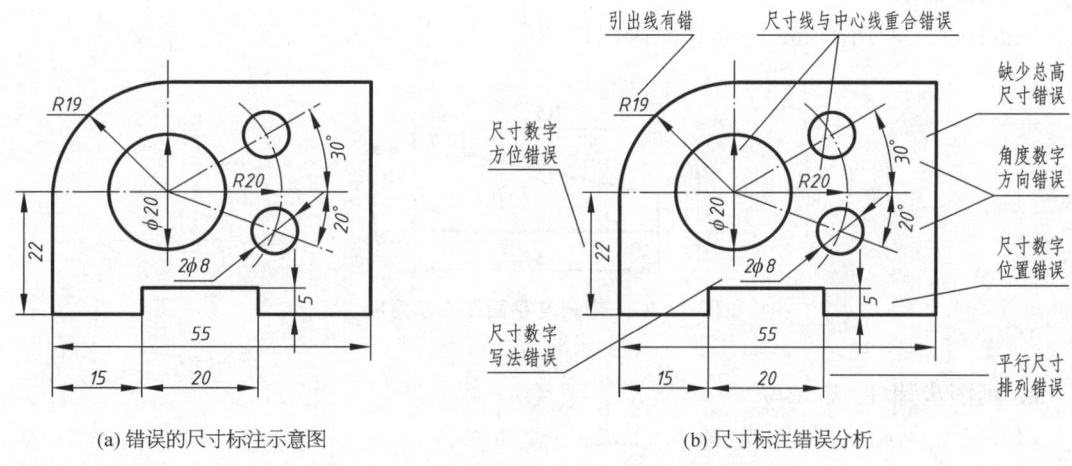

(a) 错误的尺寸标注示意图　　(b) 尺寸标注错误分析

图 1-18　错误的尺寸标注与分析示意图

(2) 抄画图 1-18a,具体步骤见图 1-19a~c。

(3) 在画好的图中正确标出尺寸,结果见图 1-19d。

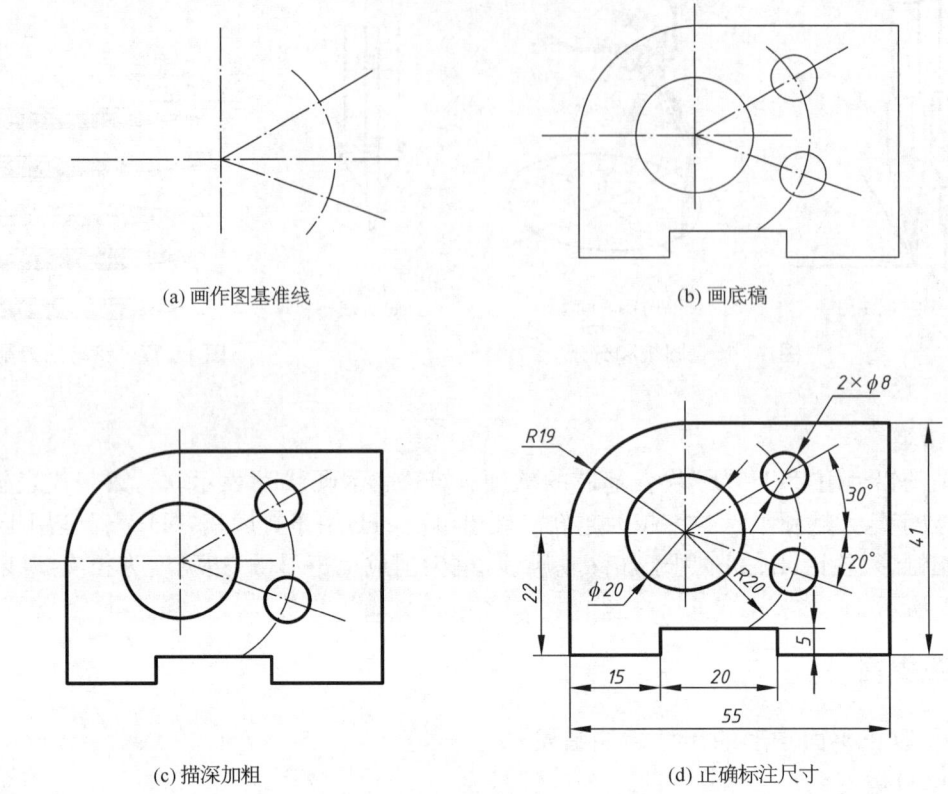

图 1-19 平面图形标注的画图过程与尺寸标注

（二）绘制带斜度的平面图形

1. 画图要求

根据图 1-20 所示，按 1∶1 比例画出该图形。

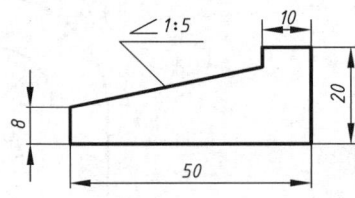

图 1-20 带斜度平面图形示意图

2. 画图步骤（图 1-21）

（1）按尺寸画出已知图线（图 1-21a）。

（2）作斜度参考线（图 1-21b）。

（3）根据相互平行的直线斜度相等原理作斜度线（图 1-21c）。

（4）检查、描深并标注（图 1-21d）。

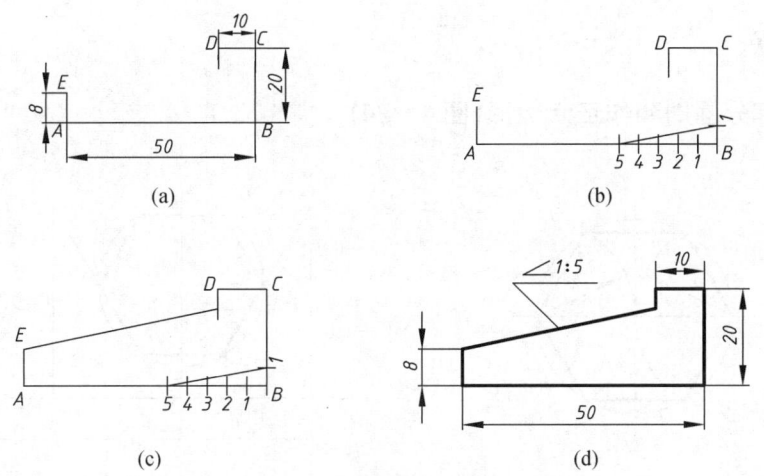

图 1-21 绘制带斜度平面图形的步骤

(三) 绘制带锥度的平面图形

1. 画图要求

根据图 1-22 所示,按 1∶1 比例画出该图形。

2. 画图步骤(图 1-23)

(1) 按尺寸画出已知图线(图 1-23a)。

(2) 作锥度参考线(图 1-23b)。

(3) 根据相互平行的直线倾斜度相等原理作锥度线(图 1-23c)。

(4) 检查、描深并标注(图 1-23d)。

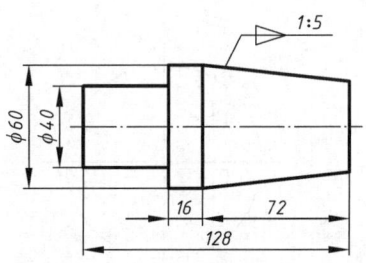

图 1-22 带锥度平面图形示意图

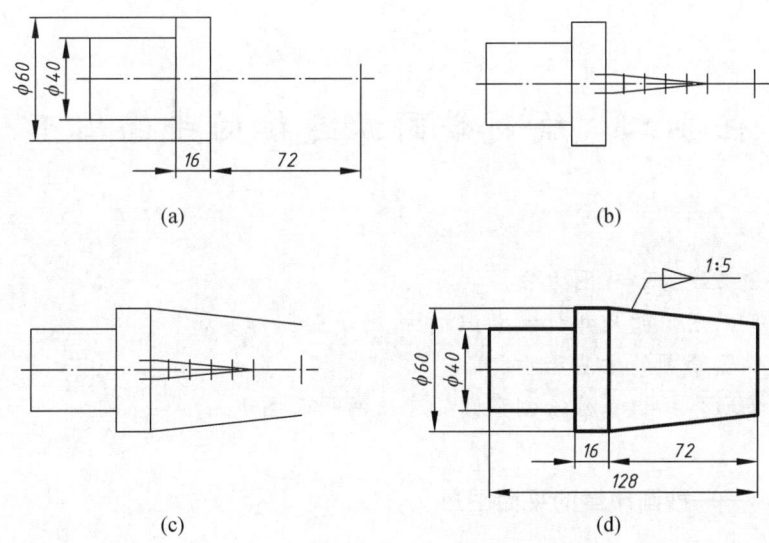

图 1-23 绘制带锥度平面图形的步骤

三、知识拓展

（一）六等分圆周和作正六边形（图1-24）

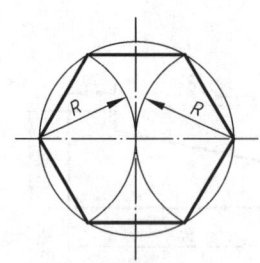
(a) 用圆规直接等分

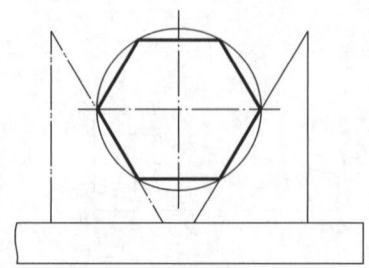
(b) 用30°、60°三角板等分

图1-24 六等分圆周和作正六边形的方法

（二）五等分圆周和作正五边形（图1-25）

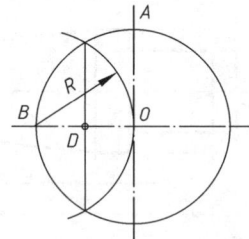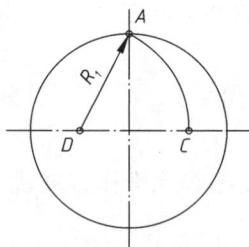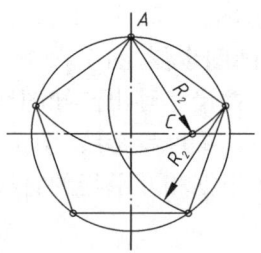

图1-25 五等分圆周和作正五边形的方法

任务二 绘制带圆弧连接的平面图形

【学习目标】
1. 掌握圆弧连接的作图方法。
2. 掌握平面图形的尺寸标注知识，能进行平面图形分析。
3. 了解仪器绘图的方法和步骤。
4. 能根据所学知识正确绘制带圆弧连接的平面图形。

基础任务——抄画印章的平面图形

1. 画图要求

按1∶1比例抄画如图1-26所示的印章图形。

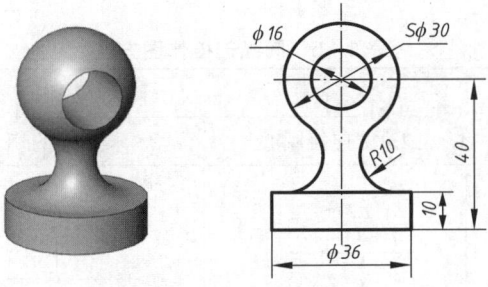

图 1-26 印章图形

2. 关联知识点

（1）用圆弧外切圆弧和直线的作图方法。

（2）平面图形画图步骤。

一、相关知识

（一）圆弧连接

1. 圆弧连接定义

用一段已知半径为 R 的圆弧光滑地连接两个已知线段或圆弧的作图方法称为圆弧连接。图 1-27 所示的零件形状就是由许多圆弧连接而成的。如在图 1-28 中，$R16$ 圆弧连接一直线、一圆弧，$R35$ 圆弧连接两个圆弧。要保证光滑连接，必须精确找到圆心和切点。

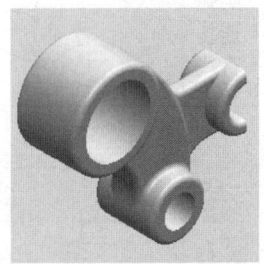

图 1-27 摆杆

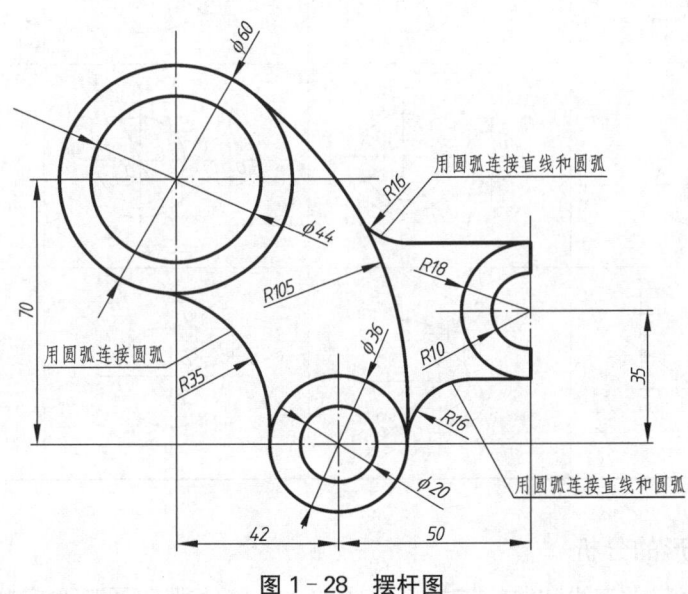

图 1-28 摆杆图

2. 圆弧连接作图方法(表1-5)

表1-5 圆弧连接作图方法

已知条件	作图方法和步骤		
	1. 求连接圆心	2. 求连接的切点	3. 画连接圆弧
圆弧连接直线			
圆弧连接直线和外切圆弧			
圆弧连接直线和内切圆弧			
圆弧外切两圆弧			
圆弧内切两圆弧			
圆弧内外切两弧			

(二)平面图形的分析

平面图形是由若干直线和曲线连接后形成的。这些线段和圆弧之间的相对位置和连接关系是用给定的尺寸来确定的。能否正确地绘制出平面图形,尺寸是否齐全、正确是关键。

所以，绘制平面图形时，应先进行尺寸分析和线段分析。

1. 尺寸分析

1）尺寸基准　指标注尺寸的起点，常用的点基准有圆心、球心、多边形中心点、角点等，线基准往往是图形的对称中心线或图形中的边线。一个平面图形中通常有水平和垂直两个方向的尺寸基准。如图 1-28 中 $\phi20$ 圆的竖直中心线，是尺寸 42、50 的标注起点，它是水平方向的尺寸基准。

2）定形尺寸　确定平面图形上各线段形状及大小的尺寸称为定形尺寸，如线段长度、圆弧半径与圆心角、直径尺寸等。如图 1-28 中圆的直径和圆弧半径尺寸。

3）定位尺寸　确定平面图形上各线段相对位置的尺寸称为定位尺寸，如图 1-28 中的 42、50、35、70 等尺寸。

2. 线段分析

1）已知线段　即定形和定位尺寸都已知的线段。已知线段可以根据图中尺寸直接画出，如图 1-28 中的 $R10$、$R18$ 圆弧等线段。

2）中间线段　即定形尺寸齐全、缺少一个定位尺寸的线段。中间线段在作图时必须先画出与之相连接的线段，才能确定其绘制位置，如图 1-28 中与 $R18$ 圆弧相切的水平直线。

3）连接线段　即只有定形尺寸而没有定位尺寸的线段。在作图时，必须先画出与连接线段两端相连接的线段，才能确定连接线段的位置，如图 1-28 中的 $R16$、$R105$ 圆弧等线段。

（三）用仪器绘图的方法和步骤

1. 画图前的准备工作

(1) 准备好所有的绘图仪器和工具。

(2) 按各种线型的要求削好相应型号的铅笔。

(3) 洗干净手后准备好图纸，并将图纸固定在图板上。

2. 画底稿

(1) 选比例、定图幅。

(2) 固定图纸：把丁字尺放在图板下边，让图纸的下边对齐尺边。

(3) 画图框和标题栏。

(4) 布图，画基准线、定位线。要使图形均匀地布置在图纸中。

(5) 画已知线段。

(6) 画中间线段。

(7) 画连接线段。

3. 检查、加粗描深图线

加深图线一般按下列顺序和原则进行：不同线型，先细后粗；有圆有直，先圆后线；多个同心圆，先小后大；描深直线，先横后竖再斜，按先上后下、先左后右顺序加粗描深。

4. 标注尺寸、填写标题栏

（四）平面图形的尺寸标注

平面图形尺寸标注的基本要求是正确、完整、清晰。

标注尺寸首先要遵守国家标准有关尺寸标注的基本规定，通常先标注定形尺寸，再标注定位尺寸。尺寸标注完成后要检查是否有重复或遗漏。标注尺寸时应注意布局清晰。

1. 平面图形尺寸标注的方法和步骤

（1）先选定水平及竖直方向的尺寸基准。

（2）进行线段分析，即确定已知线段、中间线段和连接线段。

（3）按已知线段、中间线段、连接线段的顺序逐个标注尺寸。

2. 几种常见图形的尺寸标注示例（图 1-29）

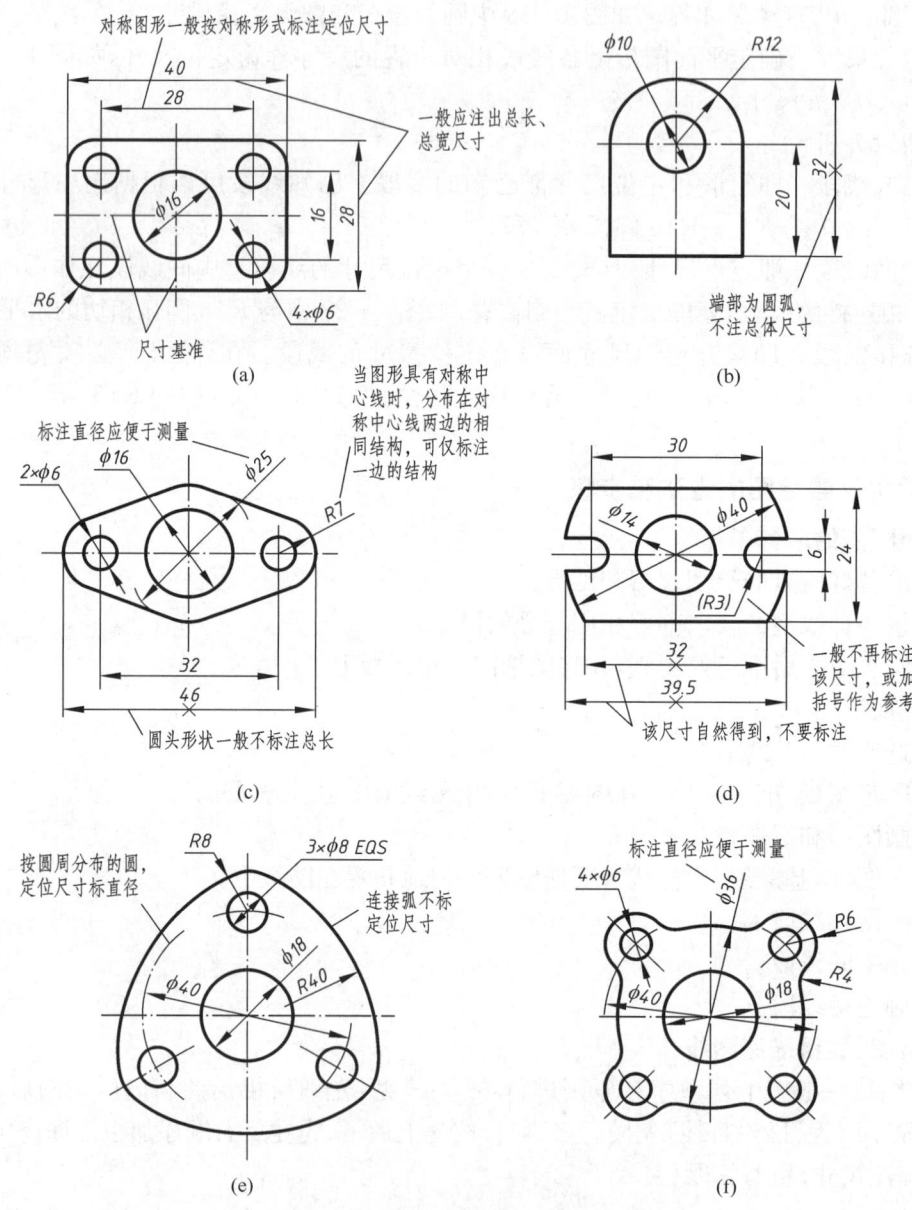

图 1-29 常见图形的尺寸标注示例

注：①图(c)中 EQS 表示"均布"。②在同一图形中，对于尺寸相同的孔，可仅在一个孔上注出尺寸和数量，如图(a)中 4×φ6。

二、实践提高——绘制带圆弧连接的平面图形

1. 画图要求

按 1∶1 比例抄画图 1-30 所示的手柄平面图形。

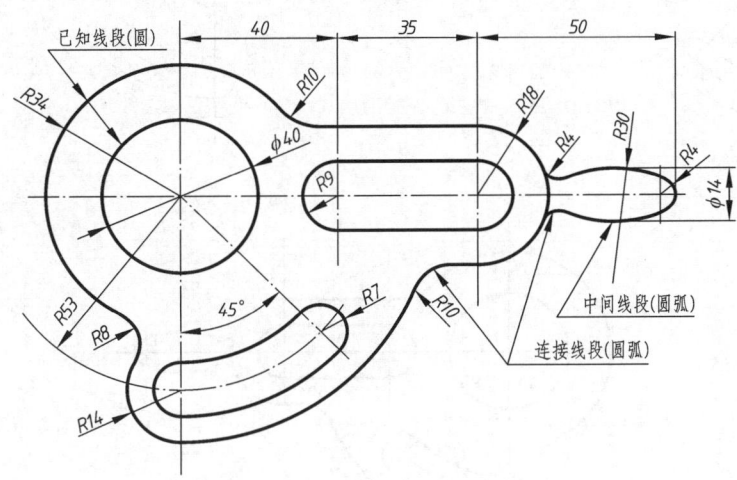

图 1-30 手柄平面图形

2. 画图步骤

(1) 准备画图。

(2) 画底稿:①选比例、定图幅;②固定图纸;③画图框和标题栏;④布图,画基准线、定位线(图 1-31a);⑤画已知线段(图 1-31b);⑥画中间线段(图 1-31c);⑦画连接线段(图 1-31d)。

(3) 检查、加粗描深图线(图 1-31e)。

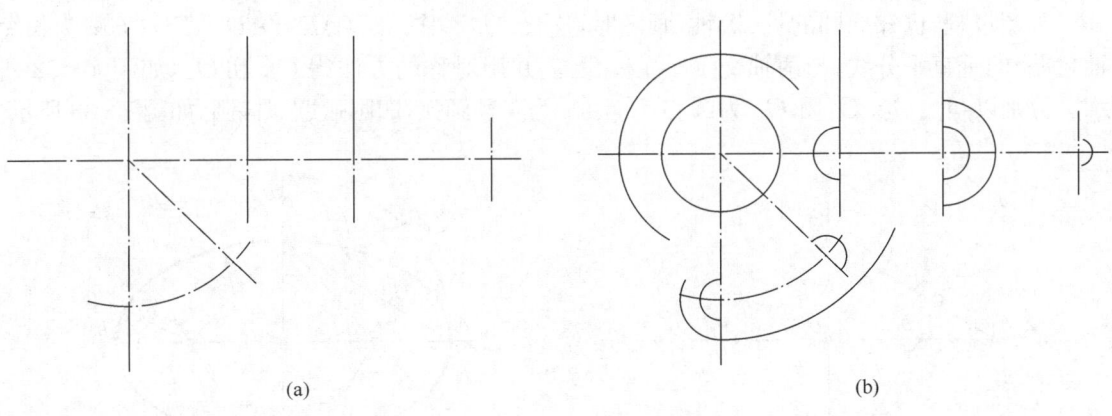

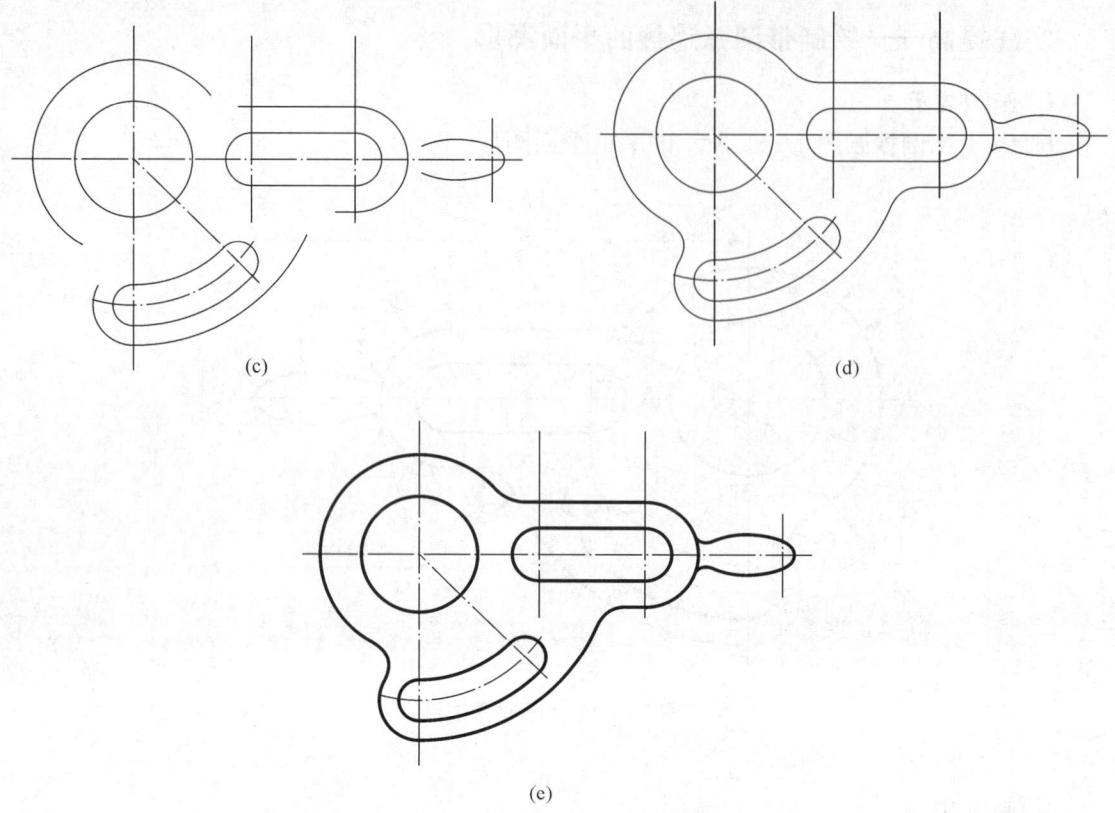

图 1-31　手柄平面图形画图步骤

（4）标注尺寸、完成图形绘制，如图 1-30 所示。

三、知识拓展

（一）椭圆的四心近似画法

画图过程：已知椭圆的长、短轴，画图时，连接 AD。作 AE（$AE=AD-ED$；ED 为长短轴之差）的垂直平分线，与两轴交于 O_1 和 O_3。并用对称的方法得 O_2 和 O_4，如图 1-32 所示。分别以 O_1、O_2、O_3 和 O_4 为圆心，$R_大$、$R_小$ 为半径画弧，四圆弧近似椭圆，如图 1-33 所示。

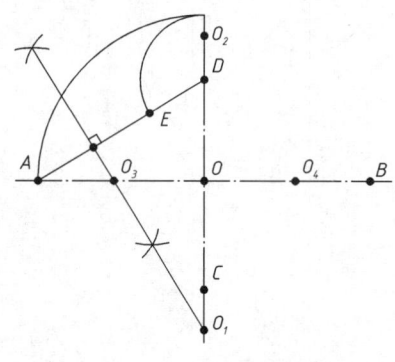

图 1-32　找四圆心

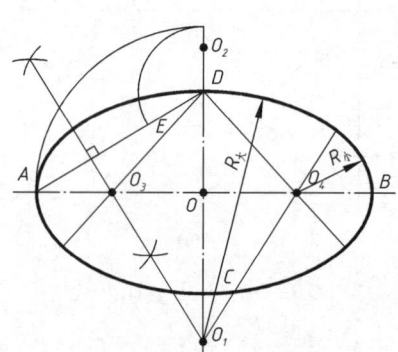

图 1-33　画大、小圆弧

(二) 草图画法

徒手绘制草图是指不用绘图仪器及工具,采取目测比例徒手画出图样。徒手绘制草图是工程技术人员必备的能力之一,工程技术人员常将其用于产品设计和现场测绘中。

1. 直线的徒手画法

徒手画直线时,执笔要自然,手腕抬起,不要靠在图纸上,眼观直线终点。同时小手指可与纸面接触以作支点,保持运笔平稳。

水平线、垂直线、倾斜线的画法如图 1-34 所示;注意画斜线时,运笔方向以顺手为原则。

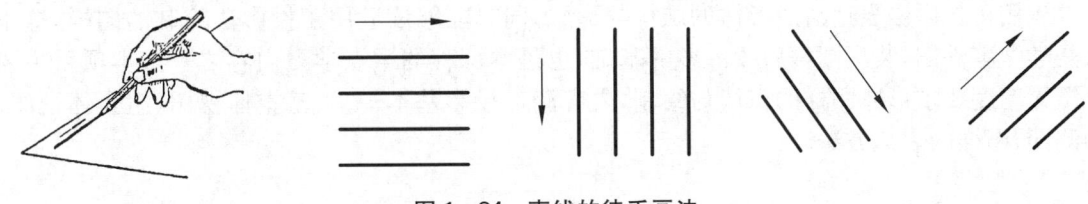

图 1-34 直线的徒手画法

2. 常用角度斜线的徒手画法

画 30°、45°、60°等常用角度斜线,可按两直角边的比例近似确定两端点,再连成直线,如图 1-35 所示。

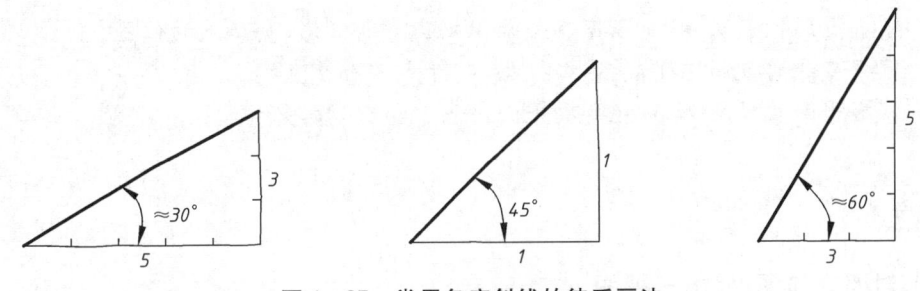

图 1-35 常用角度斜线的徒手画法

3. 圆的徒手画法

画圆时,先画出中心线,小圆目测按半径定出 4 个点,大圆则多定几个点,分两部分画出,如图 1-36 所示。

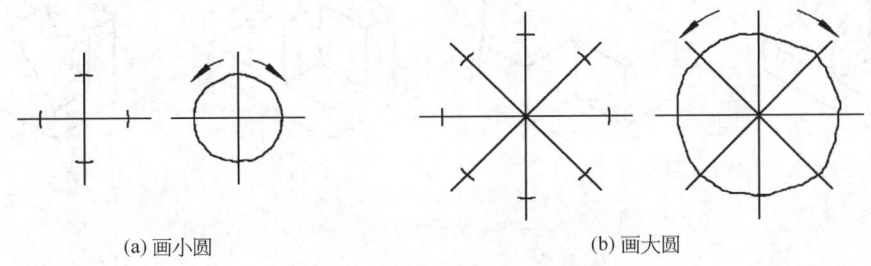

(a) 画小圆   (b) 画大圆

图 1-36 圆的徒手画法

项目二　无精度要求形体图样的识读与绘制

运用正投影法表达清楚形体的结构与形状,同时能够读懂用正投影法绘制的图样,这不仅是学习零件图、装配图等后续内容的基础,也是本课程的重点学习内容之一。本项目主要介绍无精度要求形体图样的识读与绘制,内容涵盖投影基本知识、基本体视图、组合体视图、轴测图、图样的表达方法。

任务一　认识点、线、面投影

【学习目标】
1. 掌握投影基本知识。
2. 掌握点的投影规律,能根据有关知识画出点的投影、判断点的位置。
3. 掌握直线的投影规律,能根据投影,判断点是否在直线上。
4. 掌握平面的投影规律,能解决平面上点、直线的投影问题。

基础任务

(一) 对照立体图,找出三视图
1. 任务要求
分析图 2-1a 中的立体图,找出与之对应的三视图(图 2-1b)。

(A)　　　　　　(B)　　　　　　(C)　　　　　　(D)

(a) 立体图

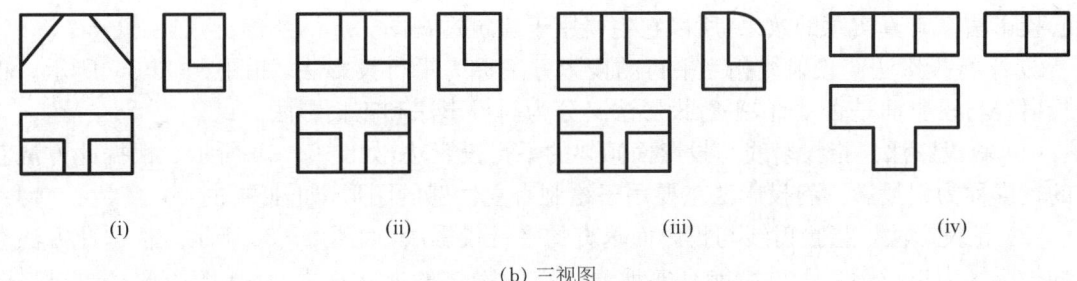

| (i) | (ii) | (iii) | (iv) |

(b) 三视图

图 2-1 由立体图找三视图

2. 关联知识点

(1)投影的基本知识；(2)三视图的形成。

（二）分析空间点的相对位置

1. 任务要求

对照分析如图 2-2 所示的立体图和三视图,说明物体上 A、B、C 三点的相对位置。

2. 关联知识点

(1)点的三面投影规律；(2)两点相对位置；(3)重影点。

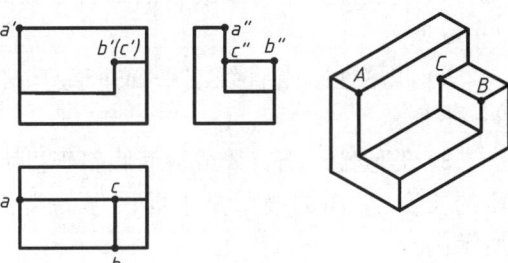

图 2-2 分析立体图和三视图

一、相关知识

（一）投影的基本知识

1. 投影法

投影法是指投射线通过空间物体,向选定的平面投射,并在该平面上得到图形的方法。如图 2-3 所示,将选定的平面 P 称为投影面,所有投射线的起源点 S 称为投影中心,而过点 S 的一系列投射线通过空间点 A、B、C 与投影面 P 相交于 a、b、c,$\triangle abc$ 称为空间 $\triangle ABC$ 在投影面 P 上的投影。

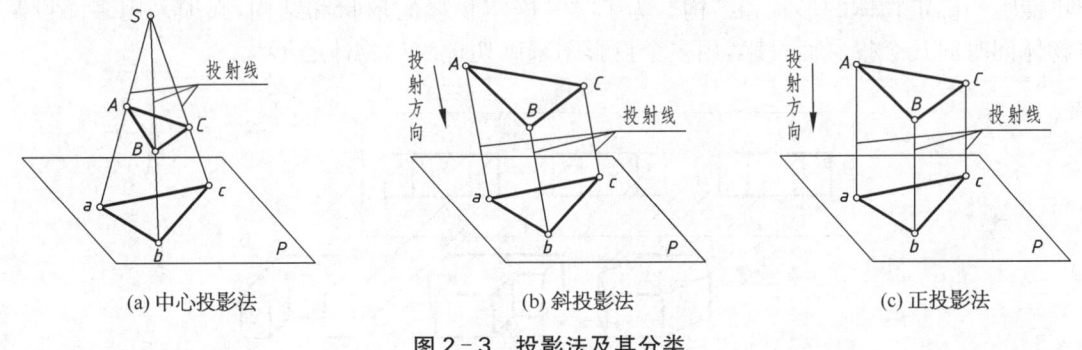

(a) 中心投影法　　(b) 斜投影法　　(c) 正投影法

图 2-3 投影法及其分类

2. 投影法分类

1)中心投影法　投射线交汇于一点的投影法称为中心投影法,如图 2-3a 所示。由于中心投影法富有真实感的效果,所以它主要用于建筑透视图。

2) 平行投影法　投射线相互平行的投影方法称为平行投影法,如图 2-3b、c 所示。根据投射线与投影面是否垂直,平行投影法又分为斜投影法和正投影法。

(1) 斜投影法。指投射线与投影面倾斜的平行投影法,如图 2-3b 所示。根据此方法获得的投影称为斜投影。斜投影法主要用于绘制有立体感的图形,如轴测图。

(2) 正投影法。指投射线与投影面垂直的平行投影法,如图 2-3c 所示。根据此方法获得的投影称为正投影。正投影能真实地表达空间物体的形状和大小,作图简便,度量性好,工程上得到广泛应用。如无特别说明,本书所指的投影均为正投影。

3. 正投影的基本性质

1) 真实性　当直线或平面平行于投影面时,其投影反映直线的实长或平面实形,如图 2-4a 所示。

2) 积聚性　当直线或平面垂直于投影面时,其投影积聚为一个点或一条直线,如图 2-4b 所示。

3) 类似性　当直线或平面倾斜于投影面时,直线的投影仍然是直线,但长度小于实际线段的长度;平面的投影是平面图形的类似形,其面积比原平面图形的面积小,如图 2-4c 所示。

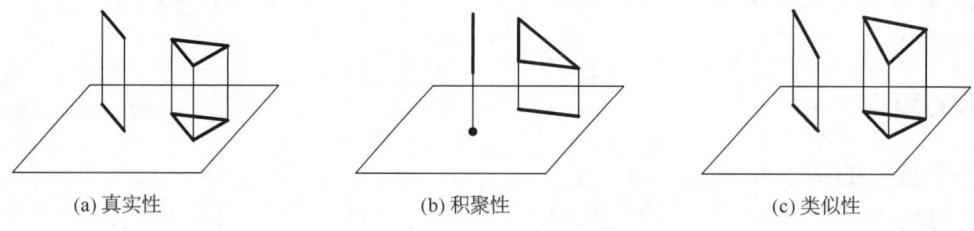

(a) 真实性　　　　　(b) 积聚性　　　　　(c) 类似性

图 2-4　正投影的基本性质

4. 三投影面体系

一般情况下,只用一个投影不能完整、清晰地表达物体的形状和结构。如图 2-5 所示,三个物体在同一个方向的投影完全相同,但三个物体的形状和结构却不相同。因此一个投影不能唯一确定物体的形状和结构。为了唯一确定物体的形状和结构,必须采用多面投影,将物体同时向几个投影面投影,用多个投影图来确切地表达物体的形状。

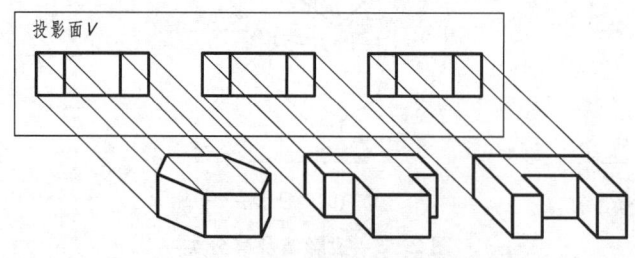

图 2-5　不同物体的单面投影图

1) 三投影面体系的建立　三投影面体系由三个相互垂直的投影面组成,如图 2-6a 所示。其中,V 面称为正立投影面,简称正面;H 面称为水平投影面,简称水平面;W 面称为侧立投影面,简称侧面。各面之间的交线称为投影轴,分别称为 OX、OY、OZ 轴,O 为原点。三个投影面把空间分为八个部分,即八个分角Ⅰ、Ⅱ、Ⅲ、…、Ⅶ、Ⅷ(图2-6a)。

2) 三面投影及其展开方法　将物体置于三投影面体系第一角中,按正投影法从前向后投影,得到正面投影;从上向下投影,得到水平投影;从左向右投影,得到侧面投影,如图 2-6b 所示。保持 V 面不动,将 H 面绕 OX 轴向下旋转 90°,将 W 面绕 OZ 轴向右旋转 90°,使 H 面、W 面和 V 面展开到一个平面内,如图 2-6c 所示。

5. 三视图的基本知识

1) 三视图的形成　用正投影法所绘制的物体投影图称为视图。将物体置于三投影面体系第一角中,由前向后投射在 V 面上得到的视图,称为主视图;由上向下投射在 H 面上得到的视图,称为俯视图;由左向右投射在 W 面上得到的视图,称为左视图。这三个视图统称三视图,如图 2-6b 所示。按三面投影的展开方法将三个投影面展开为一个平面,如图 2-6c 所示,这样就可将三视图画在同一平面内。并由此可知三视图间的相对位置是固定的,即:主视图定位后,俯视图在主视图的正下方,左视图在主视图的正右方,各视图的名称不必标注,如图 2-6d 所示。

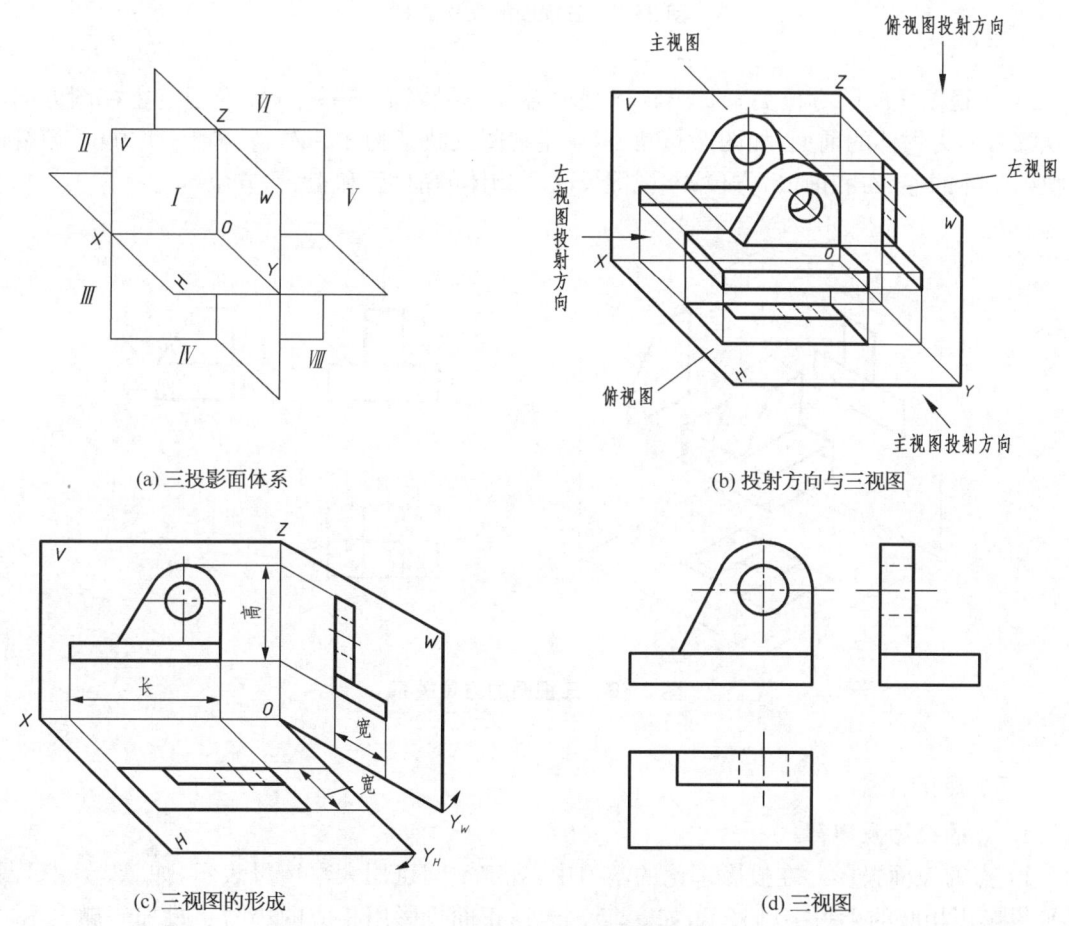

(a) 三投影面体系　　(b) 投射方向与三视图

(c) 三视图的形成　　(d) 三视图

图 2-6　三投影面体系和三面投影图

2) 三视图之间的尺寸关系　任何物体都有长、高、宽三个方向的尺寸。从物体的投影可以看出，每个视图都反映了物体两个方向的尺寸。主视图反映物体长度和高度方向的尺寸；俯视图反映物体长度和宽度方向的尺寸；左视图反映物体高度和宽度方向的尺寸，如图 2-7 所示。

三视图之间的投影规律可归纳为：主、俯视图，长对正；主、左视图，高平齐；俯、左视图，宽相等。

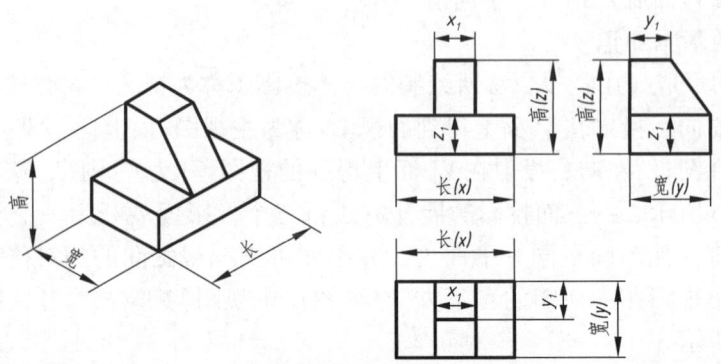

图 2-7　三视图的尺寸关系

3) 三视图之间的方位关系　当物体被放置在三投影面体系中，标准规定主视图方向靠近观察者的为物体的前面，如图 2-8 所示。主视图反映了物体的左、右和上、下方位；俯视图反映了物体的左、右和前、后方位；左视图反映了物体的前、后和上、下方位。

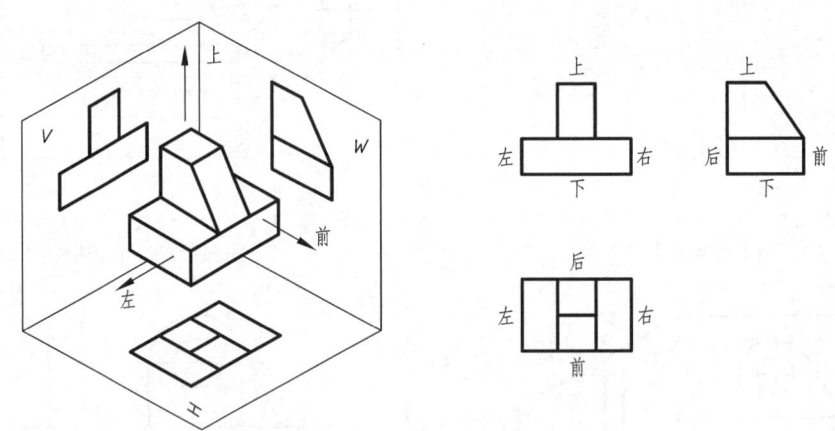

图 2-8　三视图的方位关系

(二) 点的投影

1. 点的投影及规律

1) 点的三面投影　在投影理论的学习中，规定空间点用大写字母表示，如 A、B、C 等；水平投影用相应的小写字母表示，如 a、b、c 等；正面投影用相应的小写字母加一撇表示，如 a'、b'、c' 等；侧面投影用相应的小写字母加两撇表示，如 a''、b''、c'' 等。

如图 2-9a 所示，建立三投影面体系，用正投影方法将空间点 A 分别向三个投影面投影，得到 A 点的水平投影 a、正面投影 a′ 和侧面投影 a″。由于三个投影面相互垂直，所以三面投影连线也相互垂直，8 个顶点 A、a、a_X、a′、a″、a_Y、O、a_Z 构成一个长方体。三投影面体系展开后，点的三个投影在同一平面内，便得到点 A 的三面投影图，如图 2-9b 所示。

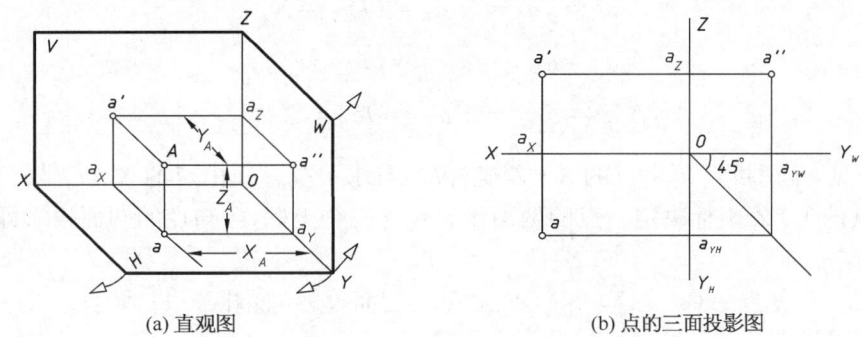

(a) 直观图　　　　　　　　　　　(b) 点的三面投影图

图 2-9　点的三面投影

2）点的三面投影规律

（1）点的投影连线垂直投影轴。点的正面投影和水平投影的连线垂直于 OX 轴，即 $aa' \perp OX$；点的正面投影和侧面投影的连线垂直于 OZ 轴，即 $a'a'' \perp OZ$；同时 $aa_{YH} \perp OY_H$，$a_{YW} a'' \perp OY_W$。

（2）点的投影到投影轴的距离，反映空间点到投影面的距离，即：

$$a'a_Z = Aa'' = aa_{YH} = x;\ aa_X = Aa' = a''a_Z = y;\ a'a_X = Aa = a''a_{YW} = z。$$

例 2-1　已知点 A 的两面投影，如图 2-10a 所示，求点 A 的第三面投影。

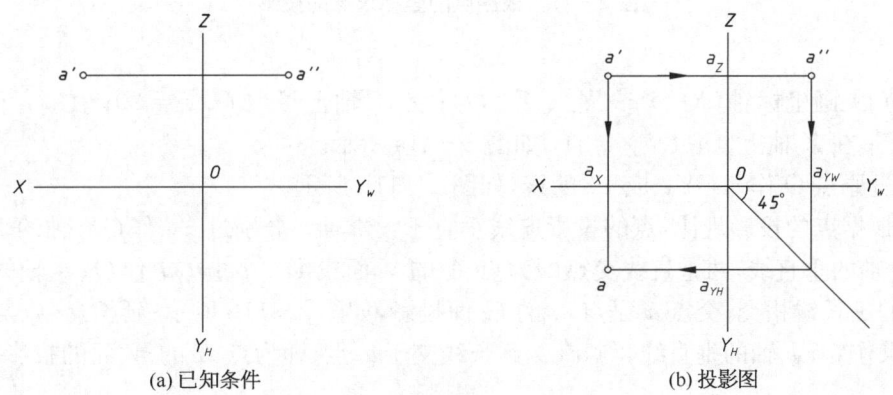

(a) 已知条件　　　　　　　　　　(b) 投影图

图 2-10　求点的第三面投影

解法一　先过原点 O 作 45°辅助线。过点 a″ 作 OY_W 轴的垂直线，与 45°辅助线相交于一点；过交点作平行于 OX 轴的直线，与过点 a′ 作 OX 轴的垂直线相交于一点，即为所求的水平投影 a，如图 2-10b 所示。

解法二　过点 a′ 作 OX 轴的垂直线，量取 $a''a_Z = a_X a$，即可求得点 A 的水平投影 a。

2. 点的投影与直角坐标系

如把三投影面体系看作直角坐标系，则 H、V、W 面即为坐标面，X、Y、Z 轴即为投影轴，O 即为原点。由图 2-9a 可知，空间 A 点的三个直角坐标 X_A、Y_A、Z_A 即为 A 点到三个坐标面的距离，它们与 A 的投影 a、a'、a'' 的关系如下：

$$A\,a'' = aa_Y = a'a_Z = Oa_X = X_A;$$
$$A\,a' = aa_X = a''a_Z = Oa_Y = Y_A;$$
$$A\,a = a'a_X = a''a_Y = Oa_Z = Z_A.$$

由此可见，正面投影 a' 由点的 X、Z 坐标决定；水平投影 a 由点的 X、Y 坐标决定；侧面投影 a'' 由点的 Y、Z 坐标决定。点的两面投影包含三个坐标，已知点的两面投影即可求出第三面投影。

例 2-2 已知点 $A(20, 15, 24)$，求点 A 的三面投影，如图 2-11 所示。

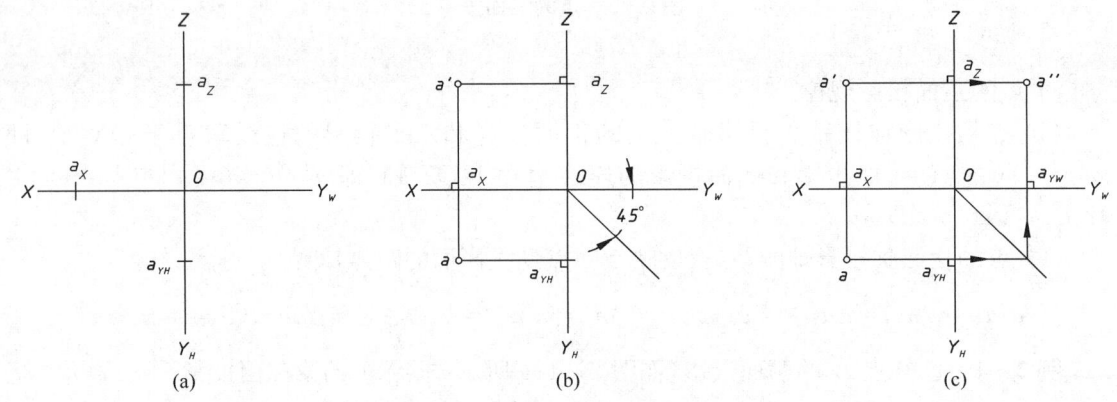

图 2-11 根据点的坐标求点的投影

解 (1) 画坐标轴 (X、Y_H、Y_W、Z、O)；在 X 轴上量取 $Oa_X=20$；在 Y_H 轴上量取 $Oa_{YH}=15$；在 Z 轴上量取 $Oa_Z=24$，如图 2-11a 所示。

(2) 过原点 O 作与 OY_W 成 45°的线，如图 2-11b 所示。

(3) 根据点的投影规律，点的投影连线垂直于投影轴。分别过 a_X 作 OX 轴的垂直线、过 a_Z 作 OZ 轴的垂直线，两垂直线交点即为点 A 的 V 面投影 a'；过 a_{YH} 作 OY_H 轴的垂直线，与 $a'a_X$ 的延长线相交，交点 a 是点 A 的 H 面投影，如图 2-11b 所示；延长 aa_{YH} 与 45°线相交，过交点作 OY_W 轴的垂直线，与 $a'a_Z$ 延长线交于 a'' 点，即为点 A 的 W 面的投影，如图 2-11c 所示。

3. 两点的相对位置

观察分析两点在各个同面投影之间的坐标关系，可以判断空间两点的相对位置。根据 X 坐标值的大小判断两点的左右位置；根据 Z 坐标值的大小判断两点的上下位置；根据 Y 坐标值的大小判断两点的前后位置。如图 2-12 所示，空间点 B 的 x 和 y 坐标均小于点 A 的相应坐标，而点 B 的 z 坐标大于点 A 的 z 坐标，因而点 B 在点 A 的右方、上方和后方。

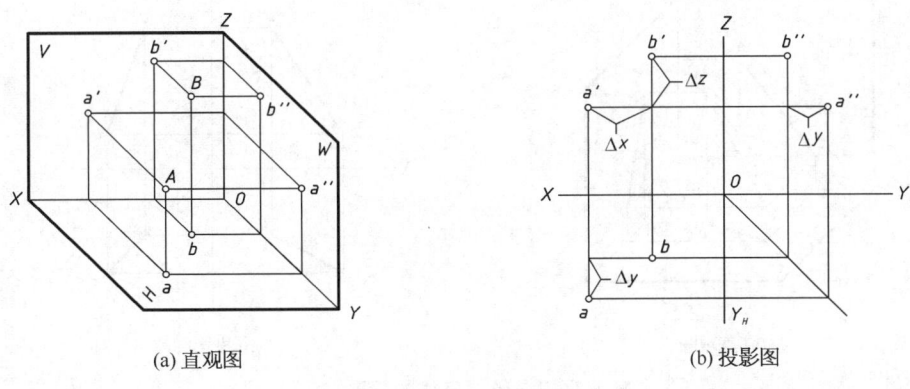

(a) 直观图　　　　　　　　　　　　(b) 投影图

图 2-12　两点的相对位置

4. 重影点

若 A、B 两点无前后、左右距离差,点 A 在点 B 正上方或正下方时,两点的 H 面投影重合,点 A 和点 B 称为对 H 面的重影点,如图 2-13 所示。同理,分别有对 V 面的重影点,对 W 面的重影点。

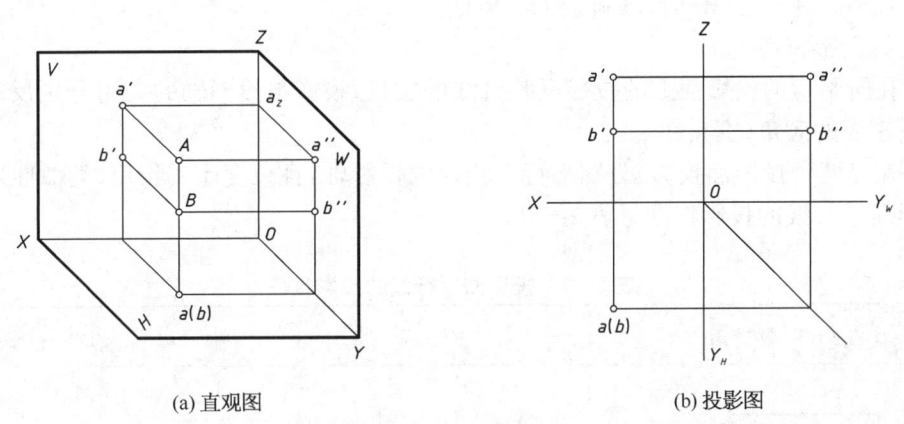

(a) 直观图　　　　　　　　　　　　(b) 投影图

图 2-13　重影点

重影点需判别可见性。根据正投影特性,可见性的区分方法是前遮后、上遮下、左遮右。如图 2-13b 所示,重影点应是点 A 遮挡点 B,点 B 的 H 面投影不可见。规定不可见点的投影加括号表示。

(三) 直线的投影

1. 直线的投影图画法

一般情况下,直线的投影仍为直线。根据两点确定一条直线,求直线的投影,只需作出属于直线的两个点的投影,再用粗实线连接该两点的同名投影,即得直线的投影,如图 2-14 所示。直线投影图中,一般规定直线对 H、V、W 面的倾角分别用 α、β、γ 表示。

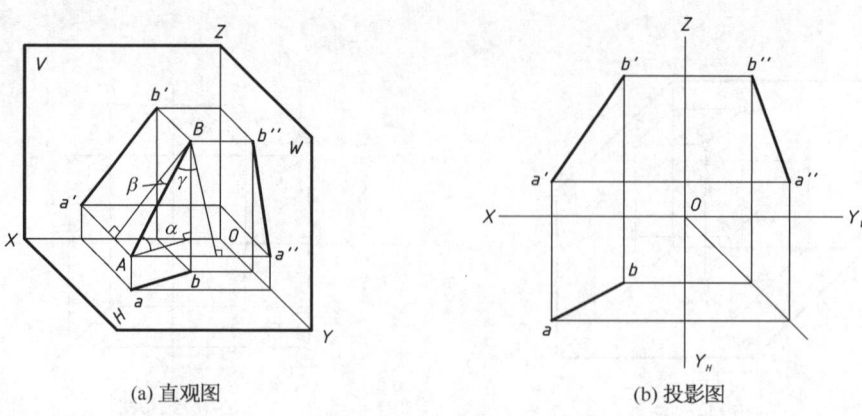

(a) 直观图　　　　　　　　　　　　　(b) 投影图

图 2-14　直线的投影

2. 各种位置直线的投影特性

1) 投影面平行线　平行于一个投影面而与另外两个投影面都倾斜的直线，称为投影面平行线。

正平线——平行于 V 面，倾斜于 H、W 面。

水平线——平行于 H 面，倾斜于 V、W 面。

侧平线——平行于 W 面，倾斜于 H、V 面。

平行线投影特性：

(1) 在所平行的投影面上的投影反映直线的实长，投影与投影轴的夹角分别反映直线对另两个投影面的倾角（真实性）。

(2) 在另两个投影面投影，分别平行于相应的投影轴，且长度比实长短（类似性）。

投影面平行线的投影特性见表 2-1。

表 2-1　投影面平行线的投影特性

名称	直观图	投影图	投影特性
正平线			1. 正面投影反映实长，与 X 轴夹角为 α，与 Z 轴夹角为 γ 2. 水平投影平行于 X 轴 3. 侧面投影平行于 Z 轴
水平线			1. 水平投影反映实长，与 X 轴夹角为 β，与 Y 轴夹角为 γ 2. 正面投影平行于 X 轴 3. 侧面投影平行于 Y 轴

（续表）

名称	直观图	投影图	投影特性
侧平线	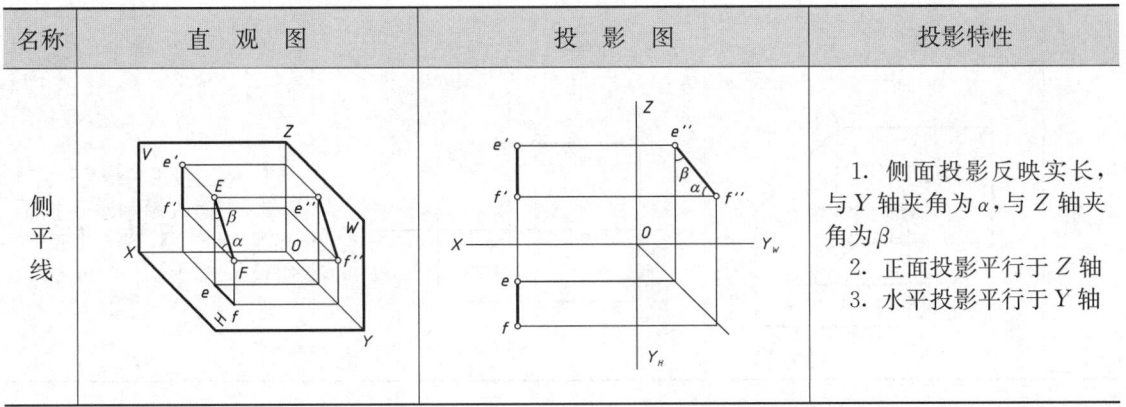		1. 侧面投影反映实长，与 Y 轴夹角为 α，与 Z 轴夹角为 β 2. 正面投影平行于 Z 轴 3. 水平投影平行于 Y 轴

2）投影面垂直线 垂直于一个投影面并与另外两个投影面平行的直线称为投影面垂直线。

正垂线——垂直于 V 面，平行于 H、W 面。
铅垂线——垂直于 H 面，平行于 V、W 面。
侧垂线——垂直于 W 面，平行于 V、H 面。
垂直线投影特性：
（1）在所垂直的投影面上的投影积聚成一个点（积聚性）。
（2）在另外两个投影面上的投影平行于相应的投影轴，且反映实长（真实性）。
投影面垂直线的投影特性见表 2-2。

表 2-2 投影面垂直线的投影特性

名称	直观图	投影图	投影特性
正垂线			1. 正面投影积聚为一点 2. 水平投影和侧面投影都平行于 Y 轴，并反映实长
铅垂线			1. 水平投影积聚为一点 2. 正面投影和侧面投影都平行于 Z 轴，并反映实长

名称	直观图	投影图	投影特性
侧垂线	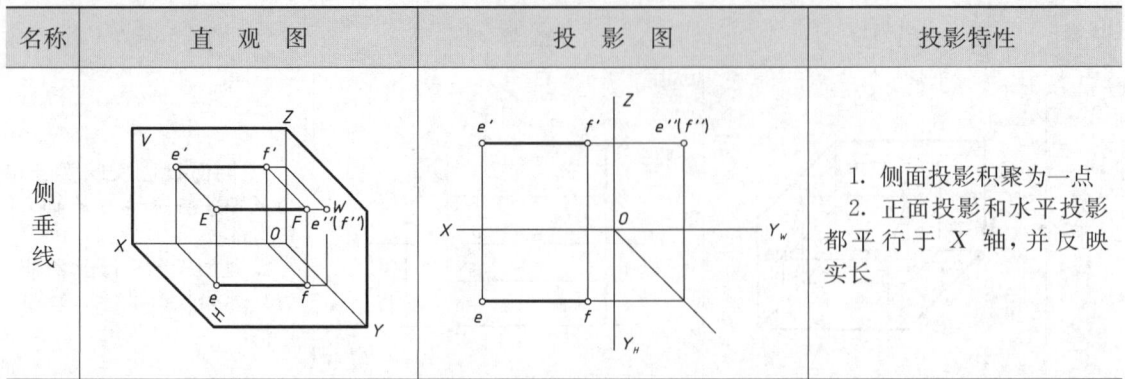		1. 侧面投影积聚为一点 2. 正面投影和水平投影都平行于 X 轴,并反映实长

3) 一般位置直线　一般位置直线与三个投影面都倾斜,因此在三个投影面上的投影都不反映实长,投影与投影轴之间的夹角也不反映直线与投影面之间的倾角,如图 2-14 所示。

3. 直线上的点的投影

1) 从属性　点在直线上,则点的各个投影必定在该直线的同面投影上;反之,若一个点的各个投影都在直线的同面投影上,则该点必定在直线上。

2) 定比性　若点属于直线,则点分线段之比,投影之后保持不变。如图 2-15 所示,$AC:CB = ac:cb = a'c':c'b' = a''c'':c''b''$。

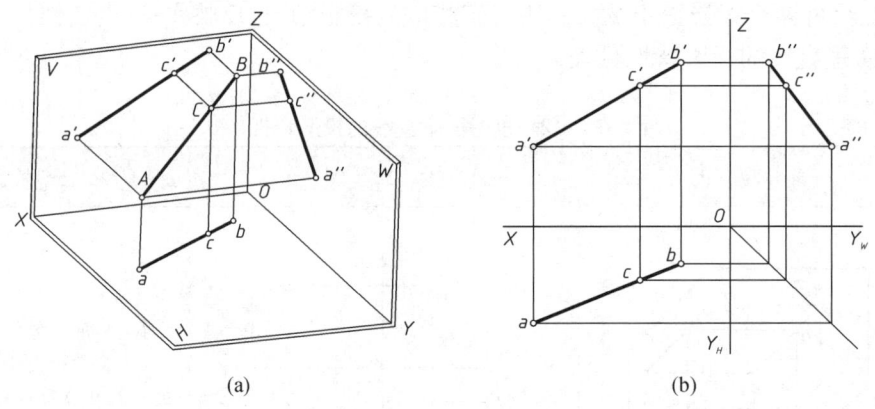

图 2-15　直线上的点的投影

例 2-3　已知侧平线 AB 的正面投影、水平投影及属于 AB 的点 C 的 V 面投影 c',求点 C 的 H 面投影 c。

解法一　利用第三投影定出 c,如图 2-16a 所示。

作图步骤如下:

(1) 求出 AB 的侧面投影 $a''b''$,同时求出 c'',如图 2-16a 所示;

(2) 根据点的投影规则,由 c'、c'' 对应求出 c。

解法二　利用定比关系求出 c,如图 2-16b 所示。

作图步骤如下:

(1) 过 a 点任作辅助线 ab_0,并截取 $ac_0 = a'c'$、$c_0b_0 = c'b'$,如图 2-16b 所示;

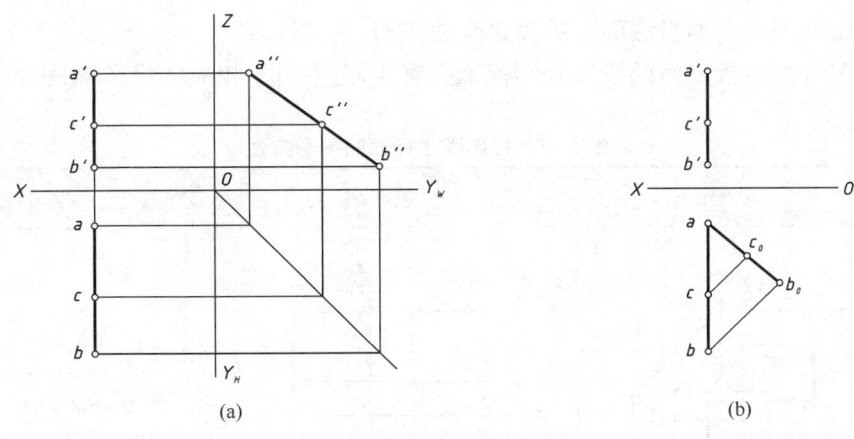

图 2-16 求直线上点的投影

(2) 连接 b_0b，并由 c_0 作 $c_0c \parallel b_0b$ 交 ab 于 c 点，即为所求。

(四) 平面的投影

1. 平面的表示法

在投影图上，可以用下列任何一组几何要素的投影表示平面，如图 2-17 所示：

(1) 不属于同一直线的三点（图 2-17a）；
(2) 一直线和不属于该直线的一点（图 2-17b）；
(3) 相交两直线（图 2-17c）；
(4) 平行两直线（图 2-17d）；
(5) 任意平面图形（图 2-17e）。

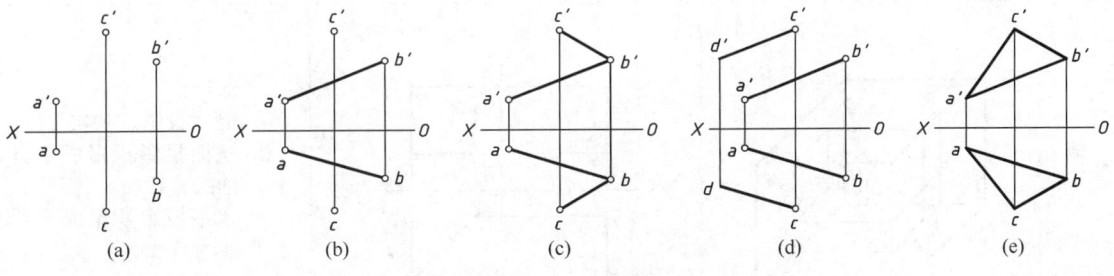

图 2-17 平面的表示法

2. 各种类型平面的投影

按平面在三投影面体系中的位置，可分为投影面平行面、投影面垂直面和一般位置平面。

1) 投影面平行面　平行于一个投影面，而垂直于另外两个投影面的平面称为投影面平行面。

正平面——平行于 V 面，垂直于 H、W 面；
水平面——平行于 H 面，垂直于 V、W 面；
侧平面——平行于 W 面，垂直于 H、V 面。

平行面投影特性(表2-3)：
(1) 平面在所平行的投影面上的投影反映实形(真实性)；
(2) 在另外两个投影面的投影分别积聚为直线,且平行于相应的投影轴(积聚性)。

表2-3 投影面平行面的投影特性

名称	直观图	投影图	投影特性
正平面			1. 正面投影反映实形 2. 水平投影积聚成平行于 X 轴的直线 3. 侧面投影积聚成平行于 Z 轴的直线
水平面			1. 水平投影反映实形 2. 正面投影积聚成平行于 X 轴的直线 3. 侧面投影积聚成平行于 Y 轴的直线
侧平面			1. 侧面投影反映实形 2. 正面投影积聚成平行于 Z 轴的直线 3. 水平投影积聚成平行于 Y 轴的直线

2) 投影面垂直面　垂直于一个投影面,而与其他两个投影面都倾斜的平面称为投影面的垂直面。

正垂面——垂直于 V 面而倾斜于 H、W 面；
铅垂面——垂直于 H 面而倾斜于 V、W 面；
侧垂面——垂直于 W 面而倾斜于 V、H 面。

垂直面投影特性(表2-4)：

(1) 在所垂直的投影面上的投影积聚成一直线；该直线与投影轴的夹角，分别反映该平面对另外两个投影面的真实倾角（积聚性）。

(2) 在另外两个投影面上的投影为面积缩小的该平面的类似形（类似性）。

表 2-4 投影面垂直面的投影特性

名称	直观图	投影图	投影特性
正垂面			1. 正面投影积聚成直线，与 X 轴夹角为 α，与 Z 轴夹角为 γ 2. 水平投影和侧面投影具有类似性
铅垂面			1. 水平投影积聚成直线，与 X 轴夹角为 β，与 Y 轴夹角为 γ 2. 正面投影和侧面投影具有类似性
侧垂面			1. 侧面投影积聚成直线，与 Y 轴夹角为 α，与 Z 轴夹角为 β 2. 正面投影和水平投影具有类似性

3) 一般位置平面　一般位置平面与三个投影面都倾斜，因此在三个投影面上的投影都不反映实形，而是类似形，如图 2-18 所示。

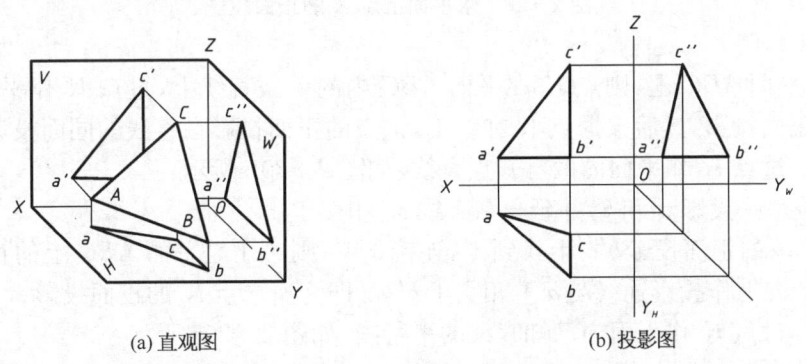

(a) 直观图　　　　　　　　(b) 投影图

图 2-18　一般位置平面的投影

3. 平面上的点和直线

1) 平面上取点   如果点在平面内的任一直线上,则点一定在该平面上。因此要在平面内取点,必须过点在平面内取一条已知直线,如图 2-19a 所示。

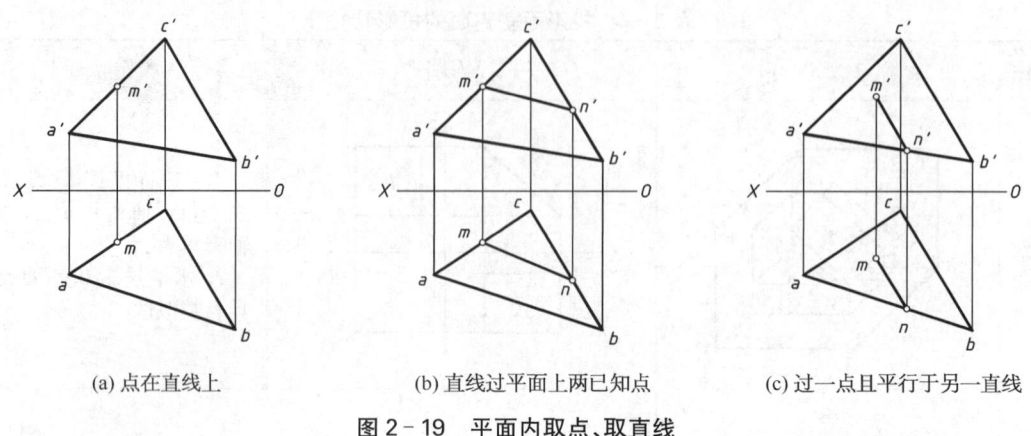

(a) 点在直线上   (b) 直线过平面上两已知点   (c) 过一点且平行于另一直线

图 2-19 平面内取点、取直线

2) 平面内取直线   如果一直线经过平面上两点,则该直线一定在已知平面上,如图 2-19b 所示。如果一直线经过平面上一点且平行于平面上的另一已知直线,则此直线一定在该平面上,如图 2-19c 所示。

例 2-4   求平面 ABC 上点 K 的正面投影,如图 2-20a 所示。

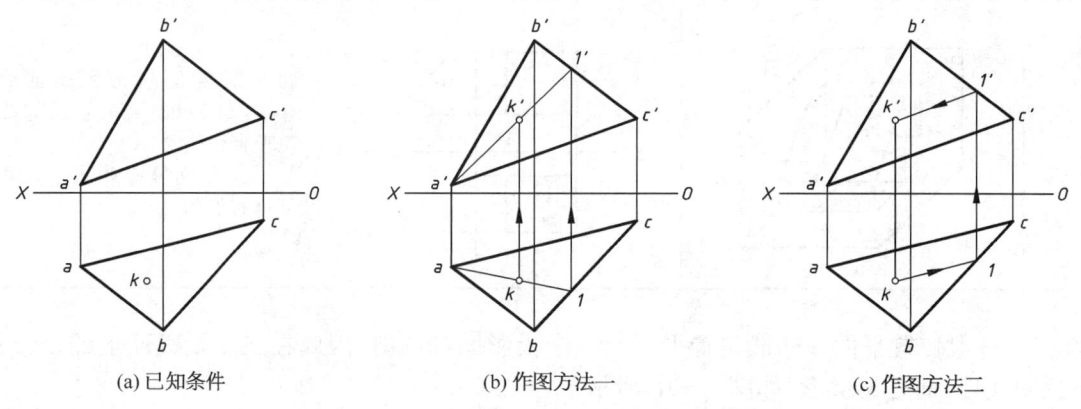

(a) 已知条件   (b) 作图方法一   (c) 作图方法二

图 2-20 求平面上点 K 的正面投影

点 K 在平面 ABC 上,则点 K 在平面 ABC 内的一条直线上,过点 K 作平面内直线,求得该直线的正面投影,然后根据点 K 在线上,该点的正面投影在直线的同面投影上求得。

解法一   过点 K 作平面内两已知点直线,如图 2-20b 所示:
(1) 连接水平投影 a 和 k,并延长与直线 bc 相交于 1。
(2) 在 BC 的正面投影 $b'c'$ 上找到 $1'$,连接 $a'1'$,则 $A\text{I}$ 是平面 ABC 上的直线。
(3) 过 k 向上作投影连线与 $a'1'$ 相交于 k',k' 即为所求点 K 的正面投影。

解法二   过点 K 作平面内已知直线的平行线,如图 2-20c 所示:
(1) 过 k 作 $k1 \mathbin{/\mkern-4mu/} ac$,与 bc 相交于 1,在 $b'c'$ 上求得 I 的正面投影 $1'$。

(2) 过 $1'$ 作 $1'k' \parallel a'c'$，与过 k 点的投影连线相交于 k'，k' 即为所求。

3) 平面上的投影面平行线　若一直线是属于一平面上的投影面平行线，则该直线的投影满足投影面平行线的投影特点，同时满足直线属于平面的几何条件。

二、实践提高

在平面 ABC 内作一条水平线，使其到 H 面距离为 $10\,\text{mm}$，如图 2-21a 所示。

在正面投影上作到投影轴的距离为 $10\,\text{mm}$，且平行于投影轴的直线 $m'n'$，与 AC 和 BC 的正面投影分别相交于 m'、n'，在 ac 和 bc 求得水平投影 m、n，连接 mn 即为所求，如图 2-21b 所示。

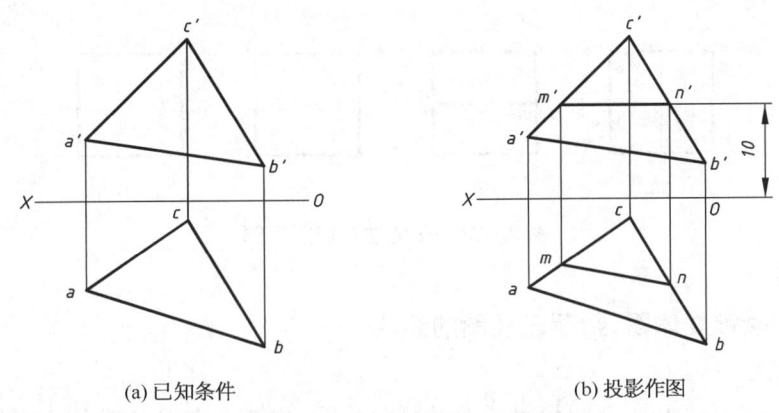

(a) 已知条件　　　　　　(b) 投影作图

图 2-21　平面内投影面平行线作法

任务二　识读与绘制简单平面立体

【学习目标】
1. 掌握棱柱三视图的特点，能绘制棱柱三视图，并能在棱柱表面取点。
2. 掌握棱锥三视图的特点，能绘制棱锥三视图，并能在棱锥表面取点。

基础任务

(一) 对照视图，判断棱柱的摆放方位

1. 任务要求

分析如图 2-22a 所示三棱柱的主、俯两个视图，判断该三棱柱的摆放方位是图 2-22b、c、d 中的哪一个，它的左视图应该如图 2-23 中的哪一个所示。

2. 关联知识点

棱柱的三视图。

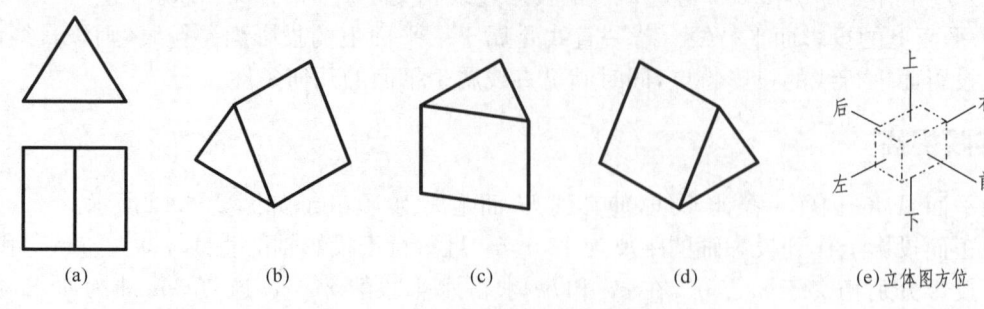

图 2-22 由视图判断物体摆放方位

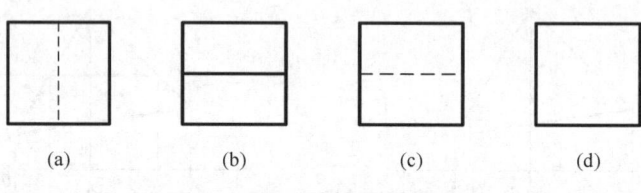

图 2-23 三棱柱左视图示例

（二）对照棱锥立体图，判断三视图的组成

1. 任务要求

根据如图 2-24a、b 所示四棱锥的两种摆放位置，判断两个四棱锥的三视图分别是由图 2-24c~h 中的哪几个组成，并画出相应的三视图。

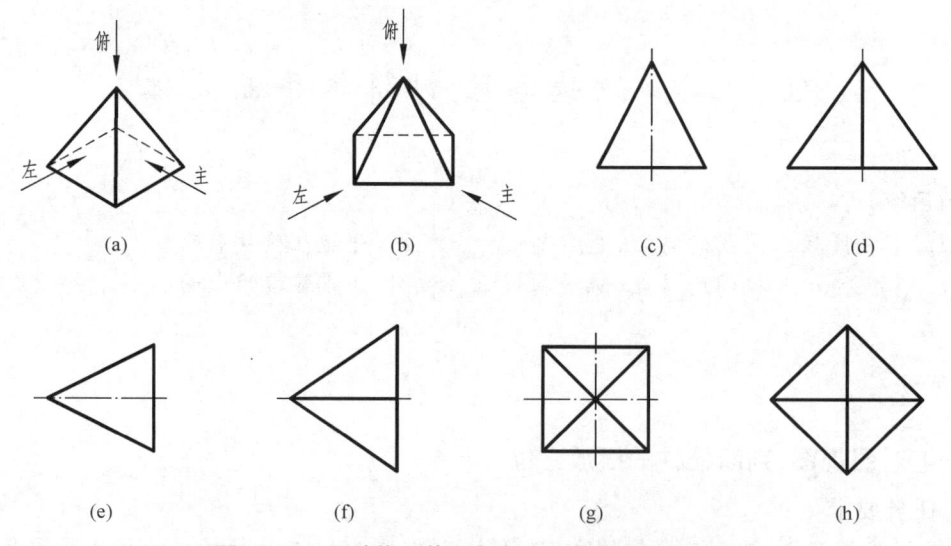

图 2-24 四棱锥立体图与各方向投影的视图图例

2. 关联知识点

棱锥的三视图。

一、相关知识

完全由平面围成的立体,称为平面立体,常见的平面立体有棱柱、棱锥,它们的表面由若干多边形围成。所以,绘制平面立体的投影就是把组成立体的平面和棱线表示出来,然后判别其可见性,看得见的棱线画成实线,看不见的棱线画成细虚线。

(一)棱柱

1. 棱柱的三视图

棱柱有直棱柱和斜棱柱两种,其中直棱柱由两个相互平行的上、下底面和与底面垂直的若干矩形侧面组成,底面为特征面。底面为正多边形的直棱柱称为正棱柱。常见的直棱柱有三棱柱、四棱柱、五棱柱、六棱柱等。

棱柱的特征面(底面)一般与某个基本投影面平行,其三视图的特点是:与特征面平行的投影面上的视图反映特征面实形,另两个视图由若干矩形组成,如图2-25所示。

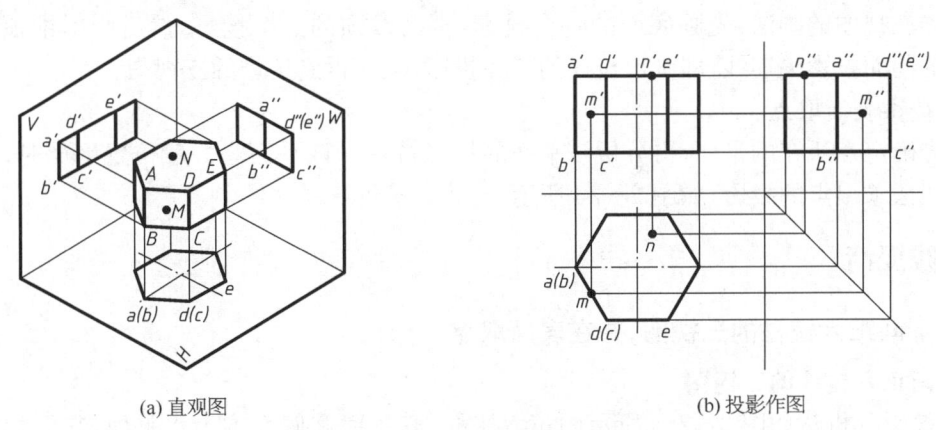

(a) 直观图　　　　　　　　　　　　(b) 投影作图

图2-25　棱柱的投影及表面取点

棱柱三视图的画法:先画反映底面特征的多边形视图,再根据投影规律画出其余两个视图。

2. 棱柱表面取点

首先确定点所在的平面,并分析该平面的投影特性,若该平面垂直于某一投影面,则点在该投影面上的投影必定落在这个平面的积聚性投影上,如图2-25所示。

(二)棱锥

1. 棱锥的三视图

棱锥由一个底面和若干个三角形侧面组成,侧面汇交于一点(称为锥顶),底面为特征面。常见的棱锥有三棱锥、四棱锥、五棱锥等。

棱锥的特征面(底面)一般与某个基本投影面平行,其三视图的特点是:与特征面平行的投影面上的视图反映特征面实形的多边形,锥顶的投影与底面的各顶点直线相连,另两个视图由若干三角形组成,如图2-26所示。

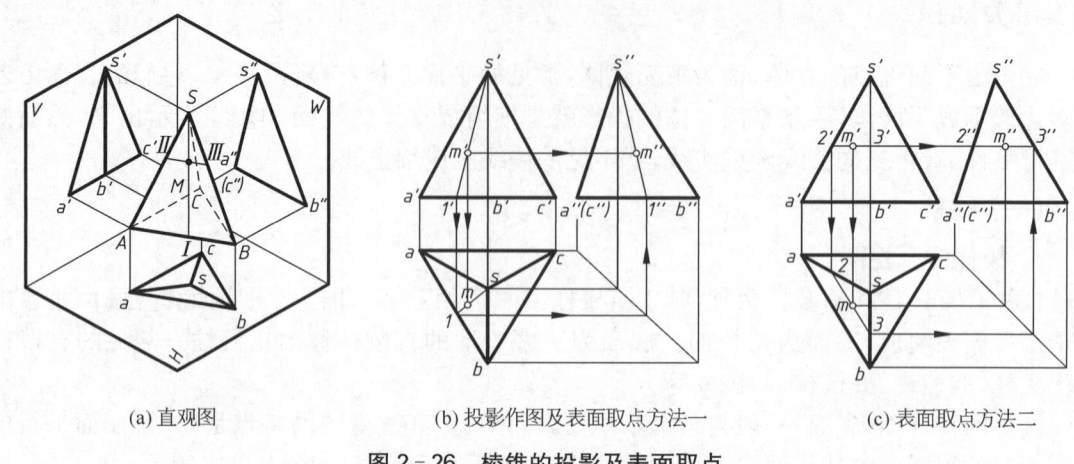

(a) 直观图　　　　(b) 投影作图及表面取点方法一　　　　(c) 表面取点方法二

图 2-26　棱锥的投影及表面取点

棱锥三视图的画法：先画底面的各个投影，再画锥顶的三个投影，然后画出锥顶与底面各顶点的同面投影的连线，即画出棱线的三面投影，从而得到棱锥的三视图。

2. 棱锥表面取点

首先确定点所在的平面，再分析该平面的投影特性。该平面为一般位置平面时，可采用辅助直线法求出点的投影，如图 2-26 所示。

二、实践提高

（一）画正六棱柱的三视图，并在表面取点

1. 画正六棱柱的三视图

1）投影分析　如图 2-25a 所示的正六棱柱，其顶面和底面均为水平面，它们的水平投影反映实形，正面及侧面投影积聚为一直线。六棱柱有六个侧棱面，前后两个为正平面，它们的正面投影反映实形，水平投影及侧面投影积聚为一直线。其他四个侧棱面均为铅垂面，其水平投影均积聚为直线，正面投影和侧面投影均为类似形。

棱线 AB 为铅垂线，水平投影积聚为一点 $a(b)$，正面投影 $a'b'$ 和侧面投影 $a''b''$ 均反映实长。顶面的边 DE 为侧垂线，侧面投影积聚为一点 $d''(e'')$，水平投影 de 和正面投影 $d'e'$ 均反映实长。底面的边 BC 为水平线，水平投影 $(b)(c)$ 反映实长，正面投影 $b'c'$ 和侧面投影 $b''c''$ 均小于实长。其余棱线可做类似分析。

2）画图分析　先画正六棱柱的水平投影正六边形，再根据投影规律和棱柱高度作出其他两个投影。最后完成的正六棱柱三视图如图 2-25b 所示。

2. 表面取点

已知棱柱表面上点 M 的正面投影 m'，求作点 M 的其他两个投影 m、m''。

因为 m' 可见，因此点 M 必定在棱面 $ABCD$ 上。此棱面是铅垂面，其水平投影积聚成直线，点 M 的水平投影 m 必在该直线上，由 m' 和 m 即可求得侧面投影 m''。又知点 N 的水平投影，求其他两个投影。因为 n 可见，因此点 N 必定在六棱柱顶面，n'、n'' 分别在顶面的积聚投影直线上，如图 2-25b 所示。

（二）画正三棱锥的三视图，并在表面取点

1. 画正三棱锥的三视图

1）投影分析　如图 2-26a 所示的正三棱锥，其底面 △ABC 为水平面，因此它的水平投影反映底面实形，其正面投影和侧面投影积聚为一直线。棱面 △SAC 为侧垂面，它的侧面投影积聚为一直线，水平投影和正面投影均为类似形。棱面 △SAB、△SBC 为一般位置平面，它们的三面投影均为类似形。

2）画图分析　先画底面三角形的各个投影，再画锥顶 S 的各个投影，然后画棱线的各个投影线即得正三棱锥的三面投影。最后完成的正三棱锥三视图如图 2-26b 所示。

2. 棱锥表面取点

对于正三棱锥表面上的特殊位置平面，其表面取点可利用平面投影的积聚性来作图。在一般位置平面上取点需用辅助线求解，即先在平面内取辅助直线，再在辅助直线上取点。因为直线在平面上，点又在直线上，所以，点必在平面上。

棱锥表面上取线的方法有：①过面内两点作线；②过面内一点作面内一条已知直线的平行线。

如图 2-26a 所示，已知正三棱锥表面上点 M 的正面投影 m'，求作点 M 的另外两投影 m、m''。

分析：因为 m' 可见，因此点 M 必定在棱面 △SAB 上。△SAB 是一般位置平面，要求 m、m'' 必须借助辅助线来求解。

方法一：如图 2-26a 所示，过面内已知两点（S 和 M）作辅助线求解，其作图过程如图 2-26b 所示，步骤如下：

(1) 连接面内已知点 S、M 的已知投影 s'、m'，并延长交 $a'b'$ 于 $1'$。

(2) 求 SⅠ的 H 面投影 $s1$ 和 W 面投影 $s''1''$。

(3) 根据点线从属性，求得 M 点的 H 面投影 m 和 W 面投影 m''。

或只求得 SⅠ的 H 面投影或 W 面投影，根据点线从属性，求得 M 点的 H 面投影 m 或 W 面投影 m''，再根据点的投影规律求得第三个投影。

方法二：如图 2-26a 所示，过面内一点（M）作一直线（如ⅡⅢ）平行于面内一已知直线（如 AB），此方法的作图步骤同方法一。即过点 M 的已知投影 m'，作 $2'3'/\!/a'b'$，然后求ⅡⅢ线的 H、W 面投影（点Ⅱ、Ⅲ是棱线上的点，根据点线从属性可直接求 23、$2''3''$），最后根据点 M 在ⅡⅢ线上，则点的投影在线的同面投影上，可求得 m 和 m''，如图 2-26c 所示。

任务三　识读与绘制简单回转体

> 【学习目标】
> 1. 掌握圆柱三视图的特点，能绘制圆柱三视图，并能在圆柱表面取点。
> 2. 掌握圆锥三视图的特点，能绘制圆锥三视图，并能在圆锥表面取点。
> 3. 掌握球体三视图的特点，能绘制球体三视图，并能在球体表面取点。

基础任务——对照三视图，判断圆柱的摆放方位

1. 任务要求

根据如图 2-27a 所示的圆柱三视图，判断该圆柱的摆放方位应该是图 2-27b、c、d 中的哪一个。

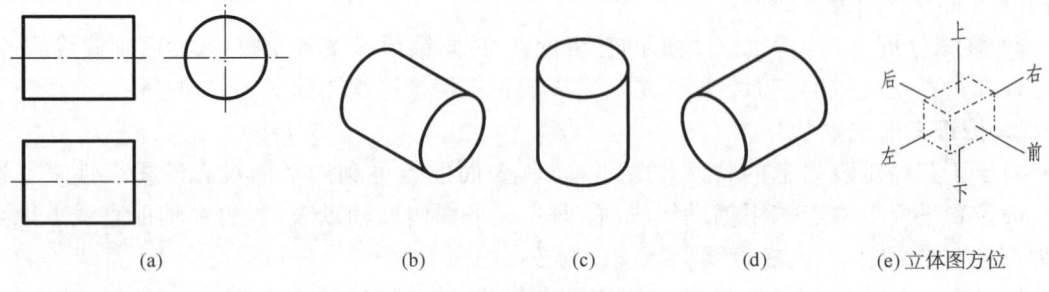

图 2-27　由三视图判断圆柱的摆放方位

2. 关联知识点

圆柱的三视图。

一、相关知识

由一条母线（直线或曲线）绕轴线回转而形成的立体称为回转体。最常见的回转体有圆柱、圆锥和球体等。

1. 圆柱

1）圆柱的三视图　圆柱表面由圆柱面和上、下底面圆组成。其中圆柱面是由一直线（母线）绕与之平行的轴线回转而成的。

圆柱底面一般与某个基本投影面平行，其三视图的特点是与底面平行的投影面上的视图为圆，另两个视图为大小相等的矩形，如图 2-28 所示。

圆柱三视图的画法：作图时先画出形状为圆的视图，再画出其他两个视图。

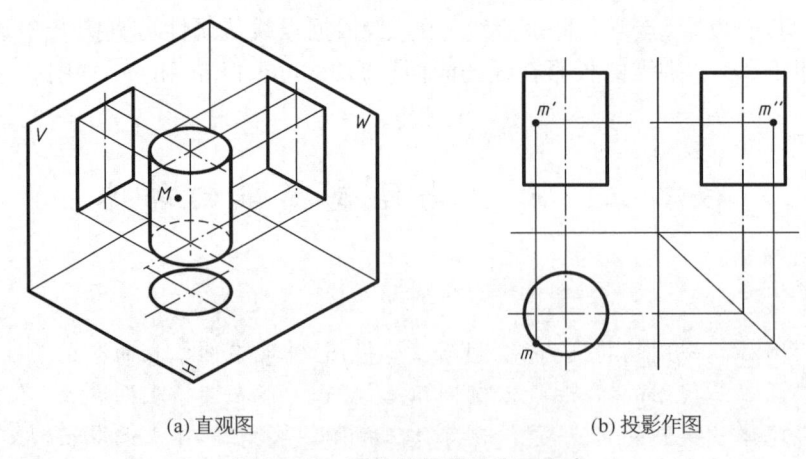

图 2-28　圆柱的投影及表面取点

2) 圆柱表面取点　确定点所在的位置,利用曲面(或平面)的积聚投影特性确定点的投影,如图 2-28 所示。

2. 圆锥

1) 圆锥的三视图　圆锥表面由圆锥面和底面圆组成。其中圆锥面是由一直母线绕与之相交的轴线回转而成的。

圆锥底面一般与某个基本投影面平行,其三视图的特点是:与底面平行的投影面上的视图为圆,另两个视图为大小相等的等腰三角形,如图 2-29 所示。

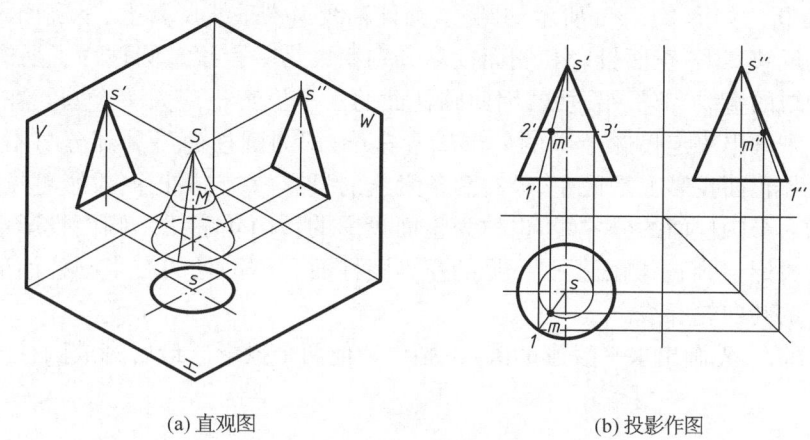

(a) 直观图　　　　　　　　(b) 投影作图

图 2-29　圆锥的投影及表面取点

圆锥三视图的画法:作图时先画出形状为圆的视图,再画出其他两个视图。

2) 圆锥表面取点

(1) 若点在底面,利用平面的积聚投影特性确定点的投影。

(2) 若点在锥面,可采用辅助素线法或辅助圆法确定点的投影,如图 2-29b 所示。

3. 球体

1) 球体的三视图　球面由一个半圆母线绕其直径回转而成。

球体三视图的特点是三个视图皆为与圆球直径相等的圆,如图 2-30 所示。

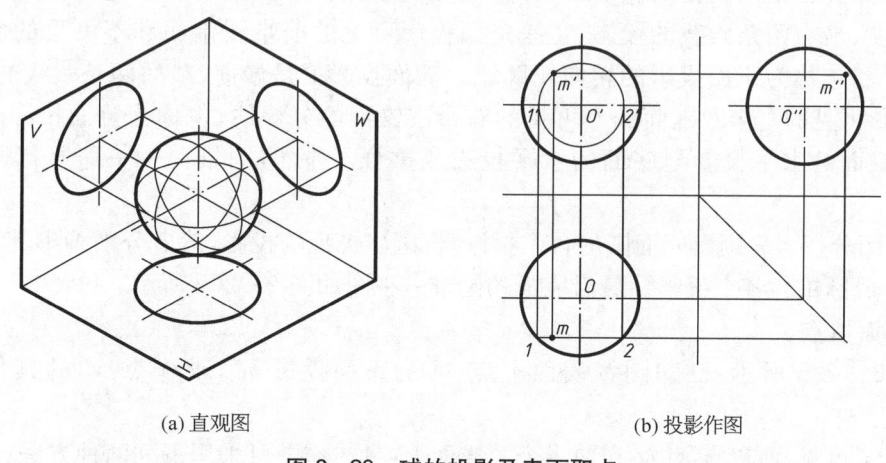

(a) 直观图　　　　　　　　(b) 投影作图

图 2-30　球的投影及表面取点

球体三视图的画法:作图时先画出视图的中心线,再画出直径相等的圆。

2) 球体表面取点　球面的投影没有积聚性,且球面上也不存在直线,所以必须采用辅助圆法求作其表面上点的投影,如图 2-30b 所示。

二、实践提高

(一) 画圆柱的三视图,并在表面取点

1. 画圆柱的三视图

1) 投影分析　如图 2-28a 所示的圆柱,圆柱轴线为铅垂线。其上、下底面圆为水平面,在水平投影上反映实形,正面投影和侧面投影分别积聚为一直线。圆柱面上所有素线(圆柱面上平行于轴线的直线)都是铅垂线,因此圆柱面的水平投影积聚为一个圆。在正面投影和侧面投影上分别画出决定投影范围的外形轮廓素线,即为圆柱面可见部分与不可见部分的分界线投影。如正面投影上是最左、最右两条素线的投影,它们是正面投影可见的前半圆柱面和不可见的后半圆柱面的分界线,也称为正面投影的转向轮廓线。侧面投影上是最前、最后两条素线的投影,它们是侧面投影可见的左半圆柱面和不可见的右半圆柱面的分界线,也称为侧面投影的转向轮廓线。

2) 画图分析　先画出水平投影的圆,再画出其他两个投影。最后完成圆柱三视图,如图 2-28b 所示。

2. 表面取点

如图 2-28b 所示,已知圆柱表面上点 M 的正面投影 m',求点 M 的其他两投影 m、m''。

因为 m' 可见,所以点 M 必在前半个圆柱面上,根据该圆柱面水平投影具有积聚性的特征,m 必定落在前半水平圆上,由 m、m' 即可求出 m''。

(二) 画圆锥的三视图,并在表面取点

1. 画圆锥的三视图

1) 投影分析　如图 2-29a 所示的圆锥,该圆锥轴线为铅垂线。底面为水平面,它的水平投影反映实形,其正面投影和侧面投影积聚为一直线。圆锥面上所有素线均与轴线相交于锥顶,因此圆锥面的正面、侧面投影分别为决定其投影范围的外形轮廓素线。正面投影上是最左、最右两条素线的投影,也是正面投影可见的前半圆锥面和不可见的后半圆锥面的分界线,也称为正面投影的转向轮廓线。侧面投影上是最前、最后两条素线的投影,也是侧面投影可见的左半圆锥面和不可见的右半圆锥面的分界线,也称为侧面投影的转向轮廓线。圆锥面的水平投影与底面的水平投影相重合。显然,圆锥面的三个投影都没有积聚性。

2) 画图分析　先画出底面圆的各个投影,再画出锥顶的投影,然后分别画出其外形轮廓素线,即完成圆锥的各个投影。最后完成的圆锥三视图如图 2-29b 所示。

2. 表面取点

如图 2-29b 所示,已知圆锥表面上点 M 的正面投影 m',求作点 M 的其他两投影 m、m''。

因为 m' 可见,所以点 M 必在前半个圆锥面上,具体作图可采用下列两种方法:

解法一 辅助素线法:过锥顶 S 和点 M 作一辅助线 $S\text{Ⅰ}$,由已知条件可确定正面投影 $s'1'$,求出它的水平投影 $s1$ 和侧面投影 $s''1''$,再根据点在直线上的投影性质,由 m' 求出 m 和 m''。

解法二 辅助圆法:过点 M 作一垂直于回转轴线的水平辅助圆,该圆的正面投影过 m' 且平行于底面圆的正面投影,它的水平投影为一直径等于 $2'3'$ 的圆,m 必在此圆周上,由 m' 和 m 可求出 m''。

(三) 画球的三视图,并在表面取点

1. 画球的三视图

1) 投影分析 球的三个投影均为圆,其直径与球的直径相等。但三个投影面上的圆是不同的转向轮廓线的投影。正面投影上的圆是球面上平行于 V 面的最大正平圆的投影,该圆为前半球面和后半球面的分界线,也称为正面投影的转向轮廓线。同理水平投影上的圆是球面上平行于 H 面的最大水平圆的投影,该圆为上半球面和下半球面的分界线。侧面投影上的圆是球面上平行于 W 面的最大侧平圆的投影,它是左半球面和右半球面的分界线,如图 2-30 所示。

2) 画图分析 先确定球心的三个投影,再画出三个与球等直径的圆。

2. 表面取点

如图 2-30b 所示,已知球面上点 M 的水平投影 m,求作点 M 的其他两投影 m'、m''。

过点 M 作一平行于 V 面的辅助圆,它的水平投影为直线 12,正面投影为直径等于 12 的圆,m' 必在该圆周上。由于点 m 可见,故点 M 必在上半个球面上,由 m 和 m' 可求出 m''。

任务四 绘制截交线

【学习目标】
1. 掌握平面立体截交线特点,能绘制平面体截切三视图。
2. 掌握圆柱截交线特点,能绘制圆柱截切三视图。
3. 掌握圆锥截交线特点,能绘制圆锥截切三视图。
4. 掌握球体截交线特点,能绘制球体截切三视图。

基础任务

(一) 对照立体图,判断左视图和平面投影

1. 任务要求

图 2-31a、b 分别是一带缺口五棱柱的立体图和主、俯两个视图,通过对比分析,判断该物体的左视图是图 2-31c、d、e、f 中的哪一个,并指出平面 Q 的三面投影。

2. 关联知识点

平面立体的截交线。

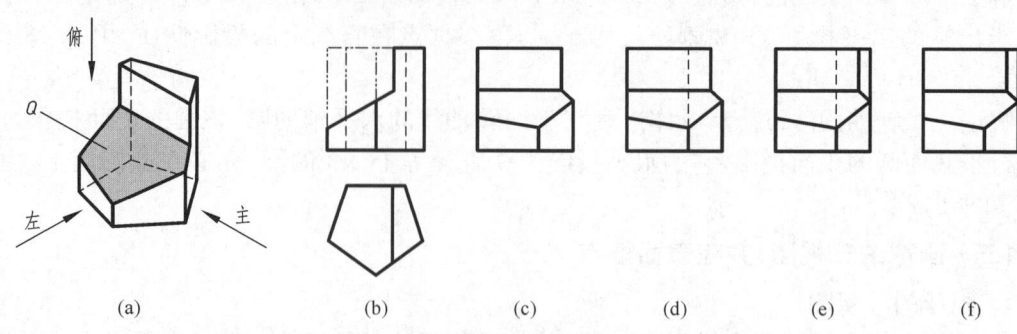

图 2-31 带缺口五棱柱的立体图与视图

(二)对照立体图,判断俯视图和平面投影

1. 任务要求

图 2-32a、b 分别是一带缺口圆筒的主、左两个视图和立体图,通过对比分析,判断该物体的俯视图是图 2-32c、d、e、f 中的哪一个,并指出平面 Q 的三面投影。

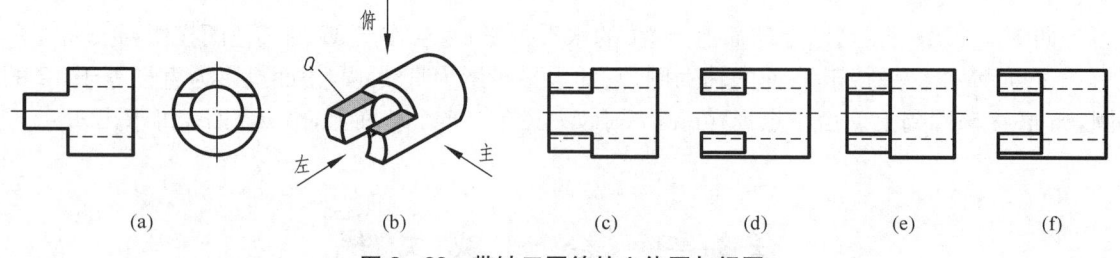

图 2-32 带缺口圆筒的立体图与视图

2. 关联知识点

圆柱的截交线。

一、相关知识

由平面截切几何体所形成的表面交线称为截交线,该平面称为截平面。

截交线是截平面和几何体表面的共有线,截交线上的每一点都是截平面和几何体表面的共有点。因此,只要能求出这些共有点,再把这些共有点连起来,就可以得到截交线。下面介绍几种常见的截交线及其求法。

(一)平面立体的截交线

平面立体的截交线为封闭的平面多边形,如图 2-33 所示。截交线 ABC 为三角形,其各边为三棱锥各侧面与截平面 Q 的交线,交线的端点是棱锥上各棱线与截平面 Q 的交点。这样,求平面与平面立体的截交线,只要求出各棱线与截平面 Q 的交点,然后依次连接即可得所求。

例 2-5 求正垂面 P 与正四棱锥的截交线(图 2-34)。

1. 分析

从图 2-34a 可知,四棱锥被正垂面 P 所截,显然截交线是四边形,其四个顶点分别是四

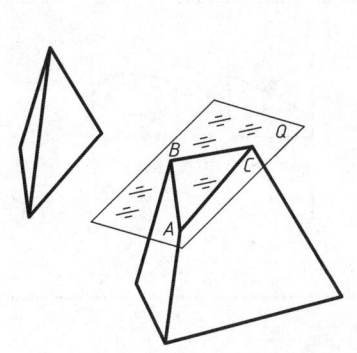
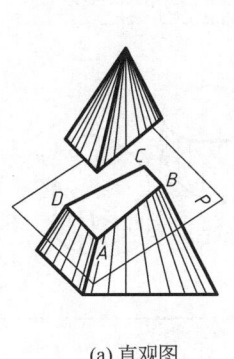
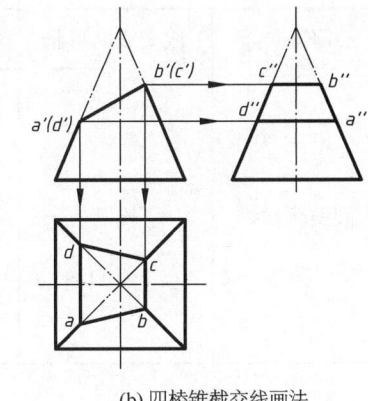

图 2-33 平面立体的截交线　　　　　图 2-34 求四棱锥的截交线

(a) 直观图　　　(b) 四棱锥截交线画法

条侧棱与截平面的交点。这样，只要分别求出这四个顶点的各面投影，然后依次连接该四点的同面投影，即得所求截交线的投影。

2. 作图（图 2-34b）

（1）由于正垂面 P 与 V 面垂直，截交线上四点（a'、b'、c'、d'）的正面投影可根据其积聚性求得。

（2）通过正面投影按投影规律求出水平投影 a、b、c、d 和侧面投影 a''、b''、c''、d''。

（3）依次连接该四点的同面投影，即得所求截交线的投影。

（二）圆柱的截交线

用一截平面切割圆柱体，所形成的截交线有三种情况，见表 2-5。

表 2-5　圆柱的截交线

截平面位置	截交线的形状	立　体　图	投　影　图
平行于轴线	矩形		
垂直于轴线	圆		

(续表)

截平面位置	截交线的形状	立 体 图	投 影 图
倾斜于轴线	椭圆		

例 2 - 6 求正垂面与圆柱的截交线(图 2 - 35)。

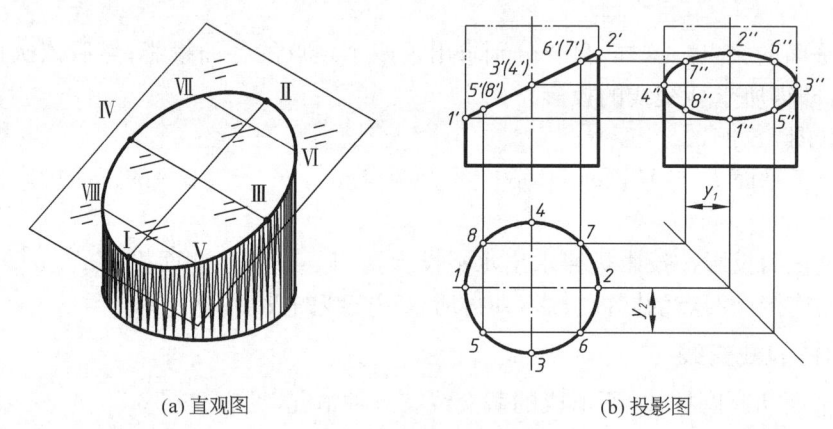

(a) 直观图　　　　　(b) 投影图

图 2 - 35　斜截圆柱的截交线

1. 分析

由于截平面与圆柱轴线倾斜,所以截交线为椭圆。因为截平面是正垂面,所以截交线在 V 面上的投影积聚成一直线,又由于截交线是截平面与圆柱面的共有线,因此截交线在 H 面上的投影为圆,在 W 面上的投影为椭圆。这样,截交线的正面投影和水平投影可直接得出,侧面投影可按点的投影规律求得。

2. 作图

(1) 求特殊点:特殊点是指截交线上的最高、最低点,最左、最右点,最前、最后点,可见与不可见的分界点、转向轮廓线上的点等。图中,Ⅰ、Ⅱ为最低、最高点,也是最左、最右点,同时也是空间椭圆长轴的两端点;Ⅲ、Ⅳ为最前、最后点,同时也是空间椭圆短轴的两端点。其正面投影为 $1'$、$2'$、$3'$、$(4')$,水平投影为 1、2、3、4,侧面投影为 $1''$、$2''$、$3''$、$4''$。

(2) 求一般点:为作图准确,需补充四个点 Ⅴ、Ⅵ、Ⅶ、Ⅷ。先在 V 面上取 $5'$、$6'$、$7'$、$8'$,其中 $5'$、$8'$ 点和 $6'$、$7'$ 点为重影点。再利用积聚性通过正面投影求水平投影 5、6、7、8,最后按点的投影规律求出侧面投影 $5''$、$6''$、$7''$、$8''$。

(3) 依次连接 $1''$-$5''$-$3''$-$6''$-$2''$-$7''$-$4''$-$8''$-$1''$,即得截交线的侧面投影。

(4) 判别可见性,整理轮廓线。

（三）圆锥的截交线

用一截平面切割圆锥体，所形成的截交线有五种情况，见表 2-6。

表 2-6　圆锥的截交线

截平面位置	截交线的形状	立 体 图	投 影 图
垂直于轴线	圆		
倾斜于轴线	椭圆		
平行于任一素线	抛物线		
平行于轴线	双曲线		

截平面位置	截交线的形状	立 体 图	投 影 图
过锥顶	过锥顶的三角形		

当截交线为三角形或圆时,其投影可直接画出。当截交线为椭圆、抛物线、双曲线时,则要用辅助素线法或辅助平面法求解。

辅助平面法:作一辅助平面既与圆锥面相交,又与截平面相交,所得两交线的交点即为截交线上的点。图 2-36 所示为一铅垂面截切圆锥,现采用一水平面为辅助平面与截平面和圆锥相交,得三面相交的交点 D、E 即为所求截交线上的点。

例 2-7 画出圆锥被正垂面 P 斜切的截交线(图 2-37)。

1. 分析

由图 2-37a 和表 2-6 可知,截交线为一椭圆。在三视图上,截交线的正面投影积聚为一直线,而在其他两个投影面上的投影为椭圆。

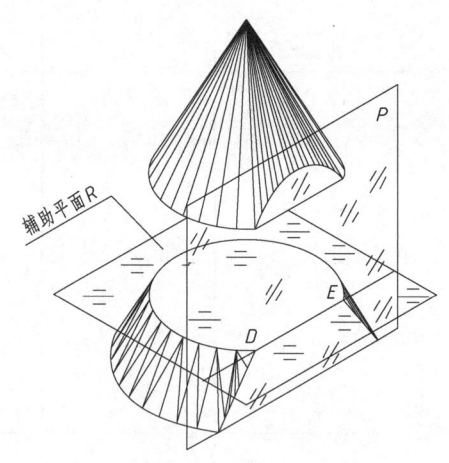

图 2-36 辅助平面法

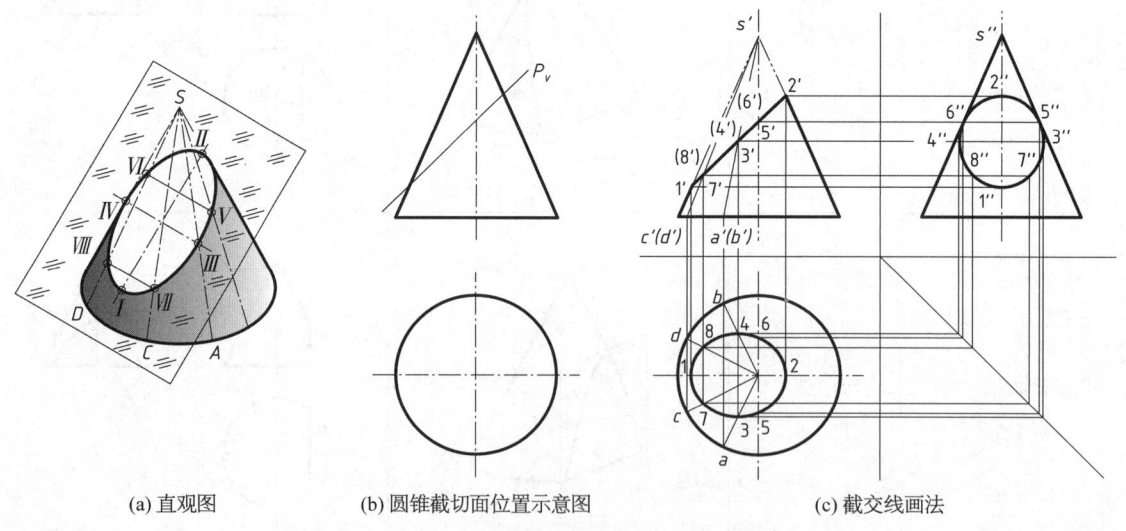

(a) 直观图　　(b) 圆锥截切面位置示意图　　(c) 截交线画法

图 2-37 圆锥斜截时的截交线画法

2. 作图

(1) 画出圆锥的三面投影图。

(2) 求特殊点。

① Ⅰ、Ⅱ为最低、最高点,也是最左、最右点,同时也是空间椭圆长轴的两端点。由最低点Ⅰ、最高点Ⅱ的正面投影 $1'$、$2'$,向 H 面投射得点 1、2,向 W 面投射得点 $1''$、$2''$,可确定椭圆的长轴。

② Ⅴ、Ⅵ为最前、最后转向轮廓线上的点。$5'$、$(6')$ 两点在 V 面投影中位于圆锥主视图的轴线上,因此向 W 面投射得到 $5''$、$6''$。再根据"高平齐、宽相等",可求得水平投影 5、6。

③ Ⅲ、Ⅳ为空间椭圆短轴的两端点,其正面投影 $3'$、$(4')$ 位于截交线正面投影的中点。连接 $s'3'$ 作辅助素线 $s'a'$,并向 H 面投射得 sa,同理可作出过 S、Ⅳ两点的辅助素线的正面投影 $s'(b')$ 和水平投影 sb。由于 Ⅲ、Ⅳ两点在素线 SA、SB 上,因此将 $3'$、$(4')$ 分别向 H 面投射得到 3、4 两点。再根据"高平齐、宽相等",可求得 $3''$、$4''$。

(3) 求一般点。在截交线正面投影中取 $7'$、$(8')$ 两点,连接 $s'7'$、$s'(8')$,作过 $7'$、$(8')$ 点的辅助素线 $s'c'$、$s'(d')$,并求得其水平投影 sc、sd。将 $7'$、$(8')$ 分别向 H 面投射得到 7、8 两点。再根据"高平齐、宽相等",可求得 $7''$、$8''$。

(4) 光滑连接各点的同面投影,作出椭圆。

(5) 判别可见性,整理轮廓线。

(四) 球的截交线

用一截平面切割球,所形成的截交线都是圆。当截平面与某一投影面平行时,截交线在该投影面上的投影为一圆,在其他两投影面上的投影都积聚为直线,如图 2-38 所示。画图时,一般先确定截平面的位置,即画出截交线积聚为直线的投影,再画出形状为圆的投影。

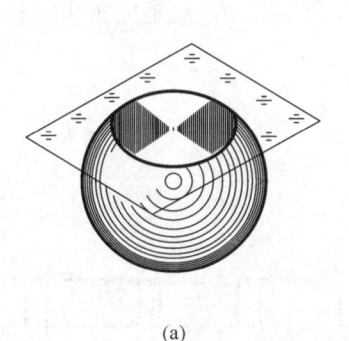
(a)

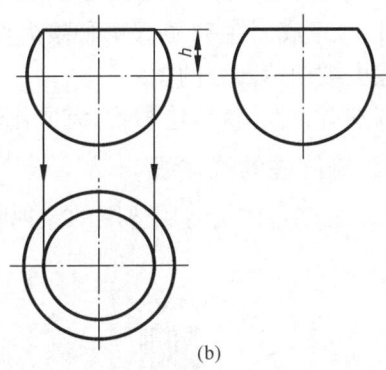
(b)

图 2-38 球被水平面截切的三视图

当截平面与某一投影面垂直时,截交线在该投影面上的投影积聚为直线,在其他两投影面上的投影均为椭圆。

二、实践提高

(一) 绘制平面体的截交线

求作如图 2-39a 所示穿孔四棱柱的三视图。

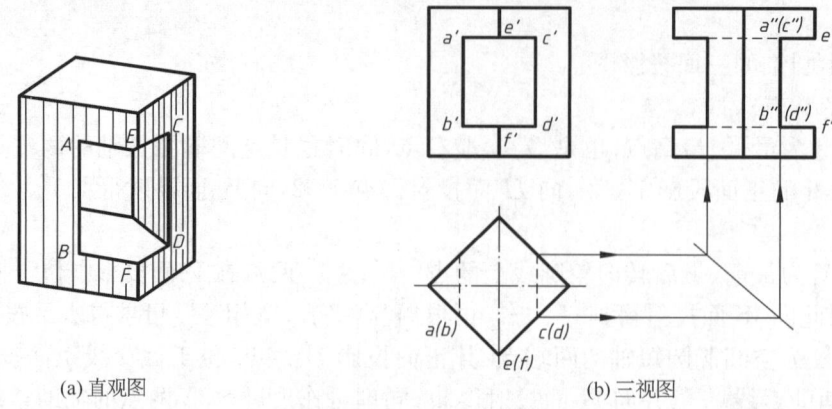

(a) 直观图　　　　　　　　　　　　(b) 三视图

图 2-39　穿孔四棱柱

1. 分析

四棱柱上的矩形通孔是由四个特殊位置平面截切四棱柱而形成的。孔的两侧壁为矩形的侧平面，孔上下底为六边形的水平面，反映通孔的形状特征，其在 V 面的投影均积聚为直线。

2. 作图（图 2-39b）

（1）先作出完整的四棱柱三视图及通孔 V 面的积聚性投影（投影前后、左右对称，只标注前半部分）。

（2）通孔的两侧壁在 H 面积聚为两直线段（虚线），孔上、下底面在 H 面投影反映实形，并重合在一起，故可直接作出通孔的 H 面投影。

（3）通孔的两侧壁在 W 面投影反映实形，并重合在一起。根据 H 面和 V 面投影可求出孔口两侧壁交线 AB、CD 的 W 面投影 $a''b''$、$(c'')(d'')$，对称画出其后半部分，即求出通孔侧壁 W 面投影。孔上、下底面在 W 面投影积聚为直线段，a''、(c'') 和 b''、(d'') 点是虚实线的分界点。

（4）擦去被切掉部分的图线。

（5）判别可见性，整理轮廓线，完成作图。

（二）绘制圆柱的截交线

分析图 2-40a，作出专用垫圈的左视图和俯视图。

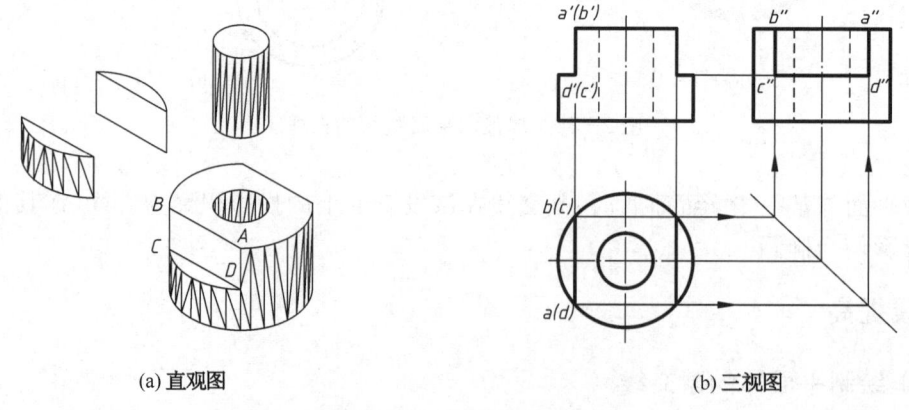

(a) 直观图　　　　　　　　　　　　(b) 三视图

图 2-40　专用垫圈视图

1. 分析

从图 2-40a 可以看出，专用垫圈是一个带圆孔和左右两侧被切割的圆柱体。左右两侧各被一个水平面和一个侧平面截切。在主视图中，四个平面均积聚成直线；在俯视图中，两侧平面积聚成直线，两水平面为带圆弧的平面图形且反映实形；在左视图中，水平面积聚成直线，两侧平面为矩形且反映实形。

2. 作图（图 2-40b）

（1）先作出完整的带圆孔圆柱体三视图及左右两侧被切割缺口 V 面的积聚性投影（投影前后、左右对称，只标注左半部分）。

（2）缺口的两侧面在 H 面积聚为两直线段，缺口底面在 H 面投影反映实形，故可直接作出缺口的 H 面投影。

（3）缺口的两侧面在 W 面投影反映实形，并重合在一起。根据 H 面和 V 面投影可求出缺口两侧面交线 AD、BC 的 W 面投影 $a''d''$、$b''c''$，即求出缺口侧面在 W 面投影。缺口底面在 W 面投影积聚为直线段。

（4）擦去被切掉部分的图线。

（5）判别可见性，整理轮廓线，完成作图。

（三）绘制组合回转体的截交线

求作顶尖头部的截交线（图 2-41）。

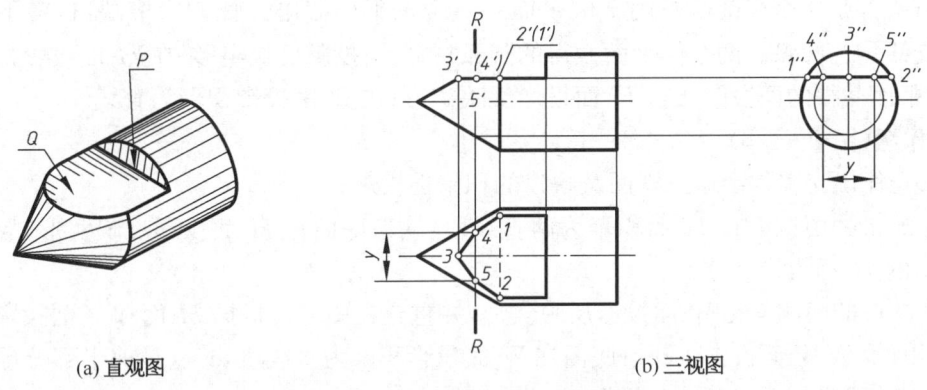

(a) 直观图　　　　　　　(b) 三视图

图 2-41　顶尖头部截交线

1. 分析

顶尖头部是由同轴的圆锥与圆柱组合而成，且被互相垂直的平面 P、Q 所截切，其中平面 Q 平行于轴线、平面 P 垂直于轴线。截平面 Q 截切圆锥所得截交线为双曲线，截切圆柱所得截交线为两条直线。截平面 P 截切圆柱所得截交线为一圆弧。

2. 作图（图 2-41b）

（1）截交线的正面投影都积聚为直线，截交线的侧面投影是平面 P 截切的部分圆弧，平面 Q 积聚的直线，都可直接画出。

（2）根据截交线的正面投影、侧面投影画出水平投影。先求出双曲线上的三个特殊点 1、2、3；再用辅助平面法由 $4''$、$5''$ 求出双曲线上一般位置点 4、5（y=y，宽相等）。

（3）最后将 1、4、3、5、2 各点光滑连接成双曲线并和圆柱截交线组成一个封闭的平面图形,即得截交线的水平投影。

(4) 判别可见性,整理轮廓线。

(四) 绘制球的截交线

画出如图 2-42a 所示圆头螺钉头部三视图。

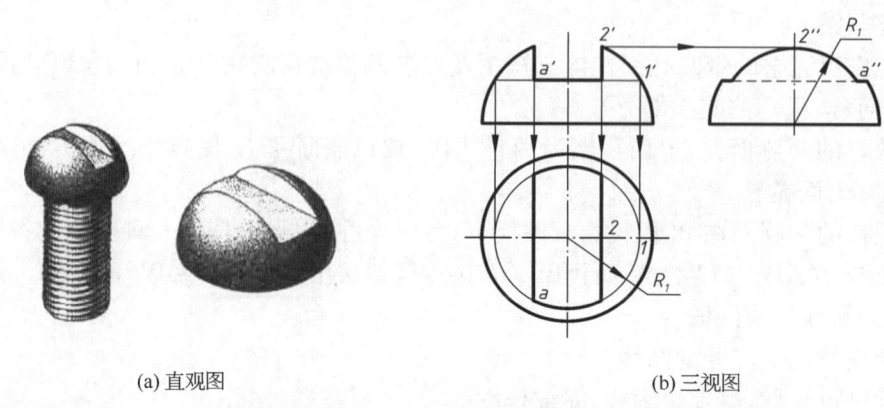

(a) 直观图　　　　　　　　　　(b) 三视图

图 2-42　圆头螺钉头部截交线

1. 分析

螺钉头部是一个半圆球被两个侧平面和一个水平面截出一长方形槽缺口,各平面与球面的截交线均为圆弧。两个侧平面截得的圆弧在 W 面投影反映实形,在 H 面投影积聚为直线,而水平面截得的两段圆弧在 H 面投影反映实形、在 W 面投影积聚为直线。

2. 作图(图 2-42b)

(1) 先作出完整的半球三视图及缺口的积聚性投影。

(2) 缺口的两侧面在 H 面积聚为两直线段,缺口底面在 H 面投影反映实形,故可直接作出缺口的 H 面投影。

(3) 缺口的两侧面在 W 面投影反映实形,并重合在一起。根据 H 面和 V 面投影可求出缺口两侧面交线 W 面投影。缺口底面在 W 面投影积聚为直线段,a'' 点是前半部分虚实线的分界点,对称可求出后半部分分界点。

(4) 擦去被切掉部分的图线。

(5) 判别可见性,整理轮廓线,完成作图。

任务五　绘制相贯线

【学习目标】

1. 掌握利用积聚性求相贯线方法,能绘制正交圆柱相贯线。
2. 掌握辅助平面法求相贯线方法,能绘制相交形体的相贯线。

基础任务——对照立体图,判断视图的组成

1. 任务要求

图 2-43a、b 分别是相交圆柱的主、左视图与立体图,判断该物体的俯视图是图 2-43c~f 中的哪一个,并分析两圆柱相交时的交线类型。

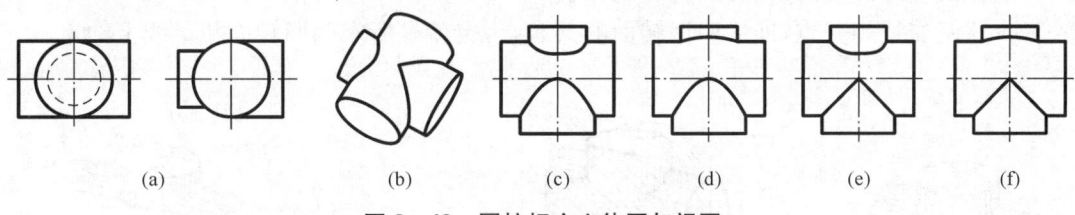

图 2-43 圆柱相交立体图与视图

2. 关联知识点

(1)圆柱相贯线;(2)相贯线的特殊情况。

一、相关知识

在机器上常出现两立体相交的情况。两立体相交称为相贯,相贯时两立体表面产生的交线称为相贯线,参与相贯的立体称为相贯体,如图 2-44 所示。相贯线也为两立体的分界线。本教材主要介绍两回转体相交的相贯线问题。

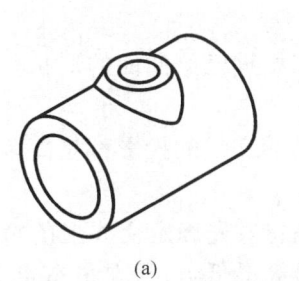 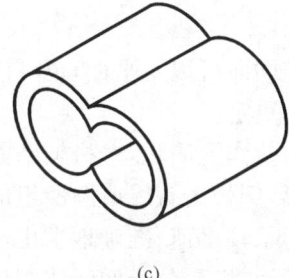

图 2-44 立体表面的相贯线

(一) 相贯线的特性

(1) 相贯线是互相贯穿的两个形体表面的共有线,也是两个相交形体的表面分界线。

(2) 两相交回转体的相贯线一般是闭合的空间曲线,有时也为平面曲线或直线。

(二) 相贯线的画法

1. 利用积聚性求相贯线

当相交的两回转体是圆柱体,且其轴线与投影面垂直时,则该圆柱的一个投影为圆,并且此圆也是圆柱面的积聚性投影,所以相贯线的投影也一定积聚在该圆上,为一已知投影。相贯线的其他投影可根据表面上取点的方法作出。

2. 利用辅助平面法求相贯线

两回转体的表面相交,其相贯线一般为光滑的、封闭的空间曲线。该曲线上的每一点都是两个回转体表面的共有点。求共有点的方法是利用辅助面的方法,如图 2-45 所示。作图具体步骤如下：

(1) 作一辅助面 P,使其与两已知回转面相交;
(2) 作出辅助面与两已知回转面的交线;
(3) 这两交线的交点,即为两回转面的共有点,也就是所求两回转面相贯线上的点。

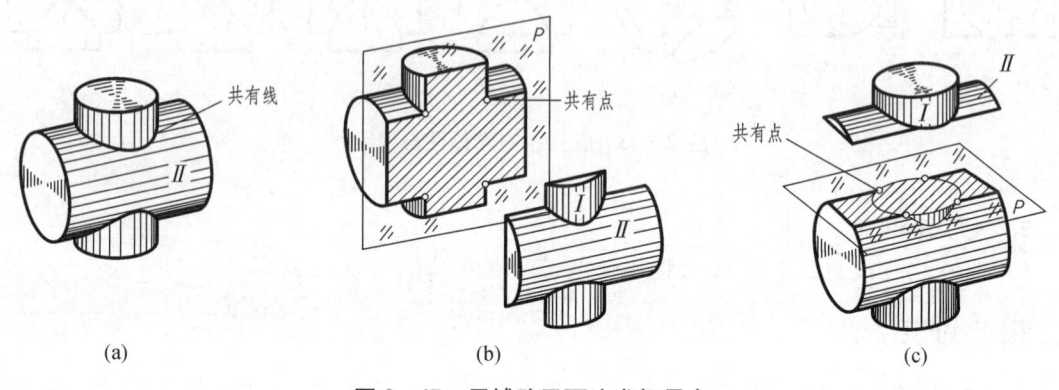

图 2-45　用辅助平面法求相贯点

图 2-45 中采用了两种不同位置的辅助平面。一种是正平面,它与两个圆柱的交线都是矩形(图 2-45b);另一种是水平面,它与圆柱 Ⅰ 的交线是圆,与圆柱 Ⅱ 的交线是矩形(图 2-45c)。

辅助面可以是平面,也可以是球面。究竟选用哪一种,应当根据已给曲面的形状和相对位置来决定。

为使作图简化,选择辅助面的原则是：应使辅助面与两回转面交线的投影都是简单易画的图形,例如由直线或圆所组成。

为了较迅速、准确地求出两回转体表面的交线,其作图方法是：先确定交线上的特殊点的投影,它们是位于回转体视图轮廓线上的点以及交线上的最高最低点、最左最右点、最前最后点；然后补上若干个一般点的投影；再将这些共有点的投影连接而成。

二、实践提高

(一) 利用积聚性求相贯线

求作图 2-46 所示两正交圆柱相贯线。

1. 分析

小圆柱轴线垂直于 H 面,大圆柱轴线垂直于 W 面,相贯体前后、左右对称。相贯线的水平投影积聚在小圆柱的投影面上,W 面投影积聚在大圆柱 W 面投影的一段圆弧上,只需求出相贯线的 V 面投影。

2. 作图(图 2-46b)

(1) 求特殊位置点。Ⅰ、Ⅱ 是相贯线上的最左点和最右点,也是最高点。由 1、2 和 1″、

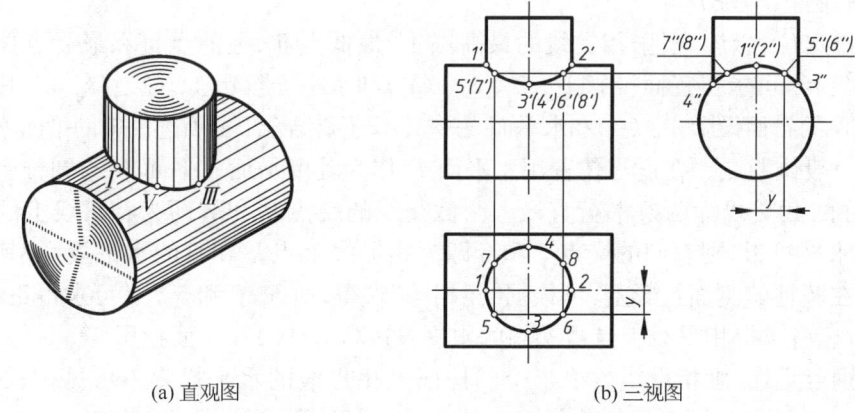

(a) 直观图　　(b) 三视图

图 2-46　正交圆柱相贯线画法

(2″)可求出 1′、2′。Ⅲ、Ⅳ是相贯线上的最前点和最后点，也是最低点。由 3、4 和 3″、(4″)可求出 3′、(4′)。

(2) 求一般位置点。为作图准确，在投影为圆的俯视图上取四等分点 5、6、7、8，根据"宽相等"求得 5″、(6″)、7″、(8″)投影，再根据"高平齐、长对正"的关系求出 V 面投影 5′、6′、(7′)、(8′)。

(3) 依次光滑连接各点，即得出相贯线在 V 面的投影。

(二) 利用辅助平面法求相贯线

求作图 2-47 所示圆柱与圆锥台正交时的相贯线。

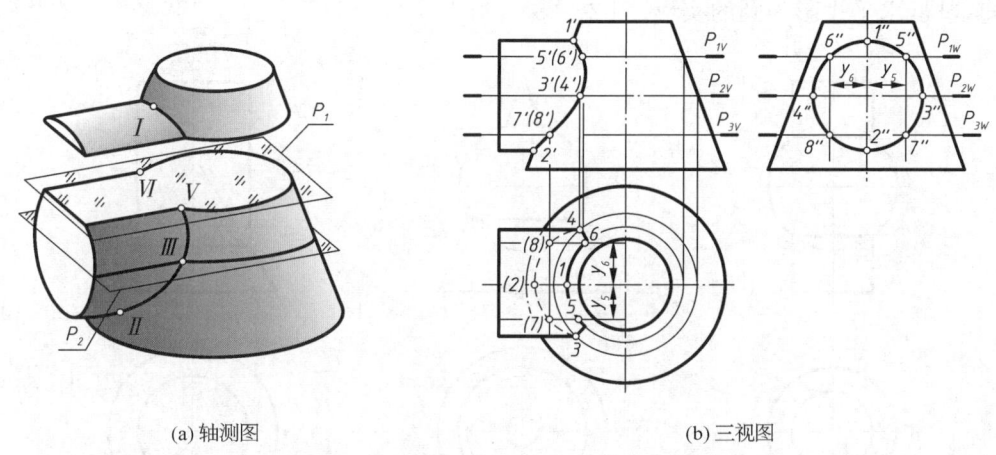

(a) 轴测图　　(b) 三视图

图 2-47　圆柱与圆锥台正交的相贯线画法

1. 分析

如图 2-47a 所示，圆柱与圆锥台的轴线正交，且平行于 V 面，其相贯线为封闭的空间曲线，且前、后对称。由于圆柱的轴线垂直于 W 面，因此，相贯线的侧面投影与圆柱面的侧面投影重合为圆。故只需求出相贯线的正面投影和水平投影即可。

2. 作图(图2-47b)

(1) 求特殊位置点。根据相贯线的最高点Ⅰ、最低点Ⅱ、最前点Ⅲ和最后点Ⅳ的侧面投影1″、2″、3″、4″,可求得正面投影1′、2′、3′、(4′)和水平面投影1、(2)、3、4。其中最前点Ⅲ和最后点Ⅳ的正面投影3′、(4′)和水平面投影3、4,还要结合下面所述的辅助平面才能求出。

(2) 求一般位置点。在适当位置用水平面P作为辅助平面。平面P与圆锥台的截交线为圆,与圆柱的截交线为两条平行直线。两截交线的交点Ⅴ和Ⅵ即为相贯线上的点。求出两截交线的水平投影,则它们的交点5和6即为相贯线上点Ⅴ和Ⅵ的水平投影;其侧面投影5″和6″积聚在圆柱的侧面投影上,可根据"宽相等"求得;由5、6和5″、6″可求得正面投影5′、(6′)。同理,还可求得相贯线上点Ⅶ和Ⅷ的水平投影(7)、(8)和正面投影7′、(8′)。

(3) 判别可见性,画相贯线。下半个圆柱面上相贯线的水平投影不可见,3、4两点是相贯线水平投影的可见与不可见的分界点,(2)、(7)、(8)不可见。因此,将3、5、1、6、4各点光滑连成粗实线,4、(8)、(2)、(7)、3各点光滑连成虚线。正面投影中,相贯线的前、后部分的投影重合为一段曲线,即可见与不可见的投影重合,所以将1′、5′、3′、7′、2′各点光滑连成粗实线。

(4) 整理轮廓线。

三、知识拓展

(一) 相贯线的特殊情况

两回转体相交时,其相贯线一般为空间曲线,但在特殊情况下,也可能是平面曲线或直线。

当两个回转体具有公共轴线时,相贯线为圆。当公共轴线为铅垂线时,该圆的正面投影为一直线段,水平投影为圆的实形(图2-48)。

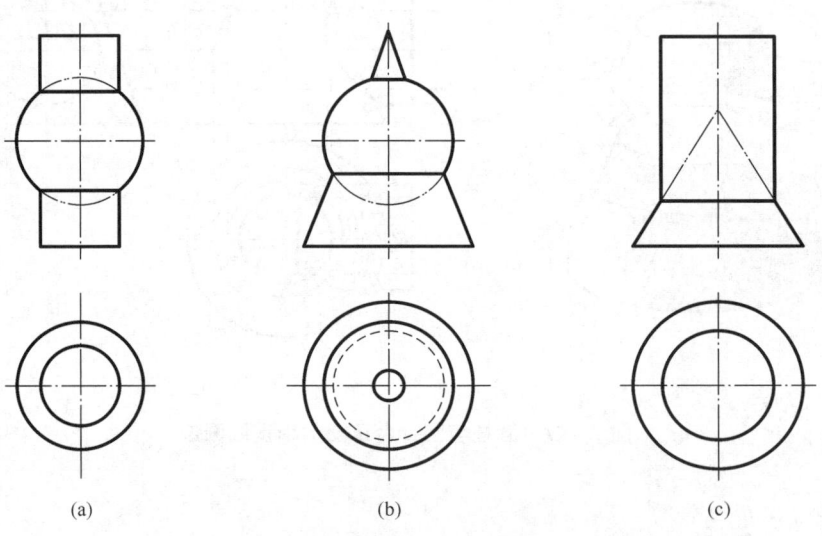

图2-48 相贯线的特殊情况(一)

当圆柱与圆柱、圆柱与圆锥轴线相交,并公切于一圆球时,相贯线为椭圆。当两相交轴线位于正平面时,该椭圆的正面投影为一直线段,水平投影为相贯线的类似形(圆或椭圆)(图2-49)。

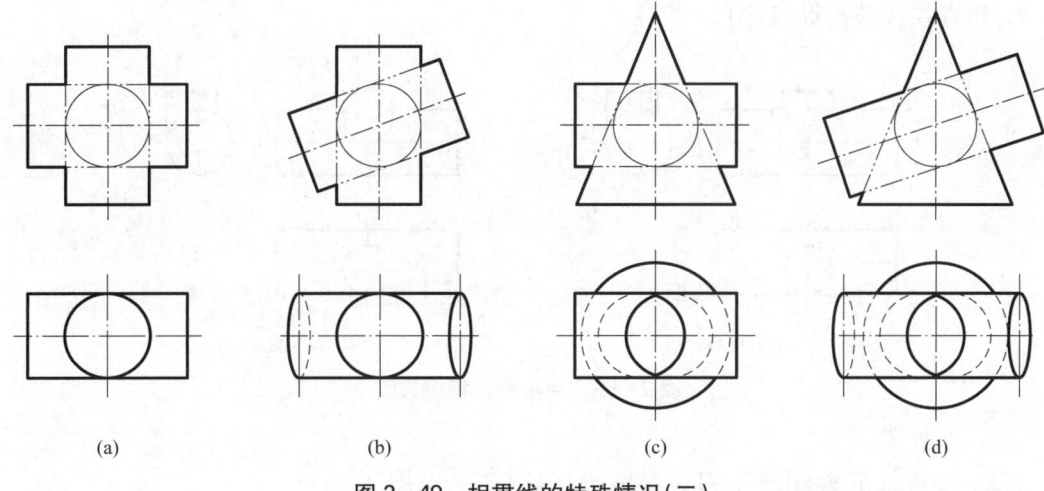

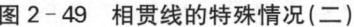

图 2-49 相贯线的特殊情况(二)

当两圆柱轴线平行或两圆锥共顶相交时,相贯线为直线(图 2-50)。

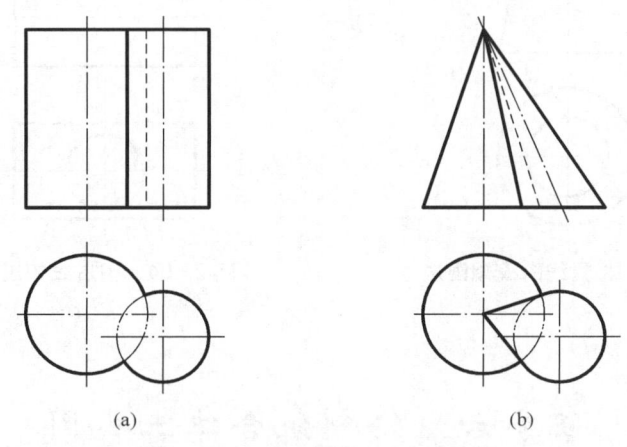

图 2-50 相贯线的特殊情况(三)

(二) 相贯线的简化画法

1. 用圆弧代替相贯线(图 2-51)

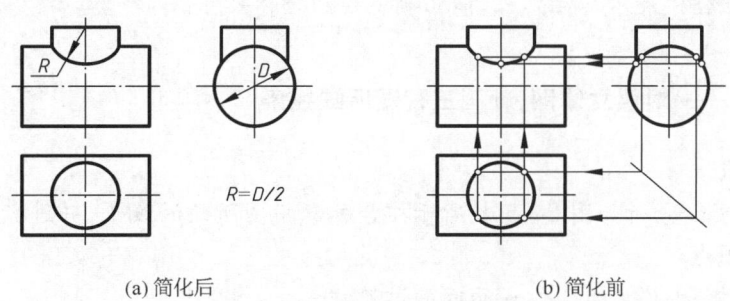

图 2-51 用圆弧代替相贯线

2. 用直线代替相贯线(图2-52)

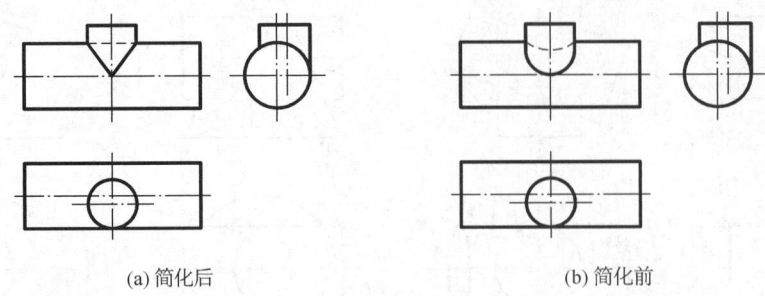

(a) 简化后　　　　　　　　　　　(b) 简化前

图2-52　用直线代替相贯线

(三) 相贯线的模糊画法和过渡线画法(图2-53、图2-54)

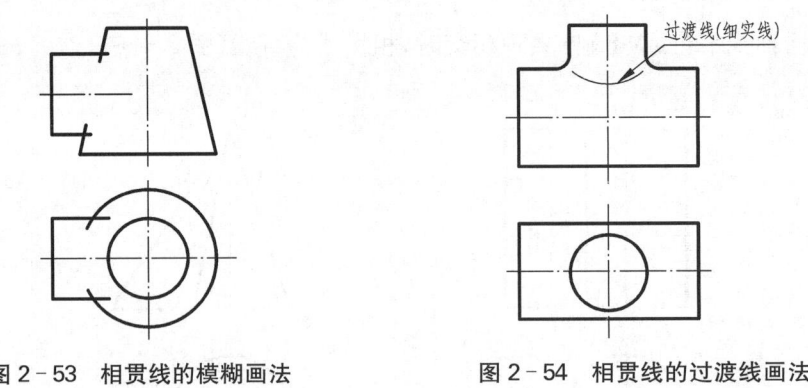

图2-53　相贯线的模糊画法　　　　图2-54　相贯线的过渡线画法

任务六　绘制组合体三视图

【学习目标】
1. 掌握组合体组合形式，能对组合体进行形体分析。
2. 掌握组合体视图画法和步骤，能绘制组合体三视图。
3. 掌握组合体尺寸标注知识，能正确标注组合体尺寸。

基础任务——对照立体图，补画三视图所缺线条

1. 任务要求

对照图2-55a，分析如图2-55b所示组合体三视图所缺的线条，并进行补画。

2. 关联知识点

(1) 组合体概念；(2) 组合体表面间的过渡方式。

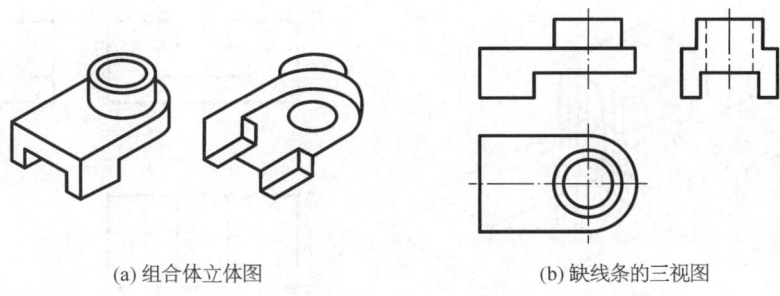

(a) 组合体立体图　　　　　(b) 缺线条的三视图

图 2-55　组合体立体图与缺线条的三视图

一、相关知识

任何复杂的机器零件，都可以看作由若干个基本几何体所组成。由两个或两个以上的基本几何体构成的物体称为组合体。

绘制和识读组合体的视图时，通常采用形体分析法。所谓形体分析法，就是分析组合体的组成形体、组合形式、表面过渡关系，然后进行画图和读图的方法，如图 2-56 所示。

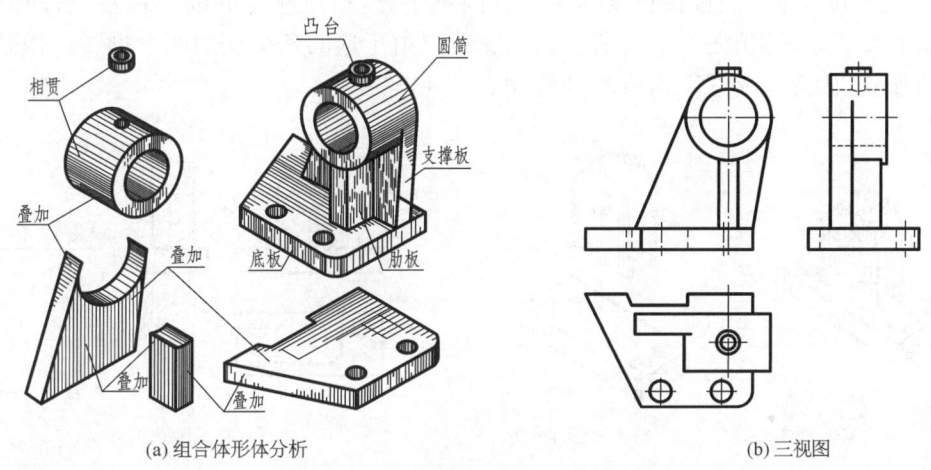

(a) 组合体形体分析　　　　　(b) 三视图

图 2-56　组合体形体分析和三视图

（一）组合体的组合形式

组合体的基本组合方式有叠加、切割和综合三种。

1. 叠加

以基本几何体或简单体叠加在一起形成组合体。如图 2-56a 所示支架，可以看成由底板、支撑板、圆筒、肋板、凸台 5 个简单的立体叠加在一起形成的。

2. 切割

切割式组合体可以看作在基本几何体上进行切割、钻孔、挖槽等所构成的形体。如图 2-57 所示的物体，可看作一切割式组合体，绘图时，被切割后的轮廓线必须画出来。

3. 综合

常见的组合体大都是综合式组合体，既有叠加又有切割。

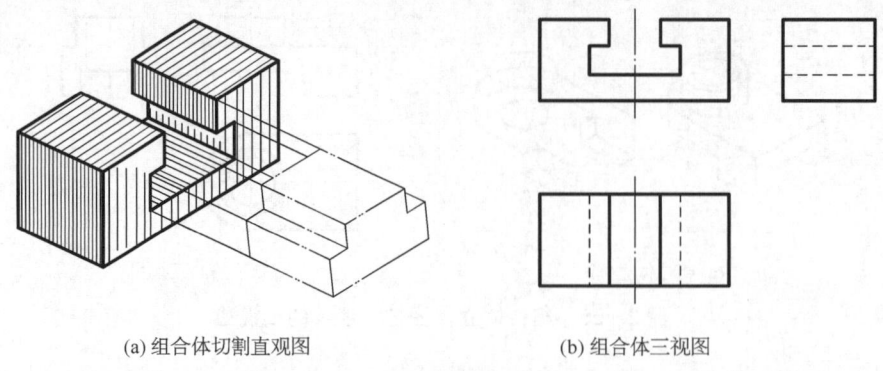

(a) 组合体切割直观图 (b) 组合体三视图

图 2-57　切割式组合体

（二）组合体表面间的过渡方式

组合体表面间的过渡关系可以分为三种：相交、共面和相切。

1. 相交

当两立体的表面相交时，在两立体表面交界处应画出交线，如图 2-58、图 2-59 所示。因为图 2-58 的座体与底板在长度与宽度方向不平齐，所以座体的前、后、左、右面分别与底板上表面相交，从而形成图 2-58 所示四条交线。由于这四条交线的两个投影都积聚在相应平面的投影上，因此其交线不需要单独绘制。

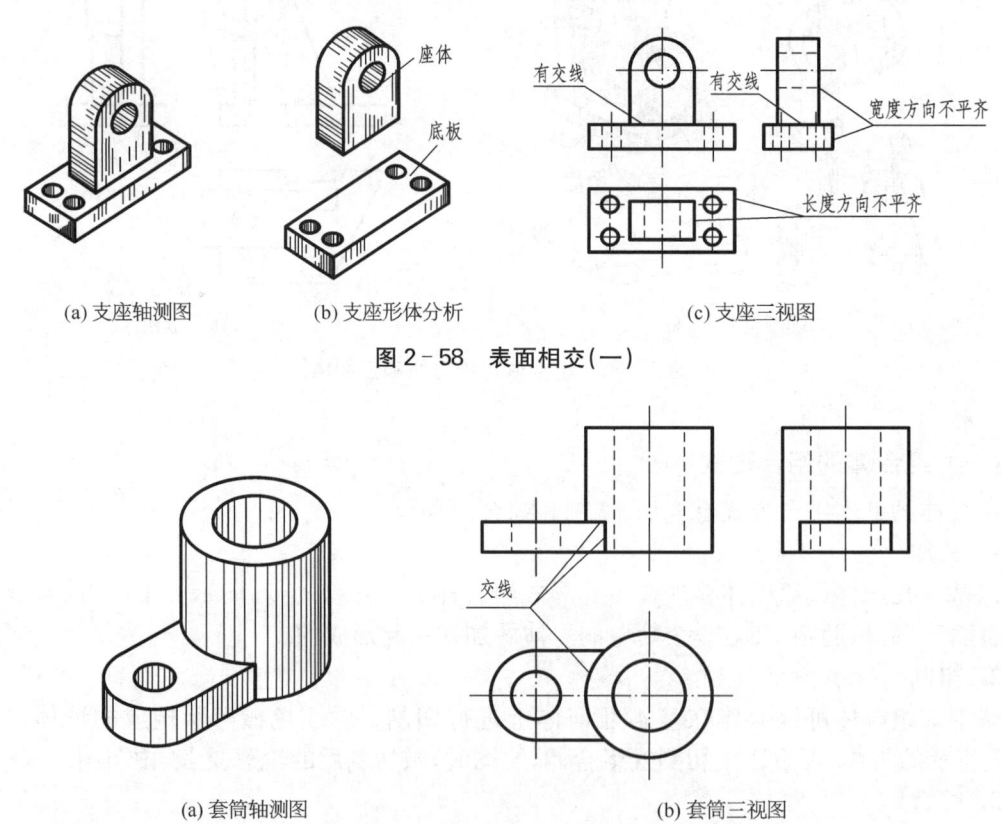

(a) 支座轴测图　(b) 支座形体分析　(c) 支座三视图

图 2-58　表面相交（一）

(a) 套筒轴测图　(b) 套筒三视图

图 2-59　表面相交（二）

2. 共面

当两立体的表面共面时,两立体表面的交界处不应画线,如图 2-60 所示。

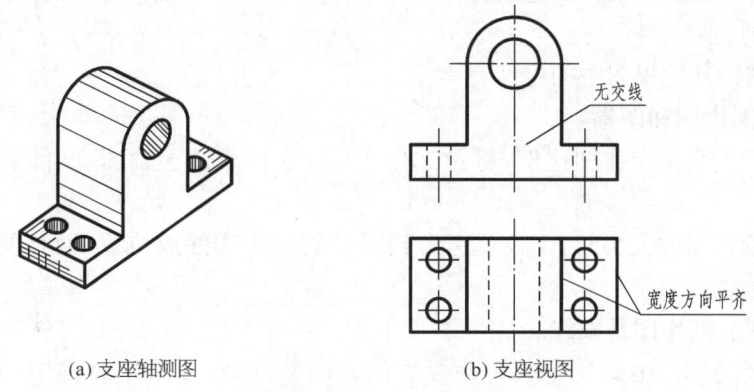

(a) 支座轴测图　　(b) 支座视图

图 2-60　表面共面

3. 相切

当两立体的表面相切(平面与曲面相切,或两曲面相切)时,两立体表面交界处应光滑过渡,不应画线,如图 2-61 所示。图示平面与圆柱面相切的情况在机器零件上经常出现,其三视图画法还有以下两个特点:

(1) 在圆柱面有积聚性的视图上可确定切点;

(2) 在圆柱面没有积聚性的视图上出现"断头"直线(到切点为止),会形成不封闭线框。

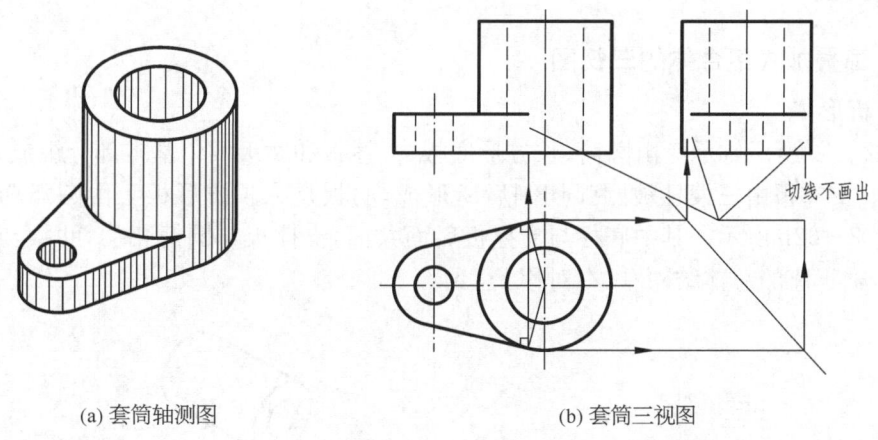

(a) 套筒轴测图　　(b) 套筒三视图

图 2-61　表面相切

(三) 组合体视图的画法和步骤

1. 分析形体

画组合体三视图时,应先分析物体的形状和结构特点,了解组合体由哪几个基本体组成,以及各基本体的形状、组合形式和相对位置关系,为画图做准备。

2. 选择主视图

主视图是反映物体主要形状和位置特征的视图。选择主视图一般应符合以下原则:

(1) 主视图应较多地反映组合体各部分的形状和位置。以能清楚表达组合体各组成部分形状以及相对位置关系最多的方向作为主视图的投影方向。

(2) 符合自然安放位置。使组合体主要平面(或轴线)尽可能多地平行或垂直于投影面，以便使投影得到实形。

(3) 尽量减少其他视图中的虚线。

3. 选定画图比例和图幅

根据物体的大小选定作图比例，尽量选用 1∶1，这样既便于画图，又能较直观地反映物体的大小。

在选择图纸幅面的大小时，不仅要考虑到图形的大小和摆放位置，而且要留出标注尺寸和画标题栏的位置。

4. 布置视图、画作图基准线

图形布置要匀称。因此要先画每一投影的作图基准线，通常用对称中心线、轴线、大端面作为基准线。组合体视图需要确定长、宽、高三个方向的基准线。

5. 画三视图

按照"先主体、后细节，先实体、后挖切，先形体、后交线"的方法，根据投影规律先从反映形体特征的视图画起，再画出其他两个视图，逐一画出各形体的三视图。这样既能保证各基本体之间的相对位置和投影关系，又能提高绘图速度。

6. 判别可见性，整理轮廓线

检查错漏，擦去多余图线后按标准线型描深。

二、实践提高

(一) 画叠加式组合体的三视图

1. 分析形体

如图 2-62 所示轴承座由圆筒、长方形底板、支撑板和肋板四个基本部分组成，构成方式均为叠加。支撑板由三棱柱被圆弧切割后所形成，肋板是在长方形板上由圆弧和平面切割而成，如图 2-62b 所示。其中底板与支撑板后面共面，支撑板与圆筒相切，肋板与圆筒和支撑板相交，轴承座的总体结构左、右对称。

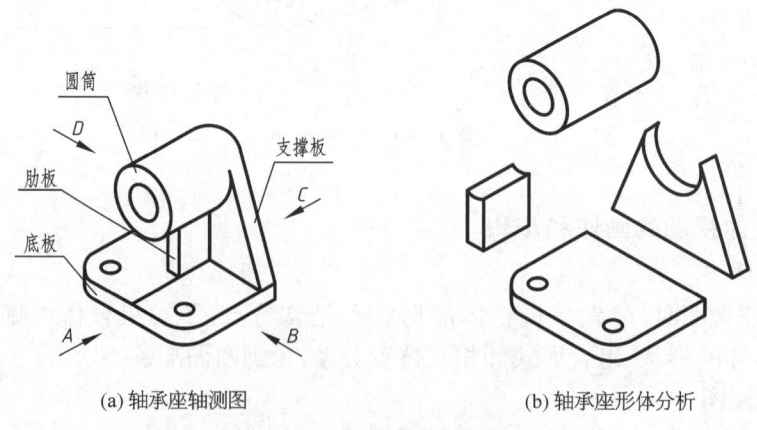

(a) 轴承座轴测图　　　　(b) 轴承座形体分析

图 2-62　轴承座的形体分析

2. 选择主视图

如图 2-62a 所示,将轴承座按自然位置安放后,将四个方向投影 A、B、C、D 所得的视图进行比较。若以 C 向作为主视图的投影方向,则主视图虚线较多;若按 D 向投影,则左视图的虚线多;若按 B 向投影,左视图清晰;再对 A 向和 B 向视图作比较,A 向更能反映轴承座各部分的形状特征,因此,应以 A 向作为主视图的投影方向。主视图确定后,其他视图就确定了。

3. 画图步骤

(1) 选择比例、确定图幅。

(2) 画基准线布置视图。轴承座以底面、后端面和左右对称中心线作为作图基准,如图 2-63a 所示。

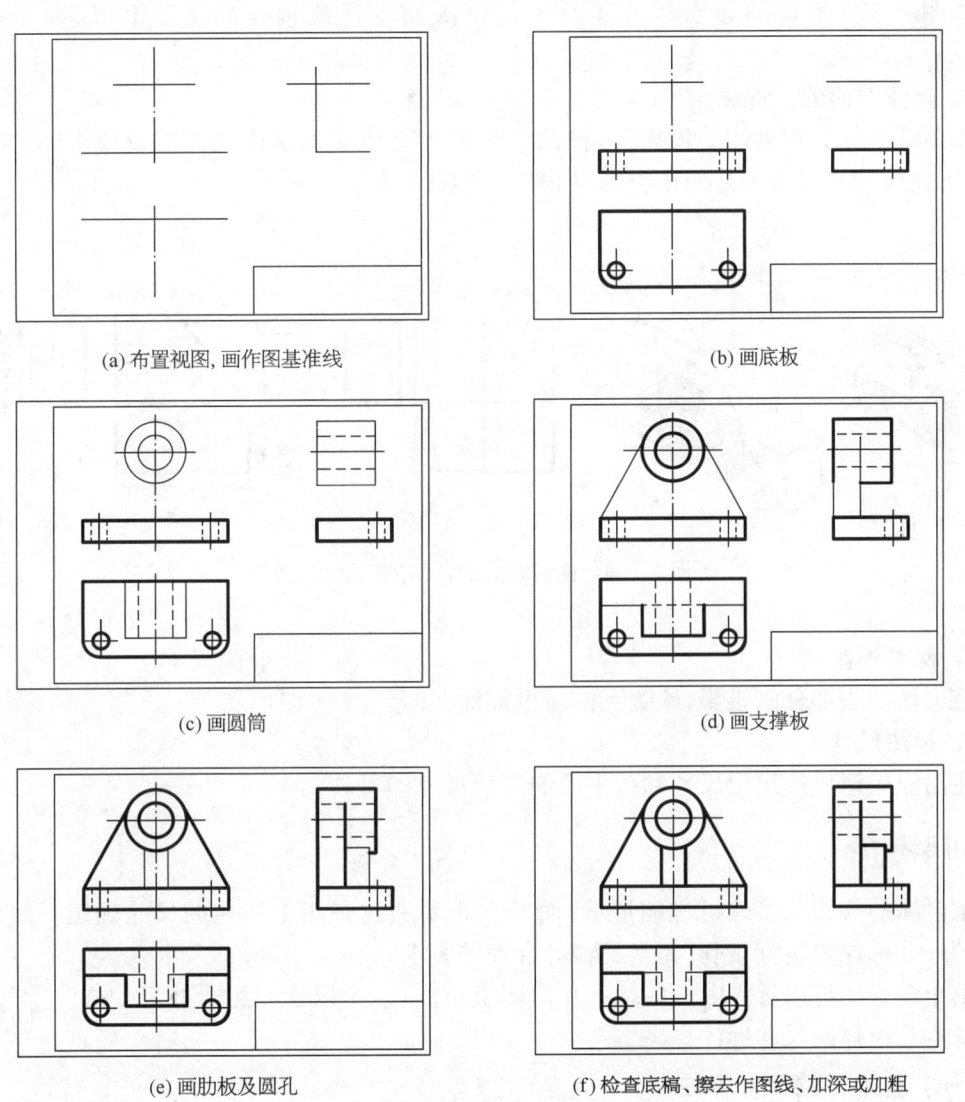

(a) 布置视图,画作图基准线　　　　　(b) 画底板

(c) 画圆筒　　　　　(d) 画支撑板

(e) 画肋板及圆孔　　　　　(f) 检查底稿、擦去作图线、加深或加粗

图 2-63　画轴承座的三视图过程

(3) 运用形体分析法,逐个画出各组成部分形体的三视图,如图 2-63b～e 所示。一般先画较大的,主要的组成部分(如轴承座的底板),再画其他部分;先画主要轮廓,再画细节。在形状较复杂的局部,如具有相贯线和截交线的地方,宜适当配合线面分析,可以帮助想象和表达,并能减少投影图中的错误。

(4) 检查底稿、描深,如图 2-63f 所示。

(二) 画切割式组合体的三视图

1. 分析形体

图 2-64a 为一切割式组合体,它是在长方体上用三个截平面(正垂面、正平面、水平面)分别切去Ⅰ、Ⅱ两部分而成,如图 2-64b 所示。

2. 画原始形体的三视图

画图时应使形体的表面尽可能处于与投影面平行或垂直的位置上,以利于画图和看图。

3. 画截平面的三视图

先画截平面有积聚性的投影,再按照求平面与立体表面交线的方法及视图间的投影关系,即可完成截平面的另外两个投影,如图 2-64c、d 所示。

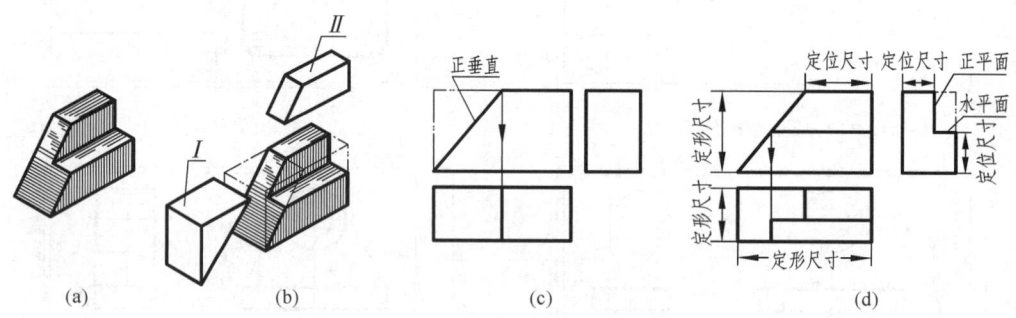

图 2-64　画切割式组合体的三视图过程

4. 检查描深

擦去被切去部分的投影,检查无误后再描深。

5. 标注尺寸

注出原始形体的定形尺寸和截平面的定位尺寸即可。

三、知识拓展

组合体的视图只反映机件的形状,而其大小要通过视图上所注的尺寸确定。组合体视图上的尺寸标注要达到正确、完整、清晰、合理的要求。

由于组合体可以看作由一些基本几何体组合而成,所以学习组合体尺寸标注,必须首先学习基本几何体的尺寸标注。

(一) 基本体的尺寸标注

1. 常见基本体的尺寸标注

一般情况下,标注基本体的尺寸时,应标出长、宽、高三个方向的尺寸。对于圆柱体、圆锥体,如果在投影为非圆的视图上标注直径 ϕ 时,可以省略一个视图。常见基本体的尺寸标注,如图 2-65 所示。

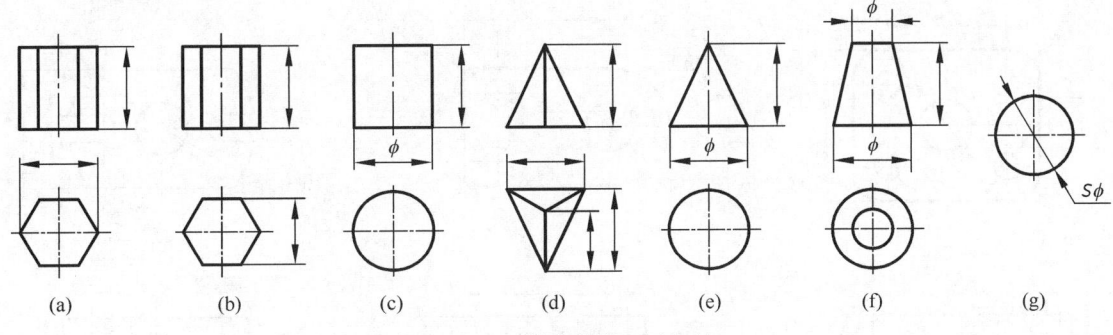

图 2-65 基本体的尺寸标注

2. 带有缺口基本体的尺寸标注

截交线形状取决于立体的形状以及截平面相对立体的位置。对于带有缺口的基本体,只需标注基本体的尺寸和缺口的定位尺寸,而不需要标注截交线的尺寸,如图 2-66 所示。同样对于相贯线,一般也只需标注两相贯线的定形和相对位置尺寸即可。

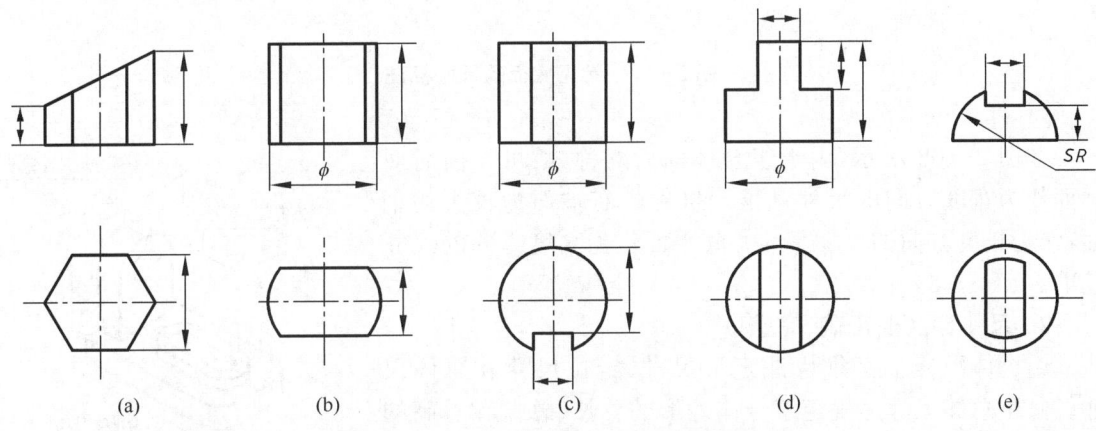

图 2-66 带有缺口的基本体的尺寸标注

3. 常见底板的尺寸标注

机器零件上的一些常见底板、法兰盘等,如图 2-67 所示。它们的形状多为长方体、圆柱体及其经切割(穿孔)的组合体。通常是由两个以上基本体组成,它们的尺寸标注一般先注出长、宽、高尺寸,再注出其上圆孔、圆角的定形尺寸和定位尺寸及总体尺寸。

(二)组合体的尺寸标注

1. 尺寸标注基准

标注尺寸的起始位置称为尺寸基准。组合体在长、宽、高方向都至少应该有一个尺寸基准,当某方向有多个尺寸基准时,其中一个为主要基准,其余为辅助尺寸基准。尺寸基准的确定既与物体的形状有关,也与该物体的加工制造要求、工作位置等有关。常选用物体上的对称面、回转体的轴线、较大的底面或端面等作为尺寸基准。

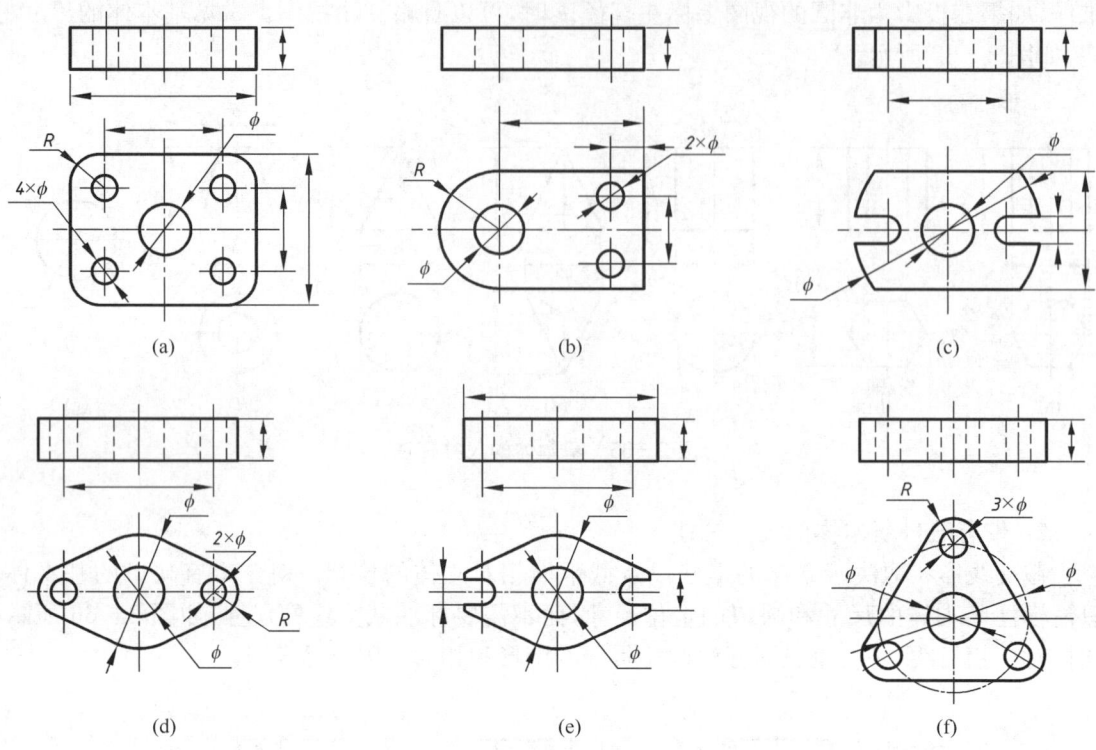

图 2-67 常见底板的尺寸标注

如图 2-68 所示,由于组合体前后对称,故可将前后对称面作为宽度方向的尺寸基准。机件的右端面为较大的平面,作为长度方向的尺寸基准。底平面作为高度方向的尺寸基准。

2. 尺寸标注要正确、完整

组合体图样上必须标注定形尺寸、定位尺寸和总体尺寸。其中总体尺寸是确定组合体外形的总长、总宽和总高的尺寸。一般组合体应注出长、宽、高三个方向的总体尺寸。当组合体端部为回转体结构时,该方向的总体尺寸一般不直接注出,而是注出回转轴线的定位尺寸和回转体的半径或直径,如图 2-69a 主视图注出的定位尺寸 34 和 $R14$,图 2-69b 主视图标注 $R8$ 和定位尺寸 21。

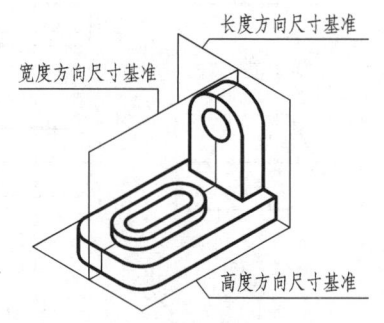

图 2-68 组合体的尺寸标注基准

组合体尺寸标注要齐全,不得遗漏。为保证尺寸标注的完整性,一般采用形体分析法,将组合体分解为若干基本形体,先注出各基本形体的定形尺寸,然后再注出定位尺寸,最后标注总体尺寸。

3. 尺寸标注要清晰

要使尺寸标注清晰,应注意以下几点:

(1) 定形尺寸尽量标注在反映该部分形状特征的投影上,并尽量避免在虚线上标注尺寸。表示圆弧的半径应标注在投影为圆弧的图形上。

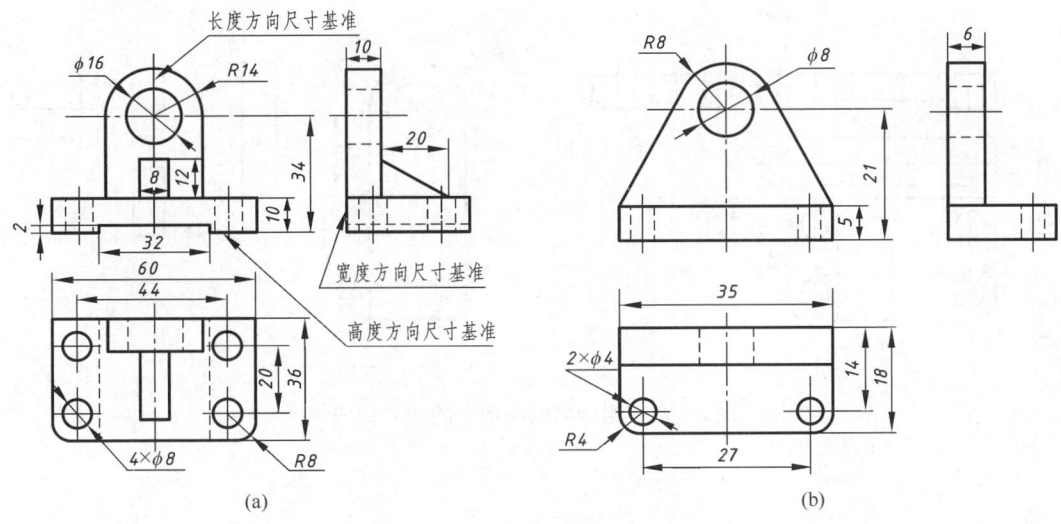

图 2-69 组合体的尺寸分析与标注

（2）同一基本体的尺寸应尽量集中标注。
（3）同方向的平行尺寸，应使小尺寸在内，大尺寸在外，避免尺寸线与尺寸界线相交。
（4）尺寸尽量标在投影外部，配置在两投影之间。
（5）同轴圆柱的直径，尽量标注在非圆投影上。
（6）内形与外形尺寸最好分别标注在投影图两侧。

4. 组合体尺寸标注的方法和步骤

现以图 2-70a 支架为例，说明标注组合体尺寸的方法与步骤。

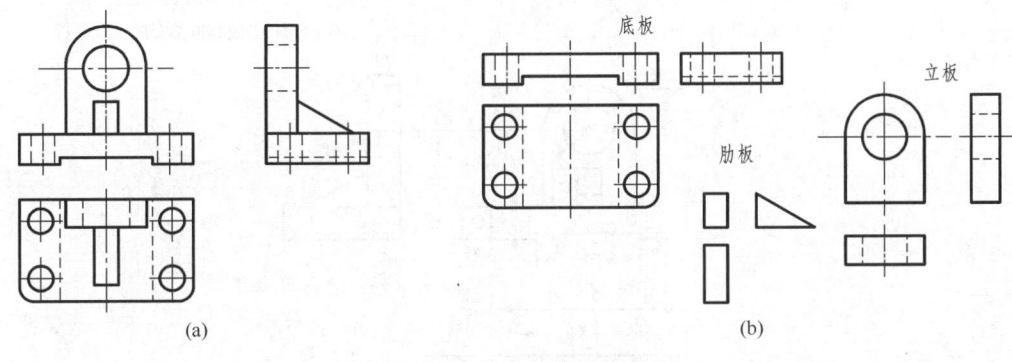

图 2-70 组合体的形体分析

（1）分析形体，将组合体分解成底板、立板和肋板三个部分，分别想出各部分的三视图投影，如图 2-70b 所示。
（2）分别标注各组成部分三视图的定形尺寸和定位尺寸，如图 2-71 所示。
（3）标注底板的定形尺寸（图 2-72a）。标注立板和肋板的定形尺寸（图 2-72b）。
（4）选定尺寸基准，长度方向的尺寸基准为左右对称面，宽度方向尺寸基准为后端面，高度方向尺寸基准为底面。

(a) (b) (c)

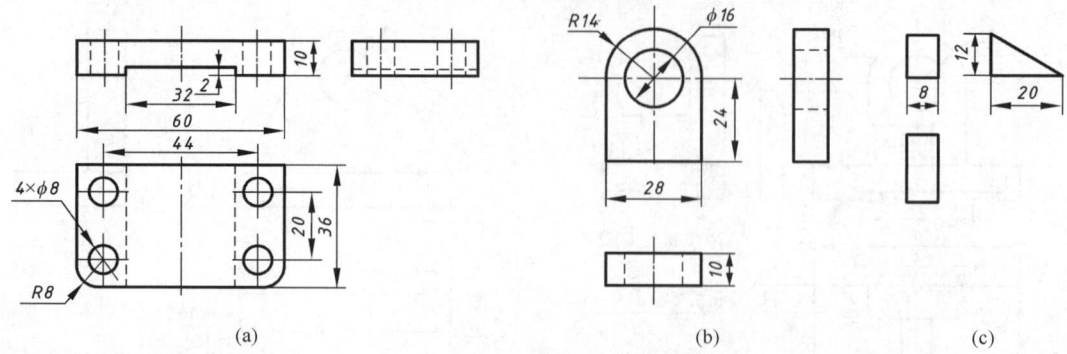

图 2-71 组合体的各部分的尺寸标注

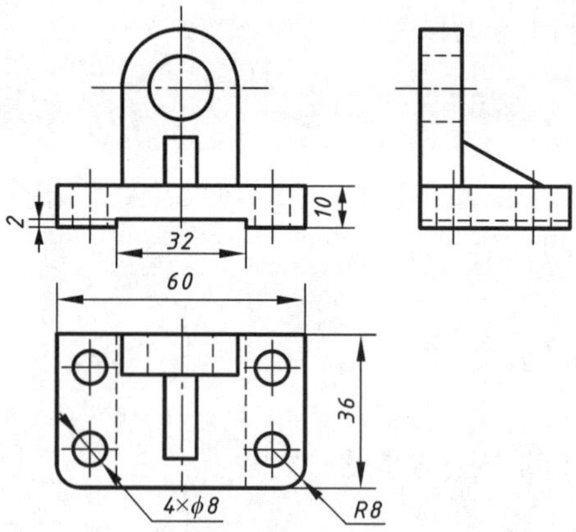

(a) 标注底板的定形尺寸

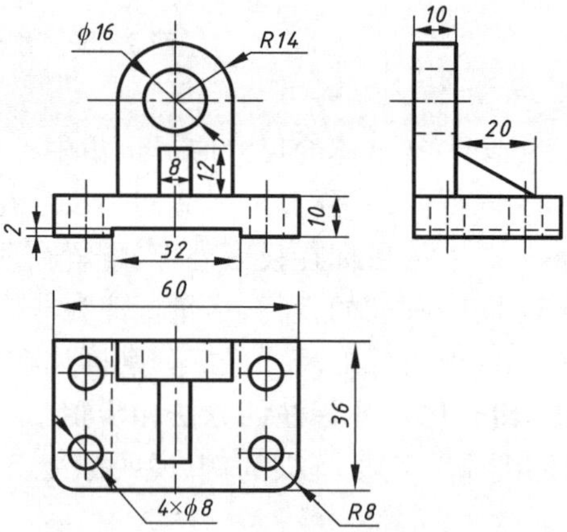

(b) 标注立板和肋板的定形尺寸

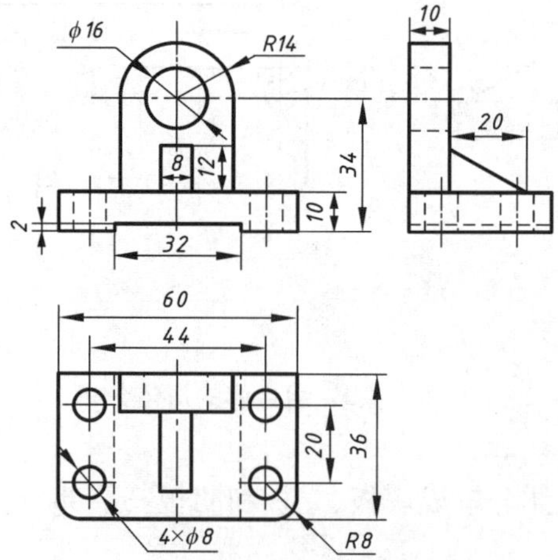

(c) 标注定位尺寸和总体尺寸

图 2-72 组合体的尺寸标注过程

(5) 标注组合体的定位尺寸,如图 2-72c 所示,主视图中的 34,以及俯视图中的尺寸 20、44,都是确定形成组合体的各基本形体间相互位置的定位尺寸。

(6) 标注总体尺寸,组合体总长为 60、总宽为 36,总高的尺寸不宜直接注出,可由 34 和 $R14$ 确定。长方形底板的长度 60 和宽度 36,既是底板的定形尺寸,又是组合体的总体尺寸,无须重复标注。

任务七 识读组合体三视图

【学习目标】
1. 掌握读组合体视图要领。
2. 掌握用形体分析法和线面分析法读组合体视图的方法。
3. 能完成识读组合体三视图、补画视图等任务。

基础任务——对照视图,判断组合体形状

1. 任务要求

分析如图 2-73a 所示组合体的主、俯视图,判断与之对应的组合体形状可以是图 2-73b、c、d、e 中的哪几个。

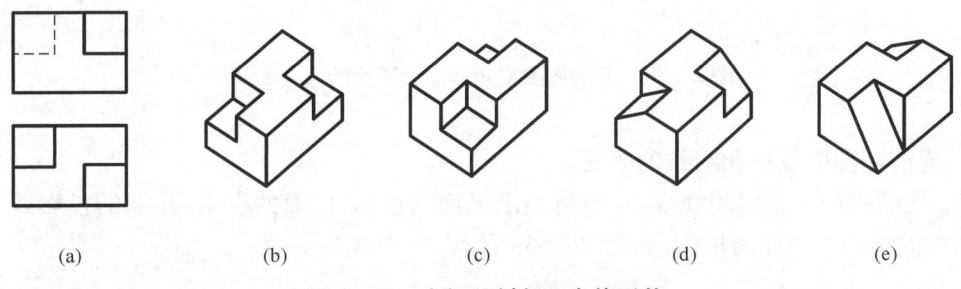

图 2-73 由视图判断组合体形状

2. 关联知识点

(1) 读组合体视图要领;(2) 读图方法。

一、相关知识

读图是根据组合体视图想象其结构形状。组合体的读图主要用形体分析法,对于不易看懂的局部形状应用线面分析法。

(一) 读组合体视图要领

1. 几个视图联系起来看

组合体的一个视图往往不能唯一确定其形状,如图 2-74 所示。有时两个视图也不能确定其唯一形状,如图 2-75 所示。因此看图时应将已知的视图联系起来看,才能准确读懂各

形体的几何特征和相对位置。

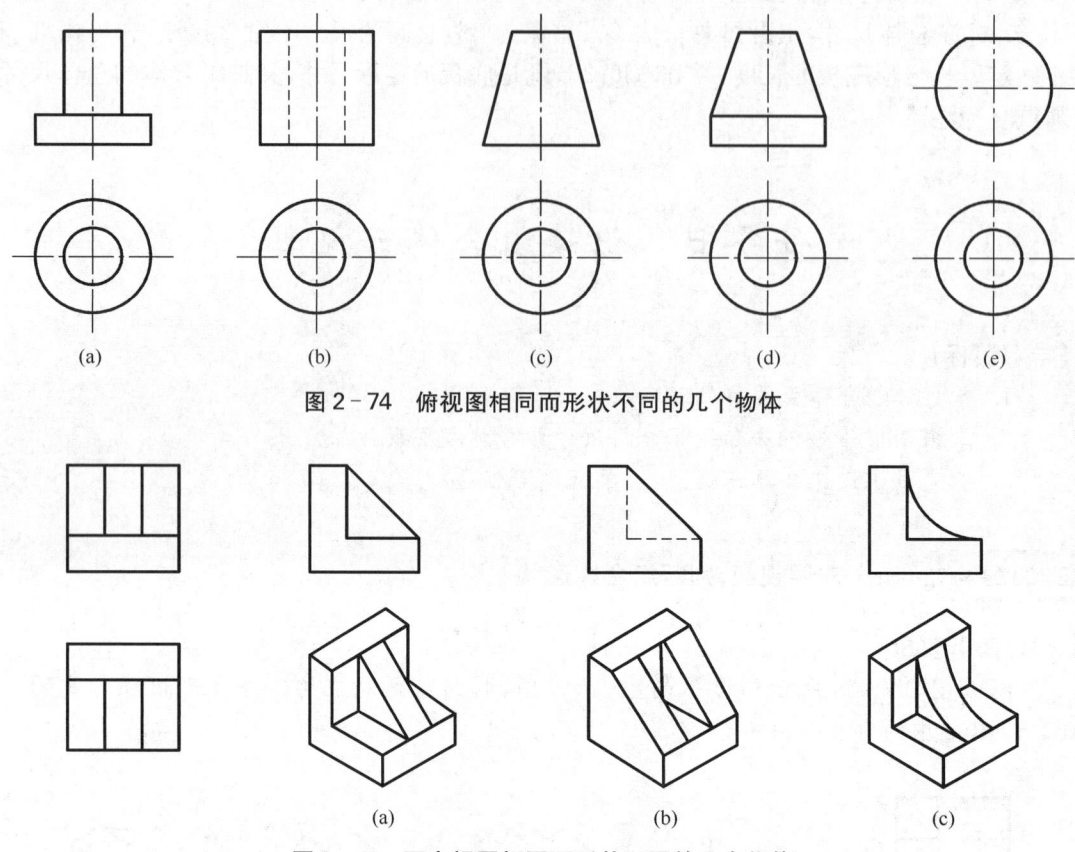

图 2-74　俯视图相同而形状不同的几个物体

图 2-75　两个视图相同而形状不同的几个物体

2. 弄清视图中线框和图线的含义

（1）视图中的一个封闭线框，一般可表示平面的投影、曲面的投影、孔洞的投影或平面与曲面相切得到的组合面的投影，如图 2-76 所示。

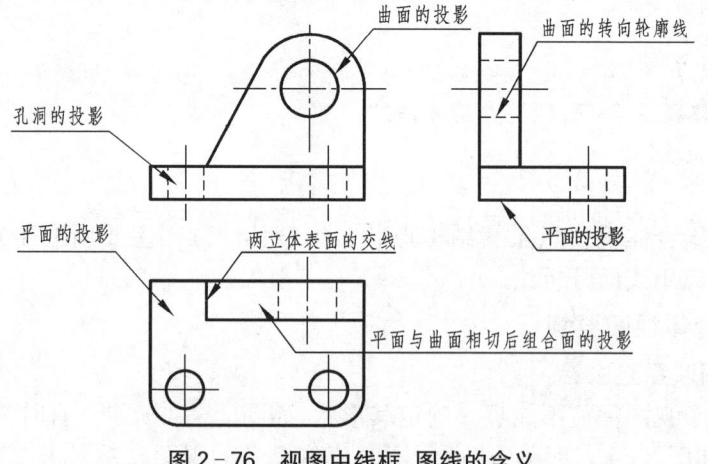

图 2-76　视图中线框、图线的含义

(2) 视图中的一条图线（粗实线或虚线），一般可表示（图2-76）：①平面或曲面的积聚性投影；②回转体转向轮廓线的投影；③组合体两表面交线的投影（如棱线、截交线、相贯线等）。

3. 找出特征视图

特征视图就是最能反映组合体的形状特征和位置特征的视图，一般情况下是主视图。要先从反映特征视图明显的视图看起，再与其他视图联系起来，综合想象，识读出组合体的形状。如图2-77所示，主、俯视图相同，左视图就是特征视图。

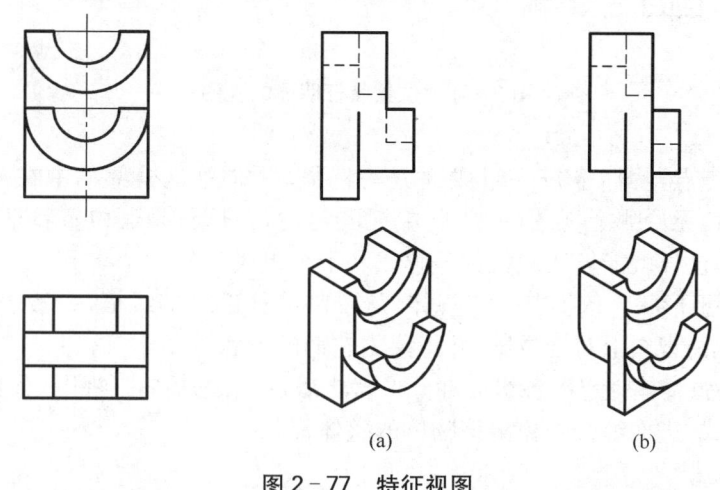

图2-77 特征视图

（二）读图方法和步骤

1. 形体分析法

形体分析法是看图最主要的方法，其看图步骤如下。

1) 抓住特征分形体　图2-78a为底板的三视图，俯视图是反映该物体形状特征最明显的视图。图2-78b中的主视图、图2-78c中的左视图是形状特征最明显的视图。在图2-79a中，主、俯视图既可以表示图2-79b，也可以表示图2-79c所示组合体的视图，但如果将主、左视图配合起来看，很容易确定它画的是图2-79b所示组合体的三视图。因此该组合体左视图是反映该物体位置特征最明显的视图。

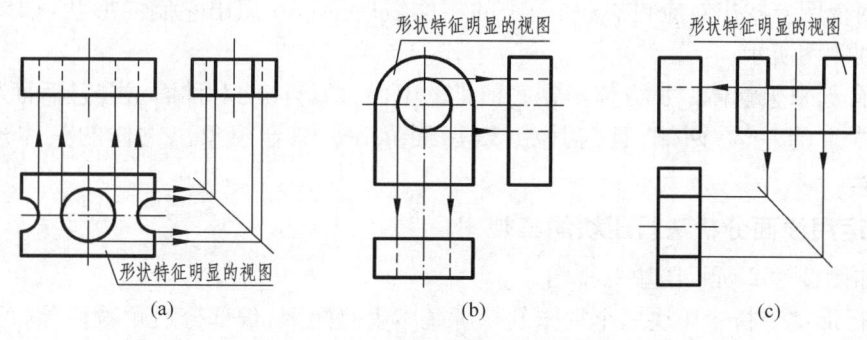

图2-78 形状特征明显的视图

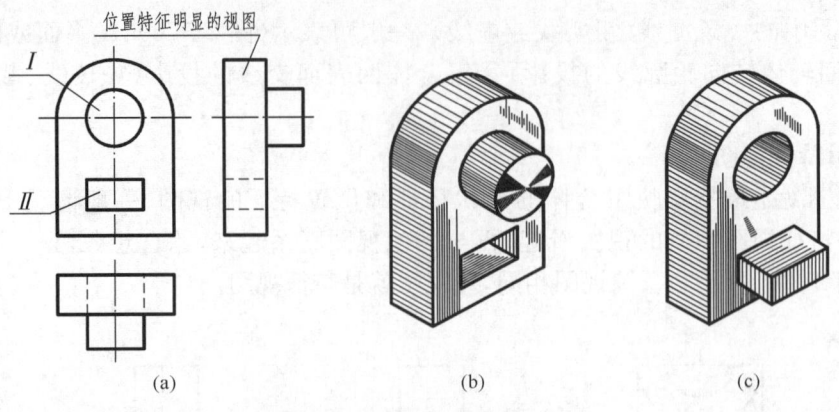

图 2-79　位置特征明显的视图

这里应注意一点,物体上每一组成部分的特征,并非总是全部集中在一个视图上。因此,在分析形体时,无论哪个视图(一般以主视图为主),只要形状、位置特征有明显之处,就应从该视图入手,这样就能较快地将其分解成若干个组成部分。

2) 对准投影想形状　依据"三等"规律,从反映特征部分的线框(一般表示该部分形体)出发,分别在其他两视图上对准投影,并想象出它们的形状。

3) 综合起来想整体　想出各组成部分形状之后,再根据整体三视图,分析它们之间的相对位置和组合形式,进而综合想象出该物体的整体形状。

2. 线面分析法

线面分析法就是运用投影规律,通过识别线、面等几何要素的空间位置、形状,来想象物体的形状。对于切割类形体的视图识读主要靠线面分析法。

二、实践提高

(一) 运用形体分析法看轴承座的三视图

看懂如图 2-80 所示轴承座三视图。

1) 抓住特征分形体　通过形体分析可知,主视图较明显地反映出Ⅰ、Ⅱ形体的特征,而左视图则较明显地反映出形体Ⅲ的特征。据此,该轴承座可大体分为三部分,如图 2-80a 所示。

2) 对准投影想形状　形体Ⅰ、Ⅱ从主视图、形体Ⅲ从左视图出发,依据"三等"规律,分别在其他两视图上找出对应投影(如图中的粗实线所示),并想出它们的形状,如图 2-80b、c、d 中的轴测图所示。

3) 综合起来想整体　长方体Ⅰ在底板Ⅲ的上面,两形体的对称面重合且后面靠齐;肋板Ⅱ在长方体Ⅰ的左、右两侧,且与其相接,后面靠齐。综合想象出物体的整体形状,如图 2-81 所示。

(二) 运用线面分析法看压块的三视图

看懂如图 2-82 所示压块三视图。

1) 进行形体分析　压块三个视图的轮廓基本上是矩形,仅部分边角被切除,可初步判断压块的基本形体为长方体。再根据投影规律,确定出俯视图中两个同心圆在主视图与左视

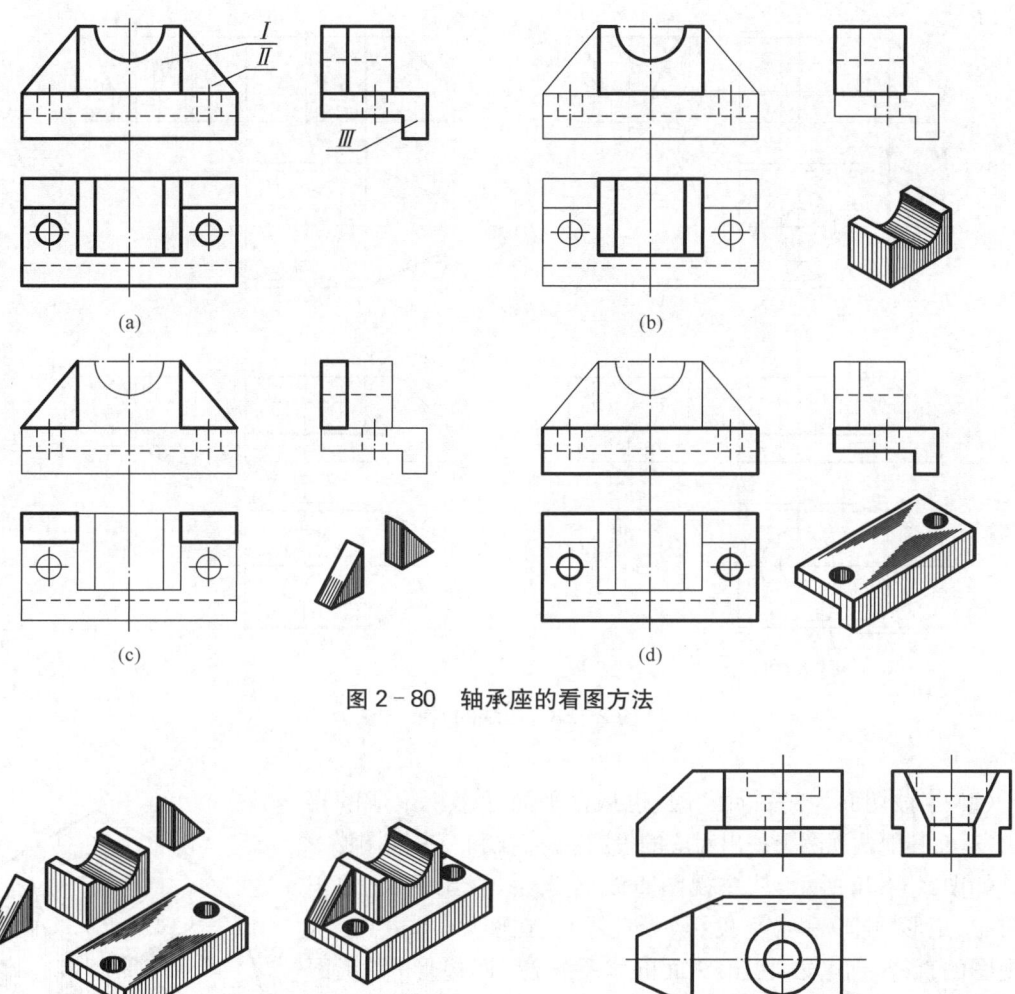

图 2-80　轴承座的看图方法

图 2-81　轴承座轴测图　　　　图 2-82　压块的三视图

图中的投影：这两个投影形状和尺寸一致，均是两个上大下小、共中心线的虚线矩形线框。据此能够判定，压块的原始形体为长方体，其上挖切一个上大下小的阶梯孔，且该阶梯孔的轴线处于前后对称面上，位置偏右。

2) 进行线面分析　从压块的外表面来看，主视图左上方的缺角是用正垂面切出的；俯视图左端的前、后缺角是用两个铅垂面切出的；左视图下方前、后的缺块，则是用正平面和水平面切出的。可见，压块的外形是一个长方体被几个特殊位置平面切割后形成的。在搞清被切面的空间位置后，再根据平面的投影特性，分清各切面的几何形状。

(1) 当被切面为"垂直面"时，从该平面投影积聚成的直线出发，在其他两视图上找出对应的线框：一对边数相等的类似形。

如图 2-83a 所示，从主视图中斜线（正垂面的积聚性投影）出发，在俯视图中找出与它对应的梯形线框，则左视图中的对应投影，也一定是一个梯形线框（图中的粗实线）；如图 2-83b 所示，从俯视图中的斜线（铅垂面的投影）出发，在主、左视图上找出与它对应的投影：一对七边形。

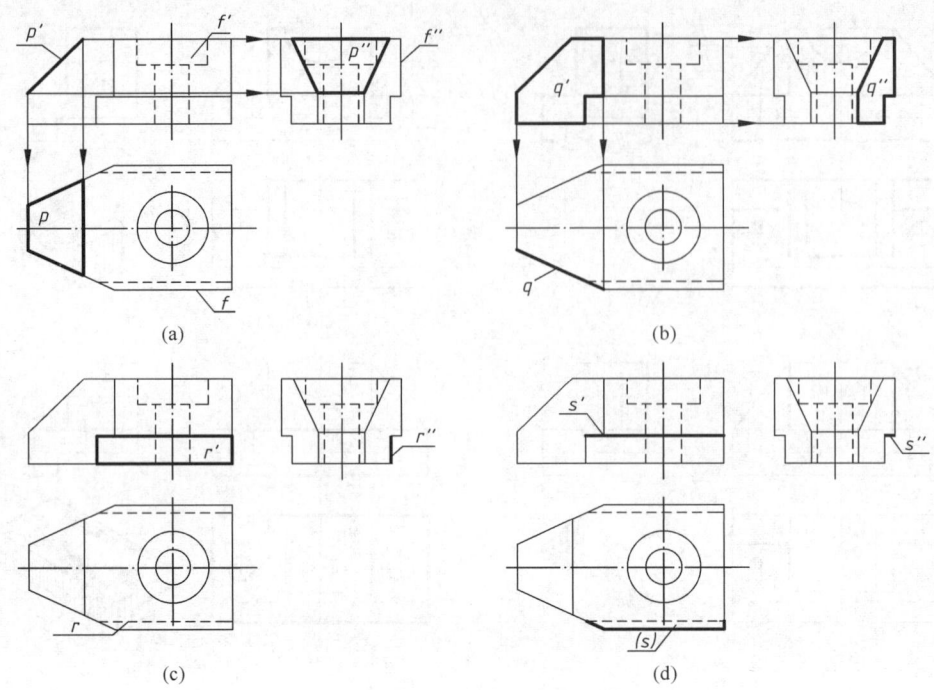

图 2-83 压块的看图方法

(2) 当被切面为"平行面"时,也从该平面投影积聚成的直线出发,在其他两视图上找出对应的投影:一直线和一平面图形。

如图 2-83c 所示,从左视图直线 r'' 入手,找出 R 面的正面投影(矩形线框)和水平投影(一直线)。在图 2-83d 中,从左视图的直线 s'' 出发,找出 S 面的水平投影(四边形)和正面投影(一直线)。可知 R 面是正平面,S 面是水平面。

3) 综合起来想整体 在看懂压块各表面的空间位置与形状后,还必须根据视图搞清面与面之间的相对位置,进而综合想象出压块的整体形状,如图 2-84 所示。

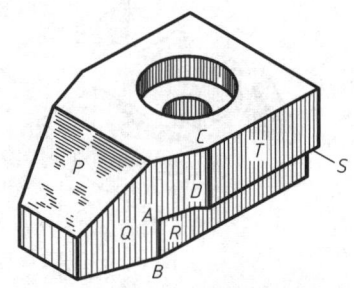

图 2-84 压块的轴测图

(三) 看懂视图,由两视图补画第三视图

看懂图 2-85a 的主、俯视图,补画出左视图。

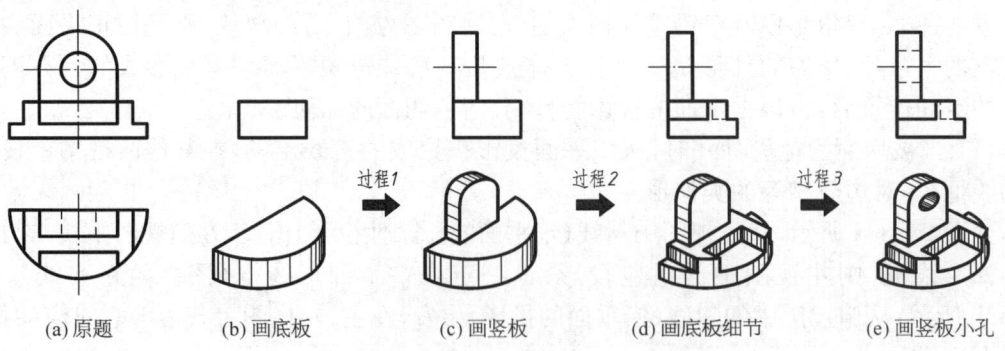

图 2-85 由主、俯两个视图,补画左视图

1. 分析

首先由主、俯视图构思出立体形状。先补画出左视图主要部分——底部半圆柱板和上部竖板。再补画形体的细节部分——切割底部半圆柱板。同时钻孔竖放半圆柱板。最后检查无误描深全图。

2. 作图

作图过程见图 2-85b~e。

任务八　绘制组合体轴测图

【学习目标】
1. 掌握轴测图基本知识。
2. 掌握正等轴测图的画图方法，能绘制组合体的正等轴测图。
3. 了解斜二等轴测图的画图方法，能进行斜二等轴测图的绘制。

基础任务——画长方体正等轴测图

1. 任务要求

画出如图 2-86 所示长方体的正等轴测图。

2. 关联知识点

(1)正等轴测图的形成；(2)正等轴测图的画法。

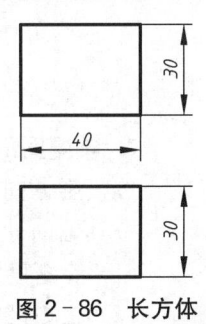

图 2-86　长方体平面图

一、相关知识

轴测图就是轴测投影图，它直观性较好，有较强的立体感及一定的可直接度量性，所以很容易看懂，但绘制较繁，生产中常将轴测图作为辅助图样，帮助人们看视图。

(一) 轴测图基本知识

1. 轴测图概念

将物体连同其参考直角坐标系，沿不平行于任一坐标平面的方向，用平行投影法将其投射在单一投影面上所得到的具有立体感的图形称为轴测图。轴测图有正轴测图和斜轴测图之分：按投射方向与轴测投影面垂直的方法画出来的是正轴测图，如图 2-87a 所示。按投射方向与轴测投影面倾斜的方法画出来的是斜轴测图，如图 2-87b 所示。

轴测图是单面投影图，这个投影面称为轴测投影面。轴测图是根据平行投影法画出的平面图形，它具有平行投影的一般性质，如平行关系不变，平行线段的长度比不变等。如图 2-87 所示，空间直角坐标系的 OX、OY 和 OZ 坐标轴，在轴测投影面上的投影 O_1X_1、O_1Y_1 和 O_1Z_1，称为轴测轴。两轴测轴间的夹角 $\angle X_1O_1Y_1$、$\angle Y_1O_1Z_1$、$\angle X_1O_1Z_1$，称为轴间角。空间直角坐标轴 OX 上的单位长度 OK 在轴测轴 O_1X_1 上为 O_1K_1，比值 O_1K_1/OK 称为 X 轴的轴向伸缩系数，用符号 p_1 表示。各轴的轴向伸缩系数是：

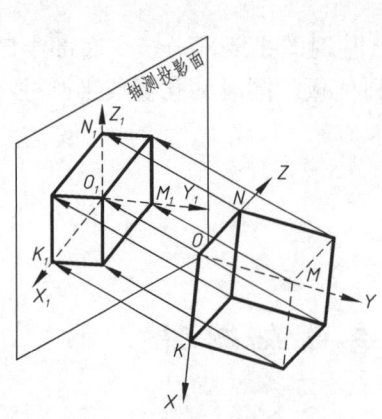
(a) 正等轴测图的形成

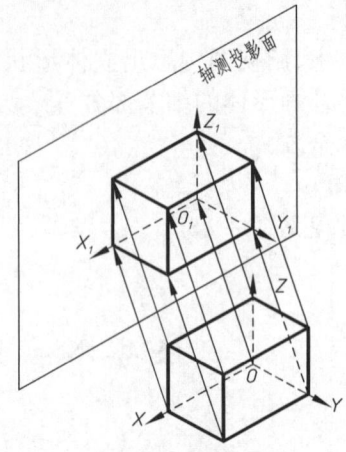
(b) 斜二等轴测图的形成

图 2-87 轴测图的形成

X 轴的轴向伸缩系数： $p_1 = O_1K_1/OK$

Y 轴的轴向伸缩系数： $q_1 = O_1M_1/OM$

Z 轴的轴向伸缩系数： $r_1 = O_1N_1/ON$

2. 轴测图的分类

按投影方向与投影面的相互位置可分两类：正轴测图和斜轴测图。

按其轴向伸缩系数的不同，正轴测图或斜轴测图可分为三种：

(1) 等测投影（$p_1 = q_1 = r_1$），称为正（或斜）等轴测图，简称正（或斜）等测。

(2) 二测投影（$p_1 = r_1 \neq q_1$）（或 $p_1 = q_1 \neq r_1$、$q_1 = r_1 \neq p_1$）称为正（或斜）二等轴测图，简称正（或斜）二测。

(3) 三测投影（$p_1 \neq q_1 \neq r_1$），称为正（或斜）三测轴测图，简称正（或斜）三测。

国家标准《机械制图》中，推荐采用正等测、正二测、斜二测三种轴测图，工程中常用的是正等轴测图和斜二等轴测图。

（二）正等轴测图

1. 正等轴测图的形成

使直角坐标系的三根坐标轴对轴测投影面的倾角相等，并用正投影法将物体向轴测投影面投射所得到的图形称为正等轴测图。

正等轴测图的条件（图 2-88）：

轴间角：$\angle X_1O_1Y_1 = \angle Y_1O_1Z_1 = \angle X_1O_1Z_1 = 120°$。

轴向伸缩系数：$p_1 = q_1 = r_1 \approx 0.82$。

简化轴向伸缩系数：$p_1 = q_1 = r_1 = 1$。

用简化轴向伸缩系数画出的轴测图，比用轴向伸缩系数画出的轴测图放大了 1.22 倍（即 $1/0.82 \approx 1.22$）。这样既不影响物体的形状和立体感，又方便了画图。为使图形清晰，轴测图通常不画虚线。

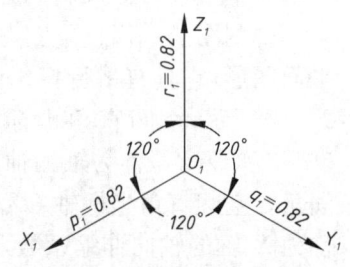

图 2-88 正等轴测图参数

2. 正等轴测图的画法

1) 平面立体的画法　画轴测图常用的方法有坐标法、叠加法、切割法和综合法。坐标法是最基本的方法。

(1) 坐标法。根据物体的特点，建立合适的坐标轴，然后按坐标画出物体上各顶点的轴测投影，再由点连成物体的轴测图。

(2) 叠加法。对于叠加形成的物体，运用形体分析法将物体分成几个简单的形体，然后根据各形体之间的相对位置依次画出各部分的轴测图，即可得到该物体的轴测图。

(3) 切割法。先画出完整的基本形体的轴测图，然后按其结构特点逐个地切去多余的部分，进而完成组合体的轴测图，这种方法称为切割法。

2) 回转体正等轴测图的画法　圆的正等轴测图均为椭圆。当圆位于坐标面上或平行于坐标面时，该椭圆的长轴垂直于相应的轴测轴，而该轴测轴则为椭圆的短轴，如图 2-89 所示。由图可见：$X_1O_1Y_1$ 面上椭圆的长轴垂直于 O_1Z_1 轴；$X_1O_1Z_1$ 面上椭圆的长轴垂直于 O_1Y_1 轴；$Y_1O_1Z_1$ 面上椭圆的长轴垂直于 O_1X_1 轴。

椭圆的正等轴测图一般采用四心圆弧法作图，作图方法与步骤如图 2-90 所示。

3) 圆角正等轴测图的画法　平行于基本投影面的圆角，实质上就是平行于基本投影面的圆的一部分。因此，可以用近似法画圆角的正等轴测图。特别是常见的 1/4 圆周的圆角，其正等轴测图恰好就是上述近似椭圆四段圆弧中的一段，如图 2-91 所示。

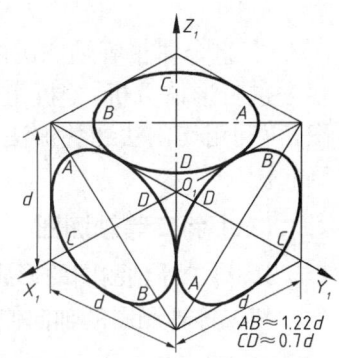

图 2-89　平行于投影面的圆的正等轴测

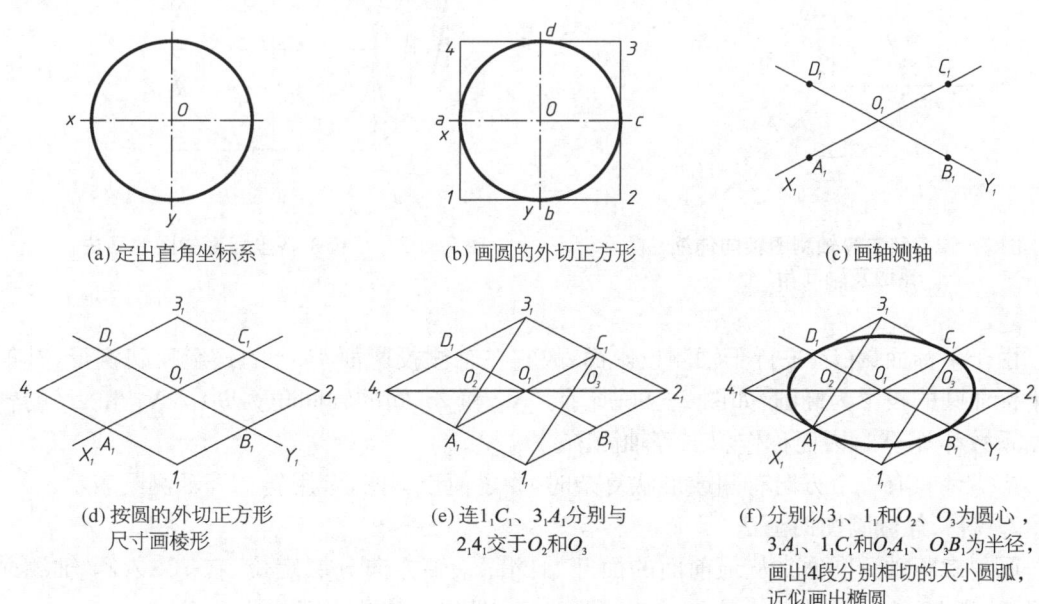

图 2-90　圆的正等轴测图近似画法

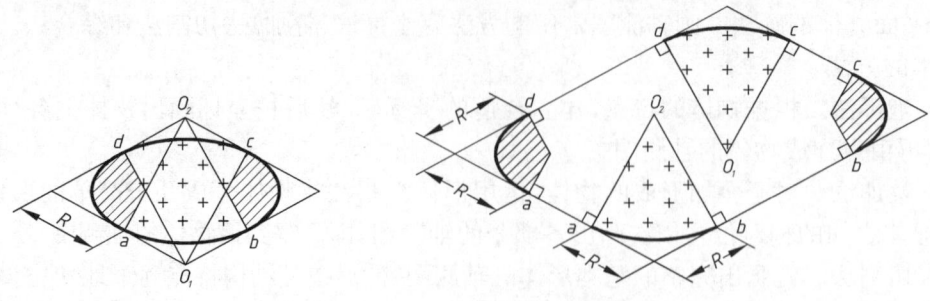

图 2-91 圆角的正等轴测图画法

4) 组合体正等轴测图的画法 画组合体的正等轴测图时,也像画组合体三视图一样,要先进行形体分析,分析组合体的构成,然后再作图。作图时,可先画出基本形体的轴测图,再利用切割法和叠加法完成全图。轴测图中一般不画虚线,一般从前面、上面、左面开始画起。

(三) 斜二等轴测图

1. 斜二等轴测图的形成

斜二等轴测图的轴向伸缩系数及轴间角如图 2-92 所示。

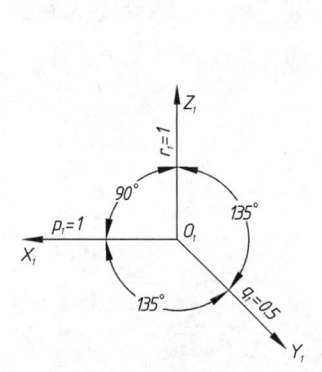

图 2-92 斜二等轴测图轴向伸缩
系数及轴间角

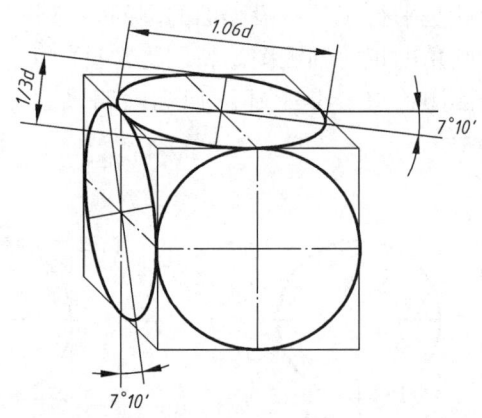

图 2-93 平行于各坐标面的圆的画法

由于坐标面 XOZ 平行于轴测投影面,故它在轴测投影面 P 上的投影反映实形,其他两个坐标面圆的投影为椭圆,如图 2-93 所示。X_1 和 Z_1 间的轴间角为 $90°$,X_1 和 Z_1 的轴向伸缩系数都等于 1,因而称作斜二等轴测图。

当零件只有一个方向有圆或形状复杂时,为了便于画图,宜用斜二等轴测图表示。

2. 斜二等轴测图的画法

画斜二等轴测图通常从最前面的面开始,沿 Y_1 轴方向分层定位,在 $X_1O_1Z_1$ 轴测面上定形,注意 Y_1 方向的伸缩系数为 0.5。图 2-94 是斜二等轴测图画法示例。

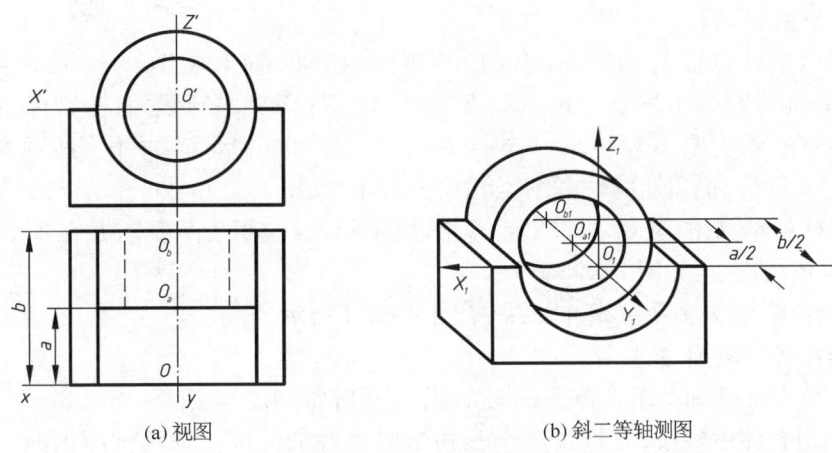

(a) 视图　　　　　　　　　　　　(b) 斜二等轴测图

图 2-94　斜二等轴测图画法

二、实践提高

1. 求作正等轴测图之一

已知正六棱柱的主、俯视图，如图 2-95a 所示，求作其正等轴测图。

（1）分析物体的形状，确定坐标原点和作图顺序。由于正六棱柱的前后、左右对称，故把坐标原点定在顶面六边形的中心，如图 2-95a 所示。由于正六棱柱的顶面和底面均为平行于水平面的六边形，在轴测图中，顶面可见，底面不可见。为减少作图线，应从顶面开始画。

（2）画轴测轴，如图 2-95b 所示。

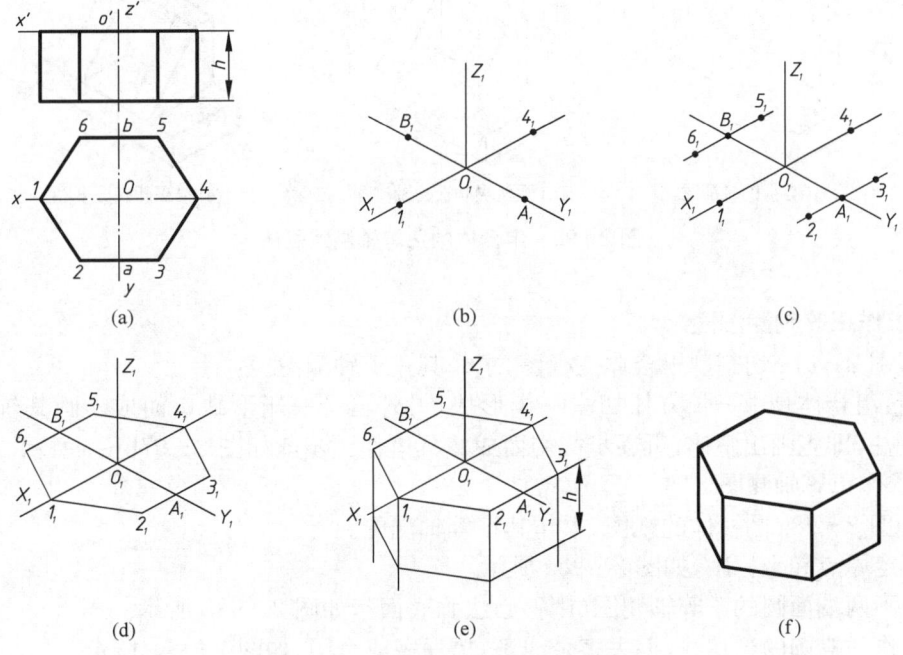

图 2-95　正六棱柱的正等轴测图画法

(3) 用坐标法作图。

① 画出六棱柱顶面的轴测图：以 O_1 为中点，在 X_1 轴上取 $1_14_1 = 14$，在 Y_1 轴上取 $A_1B_1 = ab$，如图 2-95b 所示。过 A_1、B_1 点作 O_1X_1 轴的平行线，且分别以 A_1、B_1 为中点，在所作的平行线上取 $2_13_1 = 23$，$5_16_1 = 56$，如图 2-95c 所示。再用直线顺次连接点 1_1、2_1、3_1、4_1、5_1 和 6_1，得顶面的轴测图，如图 2-95d 所示。

② 画棱柱的轴测图：过 6_1、1_1、2_1、3_1 各点向下作 Z_1 轴的平行线，并在各平行线上按尺寸 h 取点，再依次连线，如图 2-95e 所示。

③ 完成作图：擦去多余图线并加深，如图 2-95f 所示。

2. 求作正等轴测图之二

已知图 2-96a 叠加型组合体三视图，求作其正等轴测图。

分析：该组合体由底板、立板及两个三角形肋板叠加而成。画其轴测图时，可采用叠加法。具体作图步骤如图 2-96b、c、d、e 所示。

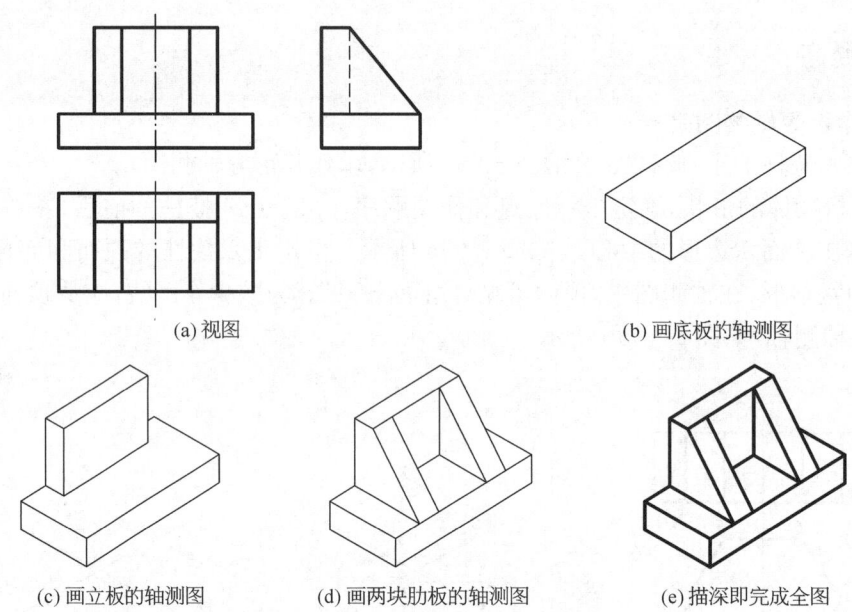

(a) 视图　　　　　　　　　　　　　　　(b) 画底板的轴测图

(c) 画立板的轴测图　　(d) 画两块肋板的轴测图　　(e) 描深即完成全图

图 2-96　组合体的正等轴测图画法

3. 求作正等轴测图之三

已知图 2-97a 切割型组合体三视图，求作其正等轴测图。

分析：组合体是由一长方体切去一楔形块，另外再开一矩形缺口而成。画其轴测图时，可用切割法，即先画出整体，再逐步截切而成。具体作图步骤如图 2-97b～e 所示。

4. 求作正等轴测图之四

已知图 2-98a 圆柱体的视图，求作其正等轴测图。

(1) 定原点和坐标轴，如图 2-98a 所示。

(2) 画两端面圆的正等轴测图（用移心法画底面），如图 2-98b 所示。

(3) 作两椭圆的公切线，擦去多余线条，描深完成全图，如图 2-98c 所示。

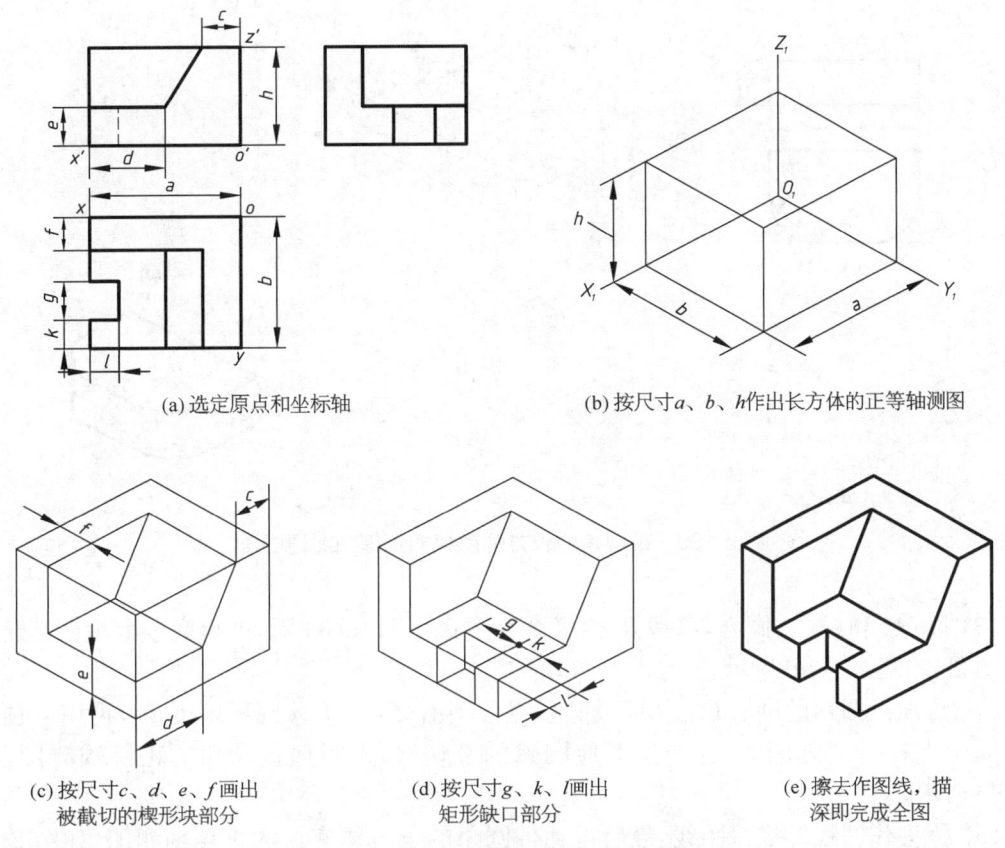

(a) 选定原点和坐标轴　　(b) 按尺寸 a、b、h 作出长方体的正等轴测图

(c) 按尺寸 c、d、e、f 画出被截切的楔形块部分　　(d) 按尺寸 g、k、l 画出矩形缺口部分　　(e) 擦去作图线，描深即完成全图

图 2-97　切割型组合体正等轴测图的画法

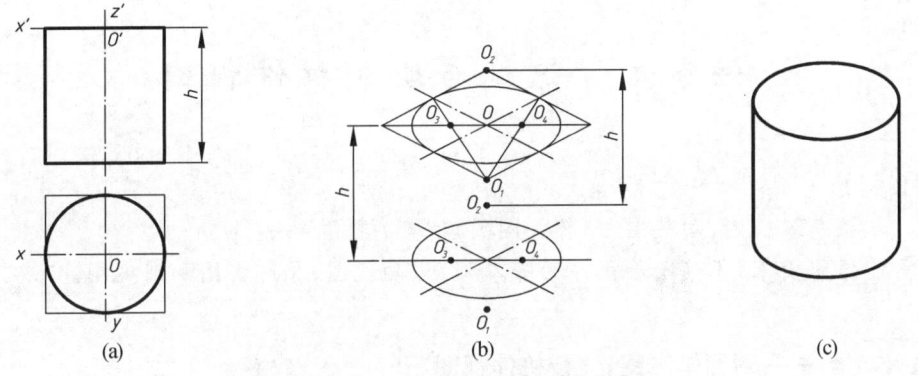

(a)　　(b)　　(c)

图 2-98　圆柱体的正等轴测图画法

5. 求作正等轴测图之五

已知图 2-99a 所示带圆角的长方体底板，求作其正等轴测图。

(1) 按图 2-99b 画出长方体底板图形，并按圆角半径 R 在底板相应的棱线上找出切点 1、2 和 3、4 点。

(2) 过切点 1、2 和 3、4 分别作该切点所在直线的垂线，其交点 O_1、O_2 就是轴测圆角的圆心，如图 2-99c 所示。

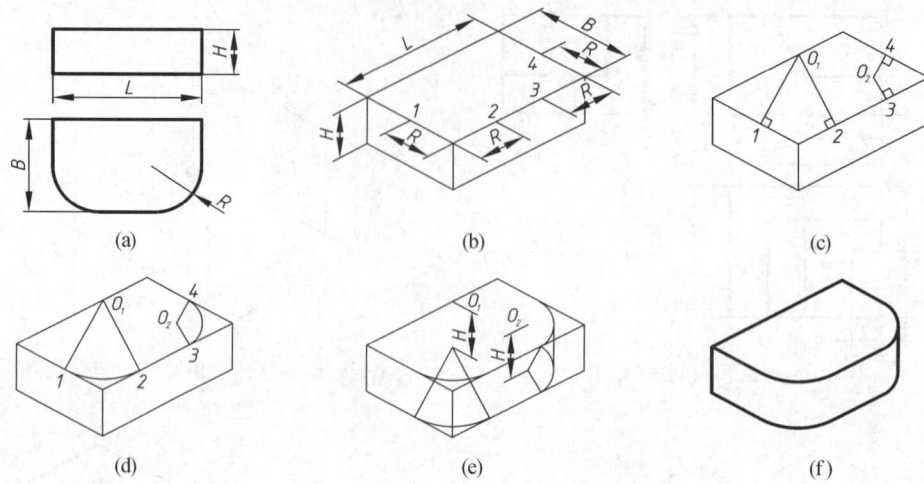

图 2-99　带圆角的长方体底板的正等轴测图画法

(3) 以 O_1 和 O_2 为圆心，以 $O_1 1$ 和 $O_2 3$ 为半径作 12 和 34 弧，即得底板上顶面圆角的正等轴测图，如图 2-99d 所示。

(4) 将顶面圆角的圆心 O_1、O_2 及其切点分别沿 Z_1 轴下移底板厚度 H，再用与顶面圆弧相同的半径分别画圆弧，并作出对应圆弧的公切线，即得底板圆角的正等轴测图，如图 2-99e 所示。

(5) 擦去作图线并描深图线，最后得到带圆角的长方体底板的正等轴测图，如图 2-99f 所示。

任务九　识读与绘制机件视图

【学习目标】
1. 掌握基本视图、向视图、局部视图的概念和规定画法。
2. 能根据要求，正确绘制机件的基本视图、向视图、局部视图和斜视图。

基础任务　——对照轴测图，分析机件视图

1. 任务要求

根据图 2-100b 所示 A 视图投射方向，判断它实际表达的是哪个基本视图？如果用图 2-100b、c 来表达机件，那么图中的 B 视图与 A 视图有何异同、哪种表达方案比较好？

2. 关联知识点

(1) 基本视图概念；(2) 向视图画法；(3) 局部视图画法。

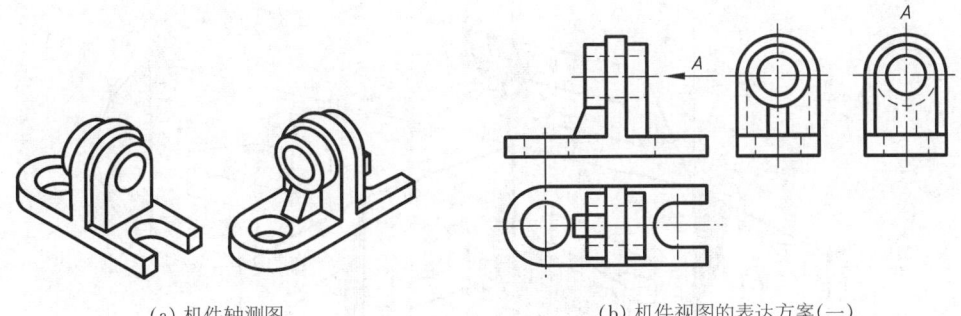

(a) 机件轴测图　　　　　　(b) 机件视图的表达方案(一)

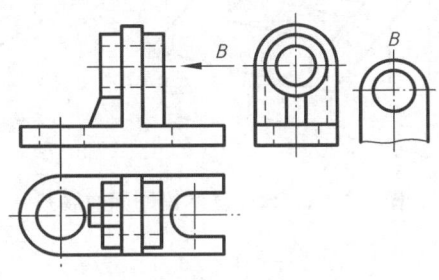

(c) 机件视图的表达方案(二)

图 2-100　机件视图的表达方法

一、相关知识

在实际生产中，机件的形状和结构的复杂程度千差万别。为了完整、清晰、简便、规范地将机件的内外形状结构表达出来，《技术制图》与《机械制图》国家标准中规定了各种画法，如视图、剖视、断面、局部放大图以及简化画法等，本次任务将学习视图的有关内容。

视图主要用来表达机件的外部结构和形状，其种类通常有基本视图、向视图、局部视图和斜视图四种。

(一) 基本视图

当物体的外部结构、形状比较复杂时，三视图往往不能清晰地把它表达出来。因此，必须增加投影面，以便得到更多视图。在原有三个投影面的基础上，再增设三个投影面，构成一个正六面体，这六个面称为基本投影面。将机件放在正六面体内，分别向各基本投影面投射，所得的视图称为基本视图。除了前述主视图、俯视图、左视图外，还有从右向左投射所得的右视图、从下向上投射所得的仰视图、从后向前投射所得的后视图。

六个基本投影面的展开方法如图 2-101 所示。

六个基本视图若画在同一张图样内，按照图 2-102 所示的配置关系配置时，不必标注视图名称。六个基本视图之间仍符合"长对正、高平齐、宽相等"的投影规律。除后视图外，各视图靠近主视图的一侧均表示机件的后面，远离主视图的一侧均表示机件的前面。

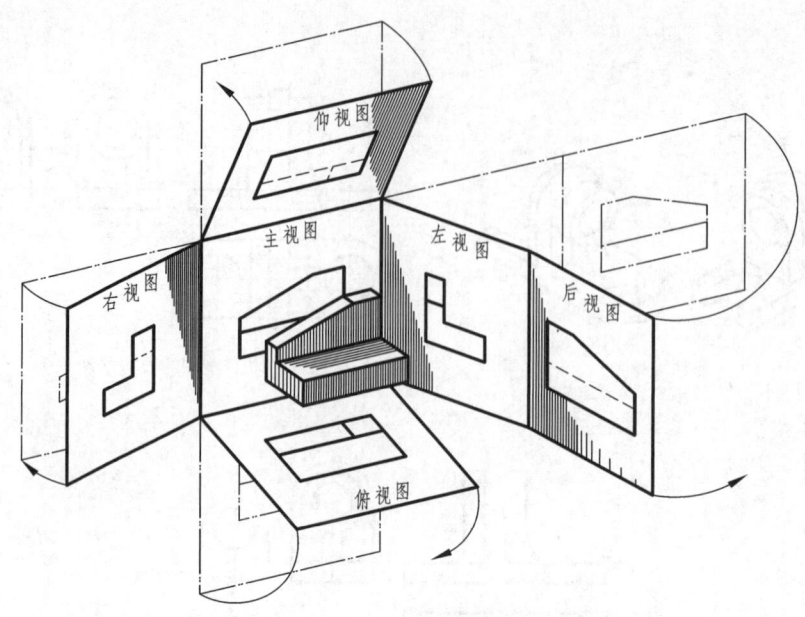

图 2-101 六个基本投影面的展开

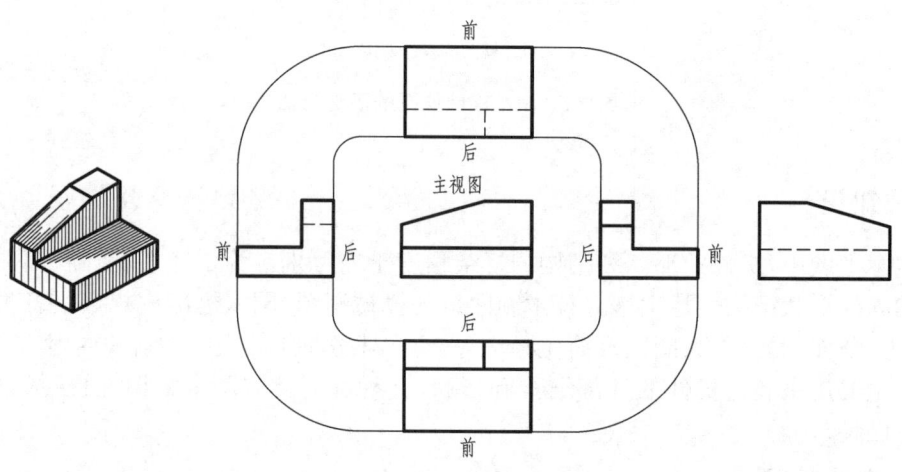

图 2-102 六个基本视图的配置

(二) 向视图

在实际绘图中,有时为了合理利用图纸,国家标准规定了一种可以自由配置的基本视图——向视图。

为了便于读图,应在向视图的上方标注"×"(×为大写拉丁字母),在相应视图的附近用箭头指明投射方向,并标注相同的字母,如图 2-103 所示。

(三) 局部视图

当采用一定数量的基本视图后,该机件上仍有局部结构形状尚未表达清楚,而又没有必要再画出完整的视图时,可单独将这一局部结构形状向基本投影面投射。这种将机件的某一部分向基本投影面投射所得的视图,称为局部视图,如图 2-104 所示。

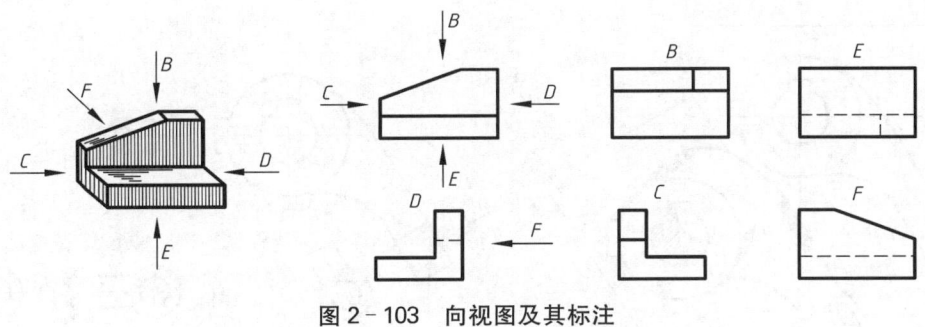

图 2-103 向视图及其标注

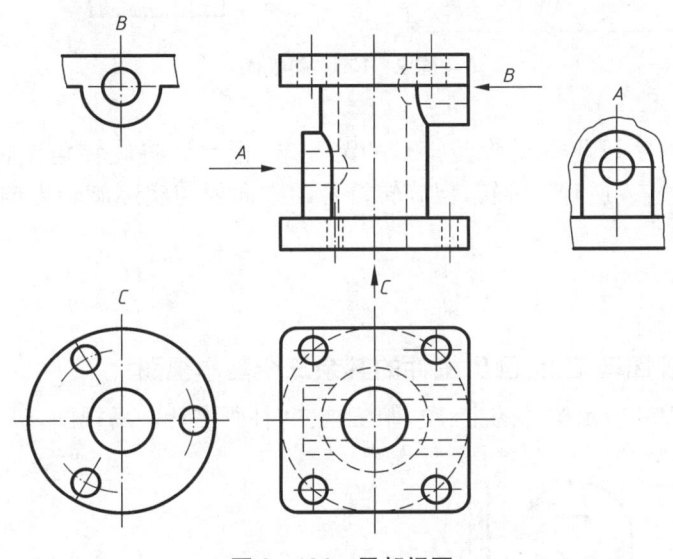

图 2-104 局部视图

画局部视图时,可以将局部视图按基本视图的配置形式配置,如图 2-104 中的 A、B 向局部视图,也可以按向视图的配置形式配置,如图 2-104 中的 C 向局部视图。当局部视图按基本视图的配置形式配置,且中间又没有其他图形隔开时,则不必标注,如图 2-104 中的 A、B 向局部视图的标注都可省略不标。

局部视图的断裂边界以波浪线(或双折线)表示,如图 2-104 中的 A、B 向局部视图。若表示的局部结构是完整的,且外形轮廓成封闭状态时,则波浪线可省略不画,如图 2-104 中的 C 向局部视图。

(四)斜视图

当机件某部分的倾斜结构不平行于任何基本投影面时,在基本视图中不能反映该部分的实形,可将倾斜部分向与之平行的平面投射得到实形。这种将机件倾斜部分向不平行于基本投影面的平面投射所得的视图,称为斜视图,如图 2-105 所示。

斜视图通常按向视图的配置形式配置并标注,其断裂边界可用波浪线(或双折线)表示,如图 2-105 中 A 向视图所示。必要时,允许将斜视图旋转配置,但需画出旋转符号

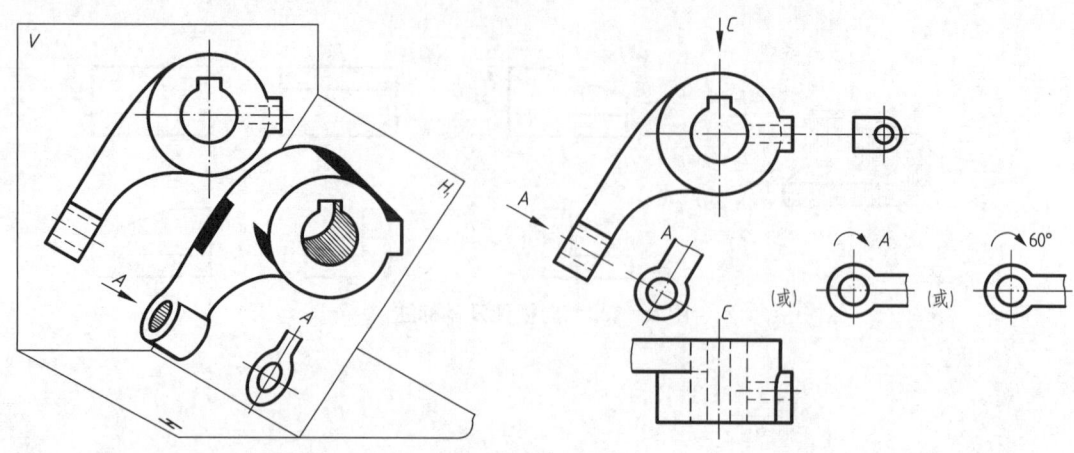

图 2-105 斜视图

（表示该视图名称的字母应靠近旋转符号的箭头端，也允许将旋转角度标注在字母之后）。斜视图可顺时针旋转或逆时针旋转，但旋转符号的方向要与实际旋转方向一致，以便于看图者识别。

二、实践提高

（一）在原有视图基础上，画出机件的其余三个基本视图

根据如图 2-106 所示机件的主、左、俯三视图，补画右、仰、后视图。

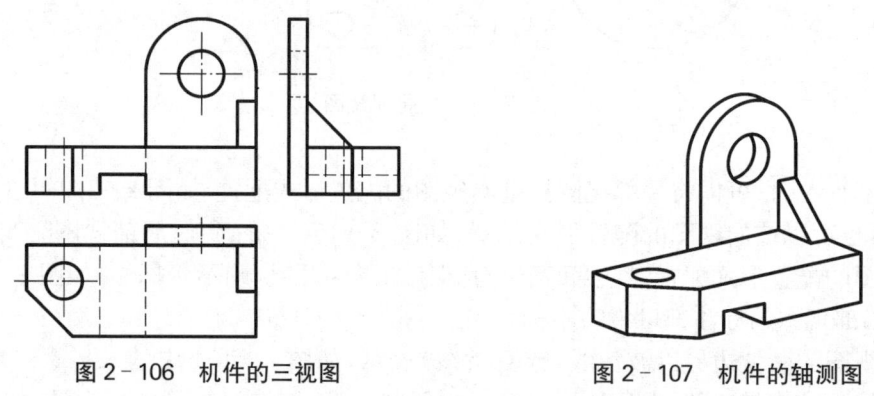

图 2-106 机件的三视图　　　　图 2-107 机件的轴测图

（1）根据形体分析法，识读机件三视图，想象出该机件形状，如图 2-107 所示。
（2）补画机件的右、仰视图，如图 2-108 所示。

（二）在原有视图基础上，画出机件的局部与斜视图

根据如图 2-109 所示机件的主、俯视图，补画 A 向斜视图、B 向局部视图。
（1）根据形体分析法，识读机件视图，想象出该机件形状，如图 2-110 所示。
（2）画出机件的 A 向斜视图、B 向局部视图，如图 2-111 所示。

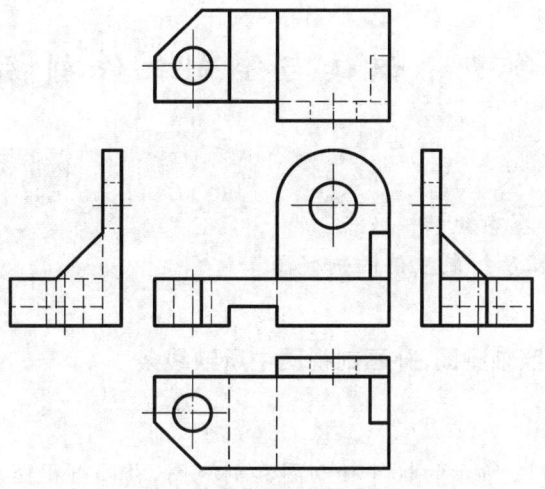

图 2-108 补画机件右、仰视图

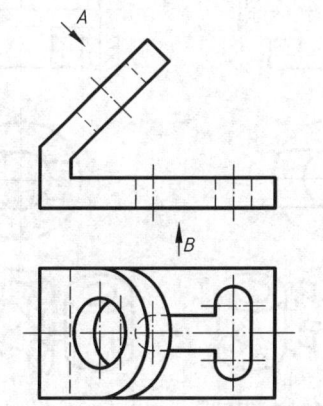

图 2-109 某机件的主、俯视图

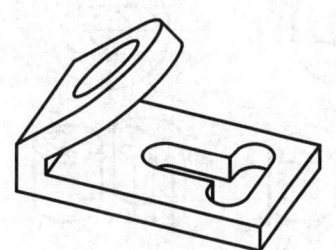

图 2-110 机件的轴测图

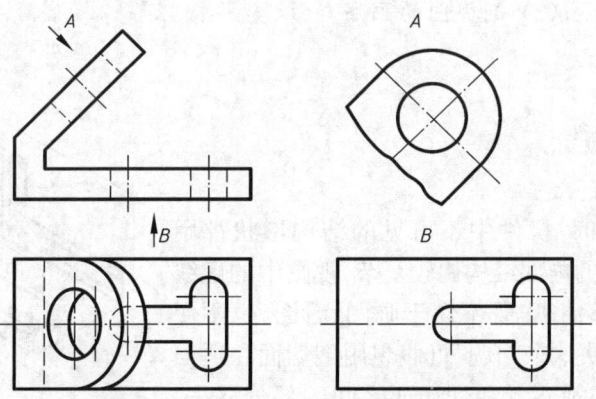

图 2-111 补画机件局部视图、斜视图

任务十 识读与绘制机件剖视图

【学习目标】
1. 掌握剖视图的基本知识和画法。
2. 能根据要求,正确绘制机件的剖视图。

基础任务——对照轴测图,补画剖视图中所缺线条

1. 任务要求
对照分析如图2-112所示的机件轴测图和剖视图,补画剖视图中所缺的线条。

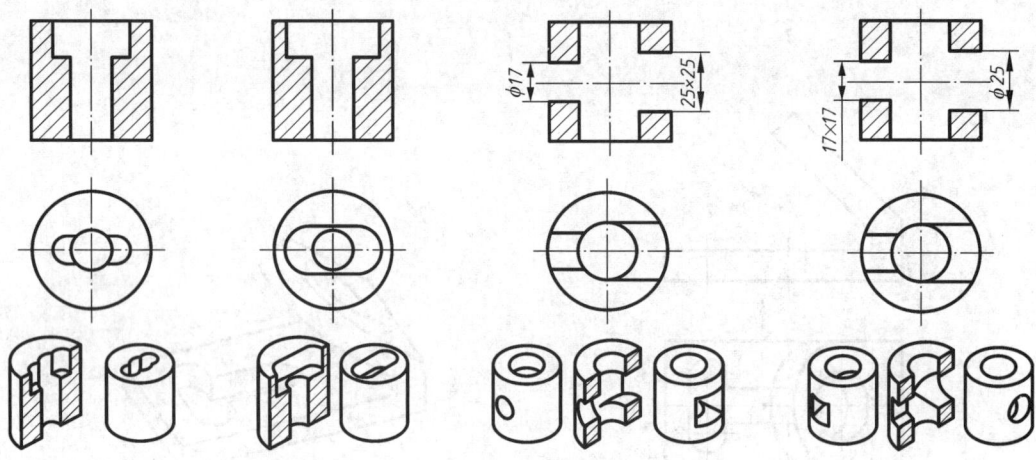

图2-112 机件轴测图与缺线的剖视图

2. 关联知识点
(1)剖视图的形成;(2)剖视图的画法与注意事项。

一、相关知识

(一)剖视图的概念

1. 剖视图的形成

用视图表达机件时,机件中不可见的结构形状都用虚线表示。如果机件的内部结构比较复杂,视图中的虚线较多,就会使图形不够清晰,既不便于画图、看图,也不便于标注尺寸。为了解决这个问题,可假想用剖切面在适当部位剖开机件,将处在观察者和剖切面之间的部分移去,而将其余部分向投影面投射所得的图形,称为剖视图,简称剖视(图2-113)。剖视图用于表达机件的内部结构

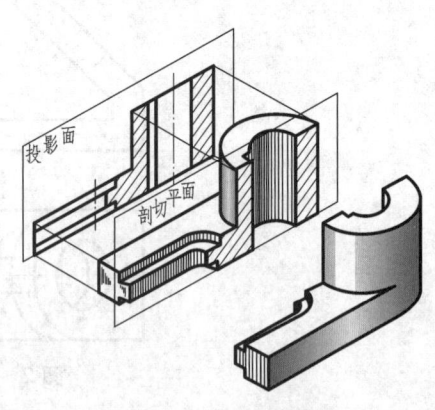

图2-113 剖视图

形状。

2. 剖视图的画法

将视图与剖视图相比较（图 2-114），可以看出，由于主视图采用了剖视的画法（图 2-114b），将机件上不可见的部分变成了可见的，图中原有的虚线变成了粗实线，而主视图中后部的虚线予以省略。再加上剖面线的作用，所以使机件内部结构形状的表达既清晰，又有层次感。同时，画图、看图和标注尺寸都更为简便。

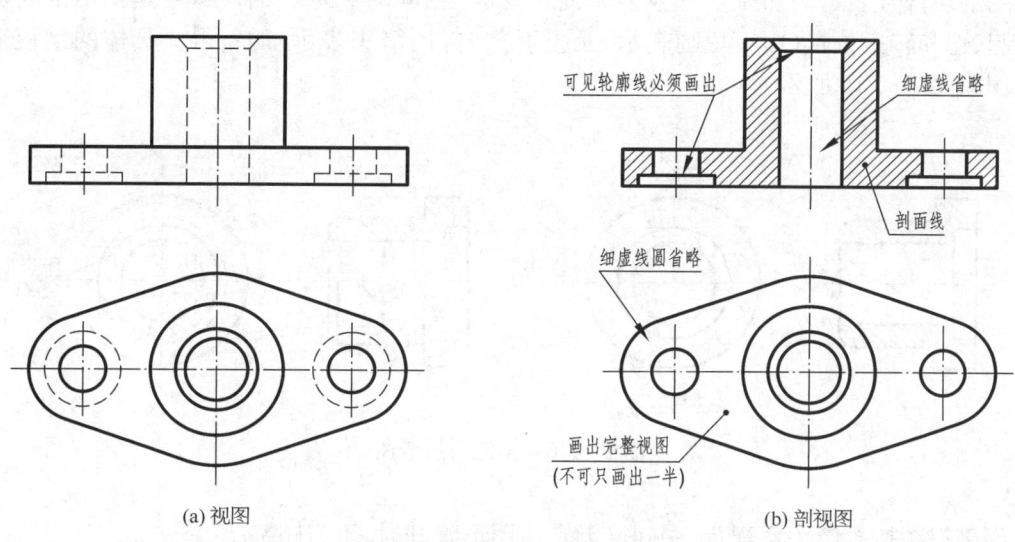

图 2-114 视图与剖视图的比较

绘制零件的剖视图一般有以下几个步骤：

1) 确定剖切面位置 一般用平面作为剖切面。为了表达零件内部结构的真实形状，避免剖切后产生不完整的结构要素，剖切面通常平行于投影面，且通过零件孔、槽的轴线或对称面。

2) 画剖视图 画出剖切面和剖切面后面可见部分的投影。

3) 画剖面符号（又称剖面线） 剖切面与物体的接触部分称为剖面区域。为了区别零件的实体与空心部分，在剖面区域中应画上剖面符号。不同的材料剖面符号不同。各种材料的剖面符号请参考 GB/T 4457.5—2013。

3. 画剖视图注意事项

画剖视图时，应注意以下几点：

(1) 因为剖切是假想的，并不是真把机件切开并拿走一部分。因此，当一个视图取剖视后，其余视图仍按完整机件画出，如图 2-115 所示。

(2) 同一金属零件的视图中，剖视图中的剖面符号，应画成间隔相等、方向相同且一般与剖面区域的主要轮廓线或对称线成 45°的平行线（剖面线）。必要时，剖面线也可画成与主要轮廓线

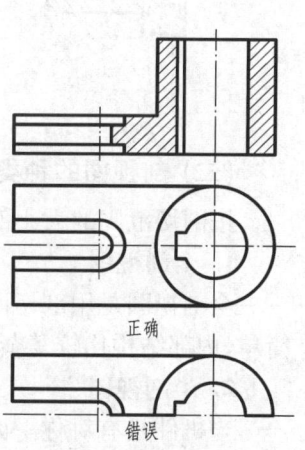

图 2-115 剖视图正误比较

成适当角度。

(3) 剖视图上一般不画虚线,但对在其他视图中尚未表达清楚的内部结构形状,其虚线不可省略。

(4) 在剖切面后面的可见轮廓线,应全部画出,不得遗漏。

4. 剖视图的标注

一般应在剖视图的上方标注剖视图的名称"×-×"(×为大写的拉丁字母),在相应的视图上用剖切符号表示剖切位置和投射方向,并标注相同的字母。剖切符号是指示剖切面位置的起、迄和转折位置(用粗短画表示)及投射方向(用箭头表示)的符号。具体的剖视图标注示例如图2-116所示。

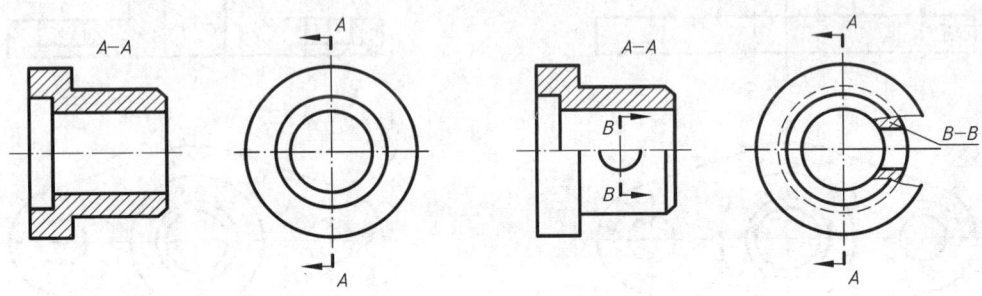

图 2-116 剖视图的标注

当剖视图按投影关系配置,中间又无其他图形隔开时,可省略箭头。

当单一剖切面通过零件的对称面或基本对称平面,并且剖视图按投影关系配置,中间又无其他图形隔开时,则不必标注,如图2-117所示。

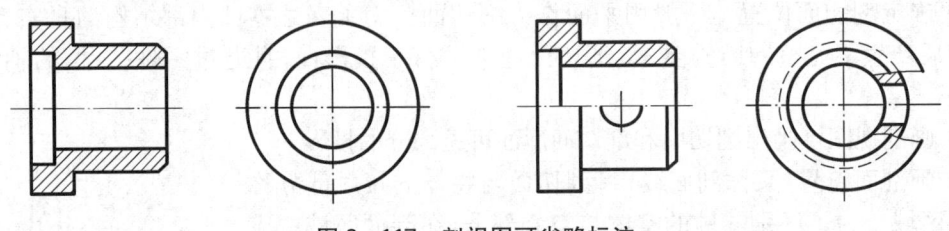

图 2-117 剖视图可省略标注

(二) 剖视图的种类

按剖切范围的大小剖视图分为全剖视图、半剖视图和局部剖视图三种。

1. 全剖视图

全剖视图是用剖切面将机件完全剖开所得的剖视图。全剖视图主要用于外形结构比较简单,内部结构比较复杂的机件,如图2-114b所示。

2. 半剖视图

当机件具有对称平面时,向垂直于对称平面的投影面上投射所得的图形,可以对称中心线为分界线,一半画成剖视图,另一半画成视图,这种视图称为半剖视图。半剖视图的优点在于一半(剖视图)能够表达机件的内部结构,而另一半(视图)可以表达外形,由于机件是对称的,所以很容易据此想象出整个机件的内、外结构形状,如图 2-118 所示。

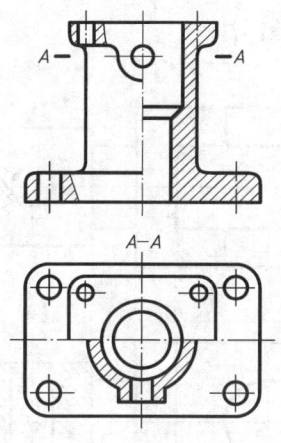
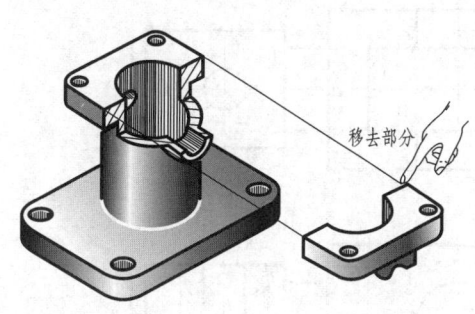

图 2-118 半剖视图

画半剖视图时,应注意以下几点:

(1) 半个视图与半个剖视图必须以细点画线为界。当轮廓线与图形对称线重合时,则应避免使用半剖视图,而宜采用下面介绍的局部剖视图。

(2) 在半个剖视图中已表达清楚的内部结构,在另一半视图中,表示该部分结构的虚线不画。

(3) 半剖视图的标注与全剖视图标注方法相同。

3. 局部剖视图

用剖切面局部剖开机件所得的剖视图,称为局部剖视图,如图 2-119 所示。

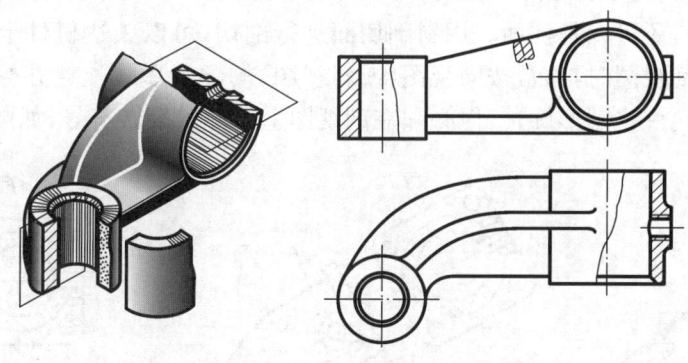

图 2-119 局部剖视图

局部剖视图具有同时表达机件内、外结构的优点,且不受机件是否对称的限制,在什么位置剖切、剖切范围多大,均可根据需要而定,所以应用比较广泛。

画局部剖视图时,应注意以下两点:

(1) 在一个视图中,局部剖切的次数不宜过多,否则就会显得零乱甚至影响图形的清晰度。

（2）视图与剖视图以波浪线为分界线,波浪线不能超出视图的轮廓线,不应与轮廓线重合或画在其他轮廓线的延长线上,也不可穿空(孔、槽等)而过,其正误对比如图 2-120 所示。

（3）当单一剖切面的剖切位置明确时,局部剖视图不必标注。

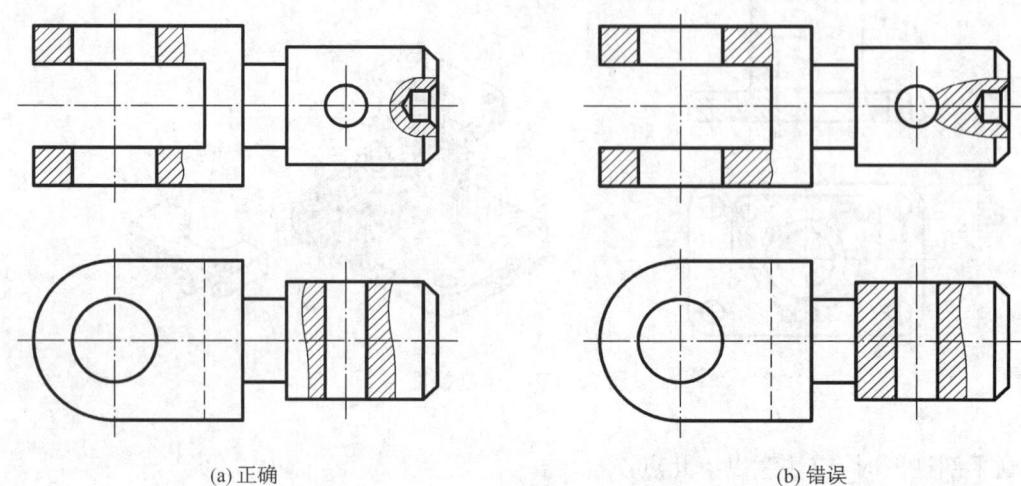

图 2-120　局部剖视图波浪线正误的比较

（三）剖切面的种类

剖视图能否清晰地表达机件的结构形状,剖切面的选择是很重要的。剖切面共有三种,运用其中任何一种都可得到全剖视图、半剖视图和局部剖视图。

1. 单一剖切面

单一剖切面可以是平行于某一基本投影面的平面,也可以是不平行于任何基本投影面的平面(斜剖切面),还可以是柱面。用斜剖切面进行剖切,可以表达机件上倾斜部分的内部结构形状,画这种剖视图时,通常按向视图(或斜视图)的配置形式配置并标注。在不致引起误解的情况下,也允许将图形旋转,但必须在剖视图上方标出旋转符号,如图 2-121 所示。

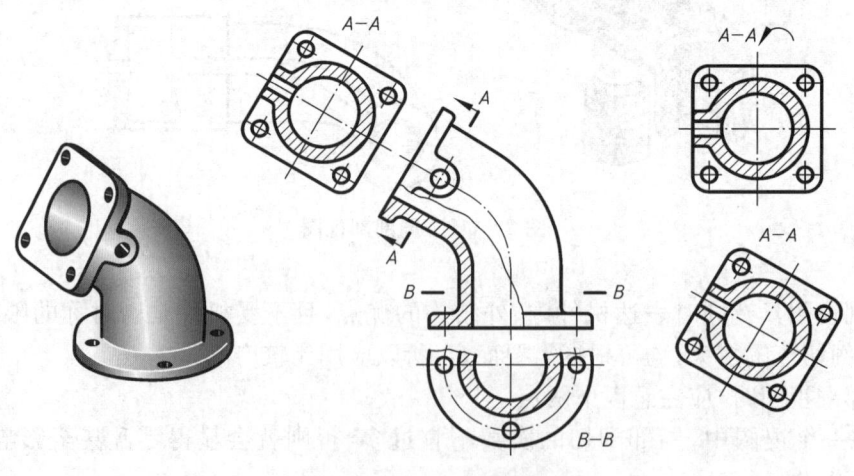

图 2-121　单一剖切面

2. 几个平行的剖切面

用几个平行的剖切面剖开机件的方法称为阶梯剖,如图 2-122 所示。当要表达的机件的内部结构不处在同一个平面上时,可采用这种剖切方法。几个平行的剖切面可能是两个或两个以上,各剖切面的转折处必须是直角。

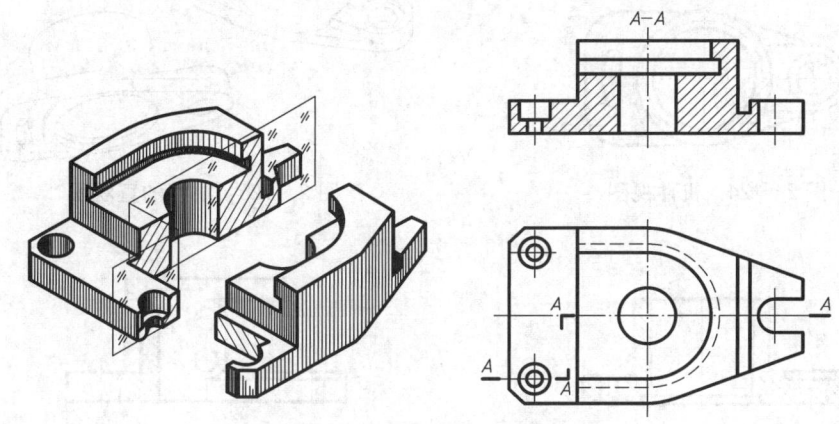

图 2-122 几个平行的剖切面

画这种剖视图时,应注意以下两点:

(1) 图形内不应出现不完整要素。仅当两个要素在图形上具有公共对称中心线或轴线时,可以各画一半,此时应以对称中心线或轴线为界。

(2) 采用几个平行的剖切面剖开机件所绘制的剖视图,规定要表示在同一个图形上,所以不能在剖视图中画出各剖切面的交线。

3. 几个相交的剖切面

当零件的内部结构形状较为复杂,用单一剖切面或几个平行的剖切面都不便于表达时,可采用两个或两个以上的相交剖切面将零件剖开。用两相交剖切面剖切机件的方法称为旋转剖。画这种剖视图,是先假想按剖切位置剖开机件,然后将被剖切面剖开的结构及其有关部分旋转到与选定的投影面平行后再进行投射,如图 2-123 所示。在剖切面后的其他结构,一般仍按原来的位置进行投射。当剖切后产生不完整要素时,应将此部分按不剖绘制。

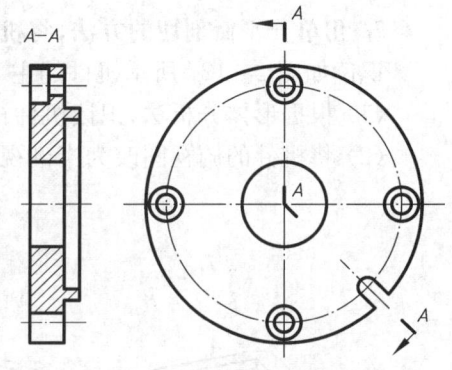

图 2-123 几个相交的剖切面

二、实践提高

1. 用单一平面剖切的方法,将机件的主视图改为全剖视图

识读如图 2-124 所示机件的主、俯视图,将机件的主视图改为全剖视图。

(1) 根据形体分析法,识读机件视图,想象出该机件形状,如图 2-125 所示。

(2) 将机件的主视图改为全剖视图,如图 2-126 所示。

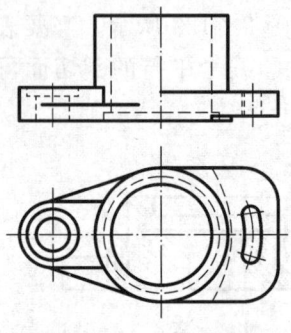

图 2-124 机件视图

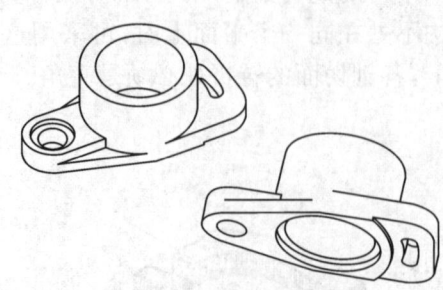

图 2-125 机件的直观图

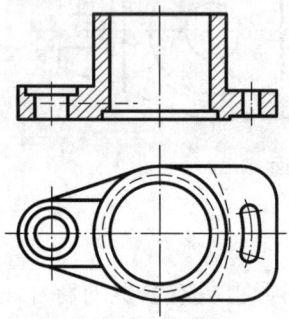

图 2-126 机件剖视图

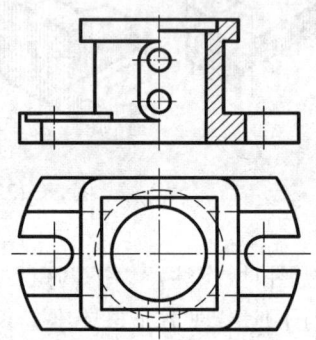

图 2-127 机件的主、俯视图

2. 用单一平面剖切的方法，将机件的俯视图改为半剖视图

识读如图 2-127 所示机件的主、俯视图，将机件的俯视图改为半剖视图。

（1）根据形体分析法，识读机件视图，想象出该机件形状，如图 2-128 所示。

（2）将机件的俯视图改为半剖视图，如图 2-129 所示。

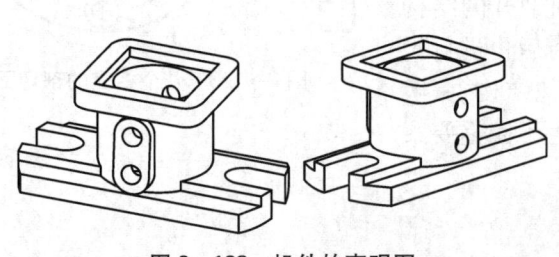

图 2-128 机件的直观图

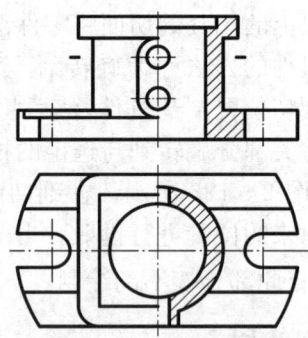

图 2-129 机件的半剖视图

3. 用单一平面剖切的方法，将机件的主、俯视图改为局部剖视图

识读如图 2-130 所示机件的主、俯视图，将机件的主视图改为局部剖视图。

(1) 根据形体分析法,识读机件视图,想象出该机件形状,如图 2-131 所示。
(2) 将机件的主、俯视图改为局部剖视图,如图 2-132 所示。

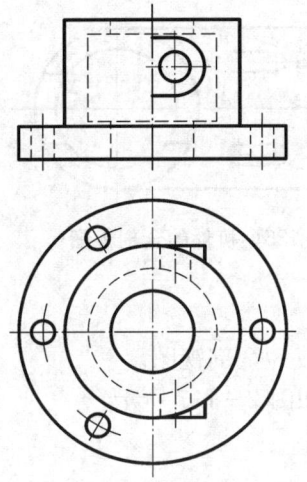

图 2-130 机件的主、俯视图

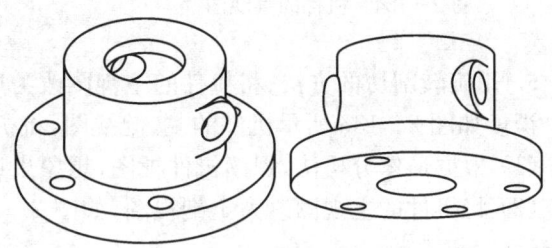

图 2-131 机件的直观图

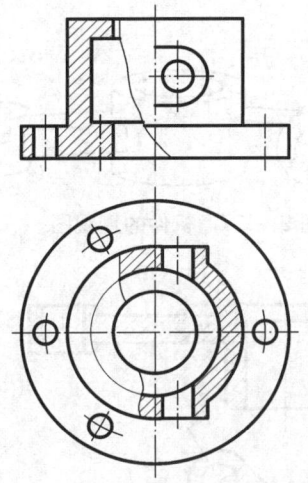

图 2-132 机件的局部剖视图

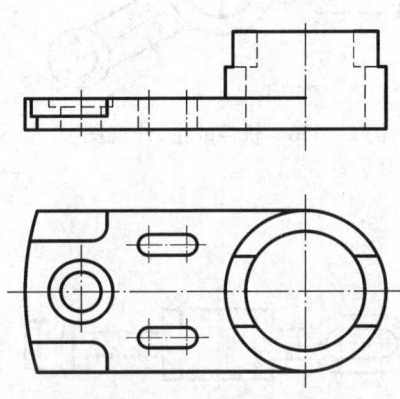

图 2-133 机件的主、俯视图

4. 用阶梯剖切的方法,将机件的主视图改为全剖视图

识读如图 2-133 所示机件的主、俯视图,将机件的主视图改为全剖视图。
(1) 根据形体分析法,识读机件视图,想象出该机件形状,如图 2-134 所示。
(2) 将机件的主视图改为全剖视图,如图 2-135 所示。

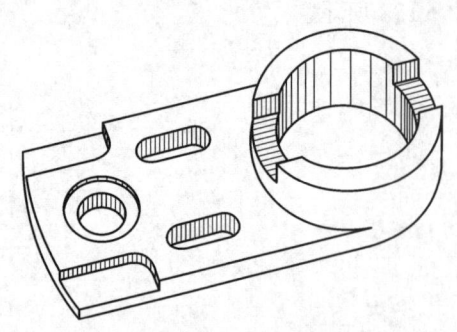

图 2-134 机件的直观图

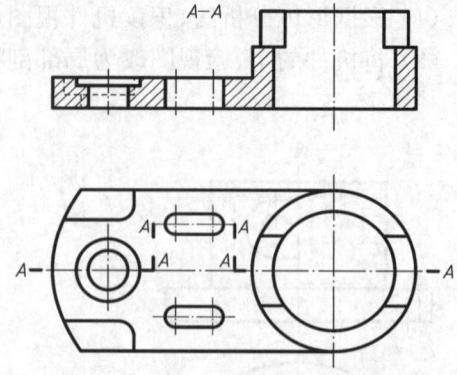

图 2-135 机件的全剖视图

5. 用旋转剖切的方法,将机件的主视图改为局部剖视图

识读如图 2-136 所示机件的主、俯视图,将机件的主视图改为全剖视图。

（1）根据形体分析法,识读机件视图,想象出该机件形状,如图 2-137 所示。

（2）将机件的主视图改为全剖视图,如图 2-138 所示。

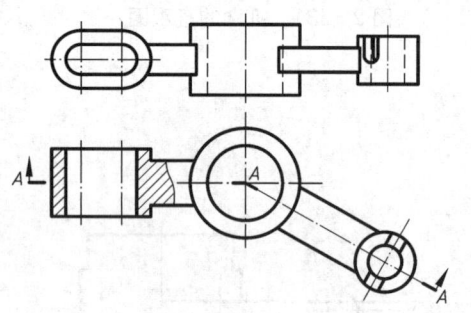

图 2-136 机件的主、俯视图

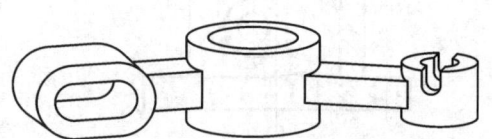

图 2-137 机件的直观图

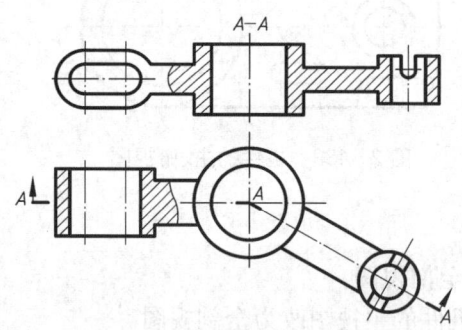

图 2-138 机件的局部剖视图

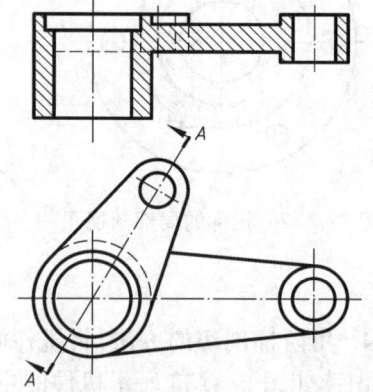

图 2-139 机件的主、俯视图

6. 求解斜剖视图问题

识读如图 2-139 所示机件的主、俯视图,求机件 $A-A$ 处的斜剖视图。

(1) 根据形体分析法,识读机件视图,想象出该机件形状,如图 2-140 所示。
(2) 画出机件的斜剖视图,如图 2-141 所示。

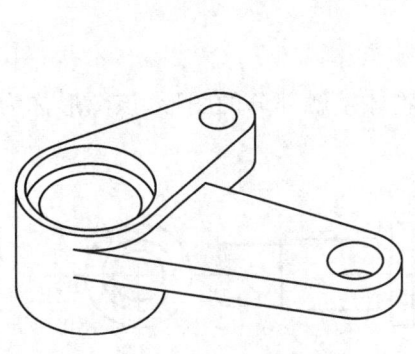

图 2-140　机件的直观图

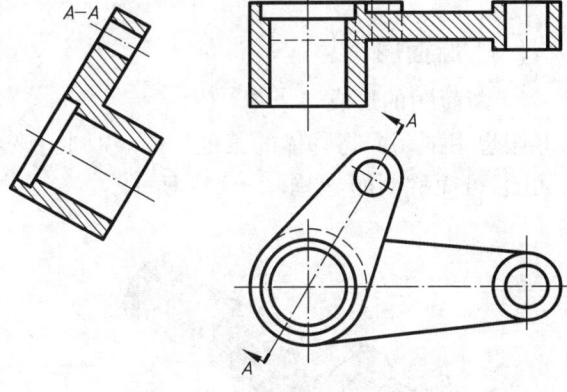

图 2-141　机件的斜剖视图

任务十一　识读与绘制机件断面图

【学习目标】
1. 掌握断面图的基本知识和画法,能正确绘制机件的断面图。
2. 了解机件的其他表达方法,并能运用于实际。

基础任务　——对照轴测图,找移出断面图

1. 任务要求

对照如图 2-142e 所示的轴测图,判断图 2-142a、b、c、d 中哪一个图的移出断面图是正确的。

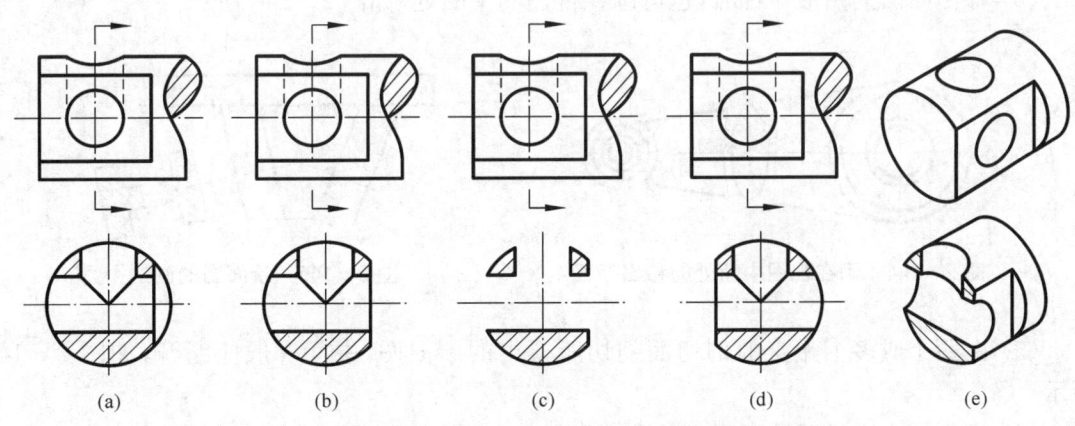

图 2-142　判断移出断面图对错

2. 关联知识点

（1）断面图的形成；（2）移出断面图的画法。

一、相关知识

(一) 断面图

1. 断面图的形成

假想用剖切面将物体的某处切断，仅画出该剖切面与物体接触部分的图形，该图形称为断面图，可简称断面，如图 2-143 所示。

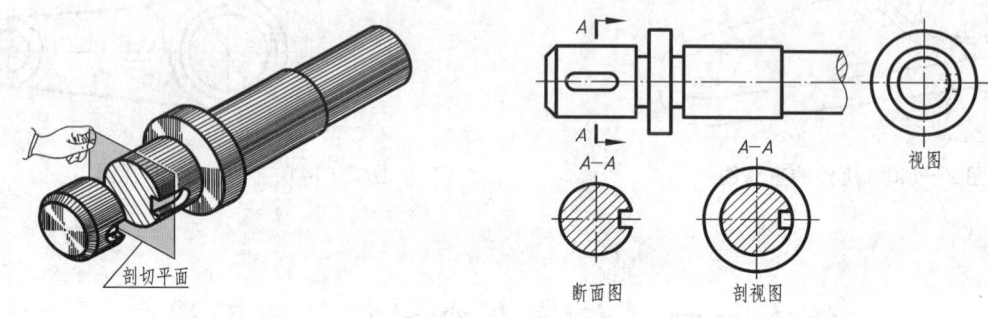

图 2-143 断面图的形成

断面图主要用来表达机件上某些部分的截断面形状，如肋、轮辐、键槽、小孔及各种细长杆件和型材的截断面形状等。从图 2-143 中可以看出，用断面图表达显得更清晰、简洁，同时也便于标注尺寸。

2. 断面图的种类

断面图分为移出断面图和重合断面图两种。

1）移出断面图　画在视图轮廓之外的断面图，称为移出断面图。移出断面的轮廓线用粗实线绘制，如图 2-143 所示。移出断面通常按以下原则绘制和配置：

(1) 移出断面可配置在剖切符号的延长线上或剖切线（指示剖切位置的线，用点画线绘制）的延长线上，也可以配置在其他适当位置。

(2) 移出断面的图形对称时，也可画在视图的中断处，如图 2-144 所示。

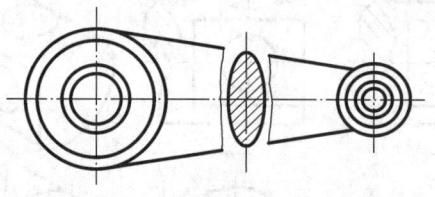

图 2-144　画在视图中断处的移出断面

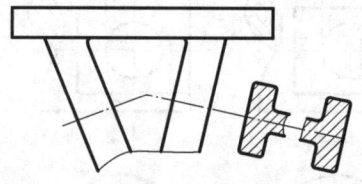

图 2-145　断面图的画法

(3) 由两个或多个相交的剖切面剖切所得出的断面图，中间一般应断开，如图 2-145 所示。

(4) 当剖切面通过回转面形成的孔或凹坑的轴线时，这些结构应按剖视图要求绘制，如

图 2-146 所示。

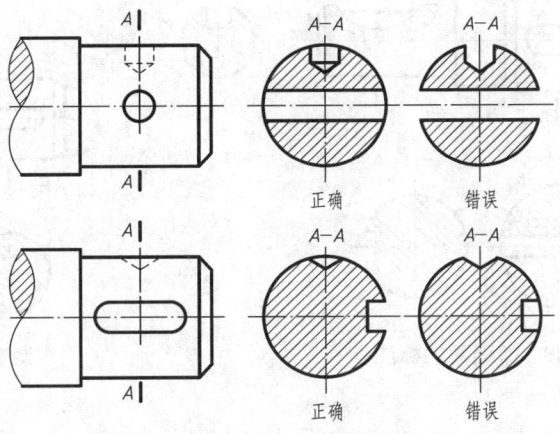

图 2-146 断面图的画法

(5) 当剖切面通过非圆孔,会导致出现完全分离的剖面区域时,则这些结构应按剖视图要求绘制,如图 2-147 所示。

2) 重合断面图 画在视图轮廓线内的断面图,称为重合断面图。重合断面的轮廓线用细实线绘制。当视图中的轮廓线与重合断面的图形重叠时,视图中的轮廓线仍应连续画出,不可间断,如图 2-148 所示。

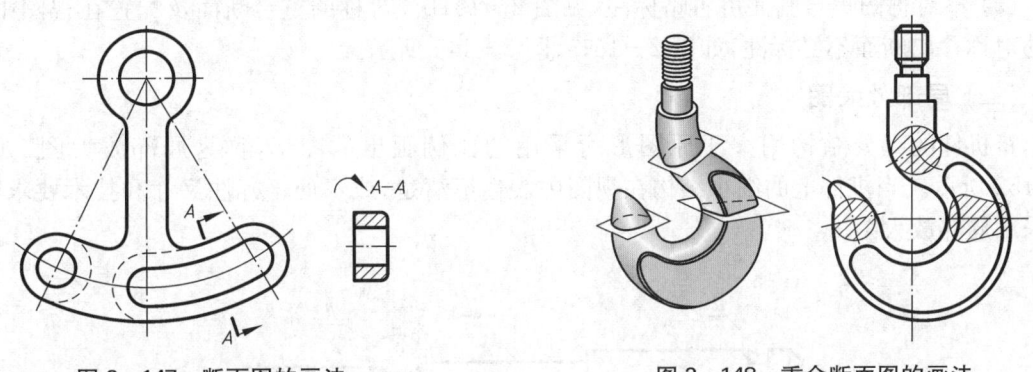

图 2-147 断面图的画法　　　　　　　　图 2-148 重合断面图的画法

3. 断面图的标注

(1) 一般应用大写拉丁字母标注移出断面图的名称($\times$-$\times$),在相应的视图上用剖切符号表示剖切位置和投射方向(用箭头表示),并标注相同的字母,如图 2-149 中所示 B-B 断面图。

(2) 配置在剖切符号延长线的不对称移出断面不必标注字母,如图 2-150 所示。

(3) 不配置在剖切符号延长线的对称移出断面,以及按投影关系配置的移出断面,一般不必标注箭头,如图 2-146 所示正确图样、图 2-149 所示 A-A 和 C-C 断面图。

(4) 配置在剖切符号(或剖切线)延长线上的对称移出断面,不必标注字母和箭头,如图 2-149 所示最左边的移出断面图。

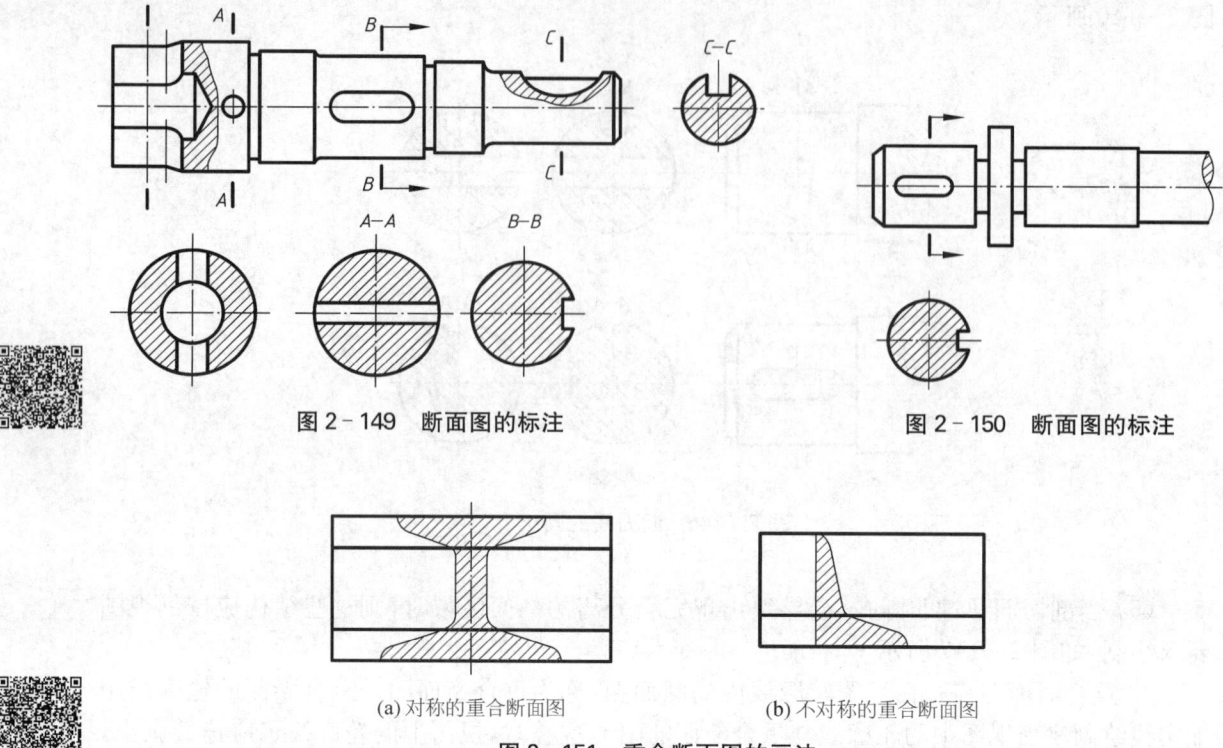

图 2–149 断面图的标注　　　　　图 2–150 断面图的标注

(a) 对称的重合断面图　　　(b) 不对称的重合断面图

图 2–151 重合断面图的画法

(5) 不对称的重合断面可省略标注，见图 2–151b。对称的重合断面及配置在视图中断处的对称移出断面不必标注，如图 2–151a、图 2–144 所示。

（二）局部放大图

将机件的部分结构用大于原图形所采用的比例画出的图形，称为局部放大图，如图 2–152 所示。当机件上的细小结构在视图中表达不清楚，或不便于标注尺寸和技术要求时，可采用局部放大图。

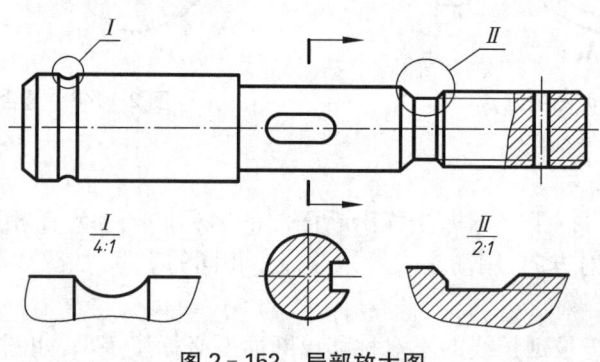

图 2–152 局部放大图

局部放大图可以根据需要画成视图、剖视图和断面图，它与被放大部分的表达方式无关。局部放大图应尽量配置在被放大部位的附近。绘制局部放大图时，一般应用细实线圈出被放大的部位。当同一机件上有几处被放大的部分时,应用罗马数字依次标明被放大的部位,并在局部放大图的上方标注出相应的罗马数字和所采用的比例,如图2-152所示。当零件上被放大的部分仅一处时,在局部放大图的上方只需注明所采用的比例。对于同一机件上不同部位的局部放大图,当图形相同或对称时,只需画出一个,如图2-153所示。

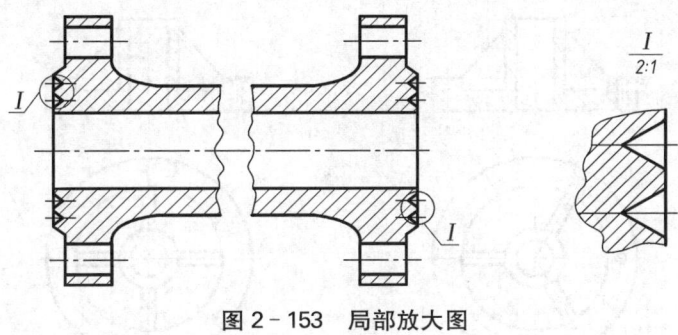

图2-153 局部放大图

(三) 简化画法

在能够准确表示机件形状和结构的前提下,为使画图简便,可采用规定画法、省略画法、示意画法等表达方法。

(1) 机件中成规律分布的重复结构,允许只绘制出一个或几个完整的结构,并反映其分布情况。其余用细实线连接,并注明该结构的总数,如图2-154所示。

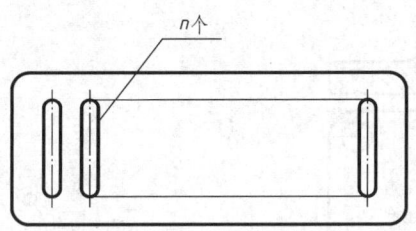

图2-154 重复结构的简化画法

(2) 若干直径相同且成规律分布的孔,可以仅画出一个或少量几个,其余只需用细点画线或"十"表示其中心位置,如图2-155所示。

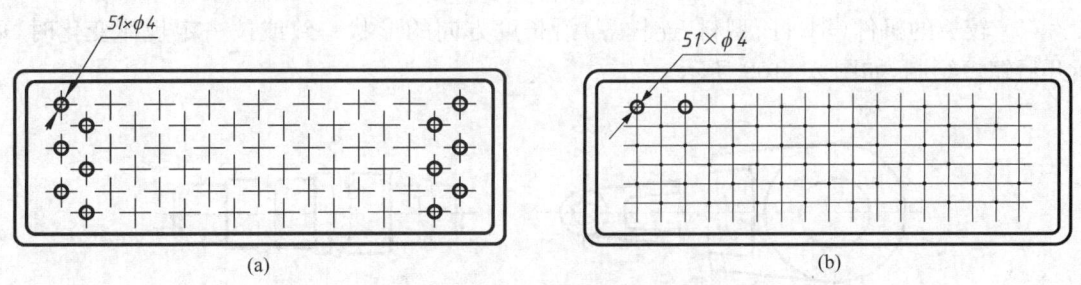

图2-155 相同孔的简化画法

（3）对于机件的肋、轮辐及薄壁等，如按纵向剖切，这些结构都不画剖面符号，而用粗实线将它与其邻接部分分开，如图 2-156 所示肋板，其主视图就采用了这种画法。当零件回转体上均匀分布的肋、轮辐、孔等结构不处于剖切面上时，可将这些结构旋转到剖切面上画出，如图 2-156a、b 所示。

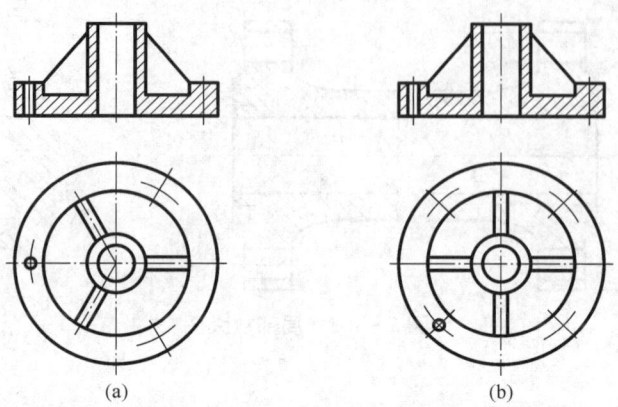

图 2-156　回转体上均布结构的简化画法

（4）与投影面倾斜角度小于或等于 30°的圆或圆弧，其投影可用圆或圆弧代替，如图 2-157 所示。

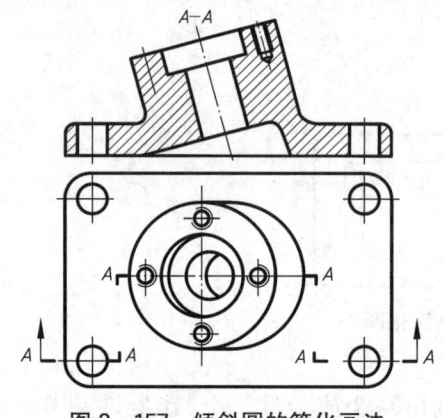

图 2-157　倾斜圆的简化画法

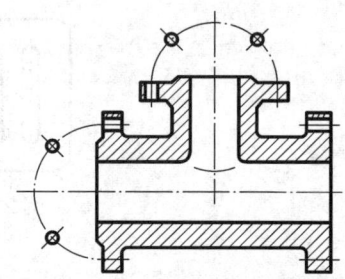

图 2-158　法兰盘均布孔的简化画法

（5）圆柱形法兰和类似零件上均匀分布的孔，可按如图 2-158 所示的方法表示。

（6）较长的机件（轴、杆、型材、连杆等）沿长度方向的形状一致或按一定规律变化时，可断开后缩短绘制，如图 2-159 所示。

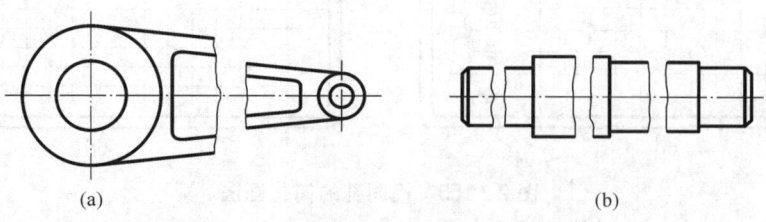

图 2-159　较长机件可断开后缩短绘制

（7）当机件上较小的结构及斜度等已在一个图形中表达清楚时，其他图形应当简化或省略，如图2-160所示。

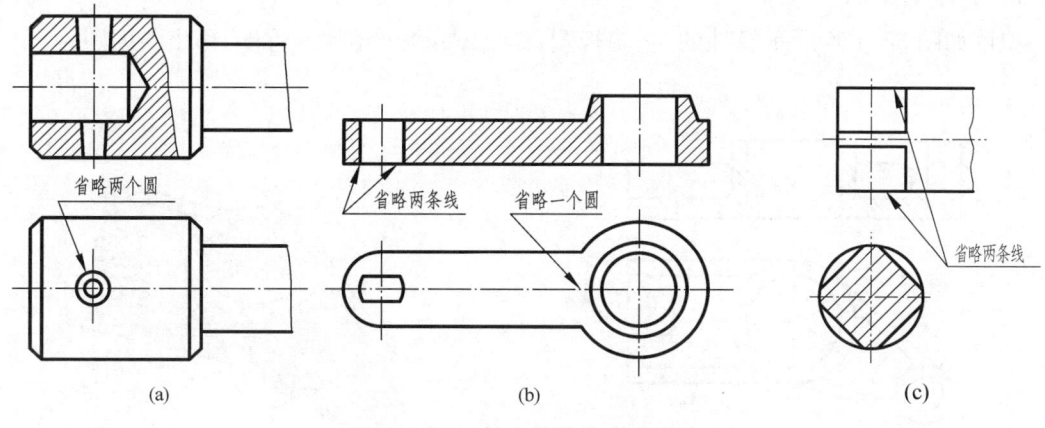

图2-160 较小结构的省略画法

（8）在不致引起误解时，对于对称机件的视图可只画一半或四分之一，并在对称中心线的两端画出两条与其垂直的平行细实线，如图2-161所示。

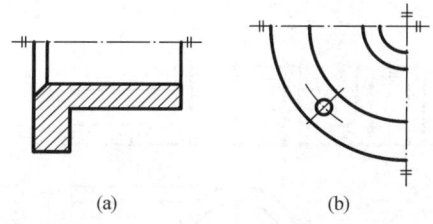

图2-161 对称机件的简化画法

（9）在不致引起误解的情况下，剖面符号可省略，如图2-162所示；也可以用涂色代替剖面符号，如图2-163所示。

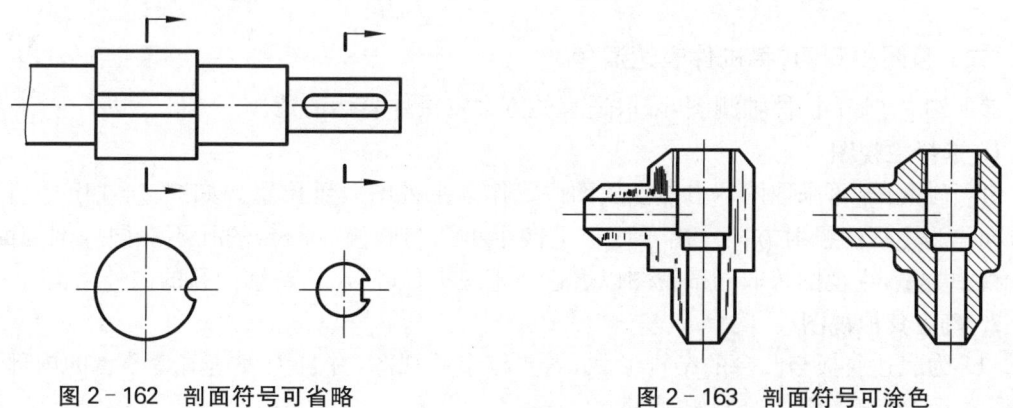

图2-162 剖面符号可省略　　　　图2-163 剖面符号可涂色

二、实践提高

（一）作断面图

识读如图 2-164 所示机件的主、俯视图，作出图示两个剖切位置的移出断面图。

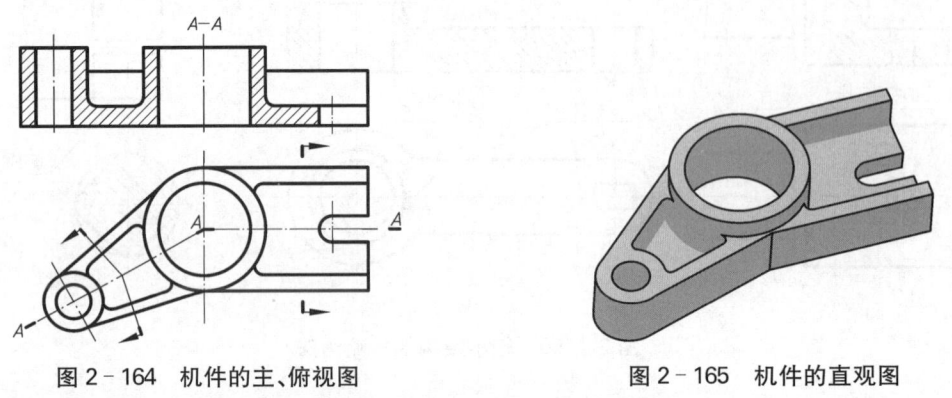

图 2-164 机件的主、俯视图　　　　图 2-165 机件的直观图

（1）根据形体分析法，识读机件视图，想象出该机件形状，如图 2-165 所示。
（2）作出两个移出断面图，如图 2-166 所示。

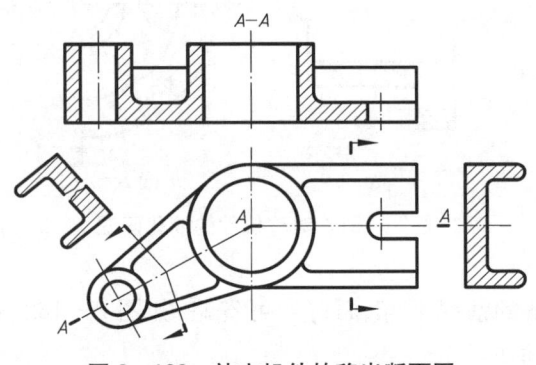

图 2-166 补充机件的移出断面图

（二）参照轴测图，将机件表达清楚

参照图 2-167 机件轴测图，采取适宜的方案将机件表达清楚。

1. 选择主视图

分析轴测图，可采取图示自然摆放的位置作为主视图放置位置。如图 2-167 中所示箭头方向作为主视图投射方向。由于底板上四个小孔与圆筒及凸台的孔不在同一剖切面，为减少视图数量，主视图采取局部视图以表达清楚底板、圆筒及凸台轴向孔的内外结构。

2. 确定其他视图

（1）为表达底板与凸台的结构形状，需要作出俯视图，并且为表达清楚凸台的内部孔结构，采取了阶梯剖的形式绘制俯视图。
（2）为表达右边凸台接口形状，采取一局部视图进行补充表达，如图 2-168 所示。

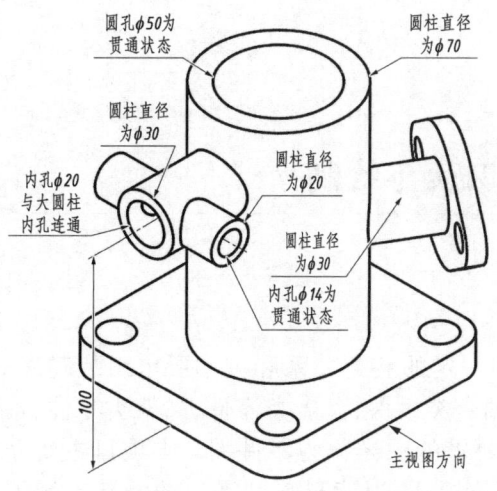
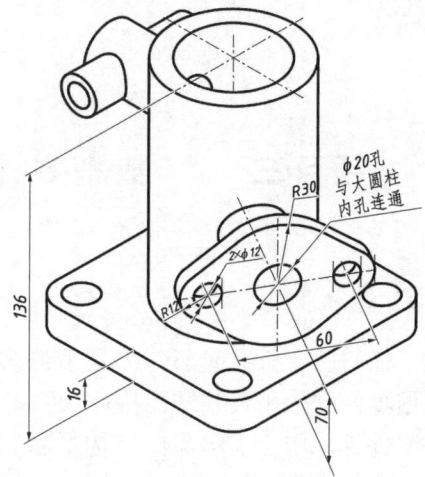
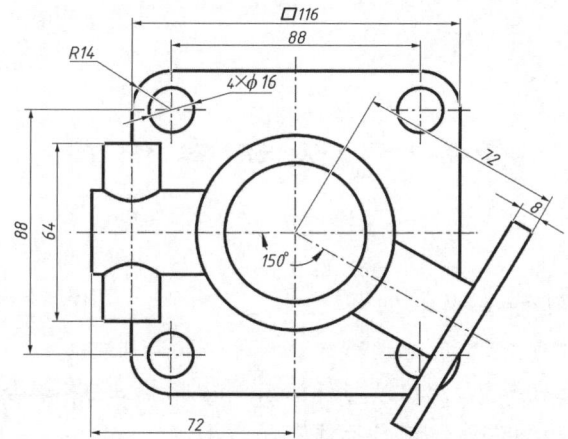

图 2-167 机件的轴测图和相关尺寸

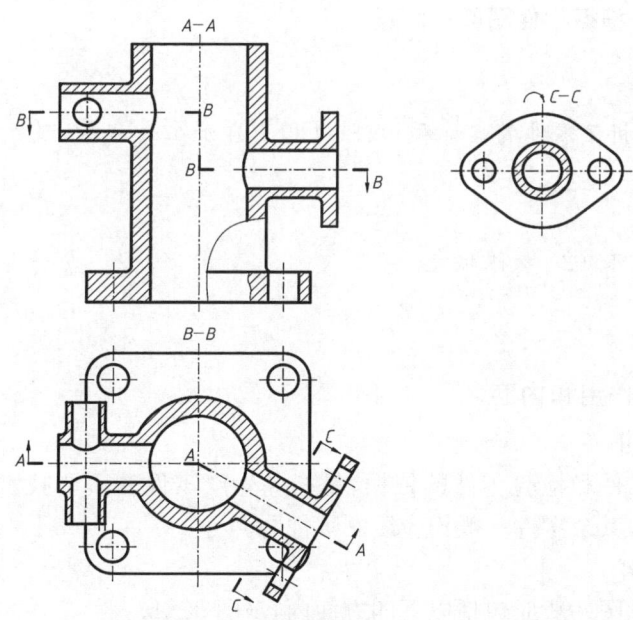

图 2-168 机件的表达视图

项目三 典型零件图样的识读与绘制

任何一台机器或部件都是由许多个零件按照一定的装配关系和技术要求组装起来的。根据零件的作用及其结构特点,通常将零件分为轴套类零件、盘盖类零件、叉架类零件、箱体类零件等。用于表示零件结构形状、大小与技术要求的图样称为零件图。本项目主要介绍零件图的作用、内容、表达方案、尺寸与技术要求等标注、识读与绘制零件图的基本知识与技能。

任务一 认识零件图

【学习目标】
1. 了解零件图的作用和内容。
2. 掌握表面粗糙度知识,能识读与标注零件的表面粗糙度。
3. 掌握极限与配合知识,能识读与标注零件的尺寸公差与配合。
4. 掌握几何公差知识,能识读与标注零件的几何公差。

基础任务——根据零件图回答问题

1. 任务要求

阅读图 3-1,分析该零件的名称和材料;并指出在加工过程中,尺寸 $\phi 32_{0}^{+0.039}$ 的允许加工范围是多少?

2. 关联知识点

(1) 零件图的内容;(2) 极限偏差。

一、相关知识

(一) 零件图的作用和内容

1. 零件图的作用

零件图是制造零件和检验零件的依据,是指导生产零件的重要技术文件之一。机器或部件中,除标准件外,其余零件一般均应绘制零件图。

2. 零件图的内容

一张完整的零件图一般应包括以下四方面内容(图 3-1):

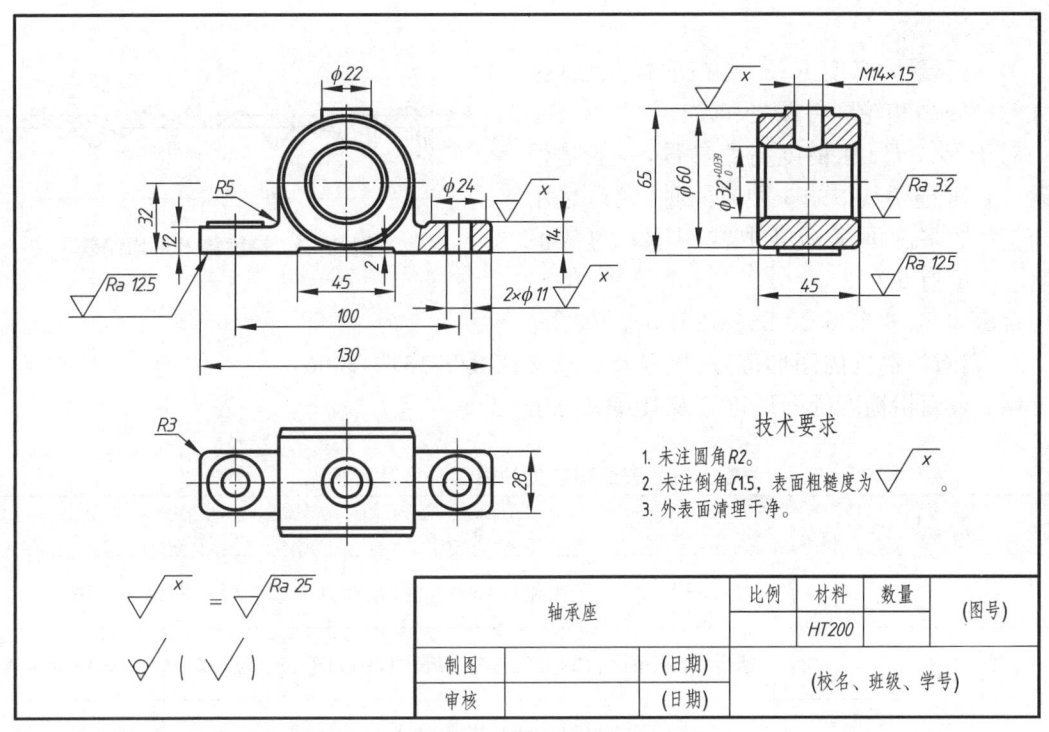

图 3-1 轴承座零件图

1)一组视图 用必要的一组图形(视图、剖视图等)正确、完整、清晰地表达零件的内外结构形状。

2)完整的尺寸 用于正确、完整、清晰、合理地表达零件各部分的大小和各部分之间的相对位置关系,以满足制造、检验、装配的需要。

3)必要的技术要求 根据设计和工艺方面的要求,用一些规定的符号、代号、文字,准确、简明地表达出零件在加工、检验、装配过程中应达到的技术指标,如表面粗糙度、尺寸公差、几何公差、材料热处理、对特殊加工检验的说明等。

4)标题栏 标题栏中填写了零件的名称、材料、数量、图样比例、设计者、审核者的责任签名等,一般要按国家标准规定画出并填写,教学过程中,可采用简化标题栏。

(二)表面粗糙度及其注写

零件经加工后表面看起来很光滑,但是在显微镜下观察,仍可看到表面有高低不平的粗糙痕迹,如图 3-2 所示的零件表面放大图。表面粗糙度就是指这种零件表面上具有的较小间距和峰谷所组成的微观几何形状特性。它与零件的疲劳强度、耐磨性、抗腐蚀性、零件间的配合特性等有密切的关系,并对机器的使用性能和寿命产生很大的影响。

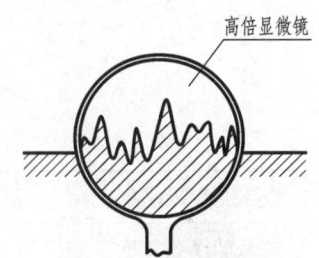

图 3-2 表面粗糙度

1. 表面粗糙度的评定参数

1)轮廓算术平均偏差 Ra 指取样长度 L(用于判别具有表面粗糙度特征的一段长度)内,轮廓偏差 y(表面轮廓上点至基准线的距离)绝对值的算术平均值,其几何意义如图

3-3 所示。

2) 轮廓最大高度 Rz　指在取样长度内，最大轮廓峰高和轮廓谷深之和。

对于 Ra、Rz 粗糙度高度参数，一般是根据设计要求选用其中的一种或两种，尤以选用 Ra 的为最多。国家标准中常用 Ra 的数值（单位：μm）有 0.012、0.025、0.05、0.1、0.2、0.4、0.8、1.6、3.2、6.3、12.5、25、50、100 等。

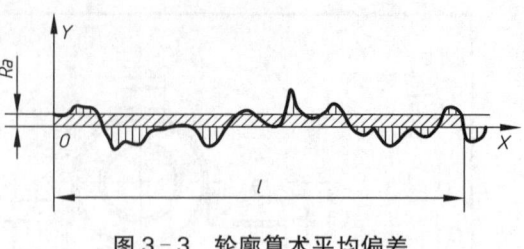

图 3-3　轮廓算术平均偏差

2. 表面粗糙度的图形符号、代号及其意义（GB/T 131—2006）

(1) 表面粗糙度的图形符号及其意义见表 3-1。

表 3-1　表面粗糙度的图形符号及其意义

符号	意义及说明
∨	基本符号，仅用于简化代号的标注，没有补充说明时不能单独使用
∇	表示用去除材料的方法获得的表面，例如车、铣、刨、钻、磨、电火花加工等
∇ (带圆)	表示用不去除材料的方法获得的表面，例如锻、铸、热轧、粉末冶金等
(a) (b) (c)	完整图形符号，图中(a)表示允许任何工艺，(b)表示去除材料，(c)表示非去除材料。符号中的横线，用于标注有关参数和说明
(带小圆)	在上述三个符号上均加一个小圆，表示视图中构成封闭轮廓的各表面具有相同的表面结构要求

(2) 表面粗糙度图形符号的画法如图 3-4 所示，符号的尺寸见表 3-2。

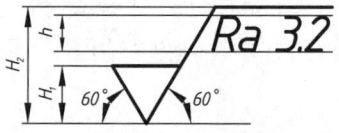

图 3-4　表面粗糙度的图形符号画法

表 3-2　表面粗糙度图符号的尺寸

数字与字母高度 h	2.5	3.5	5	7	10	14	20
符号的线条宽度	0.25	0.35	0.5	0.7	1	1.4	2
高度 H_1	3.5	5	7	10	14	20	28
高度 H_2（最小值）	7.5	10.5	15	21	30	42	60

(3) 常见表面粗糙度代号（Ra 参数值）的标注与含义（表 3-3）。

表 3-3 表面粗糙度代号的标注示例

代 号	意 义
∛Ra 3.2	表示任意加工方法，单向上限值，默认传输带，Ra 轮廓算术平均偏差为 3.2 μm，评定长度为 5 个取样长度（默认），"16％规则"（默认）
∇Ra 3.2	表示去除材料，单向上限值，默认传输带，Ra 轮廓算术平均偏差为 3.2 μm，评定长度为 5 个取样长度（默认），"16％规则"（默认）
∇Ra 12.5	表示不允许去除材料，单向上限值，默认传输带，Ra 轮廓算术平均偏差为 12.5 μm，评定长度为 5 个取样长度（默认），"16％规则"（默认）
∇ U Ra max 3.2 L Ra 0.8	表示不允许去除材料，双向极限值，两个极限值使用默认传输带，Ra 轮廓算术平均偏差，上限值：算术平均偏差 3.2 μm，评定长度为 5 个取样长度（默认），"最大规则"，下限值：算术平均偏差 0.8 μm，评定长度为 5 个取样长度（默认），"16％规则"（默认）

3. 表面粗糙度的标注

1) 基本规定

（1）表面粗糙度对每一表面一般只标注一次（包括重复要素），并尽可能标注在相应尺寸及其公差的同一视图上。除非另有说明，所标注的表面结构要求是对完工零件表面的要求。

（2）表面粗糙度代号的标注方向，应使其注写和读取方向与尺寸的注写和读取方向一致，如图 3-5 所示。

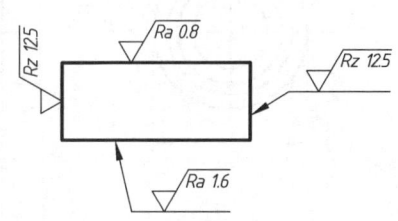

图 3-5 表面粗糙度代号的标注方向

2) 标注要求

（1）表面粗糙度可标注在轮廓线或轮廓线延长线上，其符号尖端应从材料外指向表面并接触表面，如图 3-6 所示。必要时也可用箭头或者小黑点的指引线引出标注，其中箭头指向轮廓线、小黑点画在实际表面上，如图 3-7 所示。

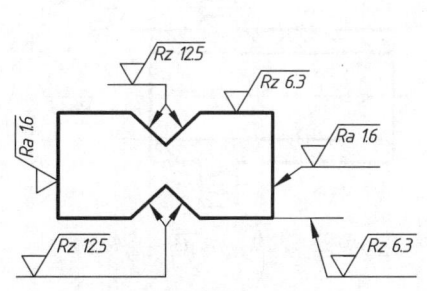

图 3-6 表面粗糙度在轮廓线上的标注

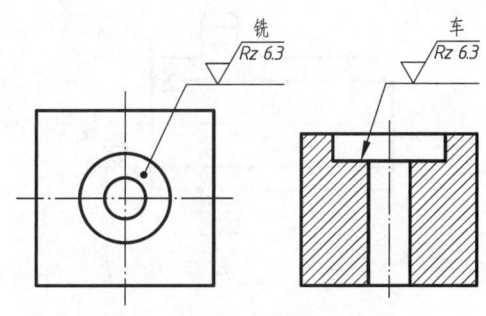

图 3-7 用指引线引出标注

(2) 在不致引起误解时，可标注在尺寸线上，如图 3-8 所示。

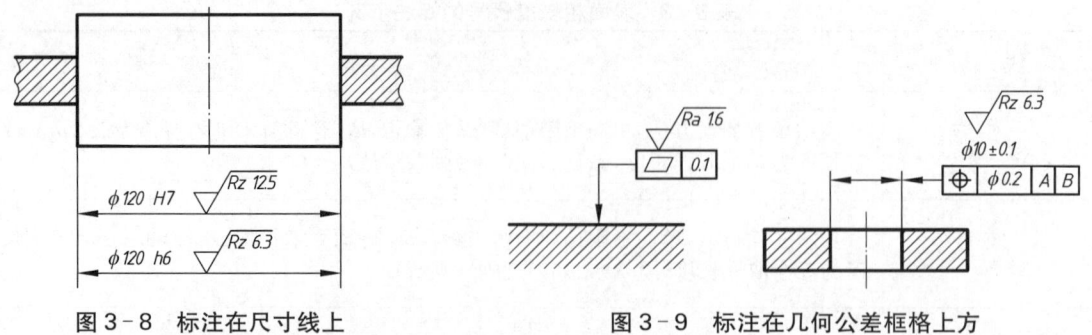

图 3-8　标注在尺寸线上　　　　图 3-9　标注在几何公差框格上方

(3) 标注在几何公差框格上方，如图 3-9 所示。

(4) 圆柱和棱柱表面上表面粗糙度只标注一次。如果每个棱柱表面有不同的表面粗糙度要求，则应分别单独标注，如图 3-10 所示。

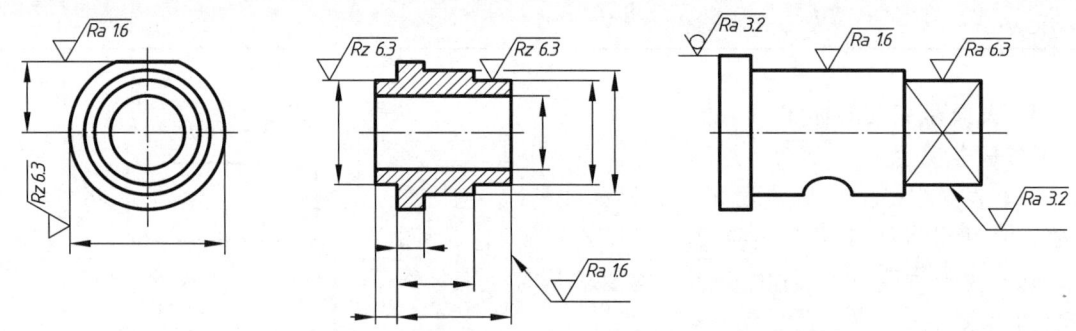

图 3-10　标注在圆柱和棱柱表面上的表面粗糙度

3）简化注法

(1) 有相同表面粗糙度要求的简化注法。当工件的多数（包括全部）表面有相同的要求时，表面粗糙度可统一标注在标题栏的附近。此时（除全部表面有相同要求的情况外），表面粗糙度标注如图 3-11 所示。

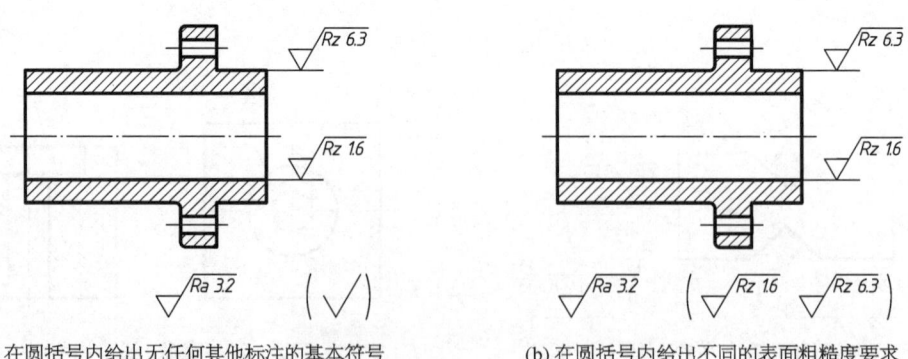

(a) 在圆括号内给出无任何其他标注的基本符号　　　(b) 在圆括号内给出不同的表面粗糙度要求

图 3-11　有相同表面粗糙度要求的简化注法

（2）多个表面有共同表面粗糙度要求的注法　当多个表面有相同的要求，或图纸空间有限时，可用带字母的完整符号，或只用表面结构符号，标注在视图中。然后以等式的形式，在图形或标题栏附近加以说明，如图 3-12 所示。

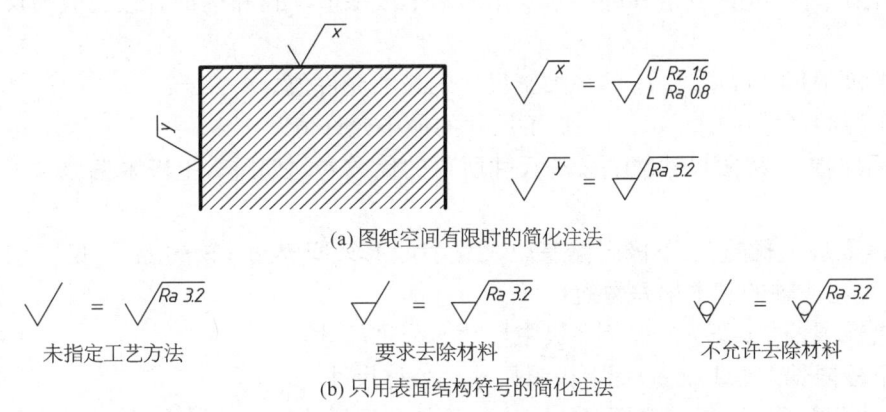

图 3-12　多个表面有共同表面粗糙度要求的简化注法

4）两种或多种工艺获得同一表面的注法　由几种不同工艺方法获得的同一表面，当需要明确每一种工艺方法的表面结构要求时，可按图 3-13 所示进行标注。

（三）极限与配合

从一批相同的零件中任取一个，无须修配便可装到机器上，并能满足使用要求的性质，称为零件的互换性。为使零件具有互换性，必须保证零件的尺寸、表面粗糙度、几何形状及零件上有关要素的相互位置等技术要求的一致性。对于相互结合的零件，保证尺寸的一致性就是要求尺寸限

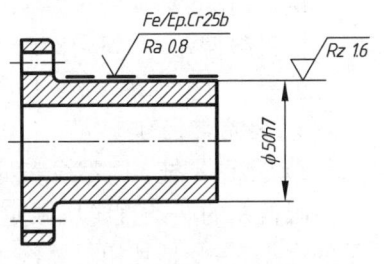

图 3-13　同时给出镀覆前后要求的注法

定在一个合理的范围。在这个范围内既能保证相互结合的尺寸之间形成一定的关系，以满足不同的使用要求，又能在制造上经济合理，这样就形成了"极限与配合"的概念（图 3-14）。

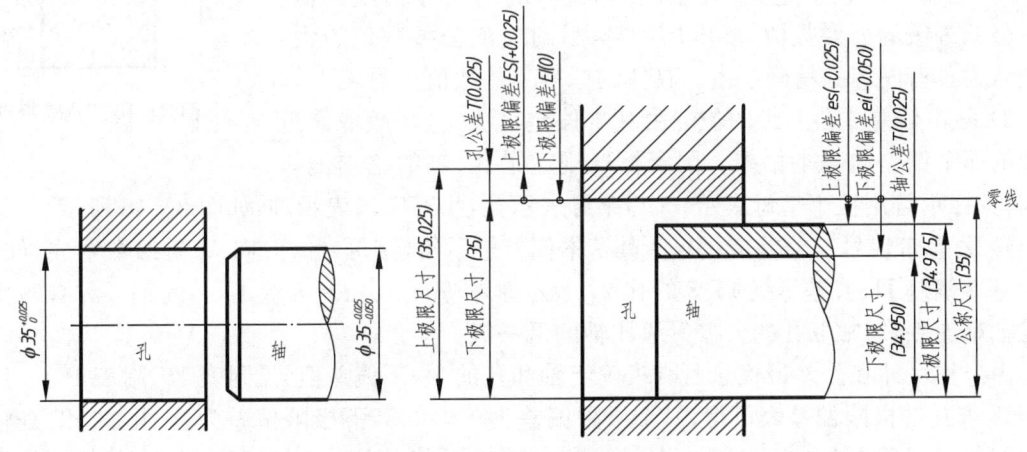

图 3-14　极限与配合的基本概念

1. 基本术语

1) 公称尺寸 D、d（孔用大写字母，轴用小写字母，以下相同） 设计时给定的尺寸称为公称尺寸，如图 3-14 中的 $\phi 35$。

2) 极限尺寸 允许合格零件尺寸变化的两个极限值。孔和轴都有最大极限尺寸和最小极限尺寸。

(1) 上极限尺寸（D_{max}、d_{max}）。加工尺寸的最大允许值。

(2) 下极限尺寸（D_{min}、d_{min}）。加工尺寸的最小允许值。

3) 极限偏差 极限尺寸减去公称尺寸所得的代数差。偏差有上极限偏差和下极限偏差之分。

国家标准规定孔的上、下极限偏差用大写字母 ES、EI 表示；轴的上、下偏差用小写字母 es、ei 表示。孔或轴的基本偏差数值：

(1) 上极限偏差（ES 或 es）＝上极限尺寸－公称尺寸；

(2) 下极限偏差（EI 或 ei）＝下极限尺寸－公称尺寸。

4) 尺寸公差 T（孔 T_D，轴 T_d） 尺寸公差是允许尺寸变动的量，简称公差。尺寸公差值等于上极限尺寸减下极限尺寸或上极限偏差与下极限偏差之差。公差是大于 0 的正数。

例如，孔的基本尺寸为 $\phi 20$，若上极限尺寸为 $\phi 20.02$，下极限尺寸为 $\phi 19.98$，则：

上极限偏差　ES＝20.02－20＝＋0.02　　下极限偏差　EI＝19.98－20＝－0.02

公差　T_D＝20.02－19.98＝0.04　　或　T_D＝0.02－(－0.02)＝0.04

2. 公差带代号

1) 公差带图 用零线表示公称尺寸，上方为正偏差，下方为负偏差，由代表孔（或轴）上、下极限偏差的两条直线所限定的一个区域称为公差带。公差带包含两个要素：一个是公差带的大小，一个是其相对零线的位置。国家标准规定了标准公差和基本偏差用来分别确定公差大小和相对零线的位置。

公差带图就是表示孔、轴极限与配合的示意简化图，如图 3-15 所示。

2) 标准公差等级 用字符 IT 和等级数字表示，如 IT 7。标准公差等级分为 20 个：IT01、IT0、IT1、IT2、…、IT17、IT18。从 IT01 至 IT18，数字越大，公差值越大，对应的尺寸精度越低。同一公差等级的公差数值，基本尺寸越大，对应的公差数值越大，但被认为具有同等的精确程度。具体的标准公差数值见附表 14。

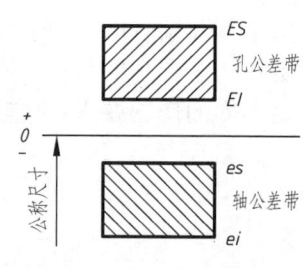

图 3-15　公差带图

3) 基本偏差 公差带的位置由基本偏差来决定，一般取靠近零线的那个偏差为基本偏差。国家标准规定了孔、轴的基本偏差系列，其标示符用拉丁字母表示，大写字母表示孔，小写字母表示轴，如图 3-16 所示。

4) 公差带代号 公差带代号由其基本偏差标示符（字母）和标准公差等级数组成，如 H8 表示基本偏差 H、公差等级 IT 8 的孔；f7 表示基本偏差 f，公差等级 IT 7 的轴。配合时由于孔比轴难加工，通常取孔的公差等级比轴的低一级。

由公称尺寸和公差带代号可查表确定轴和孔的上、下偏差值（见附表 15、附表 16）。例如 $\phi 20$H8 查孔的极限偏差表可得，其上极限偏差为＋0.033，下极限偏差为 0；由 $\phi 20$f7 查轴的极限偏差表可得，其上极限偏差为－0.020，下极限偏差为－0.041（查表时注意公称尺寸

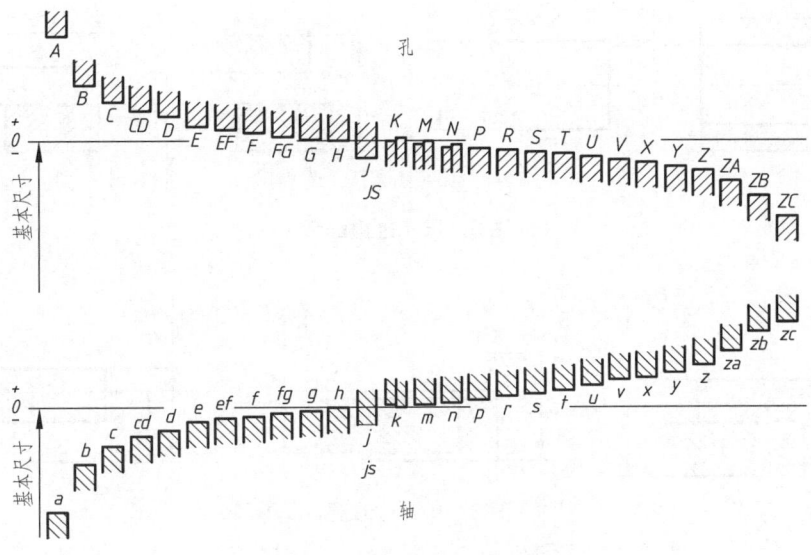

图 3-16 基本偏差系列示意图

的范围)。

3. 配合

公称尺寸相同、相互结合的孔和轴公差带之间的关系称为配合。国家标准规定的配合制有两种：基孔制和基轴制。

基本偏差(H)为一定的孔的公差带与不同基本偏差轴的公差带的配合称为基孔制配合(简称基孔制)；基本偏差(h)为一定的轴的公差带与不同基本偏差孔的公差带的配合称为基轴制配合(简称基轴制)。其中：基本偏差标示符为"H"的孔(下极限偏差为基本偏差，等于零)为基准孔；基本偏差标示符为"h"的轴(上极限偏差为基本偏差，等于零)为基准轴。

根据使用要求，国标规定配合分为三类：间隙配合、过渡配合、过盈配合。

1) 间隙配合　具有间隙(包括最小间隙等于零)的配合。此时孔的公差带在轴的公差带上方，如图 3-17 所示。

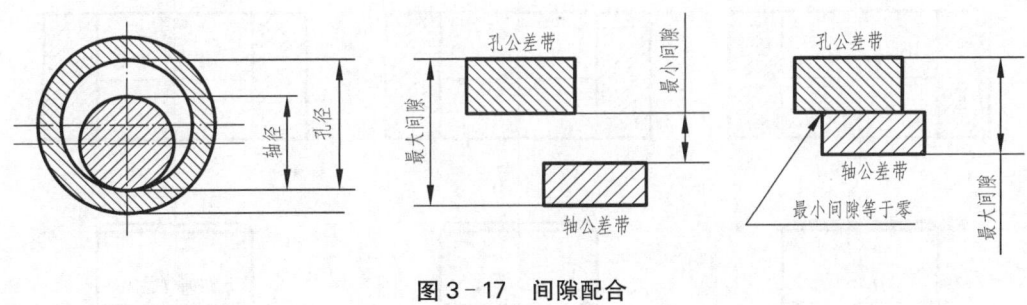

图 3-17 间隙配合

2) 过盈配合　具有过盈(包括最小过盈等于零)的配合。此时孔的公差带在轴的公差带下方，如图 3-18 所示。

3) 过渡配合　可能具有间隙或过盈的配合。此时孔、轴的公差带重叠，如图 3-19 所示。

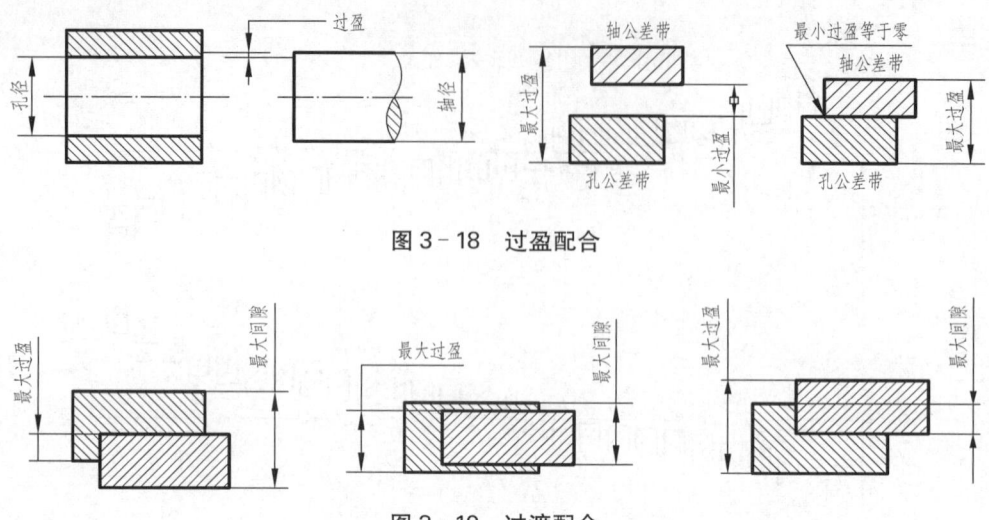

图 3-18 过盈配合

图 3-19 过渡配合

4) 配合代号及识读 配合代号用分数形式表示:分子为孔的公差带代号,分母为轴的公差带代号。标注时将配合代号标注在公称尺寸之后,如:$\phi 20H8/f7$、$\phi 20H8/h7$、$\phi 20K8/h7$。

如果配合代号的分子里基本偏差标示符为 H,说明是基孔制配合;如果配合代号的分母里基本偏差标示符为 h,说明是基轴制配合。

例如:$\phi 40H9/d8$ 表示基本尺寸为 $\phi 40$,标准公差等级 IT9 的基准孔与相同公称尺寸、标准公差等级 IT8、基本偏差为 d 的轴组成的间隙配合。

$\phi 40K8/h7$ 表示基本尺寸为 $\phi 40$,标准公差等级 IT7 的基准轴与相同公称尺寸、标准公差等级 IT8、基本偏差为 K 的孔组成的过渡配合。

4. 公差与配合在图样上的标注

1) 尺寸公差在零件图上的标注 用于大批量生产的零件图,可只注公差带代号,如图 3-20a 所示;用于小批量生产的零件图,一般可只注出极限偏差,如图 3-20b 所示;如果需要同时注出公差带代号和极限偏差时,应将极限偏差加上括号,如图 3-20c 所示。

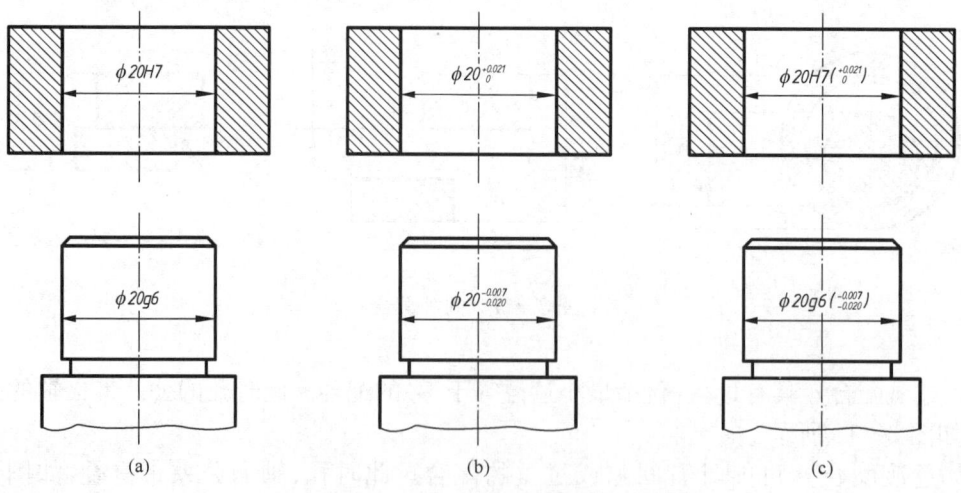

图 3-20 尺寸公差在零件图上的标注

2) 配合代号在装配图上的标注 在装配图上标注配合代号时,其代号必须在公称尺寸的右边,用分数的形式写出,分子为孔的公差带代号,分母为轴的公差带代号。其标注的方式有三种,如图3-21所示。

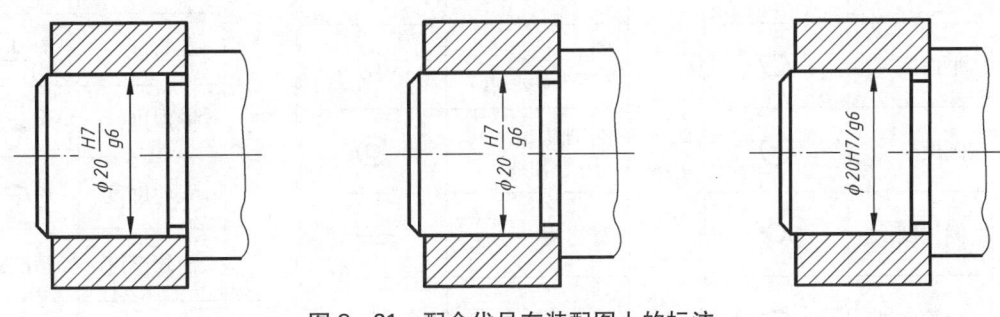

图3-21 配合代号在装配图上的标注

3) 标准件与零件配合时的标注 在装配图上标注标准件与零件配合时,可以仅标注该零件的公差带代号,如图3-22所示。

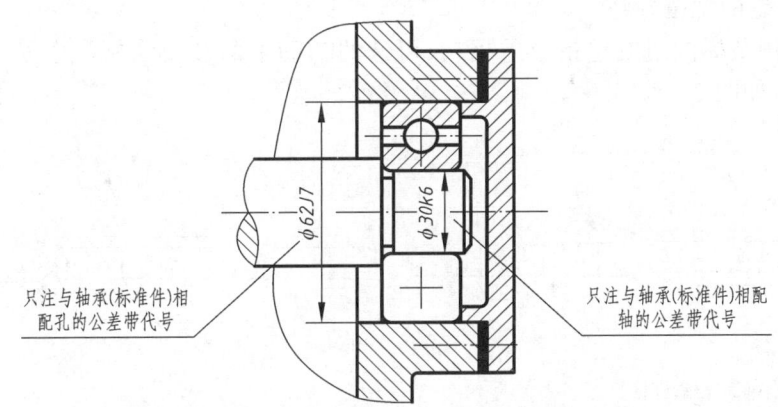

图3-22 标准件、外购件与零件配合时的标注

(四) 形状和位置公差

在零件加工过程中,不仅要保证尺寸公差,而且还要保证组成零件的要素之间的形状和位置关系,这样才能满足零件的使用和装配要求,保证互换性。因此形状和位置公差(简称几何公差)也是评定零件质量的一项重要指标。

1. 几何公差的概念

形状和位置公差是指零件组成要素(点、线、面)的实际形状和实际位置相对理想形状与理想位置的允许变动量,包括形状、方向、位置和跳动公差,又称为几何公差。

2. 几何公差的几何特征项目符号

GB/T 1182—2018规定形状、位置、方向和跳动公差共有19个项目,各项目名称及符号见表3-4。

表 3-4　几何公差的几何特征项目符号

类型	几何特征	符号	类型	几何特征	符号	类型	几何特征	符号
形状公差	直线度	—	位置公差	位置度	⊕	方向公差	平行度	∥
	平面度	▱		同心度（用于中心点）	◎		垂直度	⊥
	圆度	○		同轴度（用于轴线）	◎		倾斜度	∠
	圆柱度	⌭		对称度	═		线轮廓度	⌒
	线轮廓度	⌒		线轮廓度	⌒		面轮廓度	⌓
	面轮廓度	⌓		面轮廓度	⌓	跳动公差	圆跳动	↗
							全跳动	⌰

3. 几何公差的规范标注

几何公差规范标注组成包括公差框格、可选的辅助平面和要素标注以及可选的相邻标注（补充标注），如图 3-23 所示。

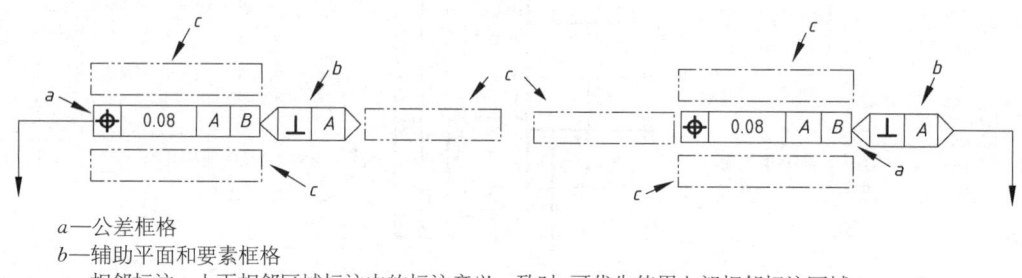

a—公差框格
b—辅助平面和要素框格
c—相邻标注。上下相邻区域标注内的标注意义一致时，可优先使用上部相邻标注区域

图 3-23　几何公差规范标注组成

几何公差规范应使用参照线与指引线相连，图 3-23 中的水平线为参照线。如果没有可选的辅助平面和要素标注，参照线应与公差框格的左侧或右侧中点相连。如果有可选的辅助平面和要素标注，参照线应与公差框格的左侧或辅助平面和要素框格的右侧中点相连。图 3-23 中带箭头的线为指引线，指引线一端与公差框格或辅助平面和要素框格的参照线相连，另一端用箭头指向被测要素。参照线和指引线都用细实线绘制。

1）公差框格　几何公差要求在矩形方框中写出，方框用细实线绘制，框高约为图中字高的两倍，方框由两格或多格组成。框格中从左到右依次填写的内容为：公差项目特征符号、公差值、基准符号及有关附加符号。若公差带为圆或圆柱形，则在公差值前加 ϕ，如果公差带为圆球则公差值前加注 $S\phi$，后面框格内填写基准代号字母（用一个字母表示单个基准或几个字母表示基准体系或公共体系），如图 3-24 所示，为不致引起误解，不宜使用 I、O、Q 和 X 等字母。

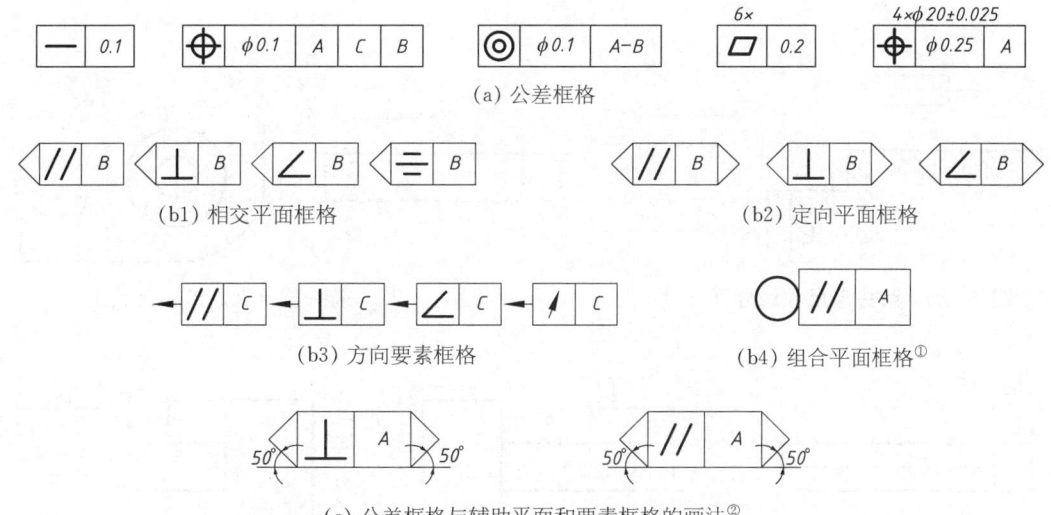

图 3-24 公差框格与辅助平面和要素框格

注:①可用于相交平面框格第一部分的同一符号,也可用于组合平面框格的第一部分,且含义相同;②方框的画法和公差框格的一致,旁边的三角形是等腰三角形。

2) 辅助平面和要素框格　为公差框格的延伸部分,包括相交平面框格、定向平面框格、方向平面框格以及组合平面框格几种,如图 3-24b1~b4 所示,这些均可标注在公差框格的右侧。

3) 公差框格相邻区域的标注　可标注补充的标注,如多个相同被测要素的标注、尺寸公差标注等,如图 3-24a 中在公差框格上标注的"6×""4×φ20±0.025"就是公差框格相邻区域的标注。

4) 基准标识符、基准代号　基准标识符是一个通过指引线将基准三角形和方框连接起来的符号,如图 3-25 所示。填充或空白的基准三角形含义相同,它是一个正三角形,边长约为图中的字高。方框的高度约为字高的 2 倍。

基准代号一般由一个大写字母组成,并注写在基准标识符的方框中。

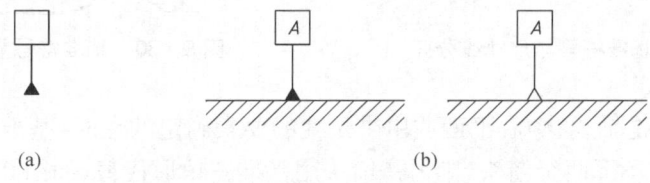

图 3-25 基准标识符与基准代号

4. 几何公差的一般标注方法

(1) 被测要素。

① 当被测要素是轮廓时,如图 3-26 所示,箭头指向该要素的轮廓线或轮廓线的延长线上(必须与尺寸线明显地分开)。

② 当被测要素是实际表面时,如图 3-27 所示,箭头放在带点的指引横线上,该点画在实际表面上。

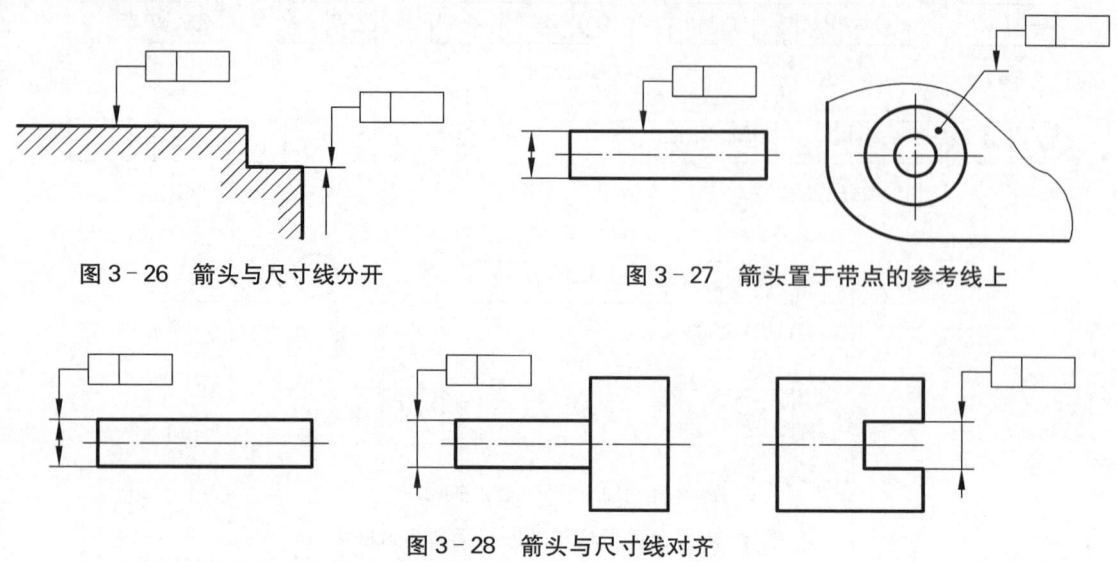

图3-26 箭头与尺寸线分开　　　　图3-27 箭头置于带点的参考线上

图3-28 箭头与尺寸线对齐

③ 当被测要素是轴线、中心平面或由带尺寸要素确定的点时,箭头与尺寸线对齐,如图3-28所示。

(2) 基准要素。

① 当基准要素是轮廓时,基准三角形放置在要素的轮廓线或其延长线上(必须与尺寸线明显地分开),如图3-29所示。基准三角形也可放置在基准表面引出的水平线上,如图3-30所示。

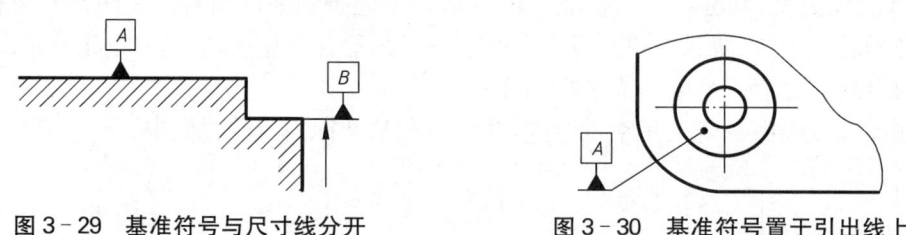

图3-29 基准符号与尺寸线分开　　　　图3-30 基准符号置于引出线上

② 当基准要素是轴线、中心平面或由带尺寸的要素确定的点时,基准三角形与尺寸线对齐;如尺寸线处安排不下两个箭头,则另一箭头用基准三角形代替,如图3-31所示。

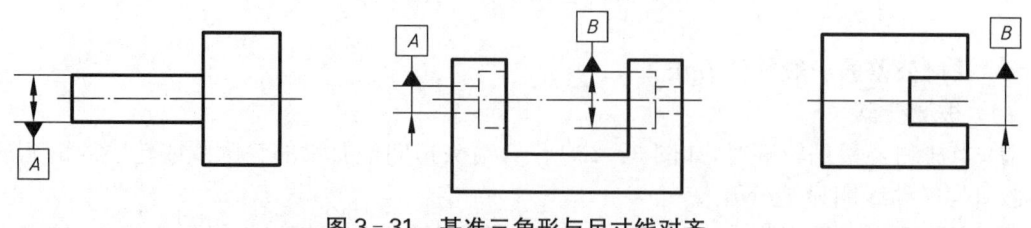

图3-31 基准三角形与尺寸线对齐

(3) 一个公差框格可以用于具有相同几何公差的若干个分离要素,如图 3-32 所示。

(4) 如果需要对某一要素同时给出几种几何特征的公差,可将一个公差框格放在另一个的下面,如图 3-33 所示。

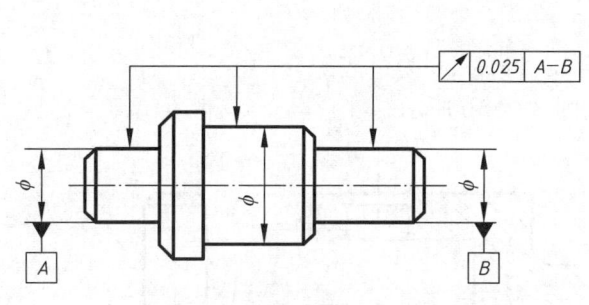

图 3-32 不同要素有相同要求的标注

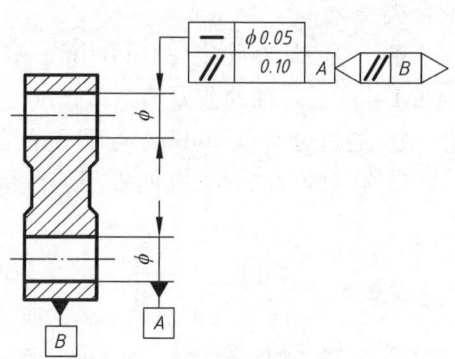

图 3-33 同一要素有几种要求几何公差的标注

二、实践提高

(一) 表面粗糙度的标注

根据图 3-34a 中的说明,标注表面粗糙度。

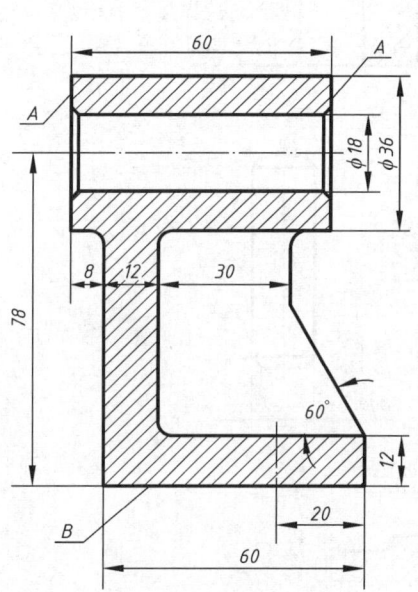

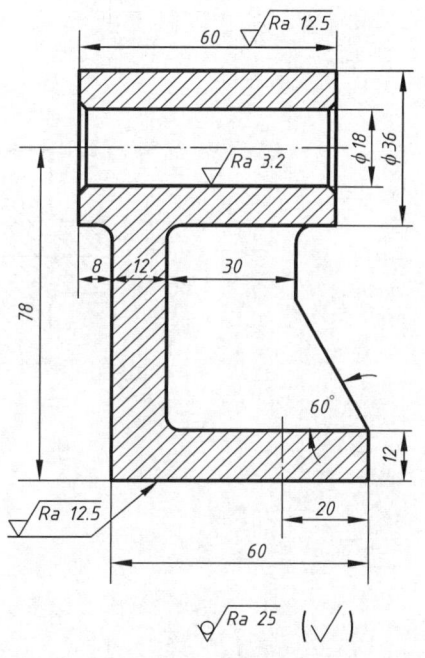

(a) 要求 A、B 面切削加工后,Ra 为 12.5 μm;
φ18 孔表面切削加工后,Ra 为 3.2 μm;
其余表面均不进行切削加工,Ra 为 25 μm

(b) 标注表面粗糙度

图 3-34 表面粗糙度的标注

解 按照表面粗糙度标注的规定,根据要求完成的标注如图 3-34b 所示。

(二) 极限与配合的标注

(1) 根据图 3-35a 所示配合代号,在零件图上分别标出轴和孔的偏差值,并指出是何种配合类型。

解 ① 查表确定 $\phi 10F8/h6$、$\phi 10M7/h6$ 配合处孔的公差值分别是 $\phi 10F8(^{+0.035}_{+0.013})$、$\phi 10M7(^{0}_{-0.015})$;轴的公差值是 $\phi 10h6(^{0}_{-0.009})$。

② 通过分析可知 $\phi 10F8/h6$ 为间隙配合、$\phi 10M7/h6$ 为过渡配合。

③ 按规定完成轴、孔的极限偏差标注如图 3-35b 所示。

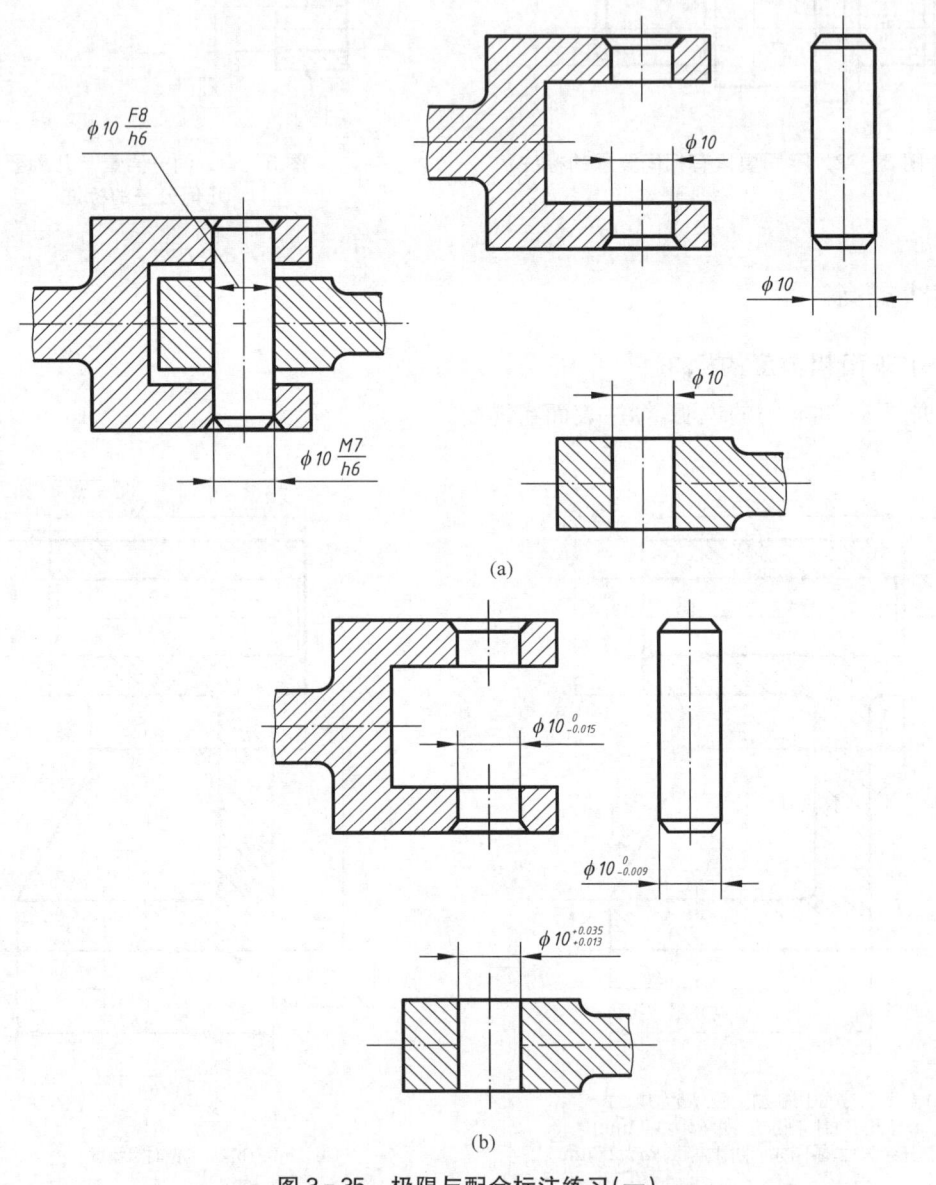

图 3-35 极限与配合标注练习(一)

（2）根据图3-36a所示孔、轴的极限偏差值，在装配图中标注其配合代号。

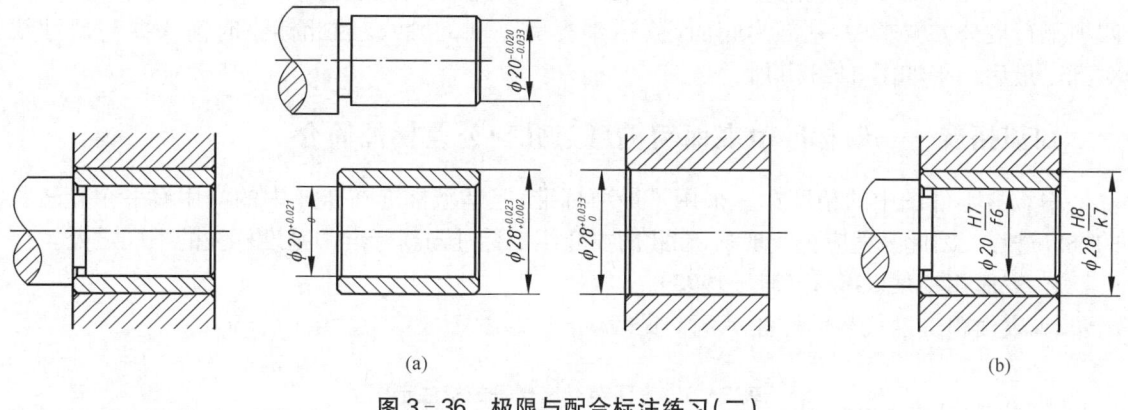

(a)　　　　　　　　　　　　　　(b)

图3-36　极限与配合标注练习（二）

解　① 根据孔 $\phi 20^{+0.021}_{\ 0}$、$\phi 28^{+0.033}_{\ 0}$ 的极限偏差，查表可知两孔的公差带代号分别为 $\phi 20H7$、$\phi 28H8$。

② 根据轴 $\phi 20^{-0.020}_{-0.033}$、$\phi 28^{+0.023}_{+0.002}$ 的极限偏差，查表可知两轴的公差带代号分别为 $\phi 20f6$、$\phi 28k7$。

③ 由此可知 $\phi 20$ 处的配合代号为 $\phi 20H7/f6$；$\phi 28$ 处的配合代号为 $\phi 28H8/k7$，标注如图3-36b所示。

（三）几何公差的标注

将下列文字说明的几何公差标注在图3-37a中：
(1) 孔 $\phi 20$ 的轴线直线度不大于 $\phi 0.012$；
(2) 孔 $\phi 20$ 的圆度不大于 0.005；
(3) 底面平面度不大于 0.01；

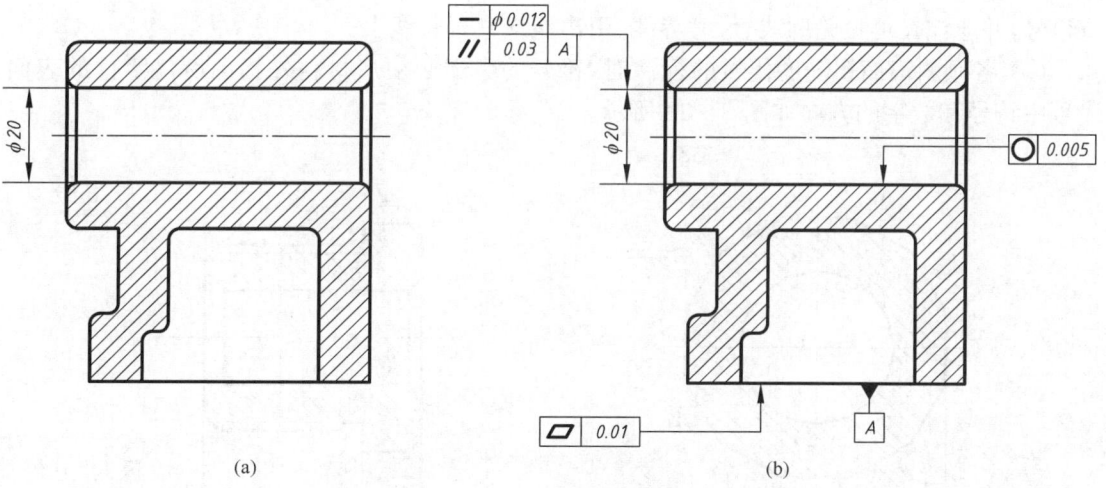

(a)　　　　　　　　　　　　　　(b)

图3-37　几何公差的标注

(4) 孔 φ20 的轴线对底面的平行度不大于 0.03。

解 前三项是形状公差要求，其中标注孔 φ20 的轴线直线度时箭头要与尺寸线对齐；第四项平行度公差要求中，基准为底面，被测要素是 φ20 的轴线，因此标注时箭头要与尺寸线对齐。最后结果如图 3-37b 所示。

三、知识拓展——旧标准中表面粗糙度与几何公差标注简介

本教材零件图中的精度标注采用了最新标准，但是新标准在企业中的应用有一个比较长的推广过程。因此为适应企业现状，在此简要介绍旧标准与新标准中精度标注的不同之处。

1. 表面粗糙度(GB/T 131-1993)

1) 表面粗糙度代号的标注示例　见表 3-5。

表 3-5　表面粗糙度代号的标注示例

代号	意　义	代号	意　义
3.2∇	用任何方法获得的表面粗糙度，Ra 的上限值为 3.2μm	3.2max∇	用任何方法获得的表面粗糙度，Ra 的最大值为 3.2μm
3.2∇	用去除材料的方法获得的表面粗糙度，Ra 的上限值为 3.2μm	3.2max∇	用去除材料的方法获得的表面粗糙度，Ra 的最大值为 3.2μm
3.2∇	用不去除材料的方法获得的表面粗糙度，Ra 的上限值为 3.2μm	3.2max∇	用不去除材料的方法获得的表面粗糙度，Ra 的最大值为 3.2μm
3.2 1.6∇	用去除材料的方法获得的表面粗糙度，Ra 的上限值为 3.2μm，Ra 的下限值为 1.6μm	3.2max 1.6min∇	用去除材料的方法获得的表面粗糙度，Ra 的最大值为 3.2μm，Ra 的最小值为 1.6μm

2) 表面粗糙度的标注方法　在同一图样上，每一表面一般只标注一次表面粗糙度的代（符）号，并应注在可见轮廓线、尺寸界线、引出线或其延长线上。

(1) 各倾斜表面粗糙度代号的标注时，符号的尖端必须从材料外指向所注零件的表面，代号中符号和数字的方向如图 3-38 所示。

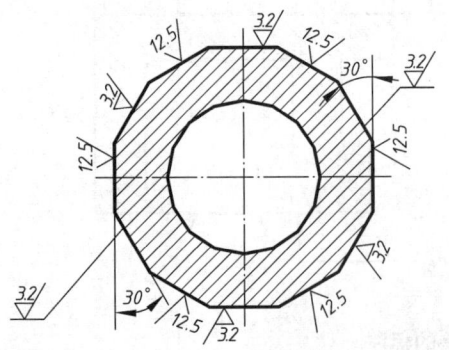

图 3-38　各倾斜表面粗糙度代号的标注

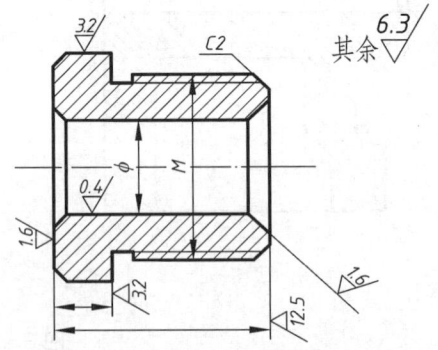

图 3-39　使用最多的表面粗糙度代号的标注

(2) 代号中数字的方向必须与尺寸数字方向一致。对其中使用最多的一种代(符)号,可以统一标注在图样的右上角,并加注"其余"两字,且符号大小应是图样上符号的1.4倍,如图3-39所示。

2. 几何公差

目前企业在零件图中标注形位公差常用的标准有 GB/T 1182—2008 和 GB/T 1182—1996 两种版本。其中 GB/T 1182—2008 版与 GB/T 1182—2018 版的形位公差标注方法比较接近,最大的区别是,采用 GB/T 1182—2008 版在标注形位公差时没有辅助平面和要素框格,而 GB/T 1182—1996 则连基准符号都不相同。所以,下面简介 GB/T 1182—1996 版的几何公差标注。

(1) 几何公差项目共有 14 项,各项目名称及符号见表 3-6。

表 3-6 几何公差项目符号

分类	项目	符号	分类	项目	符号
形状公差	直线度	—	定向	平行度	∥
	平面度	▱		垂直度	⊥
	圆度	○		倾斜度	∠
	圆柱度	⌭	位置公差	同轴度	◎
	线轮廓度	⌒	定位	对称度	≡
	面轮廓度	⌓		位置度	⊕
			跳动	圆跳动	↗
				全跳动	⌰

(2) 基准符号与基准代号,如图 3-40 所示,基准符号为短粗实线,标注时靠近基准要素。基准代号由基准符号和代表基准名称的字母组成。字母写在圆圈内,圆圈用细实线(又称基准连线)与基准符号相连。

(3) 标注示例,如图 3-41 所示。

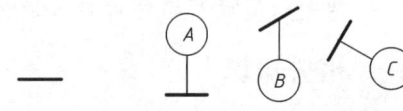

(a) 基准符号　　　　(b) 基准代号

图 3-40 基准符号与代号

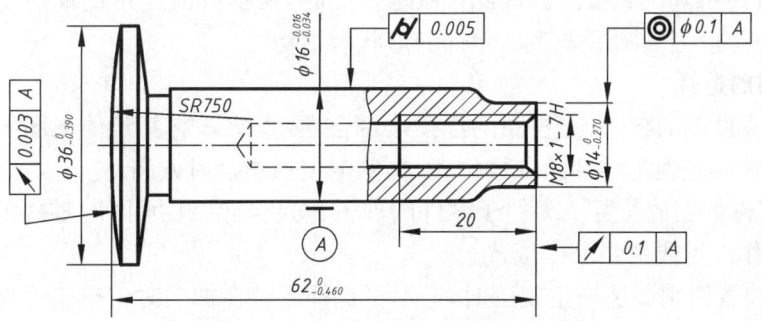

图 3-41 旧标准几何公差标注图例

任务二 绘制零件图

【学习目标】
1. 掌握零件视图表达方案的选择和尺寸标注的方法。
2. 掌握轴套类与盘盖类零件的结构与表达方案及尺寸标注特点。
3. 掌握绘制零件图的步骤,能根据已知条件正确绘制零件图。
4. 了解零件测绘的方法。

基础任务——确定套筒表达方案

1. 任务要求

分析图3-42,确定套筒零件的表达方案,并画出零件图的示意图(注:不需要标注尺寸)。

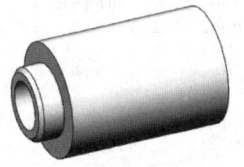
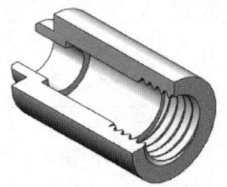

(a) 套筒实体外形示意图　　(b) 假想切去1/4实体的示意图

图3-42　套筒实体示意图

2. 关联知识点

轴套类零件的结构特点与视图选择。

一、相关知识

(一) 零件视图表达方案的选择

零件的视图是零件图中的重要内容之一,视图的表达方案,既要做到简明扼要,又要满足生产需要,且便于画图和看图。因此在画零件图时,需要灵活运用前面所学各种视图的表达方法,选择一组恰当的图形来表达零件的形状和结构。

1. 主视图的选择

主视图是零件图的核心,主视图的选择是否合理,直接影响着其他视图的数量和配置关系。选择时通常应先确定零件的安放位置,再确定主视图投射方向。

1) 选择零件的安放位置　为便于零件的加工、安装与检测,画图时零件的安放位置应尽量符合它的工作位置或主要加工位置。

(1) 加工位置原则。选择主视图时,应尽量选择零件在加工时主要工序所处的位置作为画主视图的位置,这样便于加工时图物对照、减少差错。轴套类零件和轮盘类零件主要工序是在车床或磨床上完成的,一般采用这一原则,常把轴线水平位置作为零件安放位置。如图 3-43a 所示为轴类零件在车床上进行加工的情况,如零件图按这一位置绘制则方便工人看图纸。图 3-43b 为按加工位置选择的轴零件主视图。

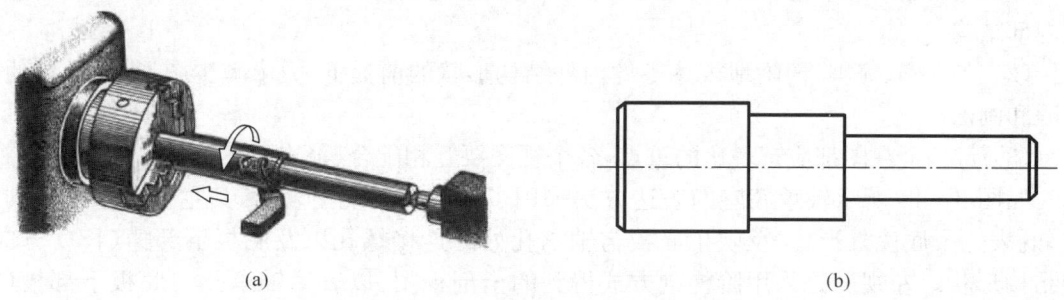

图 3-43 主视图反映加工状态

(2) 工作位置原则。若零件的加工工序多,使用机床种类多,装夹位置变化多,则不适宜按加工位置确定主视图,这时就需要考虑把零件在机器中的工作位置作为零件放置位置,以便于检验、装配、读图。叉架类零件和箱体类零件一般采用此原则。如图 3-44 所示的轴承底座主视图就是按照工作位置来选择的,在工作时它是以底面固定在水平支撑面上,以便支撑其他零件进行工作。

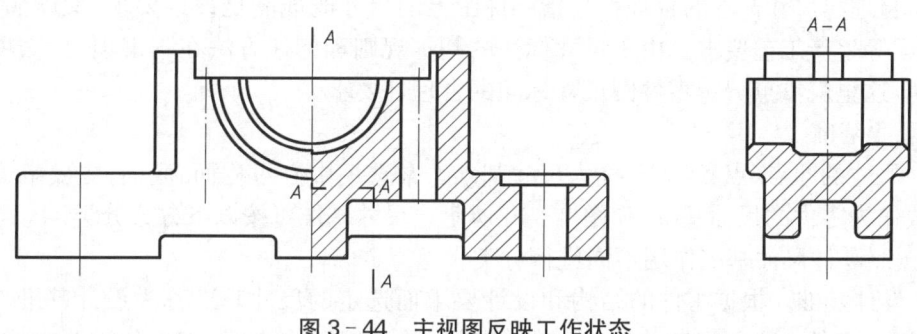

图 3-44 主视图反映工作状态

(3) 自然摆放稳定原则。如果零件为运动件,工作位置不固定,或零件的加工工序较多,其加工位置多变,则可按其自然摆放平稳的位置为零件安放位置。

2) 选择投影方向 主视图的投影方向应符合形状和位置特征原则,即选择的投射方向所得到的主视图应最能反映零件各部分的形状特征和相对位置关系。如图 3-45 所示是轴承底座的轴测图,当轴承底座按工作位置选择主视图时,可有 A、B、C 三种投射方向,但 A 向最能反映零件的主要形状结构特征,由此确定的主视图如图 3-44 所示。

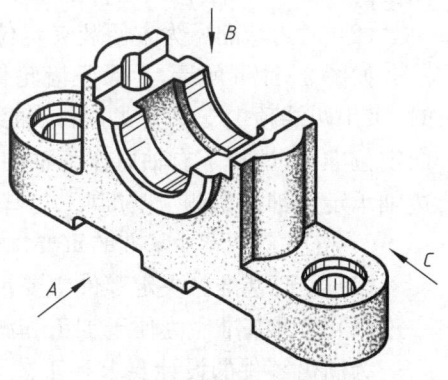

图 3-45 轴承底座轴测图

2. 其他视图的选择

其他视图的选择,应配合主视图将零件尚未表达清楚的结构形状加以补充表达。一般应遵循的原则是:

(1) 优先选用基本视图,并在基本视图的基础上适当采用剖视等表达方式,以表达零件的内部结构。

(2) 在正确、完整、清晰地表达零件内外结构形状的前提下,力求减少图形个数,以便于看图和画图。

(3) 每一个视图都应有表达的重点,各个视图要互相配合、补充而不重复。

如图 3-44 所示轴承底座的表达方法采用了两个基本视图表达,其主视图采用半剖视图,既表达了底座外形,又反映了底板与轴承孔处的连接螺孔以及底板下部槽(长度方向)的结构形状。左视图是采用阶梯剖方式得到的全剖视图,以表达轴承孔与底板下部槽(宽度方向)的结构形状。但是这一方案未能将底座外形表达清楚。因此需要增加一个俯视图。

总之,零件的视图选择是一个比较灵活的问题。在选择时,一般应多考虑几种方案,择优确定表达方案,力求正确合理,简练易懂。

另外,画零件图时应尽量采用国家标准允许的简化画法作图,以提高绘图工作效率。

(二) 零件图的尺寸标注

零件图中的尺寸是加工和检验零件的重要依据,在零件图中标注尺寸时要做到正确、清晰、完整、合理。尺寸标注的合理性是指零件图上的尺寸既能满足设计要求,又能满足加工、测量、装配等生产工艺要求。由于尺寸标注的基本规则和标注方法在本书项目一、项目二中已做介绍,这里就重点分析零件图尺寸标注的合理性要求。

1. 尺寸基准

标注尺寸的起点(点、线、面)称为尺寸基准。常选用中心对称面、底面、主要端面以及主要的轴线作为零件的尺寸基准,如图 3-46 所示。尺寸基准可按以下方式分类。

1) 按照零件尺寸基准作用不同进行分类

(1) 设计基准。根据零件的结构和设计要求而选定的尺寸基准称为设计基准。常用的设计基准有:零件上主要回转结构的轴线、零件结构的对称中心线、零件的重要支撑面、装配面及两零件重要结合面、零件的主要加工面。

(2) 工艺基准。为方便装夹定位和测量而确定的基准称为工艺基准。

如图 3-47a 所示,为保证齿轮传动轴转动平稳,选择了轴线为设计基准。由于在加工时,采用两端顶尖支撑方式,所以轴线也是工艺基准。另外,为了保证齿轮的正确啮合和轴向定位准确,选择了右轴肩作为轴向尺寸的主要设计基准。考虑测量方便,选择传动轴的左边轴承定位轴肩为测量基准(工艺基准),如图 3-47b 所示。

2) 按照零件尺寸基准的重要性进行分类

(1) 主要基准。决定零件主要尺寸的基准称为主要基准,如图 3-46 所示。

(2) 辅助基准。为便于加工和测量而附加的基准称辅助基准,如图 3-46 所示。

为满足零件的设计要求和工艺要求,选择尺寸基准时最好是把设计基准与工艺基准统一起来。如两者不能统一,应以保证设计要求为主。

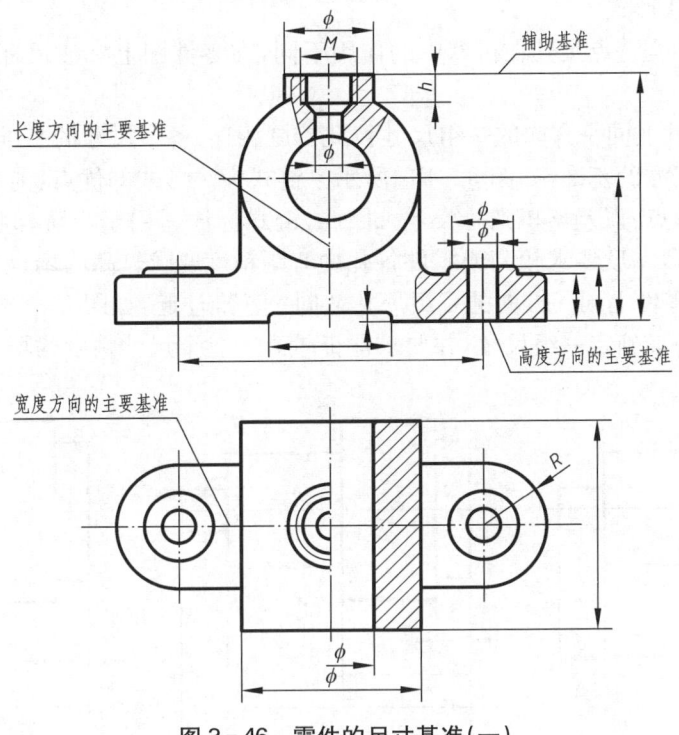

图 3-46 零件的尺寸基准（一）

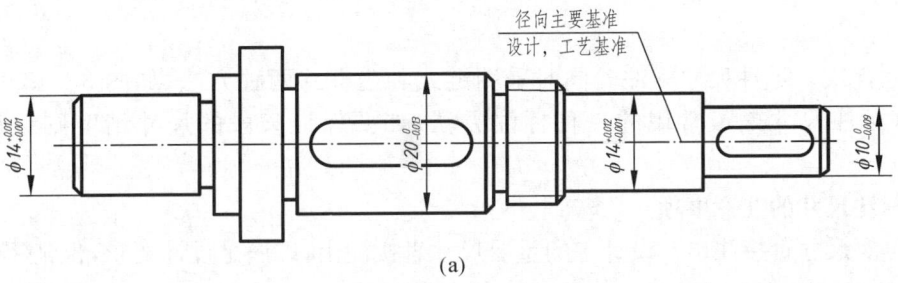

(a)

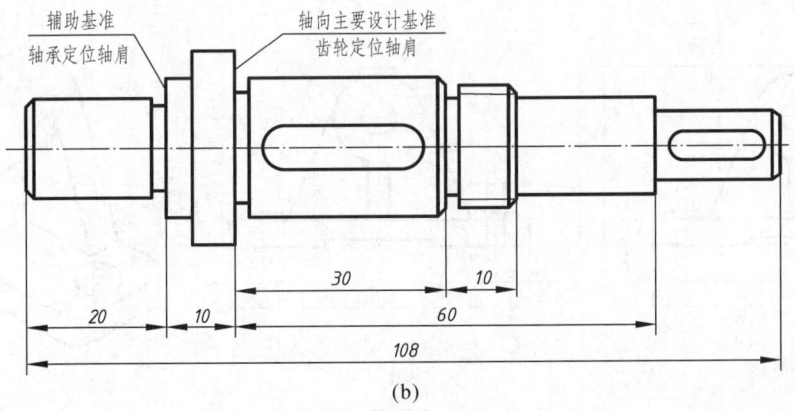

(b)

图 3-47 零件的尺寸基准（二）

2. 尺寸的标注形式

由于零件的结构特点及其在机器中的作用不同,在零件图上标注尺寸时,通常可以有下列三种形式:

1) 链式 零件上同一方向的一组尺寸彼此首尾相连,各个尺寸的基准都不同,前一尺寸的终点即为后一尺寸的基准,如图 3-48a 所示。链式标注形式的优点:前一尺寸的误差并不影响后一尺寸。缺点:误差累积到总长上。因此,链式标注适用于当阶梯状零件对总长精度要求不高,但对各段精度要求较高或零件各孔中心距精度要求较高的场合。

2) 坐标式 零件上同一方向的一组尺寸从同一基准注起,如图 3-48b 所示。坐标式标注适用于从同一基准确定一组尺寸,并要求保证较高的各个尺寸精度的场合。

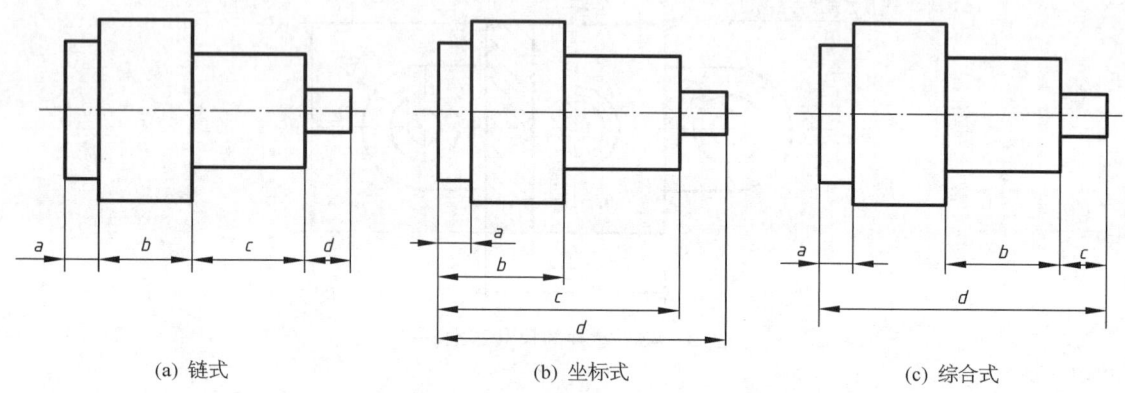

(a) 链式　　(b) 坐标式　　(c) 综合式

图 3-48 零件图上标注尺寸的三种形式

3) 综合式 零件尺寸标注时同时采用链式和坐标式两种方法,如图 3-48c 所示。采用综合式标注尺寸是最常用的一种标注方法,如要保证某段的尺寸精度则该尺寸直接注出。

3. 标注尺寸的注意事项

1) 重要尺寸直接注出 设计中的重要尺寸直接注出,以满足设计要求,保证零件的工作性能,如图 3-49a 所示的尺寸 b。

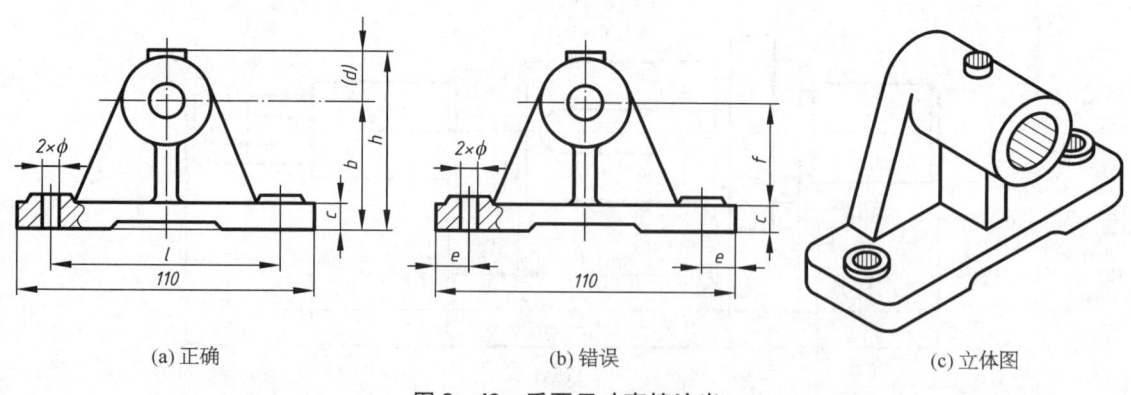

(a) 正确　　(b) 错误　　(c) 立体图

图 3-49 重要尺寸直接注出

2) 不标注封闭尺寸链　封闭尺寸链是指一个零件同一方向上的尺寸,像链条一样,一环扣一环并相连,成为封闭形式,每个尺寸称作尺寸链的一环,如图 3-50a 所示中的尺寸 a、b、c、d 就是一组封闭的尺寸链。由于每段尺寸在加工时都会产生误差,尺寸 a 的误差将是 b、c、d 各段误差的总和,这个误差随着组成环的增多而加大。因此要保证尺寸 a 在一定误差范围内,尺寸 b、c、d 的允许误差的总和,就不能超过 a 的允许误差,否则加工困难,增加了成本。所以经常将尺寸链中最不重要的尺寸(称封闭环)去掉,使制造误差都集中在这个封闭环上,以保证重要尺寸的精度,如图 3-50b 所示。

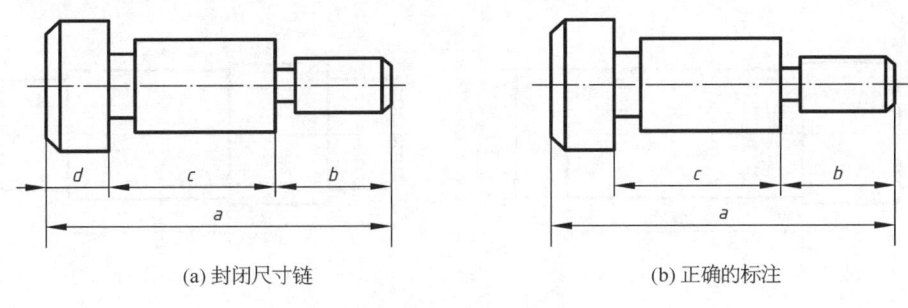

(a) 封闭尺寸链　　　　　　　　(b) 正确的标注

图 3-50　不标注成封闭尺寸链

3) 尽量考虑加工和测量的方便

(1) 标注尺寸时应尽量与加工顺序一致,便于加工和测量。如图 3-51 所示的轴,标注它的轴向尺寸时,先要考虑各轴段外圆的加工顺序,如图 3-52 所示。按照这个加工过程(从一端起,由大径到小径依次加工)注出的尺寸,既便于加工又便于测量。$\phi 40$ 的尺寸 51 是重要尺寸,它与轴上零件装配在一起,其长度与轴上零件宽度有关,这样标注可保证其尺寸精度。

(2) 零件上不同加工方法所用的尺寸要分开标注并尽可能集中在一起,便于看图。如图 3-51 所示轴的轴向尺寸主要是在车床上加工的,轴上的键槽是在铣床上加工的,图中将轴向尺寸标在主视图的下方,而键槽的尺寸标在主视图的上方和移出断面上,这样加工时看图比较方便。

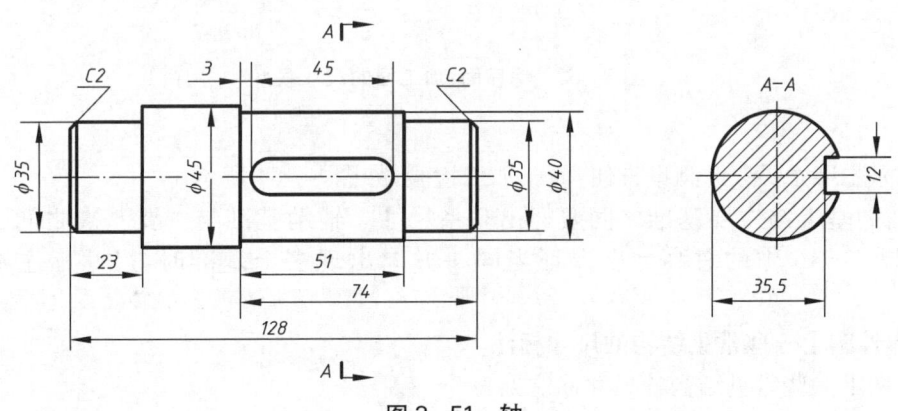

图 3-51　轴

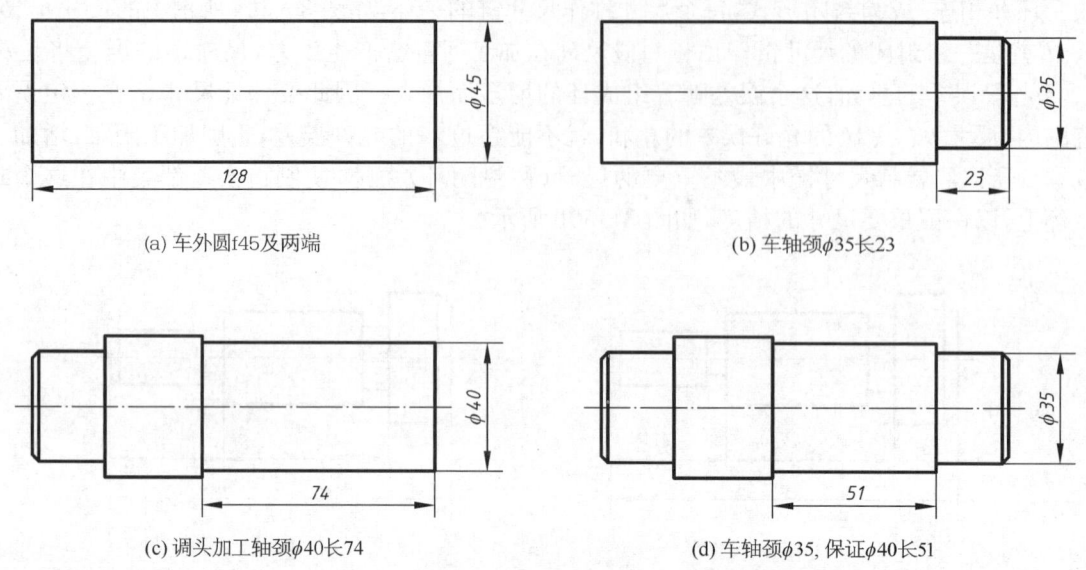

图 3-52 轴在车床上的加工顺序

(3) 毛坯面的尺寸标注,在同一方向上(如高度方向)最好只有一个毛坯面和加工面有直接尺寸联系,其他毛坯面只与毛坯面有直接尺寸联系,如图 3-53 所示。

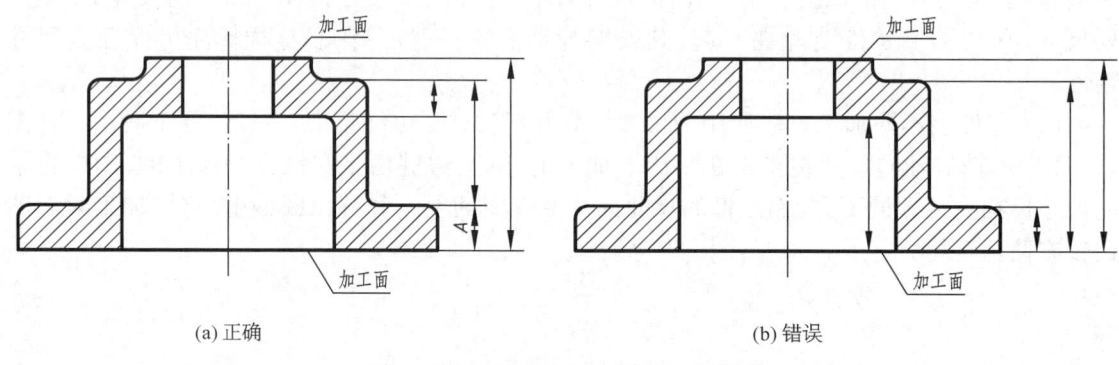

图 3-53 毛坯面、加工面的尺寸联系

(4) 标注尺寸要考虑测量方便,便于加工检验,如图 3-54 所示。

4) 辅助基准与主要基准之间要标出联系尺寸 辅助基准与主要基准之间要有尺寸联系,如图 3-46 中的总高。以保证当同一方向出现多个基准时,尺寸标注不致出现脱节。

4. 零件图上一些常见结构的尺寸标注

零件图上一些常见结构的尺寸标注见表 3-7。

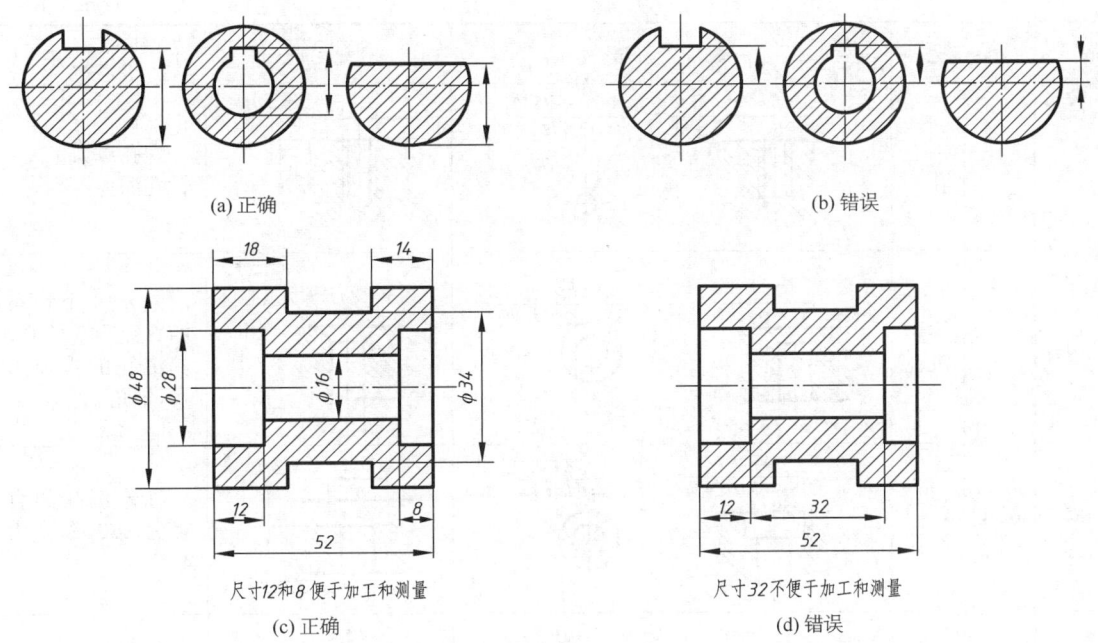

图 3-54 按测量方便标注尺寸

表 3-7 零件图上一些常见结构的尺寸标注

序号	类型		旁注法	普通注法	说明
1	光孔	一般孔	4×φ4▼10 4×φ4▼10	4×φ4	4×φ4 表示直径为 4,均匀分布的 4 个光孔
2		精加工孔	4×φ4H7▼10 4×φ4H7▼10 孔▼12 孔▼12	4×φ4H7	钻光孔深12,然后精加工至φ4H7,深为 10
3	螺孔	通孔	3×M6-7H 3×M6-7H	3×M6-7H	表示 3 个均布的公称直径为 6,中径、顶径公差带为 7H 的螺孔
4		不通孔	3×M6-7H▼10 3×M6-7H▼10	3×M6-7H	螺孔深为 10

(续表)

序号	类 型	旁 注 法		普通注法	说 明
5	不通孔	3×M6-7H▽10 孔▽12	3×M6-7H▽10 孔▽12	3×M6-7H	螺孔深为10 钻孔深为12
6	锥形沉孔	6×φ7 ⌵φ13×90°	6×φ7 φ13×90°	90° φ13 6×φ7	表示6个均布的直径为7的孔，其沉孔的直径为13，锥角90°
7	沉孔 柱形沉孔	4×φ6.4 ⌴φ12▽4.5	4×φ6.4 ⌴φ12▽4.5	φ12 4.5 4×φ6.4	柱形沉孔的直径为φ12，深度为4.5
8	锪平面	4×φ9 ⌴φ20	4×φ9 ⌴φ20	φ20 4×φ9	锪平面φ20的深度无须标注，一般锪平到不出现毛坯面为止

（三）零件图绘制步骤

（1）分析零件，确定视图表达方案。根据零件的用途、结构特点和加工方法等因素，对零件进行结构、形体分析。选取主视图和其他视图，确定视图表达方案。

（2）选择图幅、比例。在确定了视图表达方案之后，选择图幅，再依据零件视图数目和实物大小来确定适当的比例，画出图框和标题栏。

（3）绘制底稿。

① 绘制基准线、布图　依据已确定的视图表达方案和比例，合理布置各视图的相应位置，画出各视图的主要中心线、轴线、基准线。

② 绘制视图　按视图表达方案先由主视图开始绘制，并根据各视图之间的投影关系，画出其他视图的主要轮廓线。

③ 绘制细节　画出各视图上螺钉孔、销孔、倒角、圆角等细节部分。

（4）检查底稿，加深描粗，画剖面线。

（5）标注尺寸、公差、表面粗糙度，填写技术要求和标题栏。

二、实践提高

（一）根据传动轴的轴测图，绘制零件图

1. 轴套类零件分析

1）结构特点　轴套类零件一般由直径和长度不同的若干个同轴的圆柱、圆锥轴段组成，其轴向尺寸远大于径向尺寸。轴类零件在机器中起支撑和传递动力的作用，套类零件是空心结构，通

常是装在轴上,起轴向定位、传动或连接作用。

为了便于安装、加工、传动、定位等,零件上常加工有倒角、倒圆、砂轮越程槽、中心孔、螺纹、键槽、花键、销孔等,如图 3-55 所示。

2) 视图选择

(1) 主视图。轴套类零件多在车床、磨床上加工,为便于工人对照图纸加工,一般按加工位置确定主视图方向,即将轴线水平放置,轴上的键槽、孔等可朝前或朝上。实心轴一般不剖,套类零件则需要用剖视表达它的内部结构。如图 3-55 所示的轴零件,主视图按所示

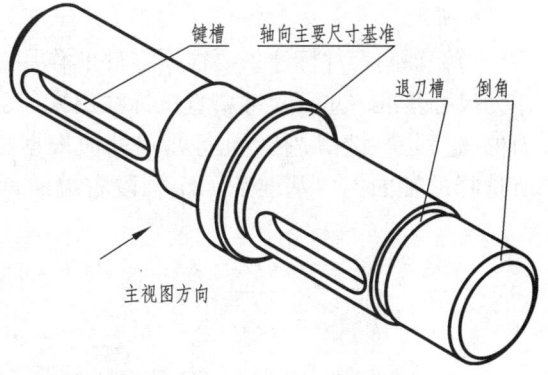

图 3-55 轴零件结构示意图

的箭头方向投射,既表达了零件各段在轴向的位置结构,同时还反映了键槽的外形特点。

(2) 其他视图。根据零件结构,适当采用断面图、局部放大图等来表达局部结构。如轴上的孔或凹坑等结构,可用局部剖来表示。轴上的键槽、孔、平面等结构,用断面图来表示。如图 3-56 所示,用两个移出断面图表示了键槽的槽深结构。

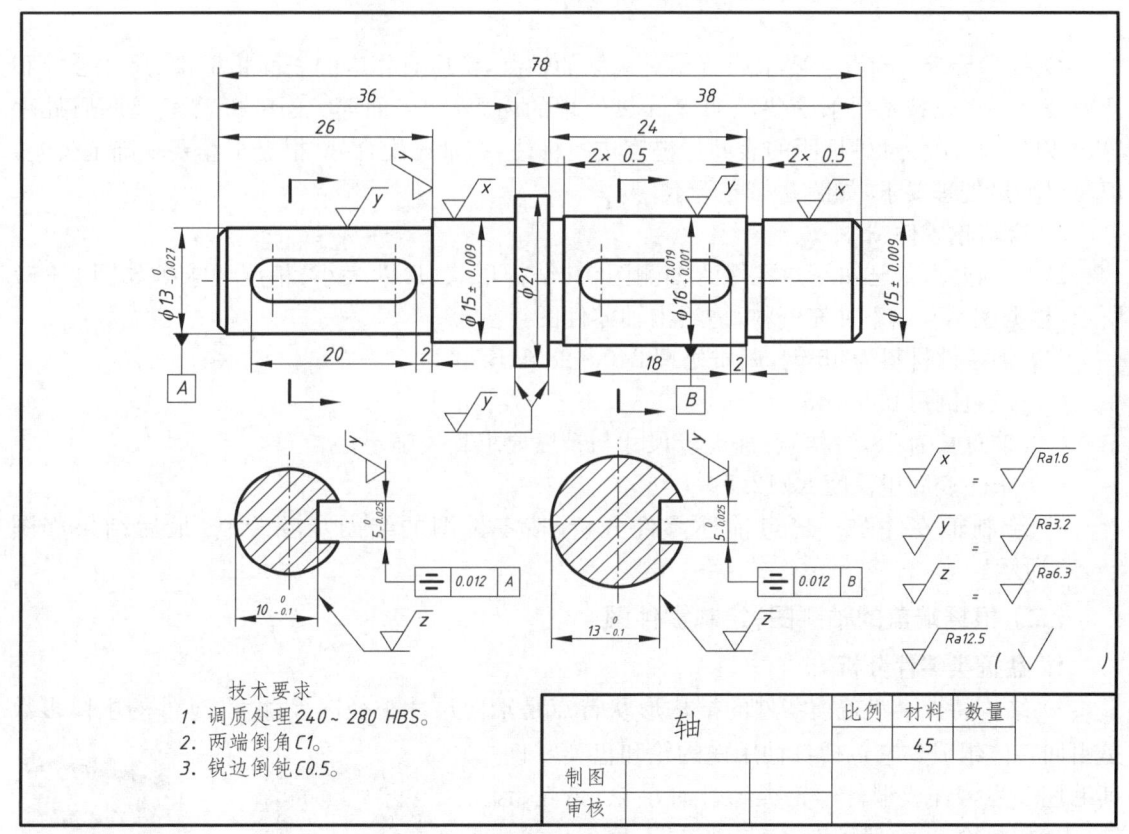

图 3-56 轴零件图

3) 尺寸标注

(1) 径向尺寸标注。一般以主视图中的轴线为基准,各轴段的直径均应直接注出,如图

3-56所示。

(2) 轴向尺寸标注。要根据零件的作用、装配关系和工艺要求选择重要的端面、接触表面作为尺寸基准。重要尺寸要直接标注出来,其余尺寸可按加工顺序标注。标准结构(如倒角、退刀槽、越程槽、键槽、中心孔等),尺寸应根据相应的标准查表,按规定标注。如图3-57所示,所选择的轴向主要基准是 $\phi21$ 轴段右端面,可以保证轴上齿轮的啮合正确与定位可靠。

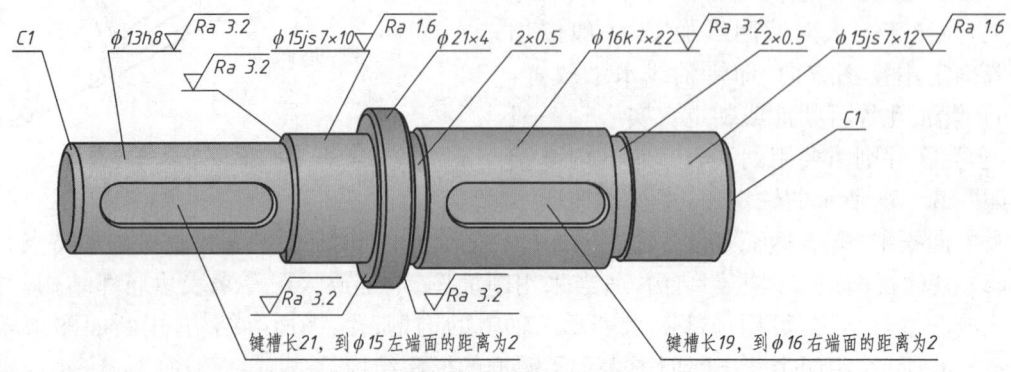

图 3-57 轴结构形状与有关尺寸、精度示意图

4) 技术要求　有配合要求或有相对运动的轴段,都应有相应的表面粗糙度、尺寸公差和几何公差要求。技术要求中要注明零件热处理的内容,如表面淬火、渗碳、渗氮及调质处理等。按图3-57传动轴标明的表面粗糙度进行标注,在轴段配合处,根据工作要求确定公差,填写材料热处理要求,如图3-56所示。

2. 绘制轴零件图

1) 绘制要求　已知一轴零件的轴测图,其结构形状、尺寸大小、精度要求等如图3-57所示,根据图示与以下补充资料,请绘出轴零件图:

(1) 轴零件材料为45钢,调质处理 240～280HBS;

(2) 锐边倒角 $0.5\times45°$;

(3) 轴总长为78,键槽宽、深度等尺寸与精度要求查表确定;

(4) 未注表面粗糙度 $Ra12.5$。

2) 绘制轴零件图　经过前述零件分析,按零件图的绘图步骤绘制,最后结果如图3-56所示。

(二) 根据端盖的轴测图,绘制零件图

1. 盘盖类零件分析

1) 结构特点　盘盖类零件的结构形状特点是轴向尺寸小径向尺寸大,零件的主体多数是由回转体组成。它包括各种用途的轮和盘类零件,其毛坯多为铸件或锻件。轮类零件有手轮、带轮、齿轮、飞轮、蜗轮等,一般用键、销与轴连接,用于传递扭矩;盘类零件有端盖、法兰盘等,可起支撑、定位、密封等作用。盘盖类零件上常有均匀分布的孔、肋、槽、齿等结构,如图3-58所示。

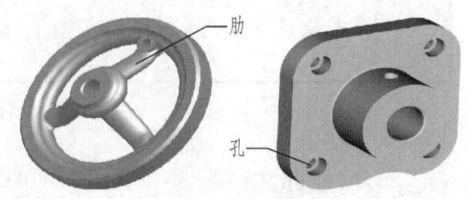

图 3-58 盘盖类零件结构示意图

2) 视图选择 对于盘盖类零件视图选择方案,常采用主、左视或主、俯视两个基本视图,如图 3-59 所示。

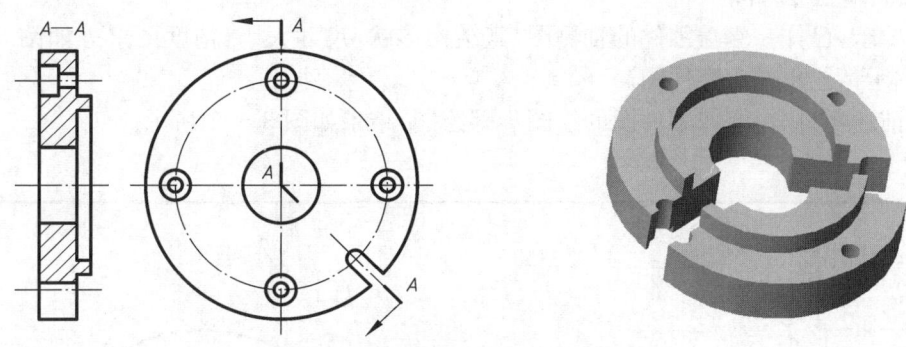

图 3-59 盘盖类零件表达方案示意图

(1) 主视图。盘盖类零件的主要回转面都在车床上加工,故主视图按加工或工作位置放置。一般取非圆视图作为主视图,并采用单一剖或旋转剖、阶梯剖等剖切方法剖出,画成全剖视图或半剖视图来表示各部分之间的相对位置。

(2) 其他视图。配以左视图或右视图,若圆周上分布有肋板、孔等结构不在对称平面上时,则采用简化画法或旋转剖视。也可以加上必要的局部视图、局部剖视图、局部放大图、剖面图等其他表达方法来表达零件上其他细节结构的具体形状和大小。

3) 尺寸标注 盘盖类零件常以其主要回转面的轴线、对称中心线、对称平面等作为长、宽、高方向上的尺寸基准,如图 3-60 所示的端盖,其端面 F 是端盖轴向尺寸基准,轴线为径向尺寸基准。

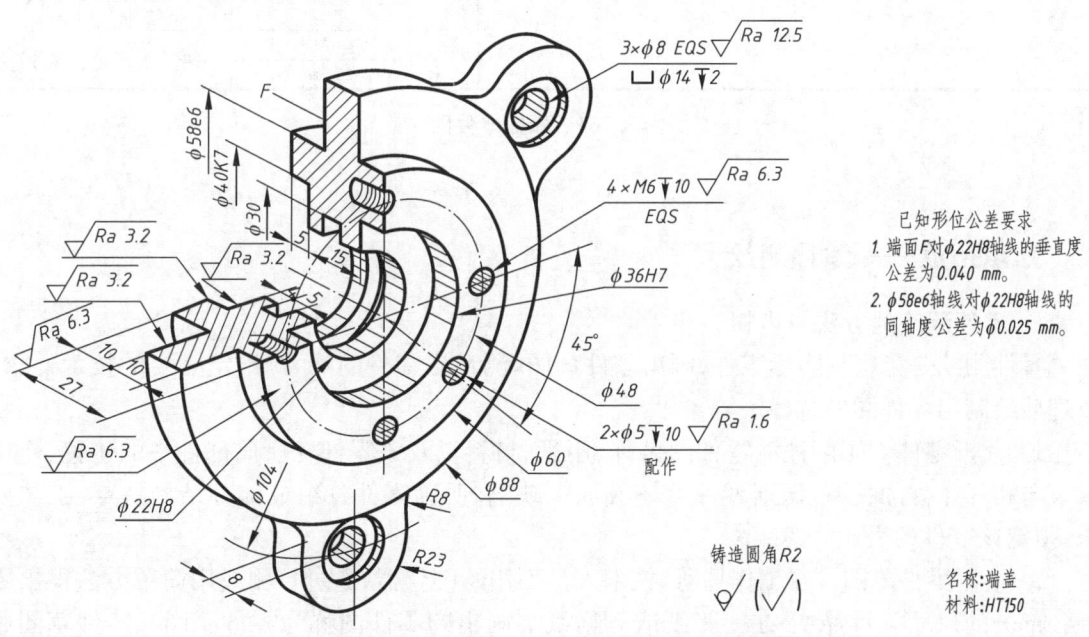

图 3-60 端盖结构形状与有关尺寸、精度示意图

4) 技术要求　盘盖类零件上有重要配合要求或起定位作用的表面,其表面要求光滑、尺寸精度要求较高。相应的一些定位基准间还要有几何公差等要求。

2. 绘制端盖零件图

绘制要求:已知一端盖零件的轴测图,其结构形状、尺寸大小、精度要求等如图3-60所示,根据图示请绘出端盖零件图。

经过前述零件分析,按零件图的绘图步骤绘制,结果如图3-61所示。

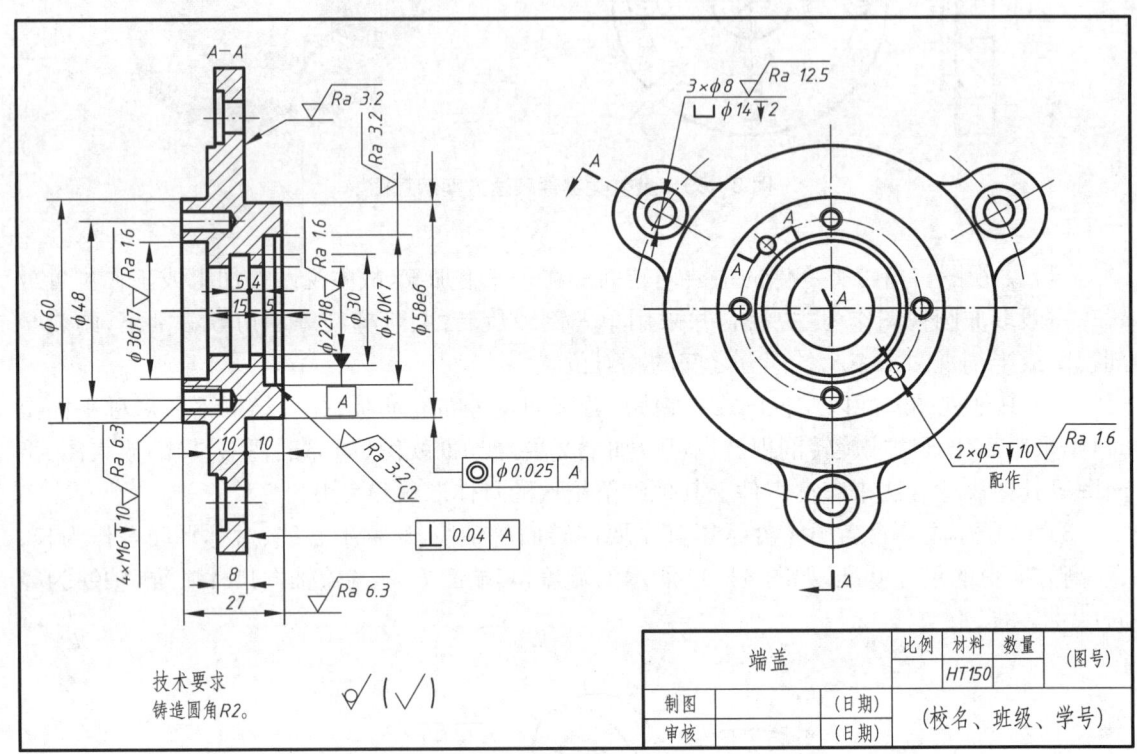

图3-61　端盖零件图

三、知识拓展——零件测绘

1. 零件测绘的方法与步骤

零件测绘是指根据实际零件,画出零件草图,测量出零件的尺寸,给定必要的技术要求,整理后绘制出零件图的过程。

1) 分析零件　了解被测零件的名称、用途、材料以及该零件在所属部件中的位置、作用以及与相邻零件的关系,识别零件毛坯或加工缺陷,明确零件各组成部分结构特点、工艺要求,拟定该零件的表达方案。

2) 绘制零件草图　在工作场所,技术人员不用绘图仪器,通过目测或用简单方法得出零件各部分的尺寸关系,徒手在一张纸或方格纸上画出的零件图称为零件草图。零件草图绝不能潦草,它除了不用绘图仪器和不严格按比例外,其余都要符合零件图的所有要求。因为零件草图是绘制零件图的重要原始资料。

绘制零件草图的步骤如下：

(1) 画图框与标题栏、画基准线、布置视图。

(2) 绘制草图底稿。用细实线详细画出表示内、外形状和结构的视图、剖视和断面。为保证正确的投影关系，各几何形体的投影在基本视图上应尽量同时绘制。

(3) 绘制尺寸线、尺寸界线和尺寸箭头等。首先选定尺寸基准，画出尺寸线、尺寸界线及尺寸箭头，并加注半径、直径符号"R""ϕ"，同时画出剖面线。

(4) 标注表面粗糙度符号。

(5) 标注尺寸及其他技术要求。

① 测量并标注尺寸。集中测量各个尺寸，依次进行标注。测量尺寸时，应力求准确。

② 标注及其他技术要求。

(6) 检查加深草图。检查有无遗漏的投影线和尺寸，并按标准线型徒手加深。注意草图上的线型虽不按比例严格要求，但必须粗细分明，草图上的字体，也应书写工整、清楚。

3) 画出零件图 绘制工作图时需对草图进行反复审核，及时纠正错误，按要求画出零件图。

图3-63是绘制图3-62拨叉零件草图过程的示例。

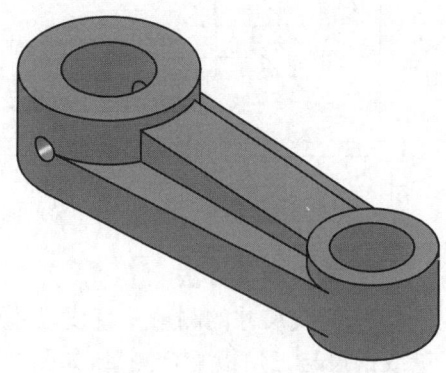

图3-62 拨叉直观图

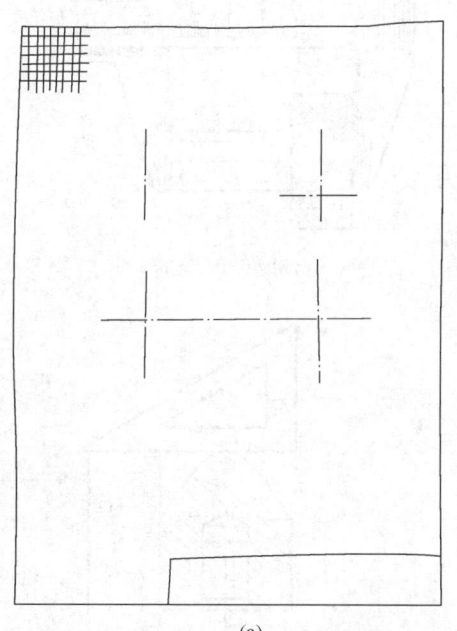
(a)

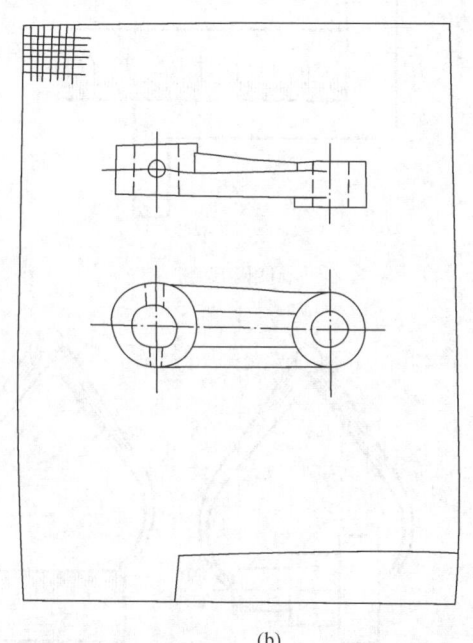
(b)

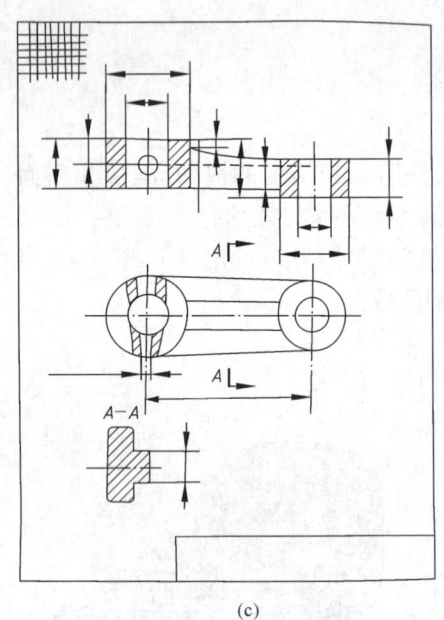
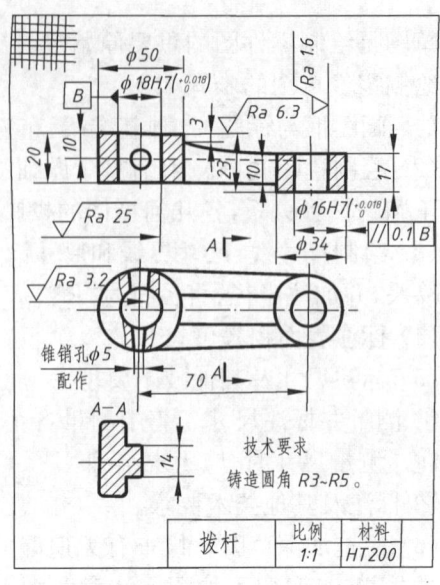

(c)　　　　　　　　　　　　　(d)

图 3-63　画零件草图步骤

2. 常用测量方法

1) 直线尺寸的测量　直线尺寸可直接用钢尺、游标卡尺或千分尺量取,也可用外卡钳测量或钢尺与三角板配合测量,如图 3-64 所示。

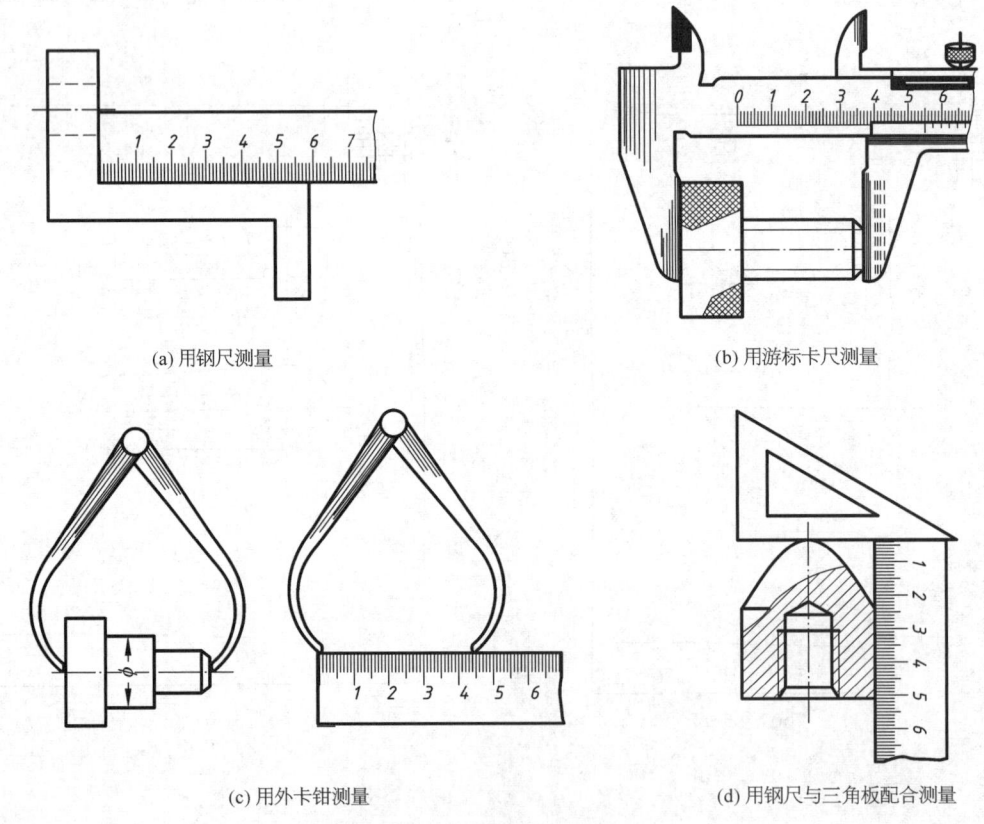

图 3-64　直线尺寸的测量

2) 回转体内外直径的测量　这类尺寸可用内、外卡钳测量,但测绘中常用游标卡尺测量,如图 3-65 所示。对精密零件的内、外径用千分尺或百分表测量。

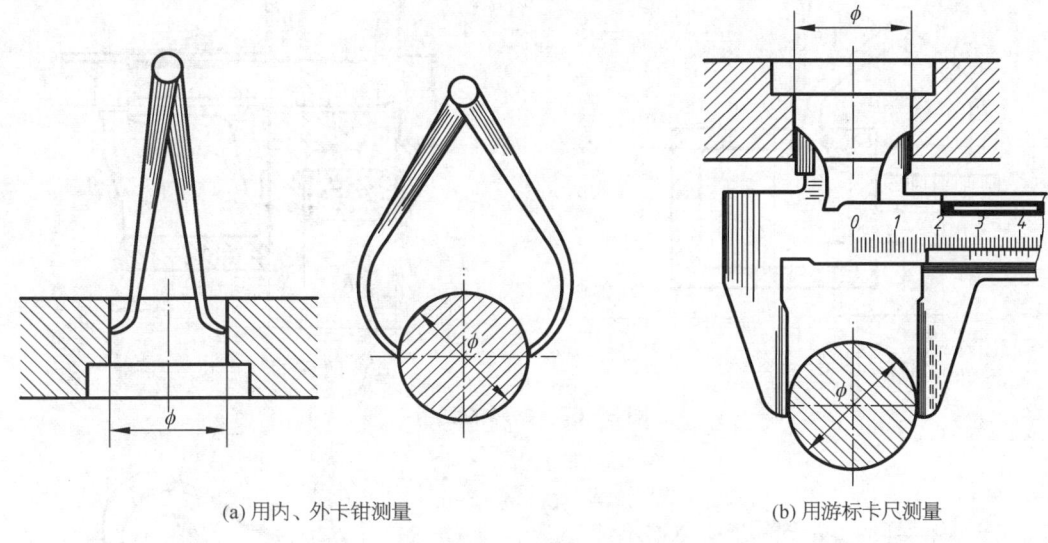

(a) 用内、外卡钳测量　　　　　　(b) 用游标卡尺测量

图 3-65　内外直径的测量

3) 深度的测量　深度可以用钢尺或带有伸缩杆的游标卡尺直接量得,如图 3-66 所示。

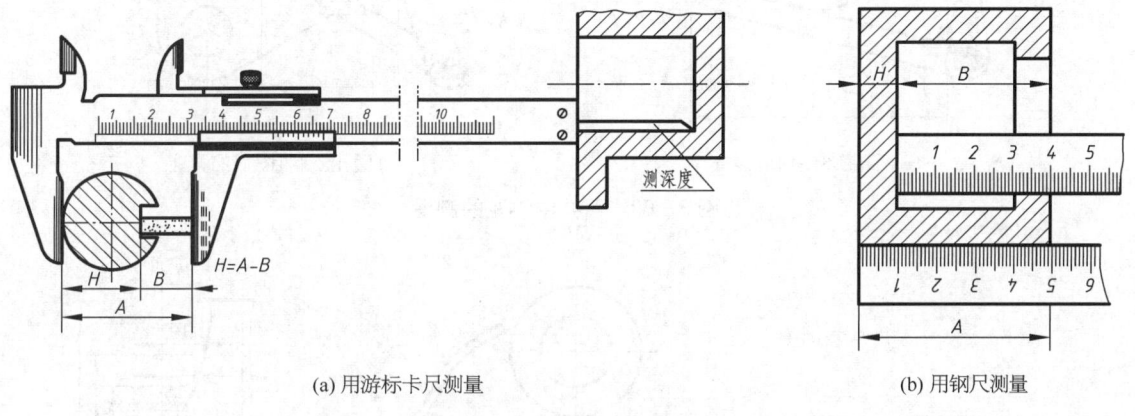

(a) 用游标卡尺测量　　　　　　(b) 用钢尺测量

图 3-66　深度的测量

4) 壁厚的测量　壁厚可用钢尺和外卡钳结合进行测量,也可用游标卡尺和垫块(或量块)结合进行测量,如图 3-67 所示。

5) 两孔中心距的测量　当两孔直径相等时,可先测出 K 及 d,则孔径 $A=K+d$,如图 3-68a 所示;当两孔直径不相等时,可先测出 K、孔径 D 与 d,则孔距 $A=K-(D+d)/2$,如图 3-68b 所示。

6) 曲线或曲面的测量　测量平面曲线,可用纸拓印其轮廓得到真实的曲线形状,再测量其形状及尺寸,这种做法称拓印法,如图 3-69a 所示。测量曲线回转面的母线,可用铅丝弯成与面相贴的实形,得平面曲线,再测其形状尺寸,这种做法称铅丝法,如图 3-69b 所示。一一般的曲线和曲面都可用直尺和三角板,定出曲面上各点的坐标,作出曲线,再测量其形状及尺寸,这种做法称为坐标法,如图 3-69c 所示。

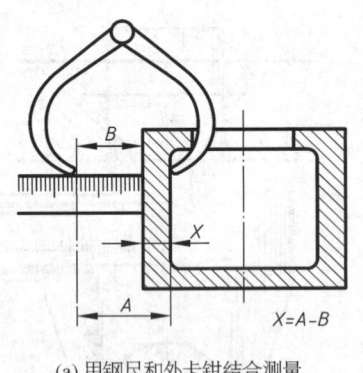

(a) 用钢尺和外卡钳结合测量

(b) 用游标卡尺和垫块结合测量

图 3-67 壁厚的测量

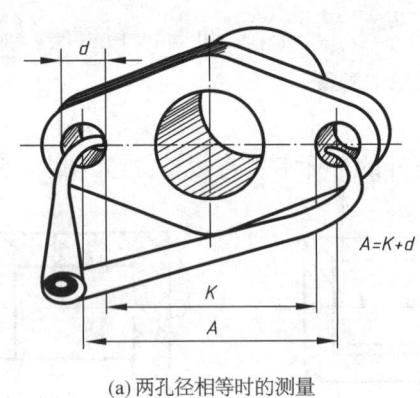 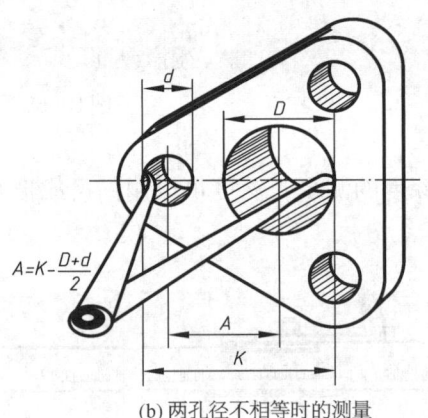

(a) 两孔径相等时的测量

(b) 两孔径不相等时的测量

图 3-68 两孔中心距的测量

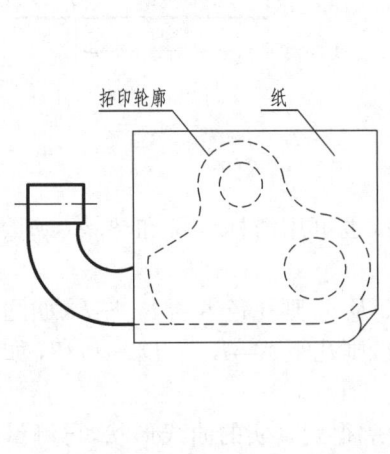 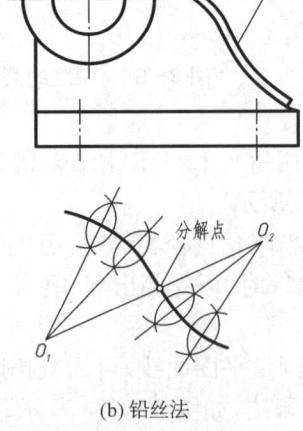 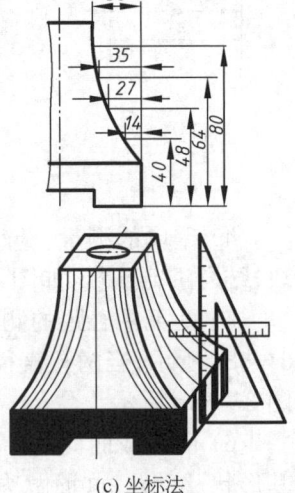

(a) 拓印法

(b) 铅丝法

(c) 坐标法

图 3-69 曲线或曲面的测量

7) 其他结构的测量 圆角可用圆角规测量。每套圆角规有两组多片,一组用于测外圆角,一组用于测内圆角,如图3-70a所示。螺纹用螺纹规测量螺距,用游标卡尺测量螺纹大径,再查表核对螺纹标准,如图3-70b所示。角度可用游标量角器测量,如图3-70c所示。

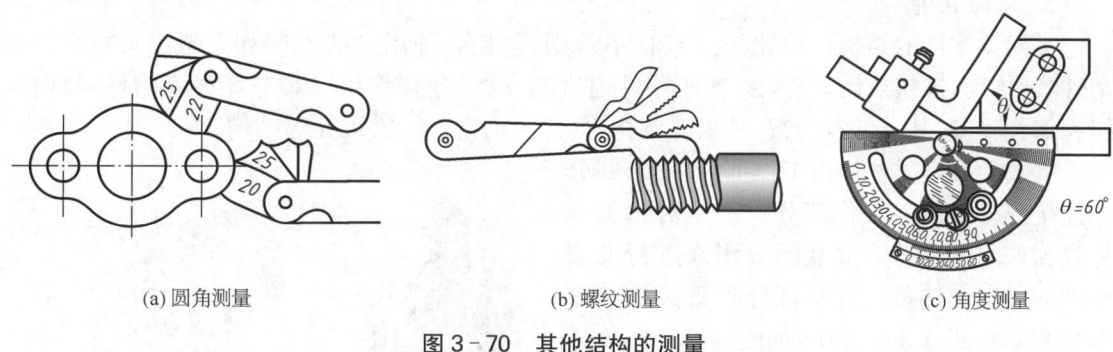

(a) 圆角测量　　　　　(b) 螺纹测量　　　　　(c) 角度测量

图3-70　其他结构的测量

任务三　识读零件图

【学习目标】
1. 掌握叉架类、箱体类零件的结构与表达方案及尺寸标注特点。
2. 掌握识读零件图的方法和步骤,能识读零件图。
3. 了解零件上常见的工艺结构和表面处理及热处理知识。

基础任务——确定轴承座的非机械加工表面

1. 任务要求

图3-71是图3-1轴承座的实体示意图。分析图3-1,在图3-71中指出该零件的倒角处、圆角为R2的部位和非机械加工表面。

2. 关联知识点

(1) 倒角、圆角;(2) 读零件图的方法。

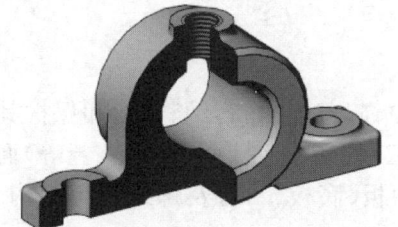 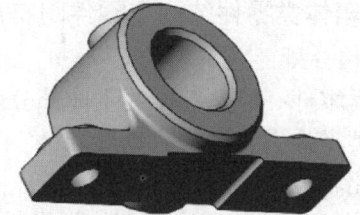

图3-71　轴承座实体示意图

一、相关知识

(一) 叉架类零件结构与零件图特点

1. 结构分析

叉架类零件的结构形状比较复杂且不规则,包括各种用途的叉杆和支架。叉杆多为运动件,起传动、连接或制动作用,支架零件通常起支撑、连接作用。其毛坯多为铸件或锻件,扭拐部位较多,其上常有肋板、耳板等结构,局部有油槽、螺孔、沉孔等结构。

多数叉架类零件均由工作部分、安装部分和连接部分组成。工作部分一般是对相关零件施加作用的部分。安装部分用来进行叉架零件的定位和连接。连接部分将叉架的工作部分和安装部分连接起来,如图 3-72 所示。

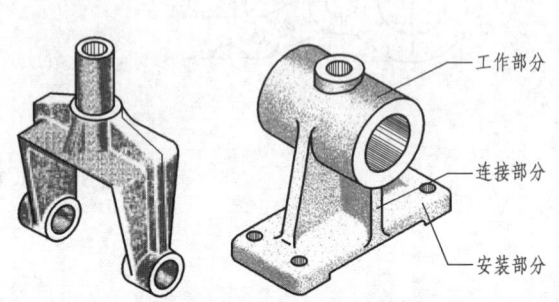

图 3-72 叉架类零件

2. 表达方法

叉架类零件的主视图一般按形状特征和工作位置原则来选择,它表达支架的形状结构特征及其上的细节结构,目的在于突出表达其不规则形状。一般是采用两个或两个以上的基本视图或剖视,并且常用局部视图、局部剖视图表达零件上的凹、凸台等。对于起连接作用的部分常采用局部视图表示,对于肋板等部分的横截面形状采用断面图表示。零件上的倾斜结构用斜视图表示。如图 3-74 所示的支架零件图,其主视图就是按形状特征原则和工作位置原则选择的。主视图上的两处局部剖视图用于表达左上方开槽凸耳上边的光孔和下边的螺孔,以及支架右下方的沉孔结构。左视图上的局部剖视图表达了通孔情况。移出断面图表达连接肋板的 T 字形结构。A 向局部视图表达开槽凸耳的外形。

3. 尺寸标注

叉架零件常以主要轴线、对称面、安装面等作为长、宽、高方向上的基准。叉架类零件形体之间的相对位置较复杂,定位尺寸较多,标注时要注意保证设计要求的定位精度。如图 3-74 所示的支架是以下方安装板的垂直安装面及水平安装面分别作为支架的长度与高度的主要基准,以前后对称平面中心线作为宽度基准。

4. 技术要求

叉架类零件的表面粗糙度、尺寸公差、几何公差一般没有特殊的要求,通常以零件的工作部分和安装部分的使用要求来确定技术要求,如图 3-74 所示。

(二) 箱体类零件结构与零件图特点

1. 结构分析

箱体类零件一般是机器的主体部分,内有空腔,起着支撑、容纳、密封和保护其他零件的作用。此类零件一般经铸造成形,后经多种加工工序(如车、铣、刨、磨、钻、镗等)而成。其内外形状均比较复杂(尤其是内腔),并有轴承孔、肋板、底板、凸台及螺纹孔等结构。如图 3-73 所示的减速器箱体即属于箱体类零件。

2. 表达方法

对于箱体类零件视图,一般采用三个或三个以上的基本视图或剖视图,再加上必要的局

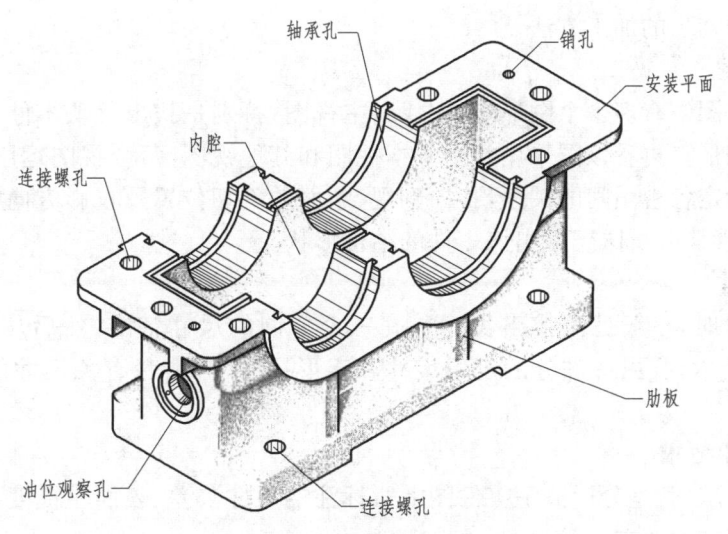

图 3-73 减速器箱体轴测图

部视图、局部放大图等方式来表达。主视图一般按其自然安放位置和形状特征来选择，若内、外形状具有对称性，可采用半剖视图；若内、外形状都较复杂且不对称，则可选择局部剖视图，且保留一定虚线。对局部的内、外形结构，可以用斜视图、局部视图或断面图等方式来表达。如图 3-76 所示的固定钳身零件图，主视图按工作位置原则选择的，并考虑视图在图纸的布置情况。采用全剖视图，反映了钳身的内腔结构。俯视图表达了主体、安装耳板的形状特征，用来安装钳口板的螺纹孔采用局部剖视反映其详细结构。由于零件前后对称，左视图采用了半剖视图，表达了与钳口板相连接部分的外形特征，安装耳板的厚度及安装孔的结构，进一步表达了固定钳身的整体和局部细节。

3. 尺寸标注

由于箱体零件本身结构的复杂性，因此要标注的尺寸数量较多，通常结合形体分析法来标注尺寸。通常用主要孔的中心线、对称面、安装平面、较大的加工表面作为长、宽、高方向的尺寸基准。如图 3-76 所示的固定钳身以右端面作为长度方向尺寸基准，对称面作为宽度方向尺寸基准，底面作为高度方向尺寸基准。

4. 技术要求

箱体零件应根据具体使用要求确定各加工面上的技术要求。各重要表面及形体间（如孔的中心线、中心线与面之间）应有相应的几何公差要求。如考虑箱体上安装轴承的孔本身的极限、配合尺寸、表面粗糙度；各轴承孔的轴线与箱体基面的相对位置；各轴承孔的轴线之间的相对位置；轴承孔的安装面与轴线的相对位置。

（三）识读零件图的方法和步骤

看零件图时，一方面要看懂视图，想象出零件的结构形状，了解零件的名称、材料及用途；另一方面还要看懂零件的尺寸，了解零件的制造方法和技术要求等。

1. 概括了解

首先从标题栏中了解零件的名称、材料、数量、绘图比例等，对于比较复杂的不太熟悉的零件，还可参考相关的资料，比如产品说明书、同类的零件图等，从而了解零件的功用和零件的大致形状以及初步的加工方法。

2. 分析视图

首先看零件图中有多少个图形,从中找出主视图,特别是找出反映零件形状特征和各部分位置特征的图形。再看该图采用几个基本视图和其他视图,每个视图运用哪种表达方法,并按投影关系确定各视图间的关系,找出剖视、断面的剖切位置及投影方向等。再将这些图结合起来,运用形体分析法想象出该零件的结构形状。

3. 分析尺寸

在分析尺寸时,一般是先找出长、宽、高三个方向的尺寸基准,然后从基准出发,以结构形状分析为线索,找出各部分的定位尺寸和定形尺寸,弄清楚有关尺寸的加工精度及其作用。

4. 了解技术要求

了解技术要求,就是分析清楚零件图上所标注的尺寸公差、表面粗糙度、几何公差、热处理及表面处理等技术要求。

二、实践提高

(一)识读叉架类零件图

识读图 3-74 所示支架零件图,并绘制右视图。

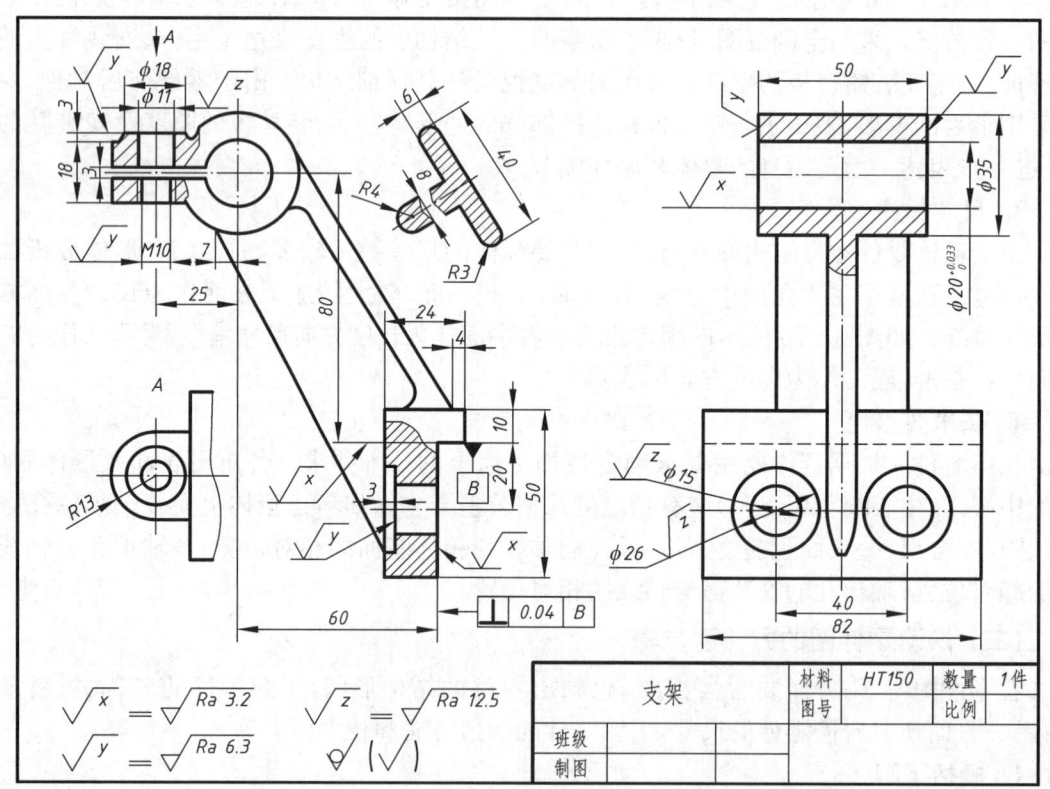

图 3-74 支架零件图

1. 概括了解

从标题栏中知道零件的名称是支架,属于叉架类零件,在机器中可用来支撑其他零件,结构形状较复杂。支架材料是 HT150 灰口铸铁,从中可知该零件的加工方法是铸造出其毛坯后再进行必要的机械加工。

2. 分析视图

分析零件图,可知零件图有主、左视图两个基本视图,还采用了 A 向局部视图和一个移出断面图共四个视图表达该零件的结构形状。主、左视图采用了局部剖视。零件前后对称。

结合视图,按照形体分析法,可将支架分为三个部分。

1) 工作部分 上方的圆筒。结合主视图和左视图可知圆筒孔径为 $\phi 20$、长 50。在圆筒的左边有一 U 形凸耳板,凸耳板上有通孔与螺孔,A 向局部视图反映了它的形状特征。从主视图看,U 形板和圆筒左边相对轴线开了一个高为 3 mm 的通槽。

2) 安装部分 下方的安装底板。结合主视图和左视图可知道安装底板是一个带缺口的长方块,缺口在右下角。侧面有两个安装孔。

3) 连接部分 中间 T 形结构。T 形结构的右方板(6×40)垂直于 V 面,与圆筒相切,与底板上部相连。另一块板平行于 V 面,与圆筒相交,与底板左端面相连。

综合上述分析,想象出支架的结构形状,如图 3-75a 所示。

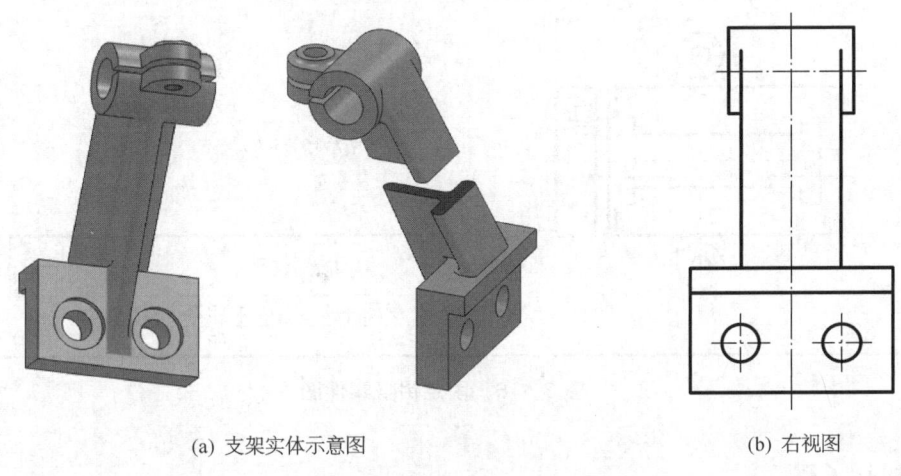

(a) 支架实体示意图　　　　　　　　　　(b) 右视图

图 3-75　支架实体图与零件右视图

3. 分析尺寸

分析零件图可知,安装板的右下方垂直安装面是长度基准,水平安装面是高度基准,前后对称平面中心线作为宽度基准。从基准出发,可以了解各部分的定位尺寸、定形尺寸以及总体尺寸。

4. 了解技术要求

1) 表面粗糙度 要求最高的是安装板右下方的垂直与水平安装面,圆筒 $\phi 35$ 内孔表面,Ra 值为 $3.2 \mu m$;其次是圆筒的前后端面,左边 U 形耳板的上表面与 M10 螺孔表面,安装板左端 $\phi 26$ 沉孔右端面,Ra 值为 $6.3 \mu m$;其他机械加工表面的 Ra 值为 $12.5 \mu m$;其余表面为毛坯面。

2) 尺寸公差　圆筒内孔 φ20 有尺寸公差要求,上极限偏差为+0.033,下极限偏差为 0。

3) 几何公差　有垂直度公差要求,以水平安装面为基准要素,垂直安装面为被测要素,公差值为 0.04。

根据上述分析,可得如图 3-75b 所示右视图。

（二）识读箱体类零件图

识读如图 3-76 所示固定钳身零件图,并绘制仰视图。

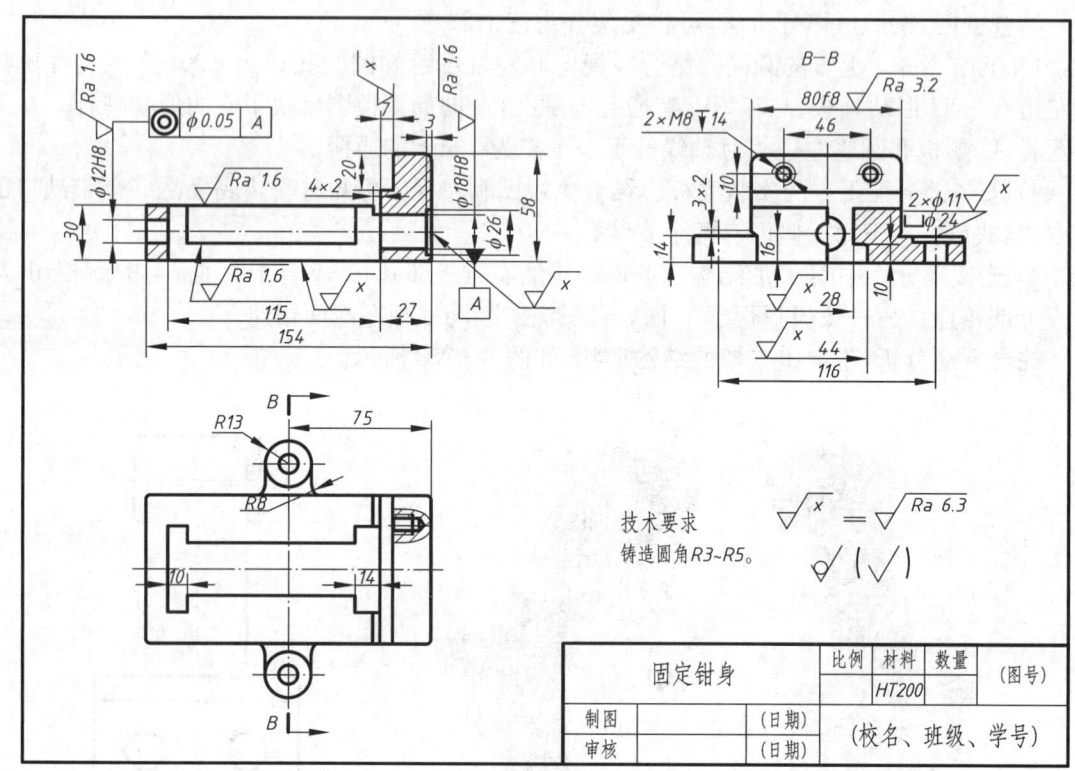

图 3-76　固定钳身零件图

1. 概括了解

从标题栏中知道零件的名称是固定钳身,属于箱体类零件,在机器中可用来支撑、容纳和保护其他零件,结构形状较复杂。支架材料是 HT200 灰口铸铁,从中可知该零件的加工方法是铸造出其毛坯后再进行必要的机械加工。

2. 分析视图

分析零件图,可知零件图有主、俯、左三个基本视图。主视图采用了全剖视图、左视图采用了半剖视图、俯视图采用了局部剖视图,零件前后对称。

结合视图,按照形体分析法,可将固定钳身分为三个部分:

1) 主体部分　带"工"形槽的长方块　结合主视图和俯视图可知道钳身主体结构是带"工"形槽的长方块。左端有一孔径为 φ12 的通孔、右端带沉孔的通孔直径为 φ18,从主、左视图中反映出两孔轴线高度一致,且处在前后对称面上。

2) 与钳口板连接部分 右上方的叠加长方块 结合主视图和左视图可知,右上方的叠加长方块左上角有缺口,前、后面与上方及右面采取圆角过渡,左面上开有两个不通螺孔。

3) 安装部分 中部下方的 U 形耳板 结合左视图和俯视图可知,主体中部下方前后有两个 U 形耳板。U 形块的底面与主体结构平齐,高度低于主体结构。两个耳板上皆加工有沉头通孔。

综合上述分析,想象出固定钳身的结构形状,如图 3-77a 所示。

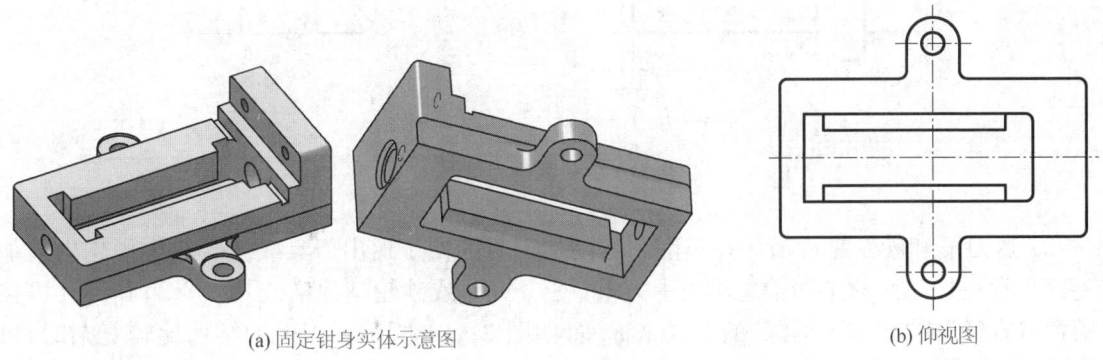

(a) 固定钳身实体示意图　　　　　　　　　(b) 仰视图

图 3-77 固定钳身实体图与零件仰视图

3. 分析尺寸

分析零件图可知,零件的右端面是长度方向尺寸基准,底面是高度方向尺寸基准,前后对称平面中心线作为宽度方向尺寸基准。从尺寸基准出发,可以了解各部分的定位尺寸、定形尺寸以及总体尺寸。

4. 了解技术要求

1) 表面粗糙度 要求最高的是主体结构中上表面,左、右端两个内孔表面,"工"形槽凸块下表面,Ra 值为 $1.6\mu m$;其次是主体结构前面和后面,Ra 值为 $3.2\mu m$;再次是主体底面、右端沉孔面、与钳口板连接的叠加块左侧面,Ra 值为 $6.3\mu m$;其余表面为毛坯面。

2) 尺寸公差 主体内孔左端 $\phi12$、右端 $\phi18$ 有尺寸公差要求,公差带代号为 H8。主体结构与连接的叠加块前后面宽度公差为 f8。

3) 几何公差 有同轴度公差要求,以主体右端 $\phi18$ 内孔轴线为基准要素,左端 $\phi12$ 内孔轴线为被测要素,公差值为 $\phi0.05$。

根据上述分析,可得如图 3-77b 所示仰视图。

三、知识拓展

零件的结构形状应满足设计要求、工艺要求,同时还应考虑工艺的可能性和方便性。考虑加工是否方便、合理和可行而设计的零件结构称为零件的工艺结构。

(一) 零件上常见的工艺结构

1. 机械加工工艺结构

1) 倒角和倒圆 为了便于装配和操作安全,在轴端或孔口加工出 45°、30°、60° 的锥台,称之为倒角;为防止应力集中、增强强度,在阶梯轴或直径不等的两段交接处,常加工成环面过渡,称之为倒圆。如图 3-78 所示,在不致引起误解时,零件图上的 45°倒角可省略不画,其尺寸也可简化标注。

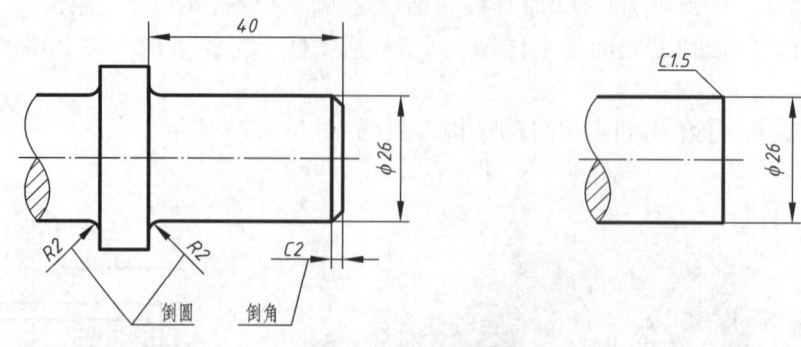

图 3-78 倒角和倒圆

2) 退刀槽和砂轮越程槽　在车削和磨削加工时为便于退出刀具或使砂轮可稍越出被加工表面,常在加工面的末端预先车出退刀槽(图 3-79)或砂轮越程槽(图 3-80),其尺寸可按"槽宽×直径"或"槽宽×槽深"的形式来标注,如图 3-81 所示。当槽的结构比较复杂时,可画出局部放大图来标注尺寸。

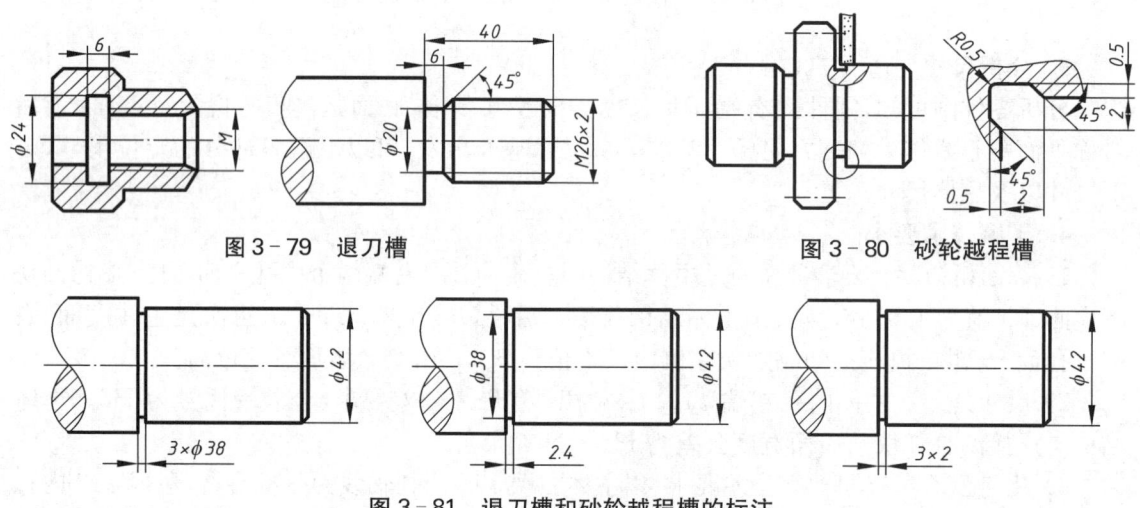

图 3-79　退刀槽　　　　　　　　　图 3-80　砂轮越程槽

图 3-81　退刀槽和砂轮越程槽的标注

3) 钻孔结构　钻孔时,钻头的轴线要与被加工孔的表面垂直,这样才能使被加工孔的位置准确,而且还可避免钻头断裂。另外还注意钻头两边受力均匀,如图 3-82 所示。

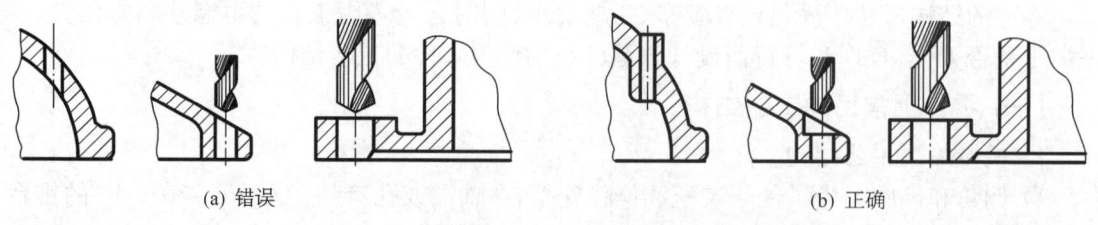

(a) 错误　　　　　　　　　　　　(b) 正确

图 3-82　钻孔结构

4) 凸台和凹坑　为了保证零件表面质量和装配时接触良好,减少加工面积和加工面的数量,常常在需要进行加工的部位设计出凸台或凹坑(若同一表面上设计了几处这种结构,则它们应在同一平面上),这样只需加工这些凸台或凹坑就可以了,如图 3-83 所示。

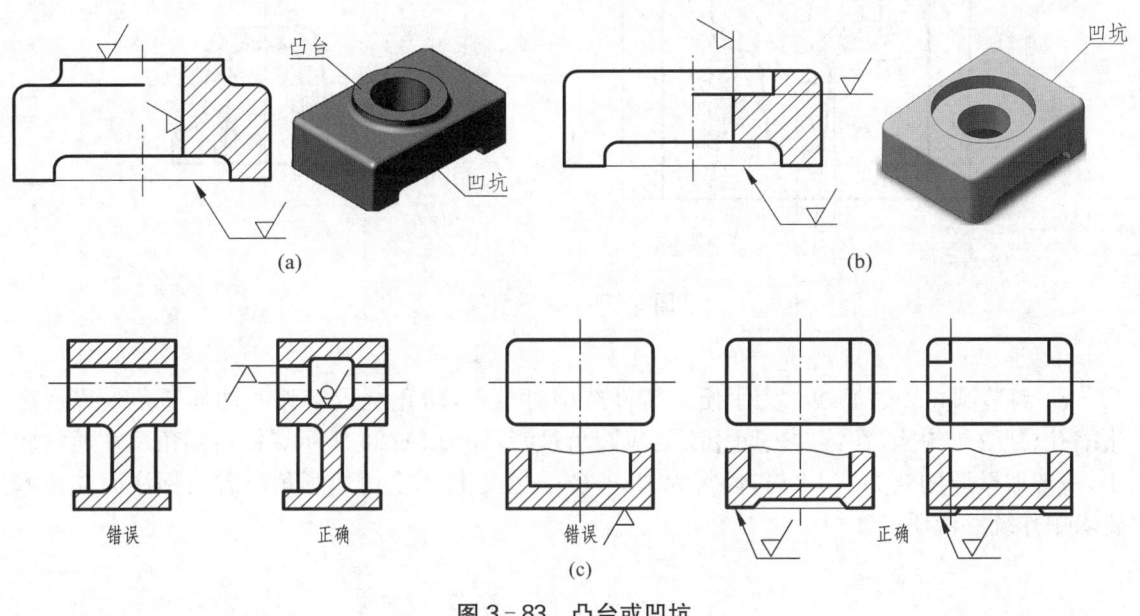

图 3-83　凸台或凹坑

2. 铸造工艺结构

1) 铸件壁厚　在铸造零件时,为了避免因铸件的壁厚不均匀,冷却和凝固速度不一样而产生裂纹和缩孔。所以铸件壁厚应尽量保持均匀或厚薄逐渐过渡,如图 3-84 所示。

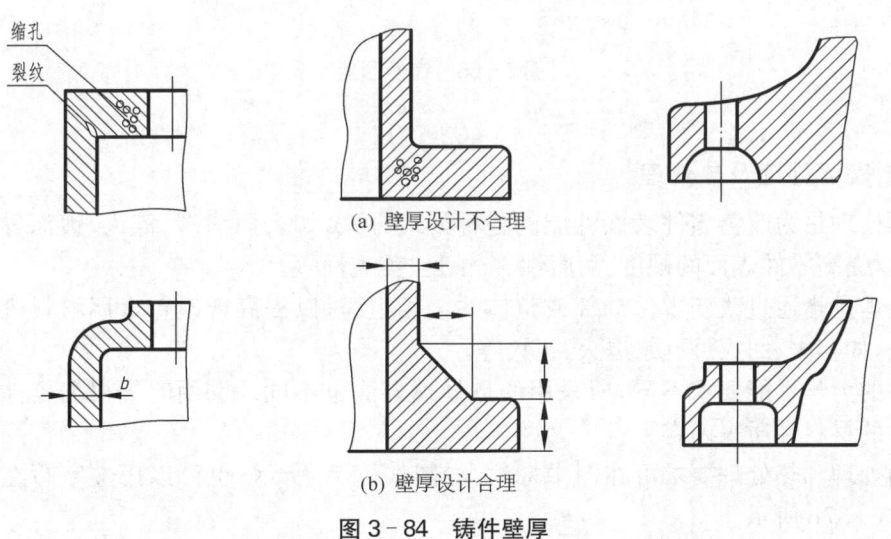

图 3-84　铸件壁厚

2) 拔模斜度 铸造零件毛坯时,为了便于从砂型中取出木模,一般将木模沿起模方向制作成一定的斜度(约 1∶20 或 3°～5°),称为拔模斜度,如图 3-85 所示。在零件图上一般不画出和标注拔模斜度。必要时可在技术要求中说明。

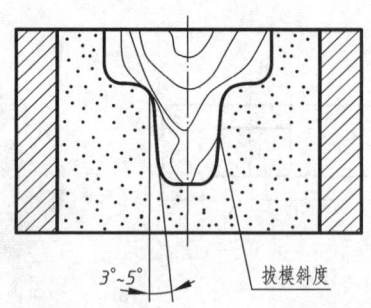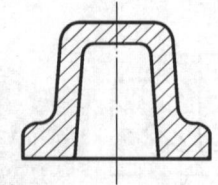

图 3-85 拔模斜度

3) 铸造圆角和过渡线 为了便于铸件造型时拔模,防止浇入铸液时冲坏转角处以及产生缩孔、裂纹等缺陷,在铸件表面相交处应圆角过渡,如图 3-86 所示。铸造圆角尺寸通常较小,一般取壁厚的 0.2～0.4 倍,通常为 $R3$～$R5$。在零件图上铸造圆角可省略标注而在技术要求中作统一说明。

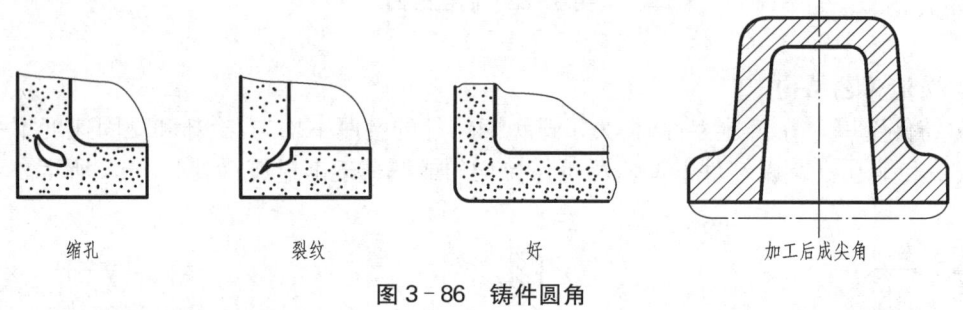

图 3-86 铸件圆角

(二) 表面处理及热处理

表面处理是为改善零件表面性能的各种处理方式,如表面渗碳、淬火、镀涂等。通过表面处理,以提高零件表面的硬度、耐磨性、抗蚀性、美观性等。

热处理是指通过改变零件局部或整体的金相组织,以提高或改善金属材料机械性能的处理方法,如淬火、回火、调质、退火、正火等。

零件的力学性能要求不同,所采用的热处理方法也不同。选用时应根据零件的性能要求及零件的材料性质来确定。

表面处理和热处理要求可在图中标注,如图 3-87a 所示;也可以用文字写在技术要求内,如图 3-87b 所示。

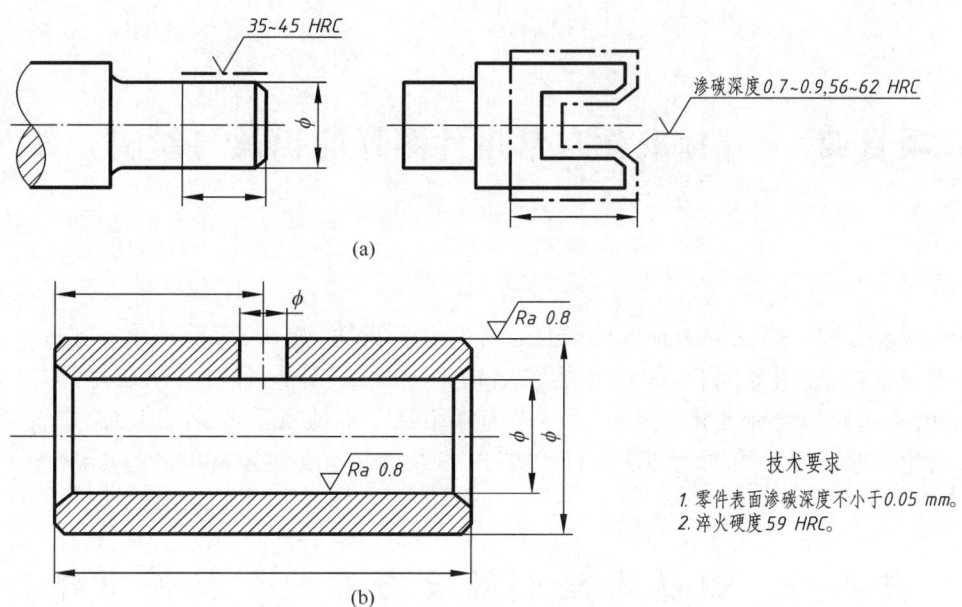

图 3-87 表面处理和热处理在图中的标注

项目四　标准件与常用件图样的识读与绘制

在机械设备中会广泛应用到螺栓、螺柱、螺钉、键、齿轮、弹簧、滚动轴承等零件。由于这些零件需求量大、应用范围广,因此有的在结构、尺寸形式等方面均已标准化,称之为标准件;有的已将部分参数标准化、系列化,称之为常用件。本项目主要介绍螺纹、螺纹紧固件、键、销、齿轮、轴承、弹簧的规定画法及标记方法,以及查阅有关国家标准的方法等。

任务一　识读与绘制螺纹与螺纹联接件图样

【学习目标】
1. 了解螺纹的形成、参数等基本知识,掌握螺纹与螺纹联接的规定画法和标注。
2. 了解螺纹紧固件的类型,能根据工作要求查表选取螺纹紧固件。
3. 掌握螺纹紧固件的比例画法,能根据已知条件绘制螺纹紧固件联接图。

基础任务——补画内、外螺纹

1. 任务要求

图 4-1a 中左端加工有一段长为 25 mm 外螺纹,图 4-1b 的内孔加工有一段距孔底 10 mm 内螺纹。请在图 4-1 中补画出内、外螺纹。

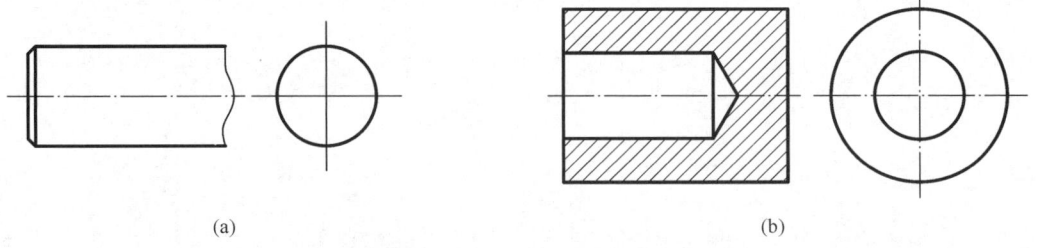

图 4-1　补画内、外螺纹

2. 关联知识点

(1) 外螺纹的规定画法;(2) 内螺纹的规定画法。

一、相关知识

（一）螺纹

1. 螺纹的形成

螺纹是回转体表面沿螺旋线旋转所形成的具有相同断面的连续凸起和沟槽。实际上可以认为是由平面图形（三角形、梯形、矩形等）绕和它共面的回转轴线作螺旋运动的轨迹。在零件外表面加工的螺纹称为外螺纹，在零件内表面加工的螺纹称为内螺纹。

螺纹的加工方法很多。图4-2为在车床上加工内、外螺纹的示意图。在车削螺纹时，零件在车床上绕轴线等速旋转，刀具沿轴线方向作等速直线运动即形成螺旋线运动。只要刀具切入零件一定深度，就车削成螺纹。加工直径较小的螺孔，可先用钻头钻出光孔，再用丝锥攻丝得到螺纹。

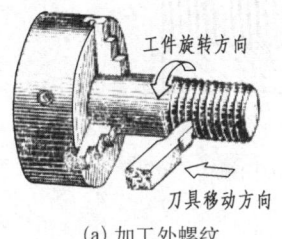

(a) 加工外螺纹　　(b) 加工内螺纹

图4-2　螺纹的加工

2. 螺纹的几何参数

单个螺纹无使用意义，只有内外螺纹旋合到一起，才能起到联接和紧固作用，而内外螺纹旋合的条件是必须具有相同的几何参数，螺纹的几何参数如下：

1）牙型　在通过螺纹轴线的断面上，螺纹的轮廓形状称为螺纹的牙型。常用的牙型有三角形、梯形、矩形等。不同牙型的螺纹有不同的用途。螺纹凸起部分顶端称为牙顶，螺纹沟槽的底部称为牙底。

普通螺纹的基本牙型（GB/T 192—2003）如图4-3所示。

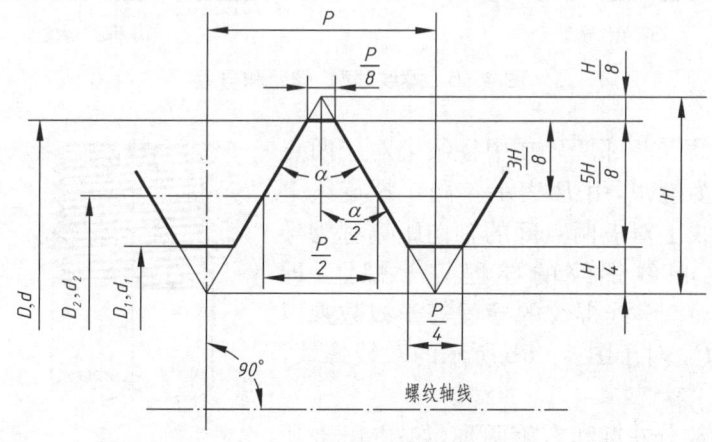

图4-3　普通螺纹的基本牙型

H—原始三角形高度

2) 直径　螺纹直径有大径（d、D）、中径（d_2、D_2）和小径（d_1、D_1）之分，如图 4-3、图 4-4 所示。小写字母表示外螺纹直径，大写字母表示内螺纹直径。

（1）大径是指与外螺纹牙顶或内螺纹牙底相重合的假想圆柱面的直径。

（2）小径是指与外螺纹牙底或内螺纹牙顶相重合的假想圆柱面的直径。

（3）中径是指一个假想圆柱面直径，该圆柱面的母线通过牙型上沟槽和凸起宽度相等的地方。中径是控制螺纹精度的主要参数之一。

公称直径指螺纹大径。管螺纹的公称直径用尺寸代号表示。

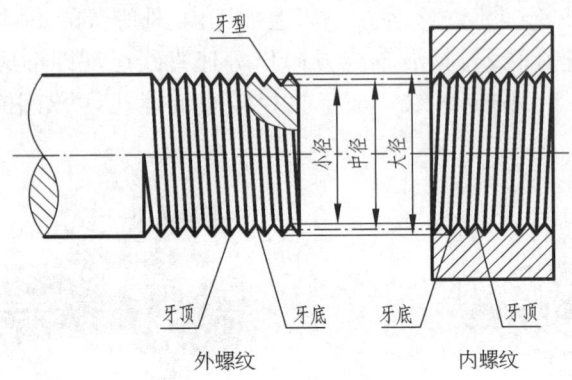

图 4-4　螺纹各部分名称

3) 线数　螺纹有单线螺纹和多线螺纹。沿一条螺旋线形成的螺纹为单线螺纹，沿两条或两条以上沿轴向等距分布的螺旋线形成的螺纹为多线螺纹。最常用的是单线螺纹，如图 4-5 所示。

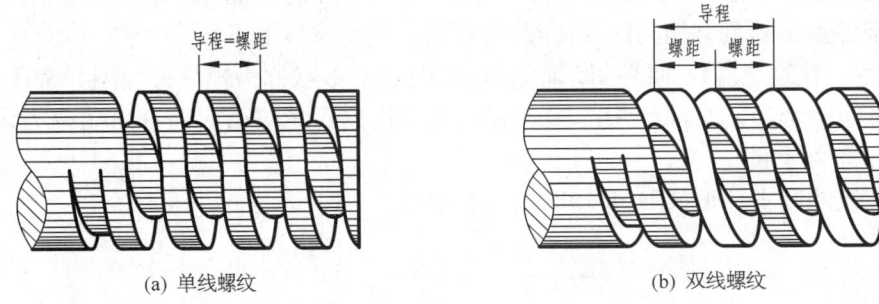

(a) 单线螺纹　　　　(b) 双线螺纹

图 4-5　螺纹线数、螺距和导程

4) 螺距和导程　相邻两牙在中径线上对应两点间的轴向距离称为螺距，用 P 表示。同一螺旋线上相邻两牙在中径线上对应两点间的轴向距离称为导程，用 P_h 表示。单线螺纹的导程等于螺距，即 $P_h = P$（图 4-5a）；多线螺纹的导程等于线数乘以螺距，即 $P_h = nP$，对于图 4-5b 所示的双线螺纹，$P_h = 2P$。

5) 旋向　螺纹分左旋和右旋两种，如图 4-6 所示。当内外螺纹旋合时，顺时针方向旋入者为右旋，

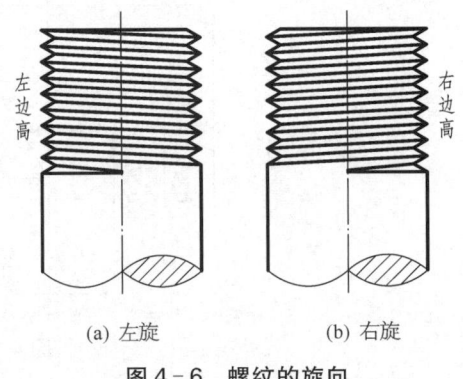

(a) 左旋　　　　(b) 右旋

图 4-6　螺纹的旋向

逆时针方向旋入者为左旋。常用的是右旋螺纹。

6) 牙型半角($\alpha/2$)　牙型半角是指在螺纹牙型上牙侧与螺纹轴线的垂线之间的夹角。普通螺纹的牙型半角为30°，梯形螺纹的牙型半角为15°。

7) 旋合长度　螺纹旋合长度是指两个相互配合的螺纹沿螺纹轴线方向彼此旋合部分的长度。

8) 螺纹接触高度　螺纹接触高度是指在两个相互配合螺纹的牙型上，它们的牙侧重合部分在垂直于螺纹轴线方向上的距离。

以上为螺纹的几何参数，只有牙型、直径、线数、螺距、旋向都相同的内外螺纹才能旋合。普通螺纹大径、中径、小径、螺距之间的关系参看附表1。

国家标准对螺纹的牙型、公称直径、螺距作了统一规定。凡是牙型、公称直径和螺距均符合国标规定的螺纹，称为标准螺纹。如普通螺纹、梯形螺纹、锯齿形螺纹等。国标规定，牙型、公称直径和螺距只要有一项不符合国标规定的螺纹，就称为非标准螺纹。如方形螺纹。

3. 螺纹的规定画法

GB/T 4459.1—1995《机械制图螺纹及螺纹紧固件表示法》规定了螺纹的画法。

1) 外螺纹的规定画法

(1) 平行于螺纹轴线的视图，螺纹的大径(牙顶圆直径)用粗实线绘制，小径(牙底圆直径)用细实线绘制，并应画入倒角区。通常小径按大径的 0.85 倍绘制，但当大径较大或画细牙螺纹时，小径数值应查国家标准；螺纹终止线用粗实线绘制。

(2) 垂直于螺纹轴线的视图，螺纹的大径用粗实线画整圆，小径用细实线画约3/4圆，轴端的倒角圆省略不画，如图 4-7a 所示。

(3) 当需要表示螺纹收尾时，螺尾处用与轴线成30°角的细实线绘制，如图 4-7b 所示。

(4) 在水管、油管、煤气管等管道中，常使用管螺纹联接，管螺纹的画法如图 4-7c 所示。

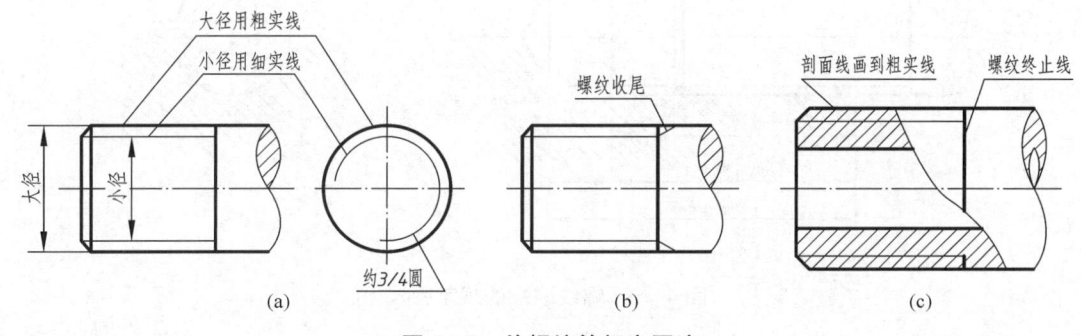

图 4-7　外螺纹的规定画法

2) 内螺纹的规定画法

(1) 平行于螺纹轴线的视图，一般画成全剖视图，螺纹的大径(牙底圆直径)用细实线绘制，小径(牙顶圆直径)用粗实线绘制，且不画入倒角区，小径按大径的 0.85 倍绘制。在绘制不通孔时，应画出螺纹终止线和钻孔深度线。钻孔深度=螺孔深度+0.5×螺纹大径；钻孔直径=螺纹小径;钻孔顶角=120°,剖面线画到粗实线处。

(2) 垂直于螺纹轴线的视图,螺纹的小径用粗实线画整圆,大径用细实线画约3/4圆。倒角圆省略不画,如图4-8a所示。

(3) 当螺纹不可见时,除螺纹轴线、圆中心线外,所有的螺纹图线均用虚线绘制,如图4-8b所示。

(4) 当内螺纹为通孔时,其画法如图4-8c所示。

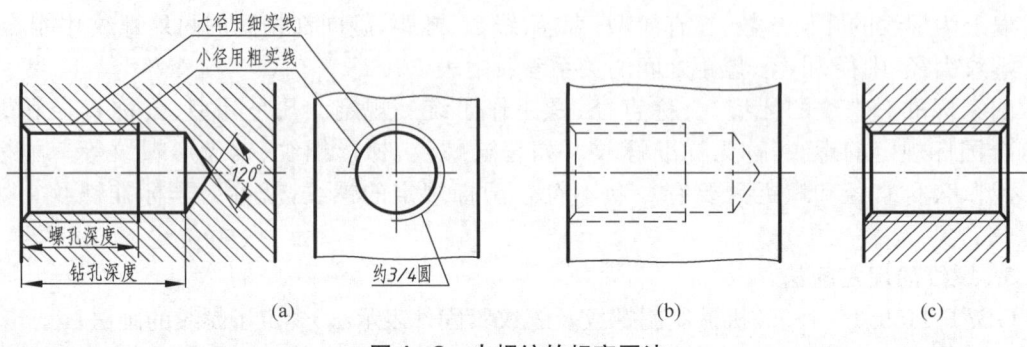

图4-8 内螺纹的规定画法

3) 内外螺纹联接的规定画法 内外螺纹联接时,常采用剖视图画出,其旋合部分按外螺纹绘制,其余部分按各自的规定画法绘制。标准规定,当沿外螺纹的轴线剖开时,螺杆若作为实心零件则按不剖绘制。表示螺纹大、小径的粗、细实线应分别对齐。当垂直于螺纹轴线剖开时,螺杆处应画剖面线,如图4-9所示。

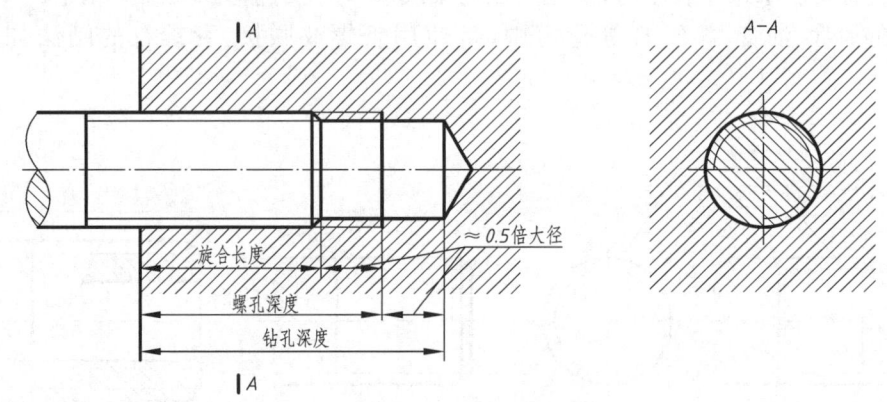

图4-9 螺纹联接的规定画法

4) 非标准螺纹的规定画法 画非标准螺纹时,应画出螺纹牙型,并标注出所需的尺寸及有关要求,如图4-10所示。

5) 螺孔相贯的规定画法 国标规定只画螺孔小径的相贯线,如图4-11所示。

4. 螺纹的种类和标注

1) 螺纹的种类 常用的螺纹按用途可分为联接螺纹(如普通螺纹和管螺纹)和传动螺纹

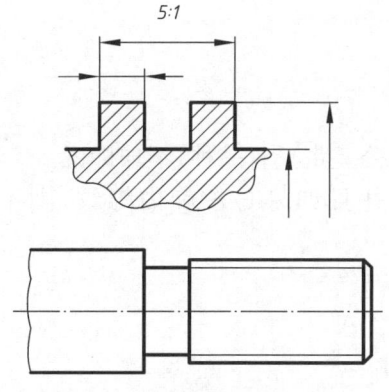

图 4-10 非标准螺纹的画法

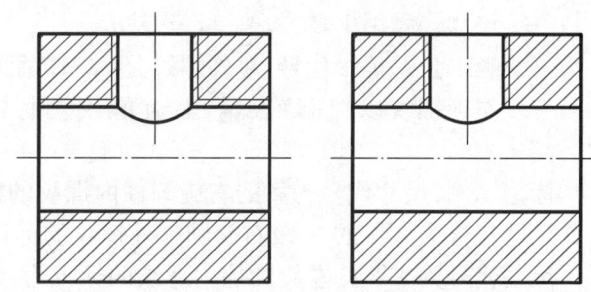

图 4-11 螺纹孔中相贯线的画法

(如梯形螺纹和锯齿形螺纹)两类,前者起联接作用,后者用来传递动力和运动。由于螺纹的规定画法不能表示螺纹种类和螺纹要素,因此,绘制螺纹图样时,必须按照国标规定的格式和相应代号进行标注。

2) 螺纹的标记

(1) 普通螺纹单线的标记。规定格式如下:

螺纹特征代号　公称直径×螺距—中径公差带和顶径公差带代号—螺纹旋合长度代号—旋向代号

——普通螺纹特征代号为 M,粗牙普通螺纹不标注螺距。

——公差带代号由中径公差带代号和顶径公差带代号组成。大写字母代表内螺纹,小写字母代表外螺纹,若两组公差带相同,则只写一组。

——旋合长度分为短旋合长度(S)、中旋合长度(N)和长旋合长度(L)三种。一般采用中旋合长度(此时 N 省略不标)。左旋螺纹以"LH"表示,右旋螺纹不标注旋向。

例 4-1　M16—5g6g—S

表示粗牙普通外螺纹,公称直径为 16mm,螺距为 2mm(查附表 1),中径公差带为 5g,顶径公差带为 6g,短旋合长度,右旋。

例 4-2　M16×1—7H—LH

表示细牙普通内螺纹,公称直径为 16mm,螺距为 1mm,中径和顶径公差带均为 7H,中等旋合长度,左旋。

(2) 管螺纹的标记。分 55°密封管螺纹和 55°非密封管螺纹两种。

① 55°密封管螺纹。规定格式如下:

螺纹特征代号　尺寸代号　旋向代号

——螺纹特征代号:Rc 表示圆锥内螺纹,Rp 表示圆柱内螺纹,R_1 和 R_2 分别表示与圆柱内螺纹和圆锥内螺纹相配合的圆锥外螺纹。

——尺寸代号用 1/2,3/4,1,…表示。

例 4-3　Rc3/4、$R_1$2LH

Rc3/4 表示右旋圆锥内螺纹,尺寸代号为 3/4。$R_1$2LH 表示与圆柱内螺纹相配合的圆锥外螺纹尺寸,代号为 2,左旋。

② 55°非密封管螺纹。规定格式如下：

螺纹特征代号　尺寸代号　公差等级代号—旋向代号

——螺纹特征代号用 G 表示。

——尺寸代号用 1/2，3/4，1，…表示。

——螺纹公差等级代号：对外螺纹分 A、B 两级；内螺纹公差带只有一种，不加标记。

——左旋螺纹以"LH"表示，右旋螺纹不标注旋向。并且如果是左旋内螺纹，则不加"—"。

标记示例：尺寸代号为 2 的右旋圆柱内螺纹的标记为：G 2。

尺寸代号为 3/4 的 A 级右旋圆柱外螺纹的标记为：G 3/4 A。

尺寸代号为 1/2 的左旋圆柱内螺纹的标记为：G 1/2 LH。

尺寸代号为 3 的 B 级左旋圆柱外螺纹的标记为：G 3 B-LH。

(3) 梯形和锯齿形螺纹的标记。规定格式如下：

① 单线螺纹。

梯形螺纹：螺纹特征代号　公称直径×螺距—中径公差带代号—旋合长度代号—旋向代号

锯齿形螺纹：螺纹特征代号　公称直径×螺距　旋向代号—中径公差带代号—旋合长度代号

② 多线螺纹。

梯形螺纹：螺纹特征代号　公称直径×导程 P 螺距—中径公差带代号—旋合长度代号—旋向代号

锯齿形螺纹：螺纹特征代号　公称直径×导程(P 螺距)　旋向代号—中径公差带代号—旋合长度代号

——梯形螺纹的特征代号用 Tr 表示，锯齿形螺纹特征代号用 B 表示。

——旋合长度分为中等旋合长度(N)和长旋合长度(L)两种，若为中等旋合长度则不标注。

例 4-4　Tr48×8—7e、Tr40×14P7—7H—L—LH

Tr48×8—7e：表示单线梯形外螺纹，公称直径为 48 mm，螺距为 8 mm，中径公差带代号为 7e，中等旋合长度，右旋。

Tr40×14P7—7H—L—LH：表示双线梯形内螺纹，公称直径为 40 mm，导程为 14 mm，螺距为 7 mm，中径公差带代号为 7H，长旋合长度，左旋。

例 4-5　B48×16(P8) LH—7H

表示双线锯齿形内螺纹，公称直径为 48 mm，导程为 16 mm，螺距为 8 mm，左旋，中径公差带代号为 7H，中等旋合长度。

3) **螺纹的标注**　对标准螺纹，应注出相应标准所规定的螺纹标记，普通螺纹、梯形螺纹和锯齿形螺纹，其标记应直接注在大径的尺寸线上，如图 4-12a、b、c 所示。管螺纹的标记一律注在指引线上，指引线应由大径引出或由中心对称处引出，如图 4-12d、e、f 所示。

表 4-1 为常见标准螺纹的类别、牙型、特征代号及标注示例。

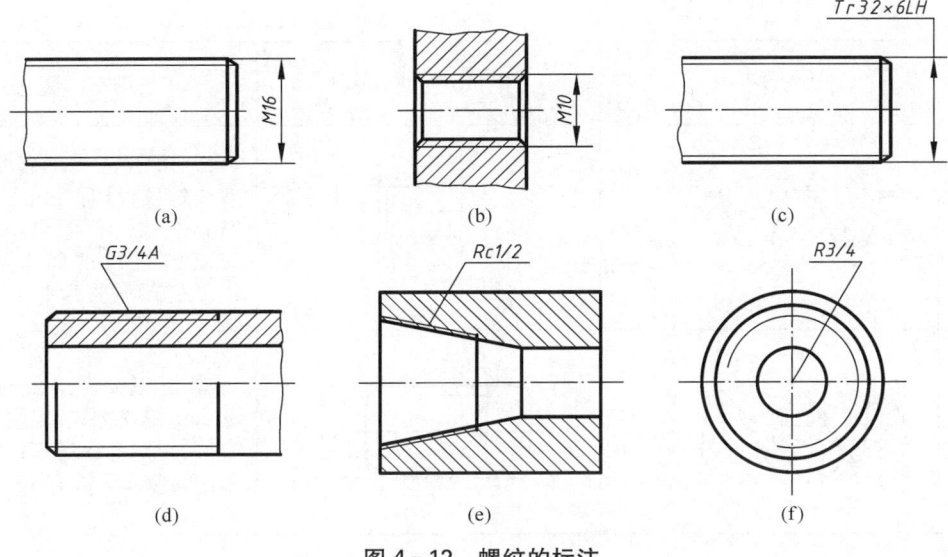

图 4-12 螺纹的标注

表 4-1 常见螺纹的种类和标注示例

螺纹种类		牙型放大图	特征符号	代号或标记示例		说　明
联接螺纹	普通螺纹	60°	M	粗牙	M20-6g	粗牙普通螺纹，公称直径 20 mm，右旋。螺纹公差带：中径、大径均为 6g。旋合长度属中等的一组
				细牙	M20×1.5-7H-L	细牙普通螺纹，公称直径 20 mm，右旋。螺纹公差带：中径、小径均为 7H。旋合长度属长的一组
	管螺纹	55°	G	55°非密封管螺纹	G1/2A	55°非密封外管螺纹，尺寸代号 1/2 in (1 in＝0.025 4 m)，公差等级为 A 级，右旋。用引出标注
		55°	Rc Rp R₁ R₂	55°密封管螺纹	Rc1 1/2	Rc1½中的 Rc 表示的是 55°密封管螺纹中圆锥内螺纹的牙型代号，尺寸代号 1½ in (1 in＝0.025 4 m)，右旋。用引出标注 Rp 表示的是 55°密封管螺纹中圆柱内螺纹的牙型代号 R₁ 表示的是 55°密封管螺纹中与圆柱内螺纹相配合的圆锥外螺纹的牙型代号，R₂ 表示的是 55°密封管螺纹与圆锥内螺纹相配合的圆锥外螺纹的牙型代号

(续表)

螺纹种类		牙型放大图	特征符号	代号或标记示例	说 明
传动螺纹	梯形螺纹		Tr	Tr40×14P7-7H-L-LH	梯形螺纹,公称直径40 mm,双线螺纹,导程14 mm,螺距7 mm。螺纹公差带:中径为7H。旋合长度属中等的一组。左旋(代号为LH)
	锯齿形螺纹		B	B32×6-7c	锯齿形螺纹,公称直径32 mm,单线螺纹,螺距6 mm,右旋。螺纹公差带:中径为7c。旋合长度属中等的一组

(二) 螺纹紧固件及其联接

常用的螺纹紧固件有螺栓、螺柱、螺钉、螺母、垫圈等,它们的种类很多,在结构形状和尺寸方面都已标准化,并由专门工厂进行批量生产,根据规定标记就可从国家标准中查到有关的形状和尺寸。

1. 螺纹紧固件的标记

1) **螺栓** 螺栓由头部和杆身组成,常用的为六角头螺栓,如图4-13所示。

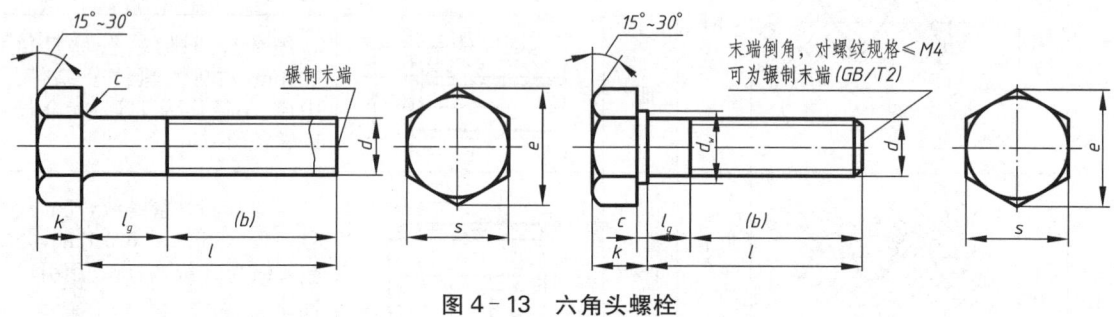

图4-13 六角头螺栓

螺栓的规格尺寸是螺纹大径(d)和螺栓公称长度(l),其规定标记为:

名称　标准代号　螺纹代号×长度

如:螺栓 GB/T 5782　M24×100

螺栓各部位尺寸见附表2。

2) **螺母** 螺母有六角螺母、方螺母和圆螺母等,常用的为六角螺母,如图4-14所示。螺母的规格尺寸是螺纹大径(D),其规定标记为:

名称　标准代号　螺纹代号

如:螺母 GB/T 6170　M12

螺母各部位尺寸见附表4。

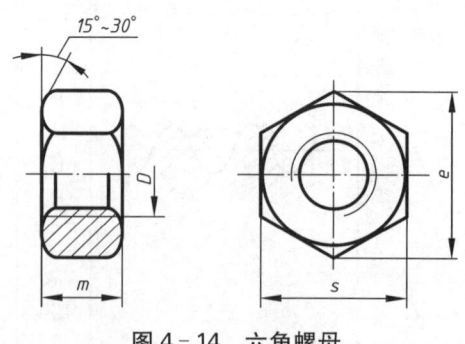

图4-14 六角螺母

3) 垫圈　垫圈一般置于螺母与被联接件之间。常用的有平垫圈和弹簧垫圈。平垫圈有 A 级和 C 级标准系列。在 A 级标准系列平垫圈中,分带倒角和不带倒角两类结构,如图 4-15 所示。垫圈的规格尺寸为螺栓直径 d,其规定标记为:

名称　标准代号　公称尺寸

如:垫圈 GB/T 97.2　24

垫圈各部位尺寸见附表 5。

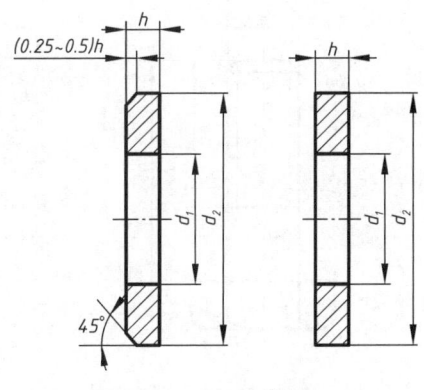

图 4-15　平垫圈

4) 双头螺柱　双头螺柱两端均制有螺纹,旋入螺孔的一端称旋入端 b_m,另一端称紧固端 b。b_m 的长度与被旋入零件的材料有关:

$b_m = 1d$（用于钢和青铜）　　　　GB/T 897—1988

$b_m = 1.25d$（用于铸铁）　　　　　GB/T 898—1988

$b_m = 1.5d$（用于铸铁或铝合金）　GB/T 899—1988

$b_m = 2d$（用于铝合金）　　　　　GB/T 900—1988

双头螺柱的结构形式为 A 型、B 型两种,如图 4-16 所示。A 型是车制,B 型是辗制。双头螺柱的规格尺寸是螺纹大径 (d) 和双头螺柱公称长度 (l),其规定标记为:

名称　标准代号　类型　螺纹代号×长度

如:螺柱 GB/T 897　AM10×50

双头螺柱各部位尺寸见附表 3。

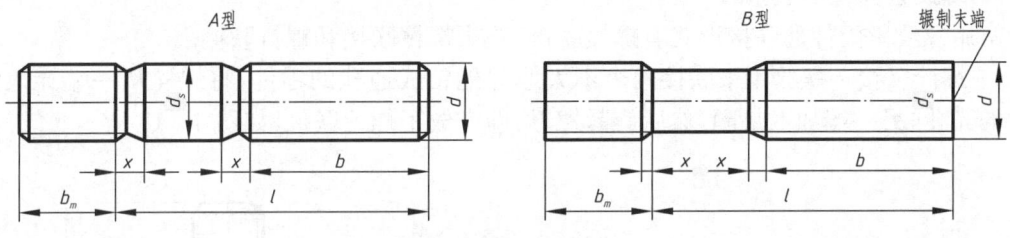

图 4-16　双头螺柱

5) 螺钉　螺钉按其作用可分为联接螺钉和紧定螺钉。常用的联接螺钉有开槽圆柱头螺钉、盘头螺钉、沉头螺钉、半沉头螺钉等。常用的紧定螺钉按其末端形式不同有锥端紧定螺钉、平端紧定螺钉、长圆柱端紧定螺钉等。螺钉的规格尺寸是螺纹大径 (d) 和螺钉公称长度 (l),其规定标记为:

名称　标准代号　螺纹代号×长度

如:螺钉 GB/T 67　M5×20

2. 螺纹紧固件的画法

已经标准化的螺纹紧固件,虽然一般不要求单独画出它们的零件图,但在装配图中要画出这些标准件,螺纹紧固件的画法有比例画法和查表画法。比例画法是根据螺纹公称直径 $(D、d)$,按与其近似的比例关系,计算出各部分尺寸后作图。如图 4-17 所示为螺纹紧固件的比例画法。查表画法根据螺纹紧固件的标记,在相应的标准中查得各有关尺寸后作图。

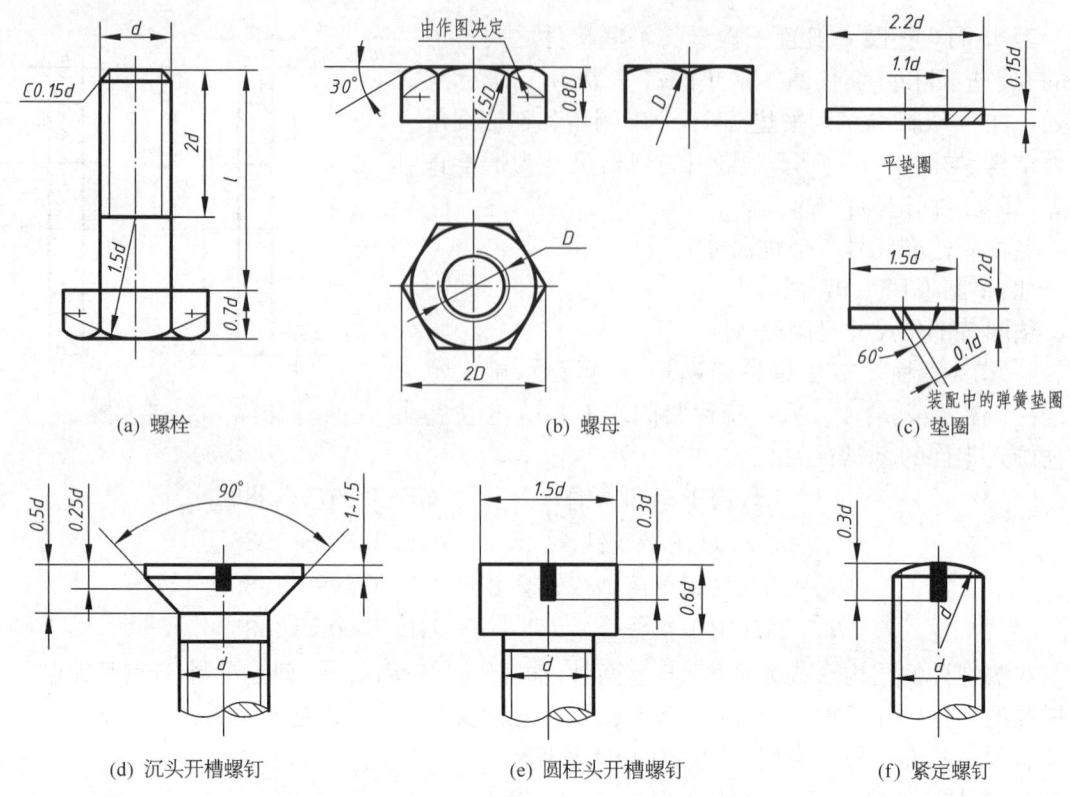

图 4-17 螺纹紧固件的比例画法

3. 螺纹紧固件的联接

常用螺纹紧固件的联接形式有螺栓联接、双头螺柱联接和螺钉联接。

1) **螺栓联接** 螺栓用来联接两个不太厚并能钻成通孔的零件,将螺栓从一端穿入两个零件的光孔,另一端加上垫圈,然后旋紧螺母,即完成了螺栓联接,如图 4-18 所示。

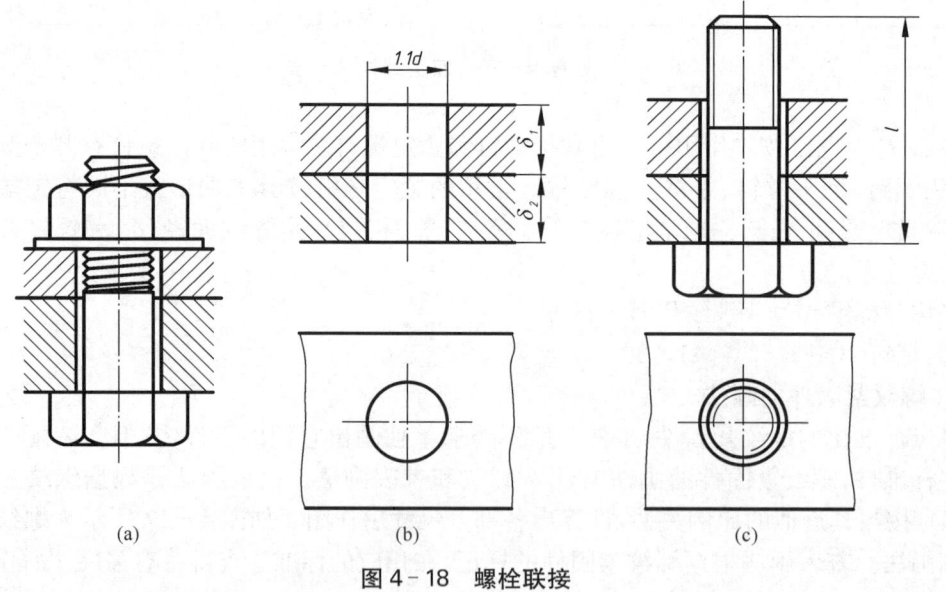

图 4-18 螺栓联接

为适应联接不同厚度的零件,螺栓有各种长度规格。

螺栓公称长度可按下式估算:

$$l \geqslant \delta_1 + \delta_2 + h + m + a$$

式中,δ_1、δ_2 为被联接件的厚度;h 为垫圈厚度;m 为螺母厚度;a 为螺栓伸出螺母的长度;h、m 均以 d 为参数按比例或查表画出,$a \approx (0.2 \sim 0.3)d$。根据 l 从相应的螺栓公称长度系列中选取与它相近的标准值。螺栓联接的规定画法如图 4-19 所示。

画螺栓联接时,应注意以下几点:

(1) 凡不接触的相邻表面,需画两条轮廓线(间隙过小者可夸大画出),两零件接触面、配合面只画一条轮廓线。

(2) 在剖视图中,相邻两零件剖面线应加以区别,而同一零件在各视图中的剖面线必须相同。

(3) 当联接图画成剖视图且剖切面通过螺杆轴线时,对螺栓、螺母、垫圈等均按不剖绘制。

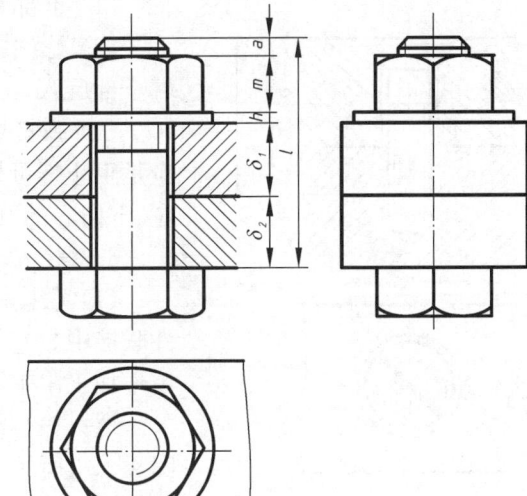

图 4-19 螺栓联接的规定画法

2) 双头螺柱联接 当被联接零件之一较厚,无法加工出通孔时,或因结构的限制不适宜用螺栓联接,可采用双头螺柱联接。双头螺柱的一端(旋入端)旋入较厚零件的螺孔中,另一端(紧固端)穿过另一零件上的通孔,套上垫圈,用螺母拧紧,即完成双头螺柱联接,如图 4-20 所示。

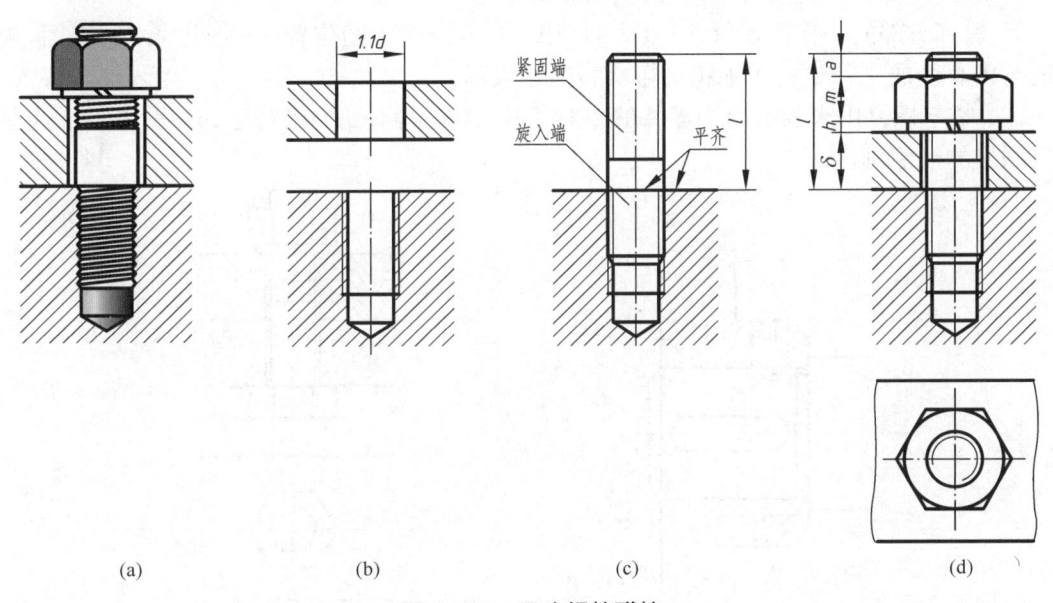

图 4-20 双头螺柱联接

图 4-20 中螺柱的公称长度可用下式求出:

$$l \geqslant \delta + h + m + a$$

式中,各参数含义与螺栓联接相同。计算出的 l 值应在相应的螺柱公称长度系列中选取与其相近的标准值。

画双头螺柱联接时,应注意以下几点:

(1) 上部紧固部分与螺栓联接画法相同。

(2) 螺柱旋入端的螺纹终止线应与接触面平齐,表示旋入端全部旋入,足够拧紧。

(3) 弹簧垫圈用作防松,外径比垫圈小,弹簧垫圈开槽方向应是阻止螺母松动方向,在图中应画成与水平线成 60°角,上向左、下向右的两条线(或一条加粗线)。

3) 螺钉联接 螺钉按用途可分为联接螺钉和紧定螺钉两种。

(1) 联接螺钉一般用于受力不大而又不需要经常拆装的零件联接中。它的两个被联接件,较厚的零件加工出螺孔,较薄的零件加工出带沉孔(或埋头孔)的通孔,沉孔(或埋头孔)直径稍大于螺钉头直径。联接时,直接将螺钉穿过通孔拧入螺孔中,如图 4-21 所示。螺钉的公称长度 l 可用下式计算:

$$l \geqslant \delta + b_m$$

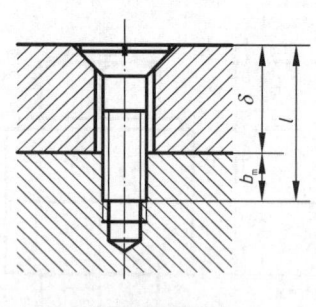

图 4-21 螺钉联接图

式中,δ 为通孔零件厚度;b_m 为螺纹旋入深度,可根据被旋入零件的材料决定(同双头螺柱)。计算出的 l 值应从相应的螺钉公称长度系列中选取与它相近的标准值。画联接螺钉联接时,应注意以下几点:

① 部分螺纹的螺钉,螺纹终止线应高于两零件的接触面,螺钉上螺纹部分的长度约 $2d$;

② 螺钉头部与沉孔间有间隙,画两条轮廓线;

③ 螺钉头部的一字槽,平行于轴线的视图放正,画在中间位置,垂直于轴线的视图,规定画成与中心线成 45°,也可用加粗的粗实线简化表示。

(2) 紧定螺钉用来固定两个零件的相对位置,使它们不发生相对运动。图 4-22 为紧定螺钉联接的规定画法。

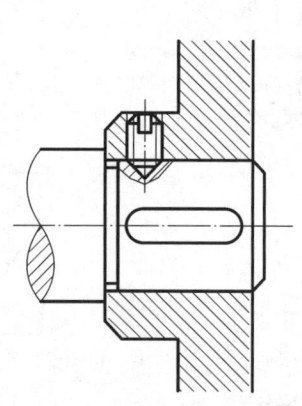
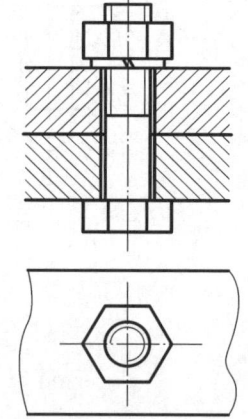

图 4-22 紧定螺钉联接的画法   图 4-23 螺栓联接简化画法

4) 螺纹紧固件装配图的简化画法

(1) 螺纹紧固件的工艺结构,如倒角、退刀槽、缩颈、凸肩等均可省略不画(图 4-23)。

(2) 在装配图中,不穿通的螺孔可不画出钻孔深度,仅按有效螺纹部分的深度(不包括螺尾)画出。

(3) 在装配图中,常用螺栓、螺钉的头部及螺母等可以用简化画法,如图 4-23 所示。

二、实践提高——画螺栓联接图

根据图 4-24 所示被联接件和已知螺栓尺寸,选择合适的螺栓、螺母、垫圈,按比例画法画出螺栓联接图,并写出螺栓、螺母、垫圈的标记。

(1) 根据孔径,查表选择螺纹公称直径 M。

(2) 确定螺栓的长度。

① 计算螺栓的长度:$l \geqslant \delta_1 + \delta_2 + h + m + a = 78 \sim 80$。

② 查表圆整确定螺栓长度:$l = 80$。

③ 查表确定螺纹紧固件,并按标准写出螺栓、螺母、垫圈标记。

螺栓　GB/T 5782　M20×80

螺母　GB/T 41　M20

垫圈　GB/T 97.1　20

④ 按螺栓联接比例画法,画出螺栓联接图,如图 4-25 所示。

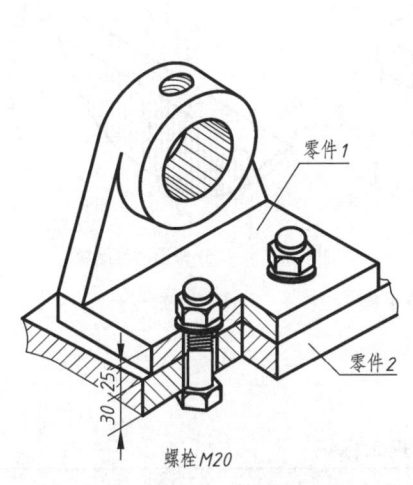

图 4-24　螺栓及被联接件尺寸

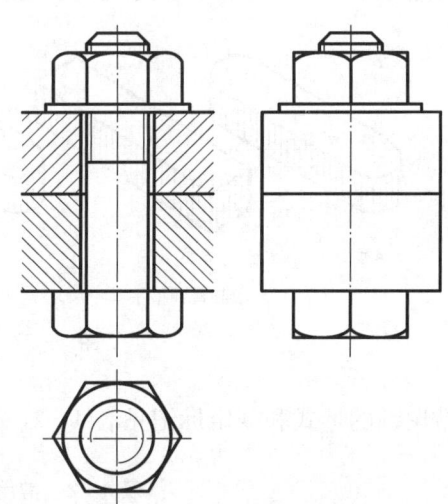

图 4-25　螺栓联接图

任务二　识读与绘制键、销联接图样

【学习目标】

1. 了解键的类型、标记、键联接画法等基本知识,能查表确定键联接、识读与绘制有关图样。

2. 了解销的类型、标记、销联接画法等基本知识,能查表确定销联接、识读与绘制有关图样。

基础任务——判断平键类型

1. 任务要求

从普通平键的标记"GB/T 1096—2003 键 C12×8×70",判断该键是什么类型的普通平键,该键的长、宽、高是多少。另外请问:$\phi20$ mm 的轴段适宜用该型号的键来匹配传递扭矩吗?

2. 关联知识点

普通平键的标记。

一、相关知识

(一) 键联接

键是用来联接轴及轴上零件(如齿轮、带轮等)的标准件,起传递扭矩的作用,如图 4-26 所示。

1. 常用键及其标记

常用的键有普通型平键、普通型半圆键等,如图 4-27 所示,其中普通型平键应用最广。关于键与键槽的尺寸,可参见附表 7。

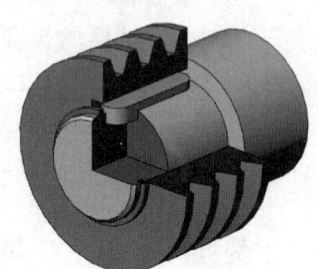

图 4-26 键联接

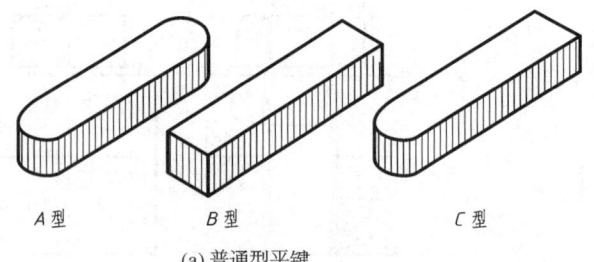

(a) 普通型平键

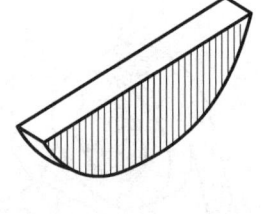

(b) 普通型半圆键

图 4-27 常用的几种平键

常用键的形式和规定标记见表 4-2。

表 4-2 常用键的形式和规定标记

名称	标准号	图例	标记示例
普通型平键	GB/T 1096—2003		普通型平键(A 型) $b=18$ mm　$h=11$ mm　$L=100$ mm GB/T 1096　键 18×11×100 注:A 型普通型平键不注"A"
普通型半圆键	GB/T 1099.1—2003		普通型半圆键 $b=6$ mm　$h=10$ mm $D=25$ mm GB/T 1099.1　键 6×10×25

2. 键联接的画法

在键联接装配图中，当剖切面通过轴的轴线以及键的对称平面时，轴和键均按不剖处理，为了表示键与轴的联接关系，可采用局部剖视表达，如图 4-28 所示为键联接的画法。

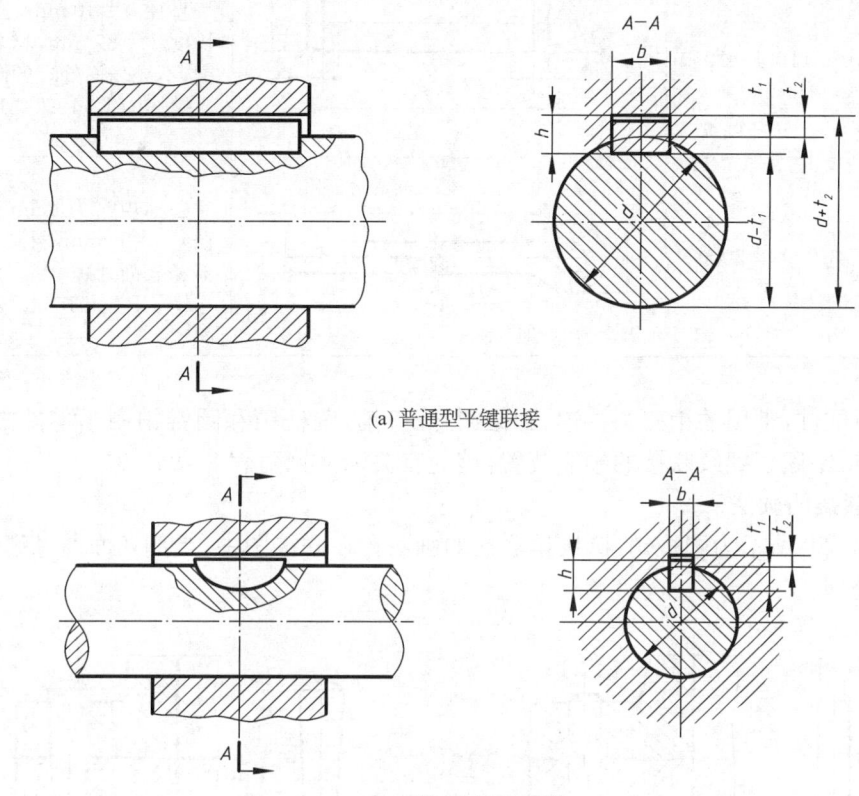

(a) 普通型平键联接

(b) 普通型半圆键联接

图 4-28 键联接的画法

画普通型平键和普通型半圆键联接图时，键的顶面与轮毂之间应有间隙，要画两条线；键的侧面与轮毂和轴之间、键的底面与轴之间都接触，只画一条线。

键槽在零件图中还需标注键槽的尺寸公差、几何公差、表面粗糙度，具体项目和数值见附表 7。

（二）销联接

1. 常用销的形式和标记（表 4-3）

表 4-3 常用销的形式和标记

名称	标准号	图例	标记示例
圆锥销	GB/T 117—2000	$r_1 \approx d \quad r_2 \approx \dfrac{a}{2} + d + \dfrac{(0.021)^2}{8a}$	直径 $d=10$ mm，长度 $l=100$ mm，材料为 35 号钢，热处理硬度 28~38 HRC，表面氧化处理的 A 型圆锥销 销 GB/T 117　10×100 圆锥销的公称尺寸是指小端直径

(续表)

名称	标准号	图 例	标记示例
圆柱销	GB/T 119.1—2000		直径 $d=10$ mm, 公差为 m6, 长度 $l=80$ mm, 材料为 35 号钢, 不经表面处理的圆柱销 销 GB/T 119.1 10m6×80
开口销	GB/T 91—2000		公称规格为 4 mm(指销孔直径), $l=20$ mm, 材料为低碳钢, 不经表面处理 销 GB/T 91 4×20

销是标准件,常用的销有圆柱销、圆锥销、开口销,圆柱销和圆锥销用于零件之间的联接或定位,开口销用于螺纹联接的锁紧装置,销的有关标准见附表8、9、10。

2. 销联接的画法

如图4-29所示为圆柱销、圆锥销联接的画法。在联接图中,当剖切面通过销孔轴线时,销按不剖处理。

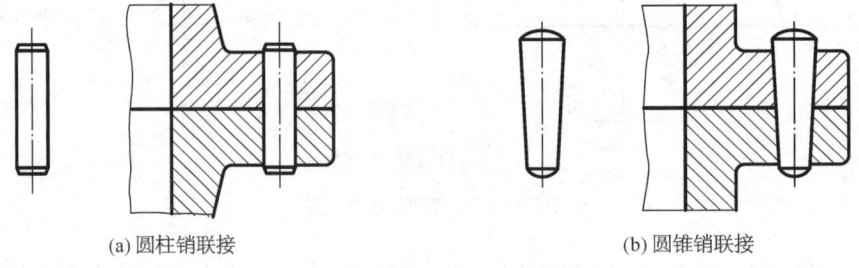

(a) 圆柱销联接　　　　　　　　(b) 圆锥销联接

图4-29　销联接的画法

二、实践提高

根据图4-30a中的轴径 $d=\phi30$、轮毂 $B=45$,选择联接平键型号,并画出轴与轮毂零件图中的键槽。

(1) 选择键的型号。从图4-30a中可知,此处轴与轮毂的联接可选择A型普通平键,由于轴径 $d=\phi30$,通过查附表7确定键槽宽 $b=8$。根据轮毂 $B=45$,键的长度可略小于轮毂宽,再查阅附表7确定键长度为 $L=40$。由此得出键标记为: GB/T 1096 键 8×40。

(2) 按要求画出轴与轮毂零件图中的键槽(图4-30b、c),图中的有关标注分析如下:

① 查附表7,得到有关尺寸及公差: 按正常联接,轴槽宽 $8N9_{-0.036}^{0}$, 毂槽宽 $8JS9\pm0.018$, 轴槽深 $t_1=4_{0}^{+0.2}$, 毂槽深 $t_2=3.3_{0}^{+0.2}$。

② 计算确定键槽深度的尺寸:

轴: $d-t_1=30-(4_{0}^{+0.2})=26_{-0.2}^{0}$;

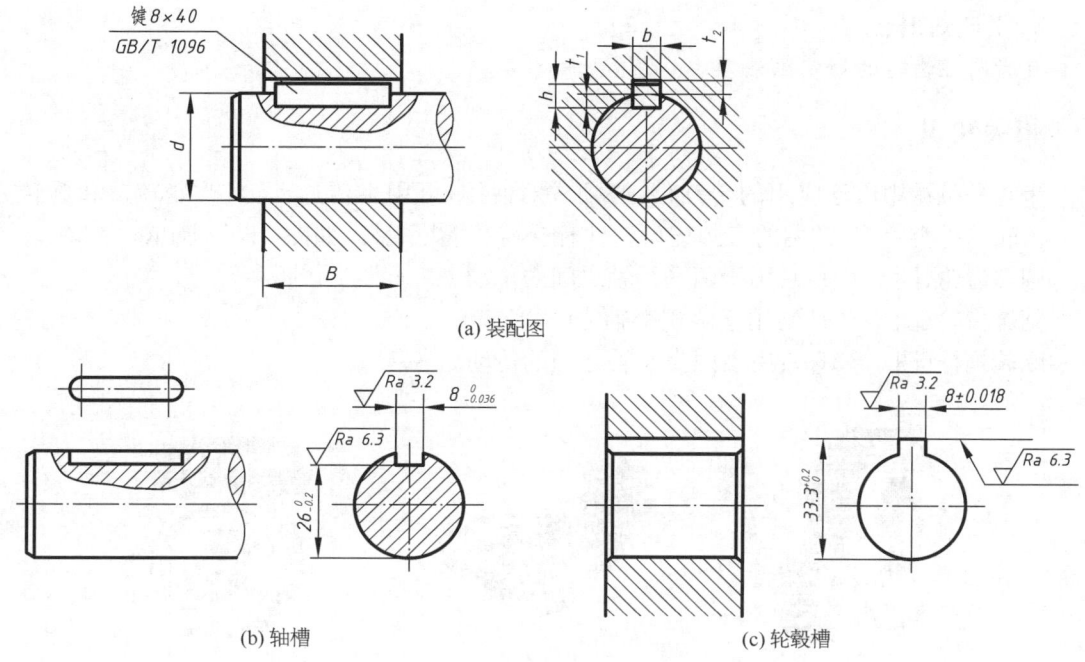

图 4-30 平键联接画法示例

孔：$D+t_2=30+(3.3^{+0.2}_{0})=33.3^{+0.2}_{0}$。

③ 键槽的表面粗糙度：一般两侧面 Ra 的上限值为 $3.2\,\mu m$，槽底 Ra 的上限值为 $6.3\sim12.5\,\mu m$。

如图 4-30b 所示为轴零件图中的键槽画法，如图 4-30c 所示为轮毂零件图中的键槽画法。

任务三　识读与绘制齿轮图样

【学习目标】
1. 掌握直齿圆柱齿轮的各部分名称与有关参数等基本知识。
2. 掌握圆柱齿轮的规定画法，能识读与绘制圆柱齿轮图样。
3. 了解直齿圆锥齿轮的各部分名称与有关参数等基本知识，了解圆锥齿轮的规定画法。
4. 了解直蜗杆、蜗轮主要参数与尺寸计算，理解蜗杆、蜗轮的规定画法。

基础任务——分析齿轮画法

1. 任务要求

分析圆柱齿轮零件图（图 4-36）和圆柱齿轮啮合画法（图 4-37），判断圆柱齿轮的哪些部位是按规定画法、哪些部分是按投影绘制的。

2. 关联知识点

直齿圆柱齿轮的规定画法。

一、相关知识

齿轮是机械中广泛应用的传动件,必须成对使用,可用来传递动力,改变转速和旋转方向。齿轮的种类繁多,常用的有圆柱齿轮、圆锥齿轮、蜗轮蜗杆,如图4-31所示。

圆柱齿轮(图4-31a):用于两平行轴之间的传动。

圆锥齿轮(图4-31b):用于两相交轴之间的传动。

蜗轮蜗杆(图4-31c):用于两交叉轴之间的传动。

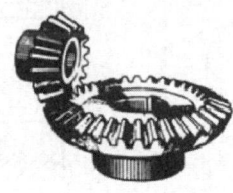

(a) 圆柱齿轮　　　　　(b) 圆锥齿轮　　　　　(c) 蜗轮蜗杆

图4-31　齿轮的种类

(一) 圆柱齿轮

圆柱齿轮的轮齿有直齿、斜齿和人字齿三种,如图4-32所示。轮齿参数国家已标准化、系列化。由于直齿圆柱齿轮应用较广,下面着重介绍直齿圆柱齿轮的基本参数和规定画法。

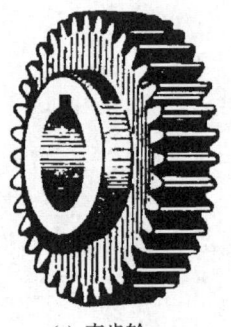
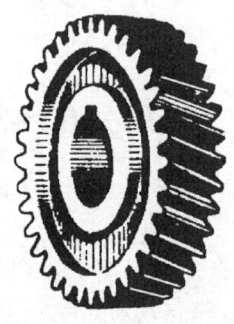
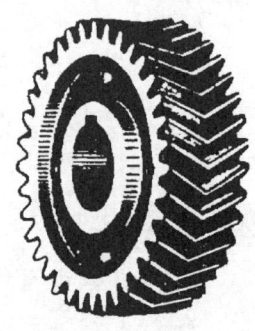

(a) 直齿轮　　　　　(b) 斜齿轮　　　　　(c) 人字齿轮

图4-32　圆柱齿轮

1. 直齿圆柱齿轮各部位的名称及有关参数(图4-33)

1) 齿顶圆　通过圆柱齿轮齿顶的圆柱面,称为齿顶圆柱面。齿顶圆柱面与端平面的交线称为齿顶圆,直径为d_a。

2) 齿根圆　通过圆柱齿轮齿根的圆柱面,称为齿根圆柱面。齿根圆柱面与端平面的交线称为齿根圆,直径为d_f。

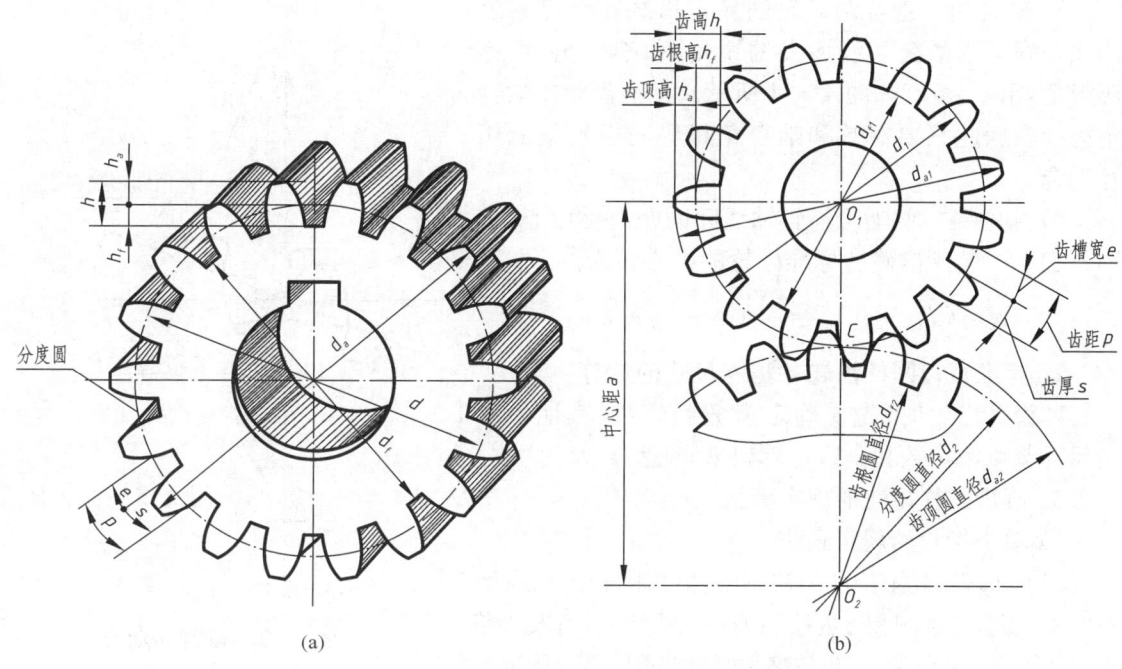

图 4-33 直齿圆柱齿轮各部位的名称及有关参数

3) 分度圆和节圆 齿轮设计和加工时,计算尺寸的基准圆称为分度圆,它位于齿顶圆和齿根圆之间,是一个约定的假想圆,直径为 d。两齿轮啮合时,位于连心线 O_1O_2 上两齿廓的接触点 C,称为节点。分别以 O_1、O_2 为圆心,O_1C、O_2C 为半径作两个相切的圆为节圆,直径为 d',标准齿轮中,分度圆和节圆是一个圆,即 $d=d'$。

4) 齿高、齿顶高、齿根高 齿顶圆与齿根圆之间的径向距离,称为齿高,用 h 表示。齿顶圆与分度圆之间的径向距离,称为齿顶高,用 h_a 表示。齿根圆与分度圆之间的径向距离,称为齿根高,用 h_f 表示。

5) 齿距、齿厚、槽宽 在分度圆上,相邻两齿对应两点间的弧长称为齿距,用 p 表示;轮齿的弧长称为齿厚,用 s 表示;轮齿之间的弧长称为齿槽宽,用 e 表示。$p=s+e$,对于标准齿轮 $s=e$。

6) 模数 齿距 p 与 π 的比值称为齿轮的模数,用 m 表示(单位:mm),即

$$m = p/\pi \tag{4-1}$$

由式(4-1)可知,m 与 p 成正比,而 p 决定了轮齿的大小,所以 m 的大小反映了轮齿的大小。模数大,轮齿就大;模数小,轮齿就小。

为了便于设计和制造,国家标准对齿轮的模数作了统一规定,见表 4-4。

表 4-4 标准模数系列(摘自 GB/T 1357—2008)   (mm)

第一系列	1, 1.25, 1.5, 2, 2.5, 3, 4, 5, 6, 8, 10, 12, 16, 20, 25, 32, 40, 50
第二系列	1.125, 1.375, 1.75, 2.25, 2.75, 3.5, 4.5, 5.5, (6.5), 7, 9, 11, 14, 18, 22, 28, 36, 45

注:1. 选用模数应优先选用第一系列,其次选用第二系列,括号内的模数尽可能不用。
2. 本表未摘录小于 1 的模数。

7) **啮合角** 啮合两齿轮的轮齿齿廓在节点的公法线与两节圆的公切线所夹的锐角,称啮合角,也称压力角,用 α 表示,如图 4-34 所示。标准齿轮的啮合角为 $20°$,因此只要模数和啮合角相等的齿轮就能相互啮合。

8) **中心距** 两啮合齿轮轴线间的距离称中心距,用 a 表示。装配准确的标准齿轮的中心距为

$$a=(d_1+d_2)/2=m(z_1+z_2)/2$$

2. 标准直齿圆柱齿轮各基本尺寸的计算

在设计齿轮时,先要确定齿数和模数,其他各部位尺寸都可由齿数和模数计算出来,见表 4-5。

3. 直齿圆柱齿轮的规定画法

1) 单个齿轮的规定画法

(1) 在表示外形的两个视图中,齿顶圆和齿顶线用粗实线绘制,分度圆和分度线用细点画线绘制,齿根圆和齿根线用细实线绘制,也可省略不画,如图 4-35a 所示。

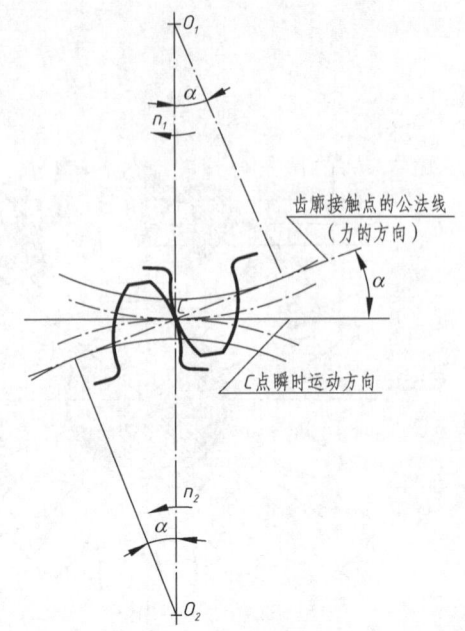

图 4-34 齿轮传动图

表 4-5 标准直齿圆柱齿轮各部分尺寸的计算公式

名　称	符　号	计　算　公　式
模数	m	$m = d/z = p/\pi$
齿顶高	h_a	$h_a = m$
齿根高	h_f	$h_f = 1.25m$
齿高	h	$h = 2.25m$
分度圆直径	d	$d = mz$
齿顶圆直径	d_a	$d_a = m(z+2)$
齿根圆直径	d_f	$d_f = m(z-2.5)$
中心距	a	$a = m(z_1 + z_2)/2$

注:基本参数:模数 m,齿数 z(大小按设计需要而定)。

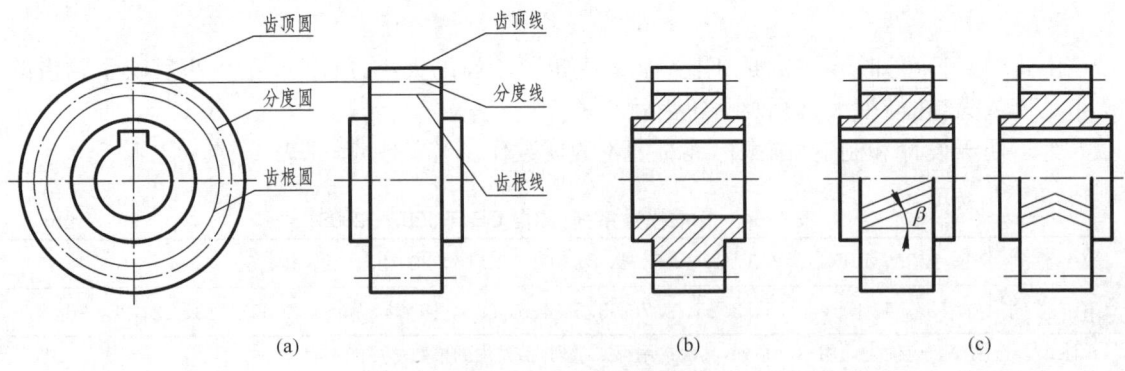

图 4-35 单个圆柱齿轮的画法

(2) 齿轮的非圆视图一般采用半剖或全剖视图。这时轮齿按不剖处理，齿根线用粗实线绘制，且不能省略，如图 4-35b 所示。

(3) 若为斜齿或人字齿，需在非圆视图的外形部分用三条与齿线方向一致的细实线表示齿向，如图 4-35c 所示。

如图 4-36 所示为圆柱直齿轮零件图。

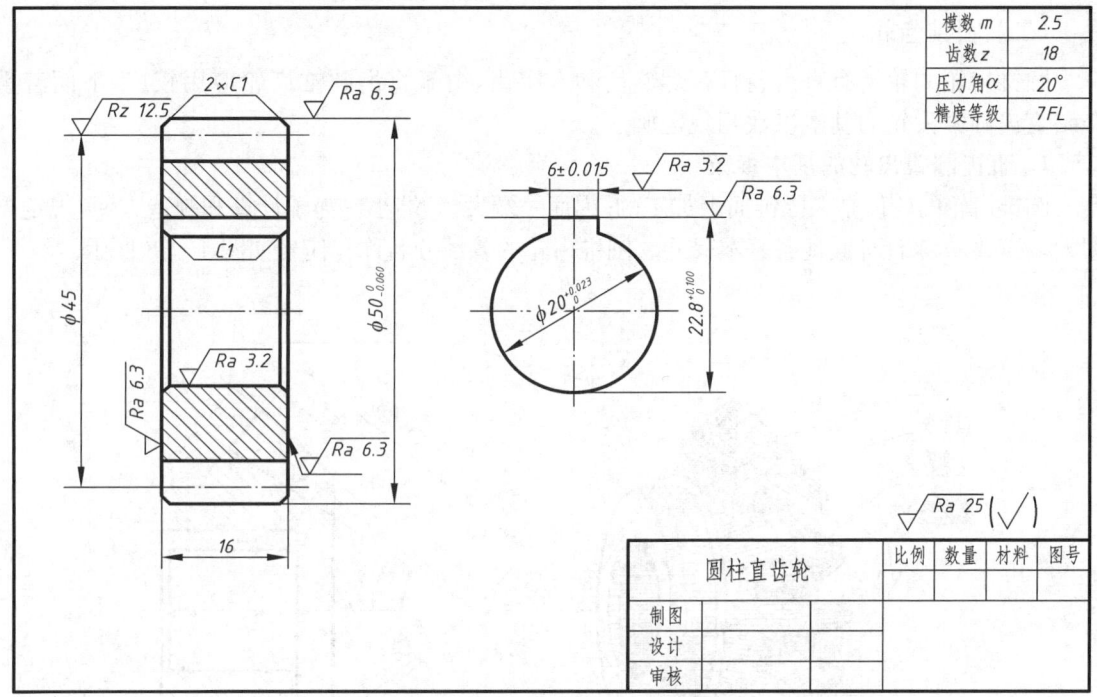

图 4-36　圆柱直齿轮零件图

2) 两齿轮啮合的规定画法　如图 4-37 所示为圆柱齿轮啮合的画法。

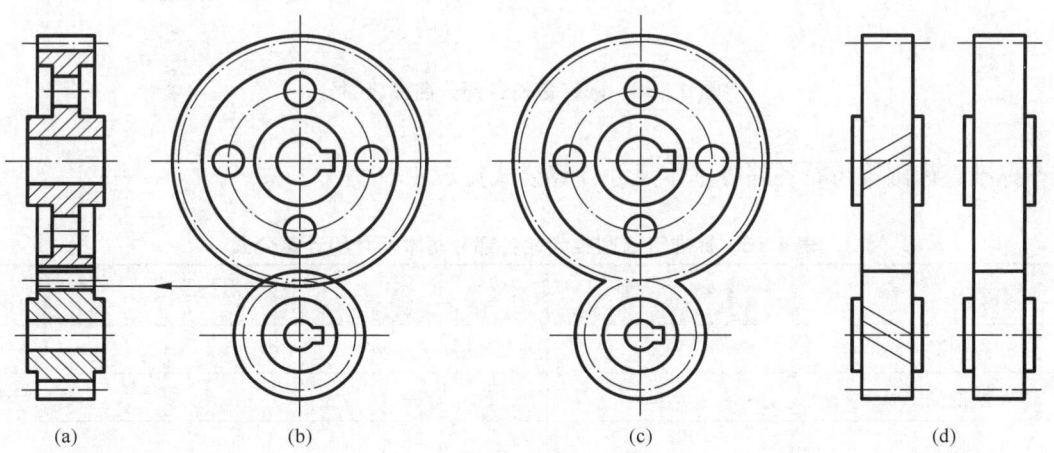

图 4-37　圆柱齿轮啮合的画法

(1) 两个相互啮合的圆柱齿轮,在圆视图中,齿顶圆均用粗实线绘制(图 4-37b),啮合区内也可省略(图 4-37c);两相切的分度圆用细点画线绘制;齿根圆用细实线绘制,也可省略。

(2) 在反映外形的非圆视图中,啮合区内的齿顶线无须画出,分度线用粗实线绘制(图 4-37d)。若取剖视,在啮合区,两齿轮的分度线重合为一条线,用细点画线绘制;一个齿轮的齿顶线用粗实线绘制,另一个齿轮的齿顶线用虚线绘制,也可省略,两轮齿齿根线用粗实线绘制(图 4-37a)。

(二) 圆锥齿轮

圆锥齿轮的轮齿有直齿、斜齿、螺旋齿和人字齿,由于直齿圆锥齿轮应用较广,下面着重介绍直齿圆锥齿轮的基本参数和规定画法。

1. 直齿圆锥齿轮的基本参数

圆锥齿轮的轮齿是在圆锥面上加工的,因而一端大,一端小。为了计算和制造方便,规定根据大端模数 m 来计算其他各基本尺寸。圆锥齿轮的各部分名称和代号如图 4-38 所示。

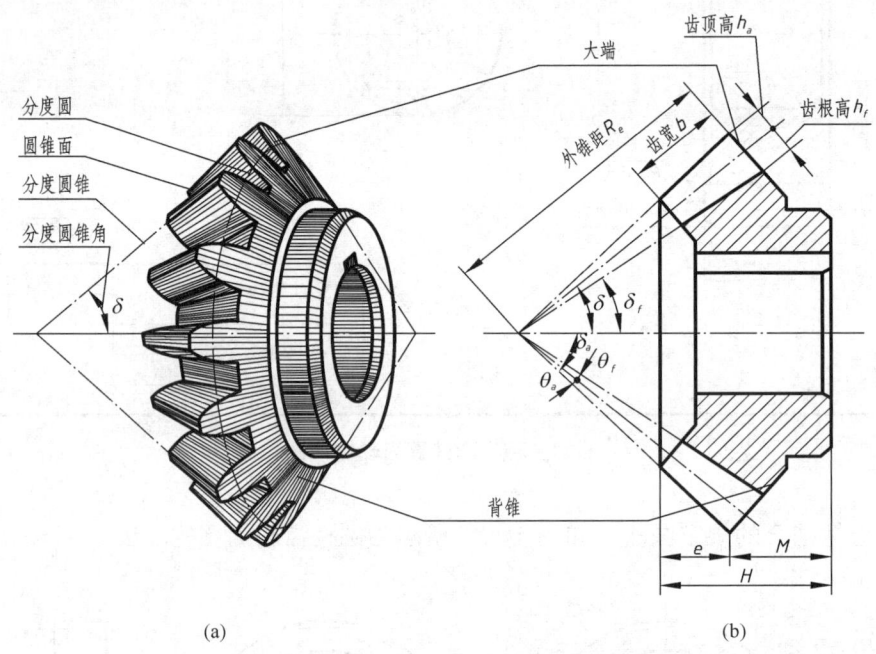

图 4-38 圆锥齿轮各部分名称、代号

标准直齿圆锥齿轮各部分基本尺寸计算公式见表 4-6。

表 4-6 标准直齿圆锥齿轮各部分基本尺寸的计算公式

名 称	符 号	计 算 公 式
齿顶高	h_a	$h_a = m$
齿根高	h_f	$h_f = 1.2m$
齿高	h	$h = 2.2m$
分度圆直径	d	$d = mz$

(续表)

名 称	符 号	计 算 公 式
齿顶圆直径	d_a	$d_a = m(z+2\cos\delta)$
齿根圆直径	d_f	$d_f = m(z-2.4\cos\delta)$
锥距	R	$R = mz/2\sin\delta$
齿顶角	θ_a	$\tan\theta_a = 2\sin\delta/z$
齿根角	θ_f	$\tan\theta_f = 2.4\sin\delta/z$
分度圆锥角	δ	当$\delta_1+\delta_2=90°$时,$\tan\delta_1 = z_1/z_2$
顶锥角	δ_a	$\delta_a = \delta+\theta_a$
根锥角	δ_f	$\delta_f = \delta-\theta_f$
背锥角	δ_v	$\delta_v = 90°-\delta$
齿宽	b	$b \leqslant R/3$

注：基本参数：模数 m，齿数 z，分度圆锥角 δ。

2. 直齿圆锥齿轮的规定画法

1) 单个圆锥齿轮的画法

（1）主视图常取剖视，轮齿按不剖处理，齿顶线和齿根线用粗实线绘制，分度线用细点画线绘制。

（2）端面视图中，大端分度圆用细点画线绘制，大小两端齿顶圆用粗实线绘制，大小端齿根圆及小端分度圆不必画出图，如图 4-39 所示。

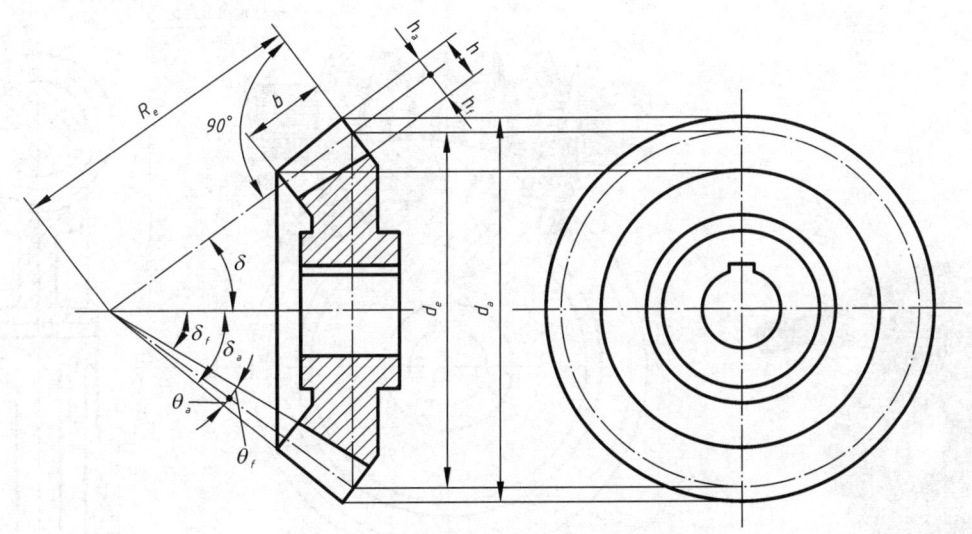

图 4-39 单个圆锥齿轮的规定画法

2) 圆锥齿轮啮合的规定画法　圆锥齿轮啮合的规定画法如图 4-40 所示。齿轮轮齿部分和啮合区的画法与直齿圆柱齿轮的啮合画法相同。

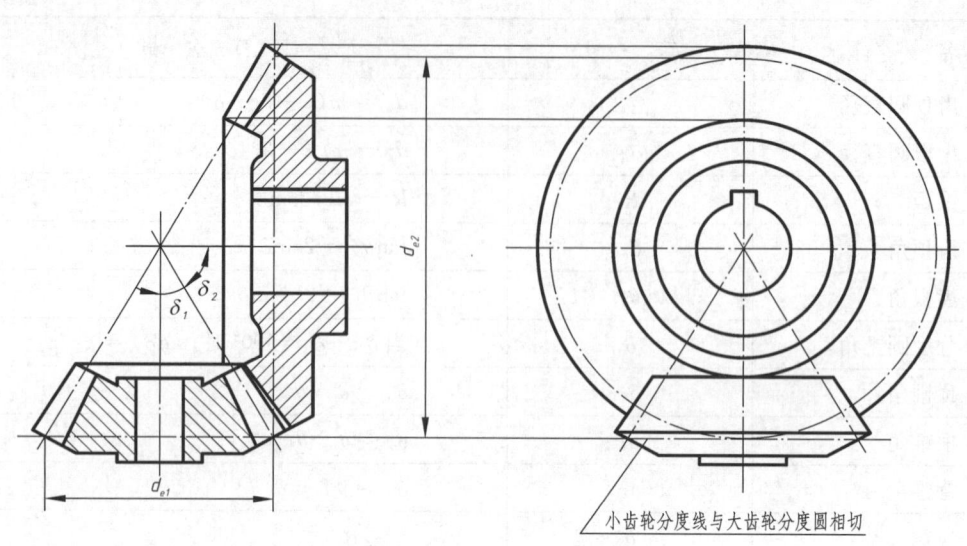

图 4-40 圆锥齿轮啮合的规定画法

(三) 蜗杆、蜗轮

蜗杆、蜗轮用来传递交叉垂直两轴间的运动和动力，如图 4-41 所示。常用蜗杆的轴向剖面与梯形螺纹相似，蜗杆的齿数称为头数，相当于螺纹的线数。蜗轮相当于斜齿圆柱齿轮，其轮齿分布在圆环面上，使轮齿能包住蜗杆，以改善接触状况，延长使用寿命。

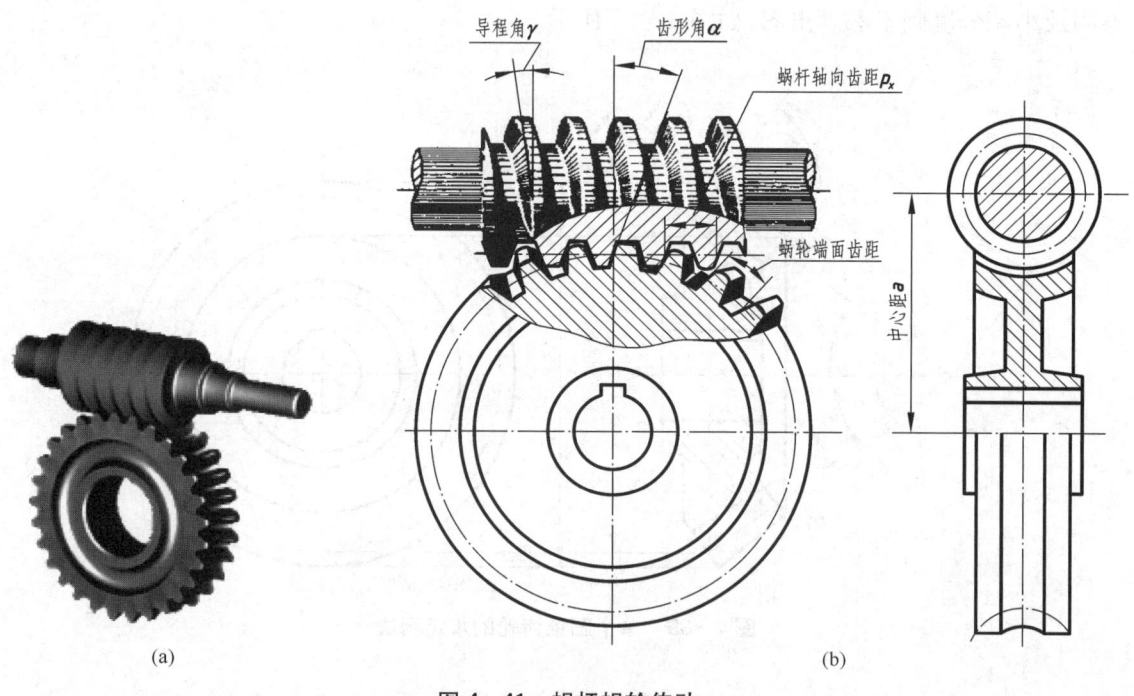

图 4-41 蜗杆蜗轮传动

1. 蜗杆、蜗轮的规定画法

1) 蜗杆的规定画法　蜗杆的规定画法如图 4-42a 所示。它与圆柱齿轮画法相同，齿形可用局部剖视图或放大图来表示。

2) 蜗轮的规定画法　蜗轮的规定画法如图 4-42b 所示。在投影为圆的视图上，只画齿顶圆和分度圆，喉圆、齿根圆不画；投影为非圆的视图上，轮齿的画法与圆柱齿轮相同。

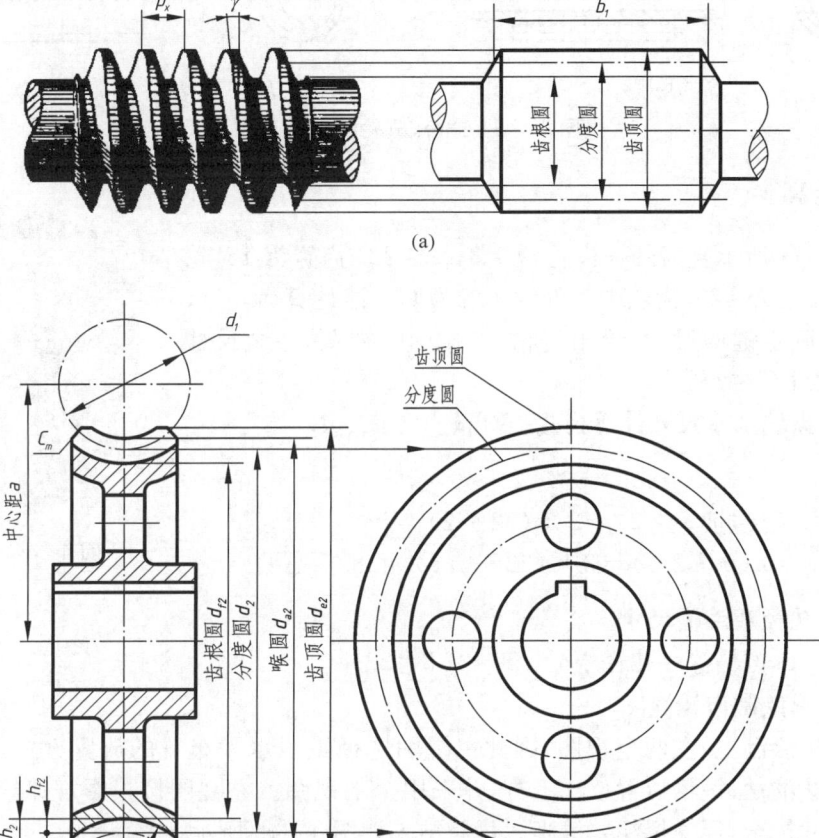

图 4-42　单个蜗杆与蜗轮的各部分名称和规定画法

2. 蜗杆、蜗轮啮合的规定画法

如图 4-43 所示为蜗杆、蜗轮的啮合图，在蜗轮投影为圆的视图上，蜗杆和蜗轮各按规定画法绘制，蜗轮节圆与蜗杆节线相切；在蜗杆为圆的视图上，蜗轮与蜗杆重合部分只画蜗杆。

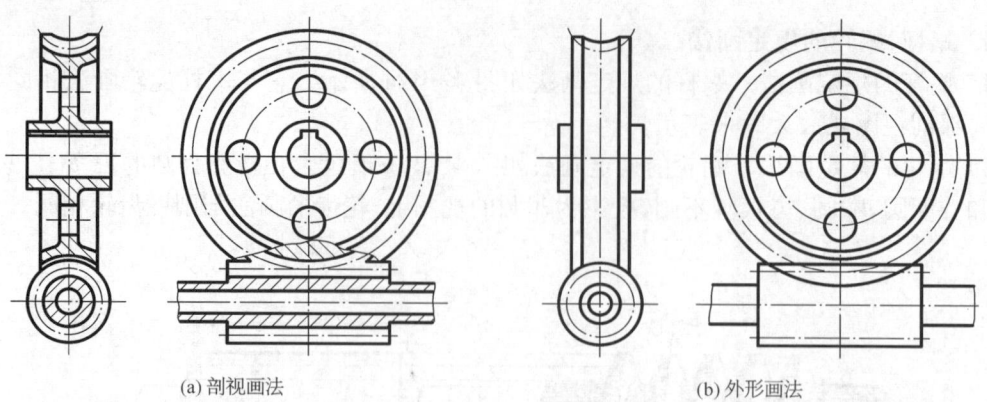

(a) 剖视画法 (b) 外形画法

图 4-43　蜗杆、蜗轮啮合的画法

二、实践提高

如图 4-44 所示直齿圆柱齿轮 $m=3$，$z=22$，齿宽为 15，轮毂宽为 35，孔径为 $\phi 20$，齿轮中各处倒角皆为 C1，请计算齿轮 d、d_a、d_f，查表确定键槽尺寸，绘出齿轮主、左两个视图，注全尺寸（不需要标尺寸公差）。

1. 根据齿轮基本尺寸计算公式，求齿轮 d、d_a、d_f

$$d = mz = 3 \times 22 = 66$$
$$d_a = m(z+2) = 3 \times (22+2) = 72$$
$$d_f = m(z-2.5) = 3 \times (22-2.5) = 58.5$$

图 4-44　齿轮实体

2. 根据孔径查键槽尺寸

键槽宽＝6，键槽深＝孔径＋t_1＝20＋2.8＝22.8。

3. 按要求绘制齿轮视图

由于要求绘制主、左两个视图，因此主视图选择轴线水平布置的放置方式，为将内孔与键槽结构表达清楚，键槽位置放在上方，并采用全剖视图。左视图按投影规律绘制即可。再按要求将尺寸标全，尺寸标注要清晰。最后结果如图 4-45 所示。

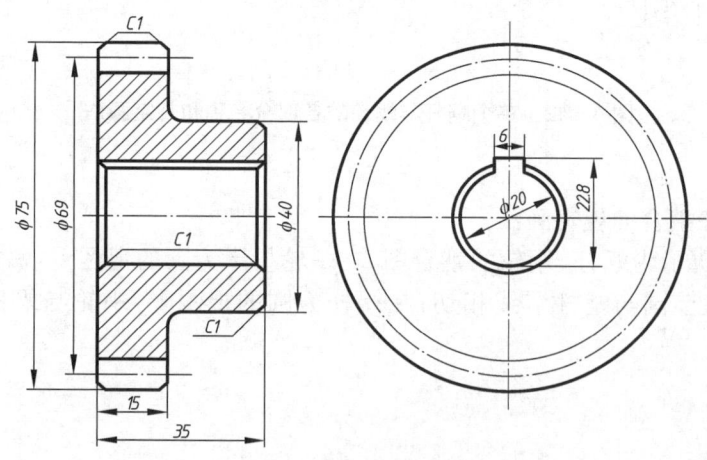

图 4-45　齿轮视图

任务四　识读与绘制滚动轴承与弹簧图样

> 【学习目标】
> 1. 了解滚动轴承的代号和画法,能够在装配图中识读与绘制滚动轴承。
> 2. 掌握圆柱螺旋压缩弹簧各部分名称及尺寸计算和画法。

基础任务——判断滚动轴承类型

1. 任务要求

根据两个滚动轴承的代号6207、32210,判断这两个轴承的类型、滚动体的形状。

2. 关联知识点

(1) 滚动轴承的类型;(2) 滚动轴承的代号。

一、相关知识

(一) 滚动轴承

滚动轴承是标准部件。作为传动轴的支撑部件,广泛应用于各种机械中。其规格、型号虽然多,但都已标准化,使用时要根据要求选择有关标准。

1. 滚动轴承的构造与类型

滚动轴承的种类很多,但其结构大体相同,一般由外圈、内圈、滚动体和保持架(又称隔离圈)组成,如图4-46所示。根据受力情况,滚动轴承分为三大类:向心轴承——主要承受径向载荷,如深沟球轴承;推力轴承——只能承受轴向载荷,如推力球轴承;向心推力轴承——同时承受径向和轴向载荷,如圆锥滚子轴承、角接触轴承。

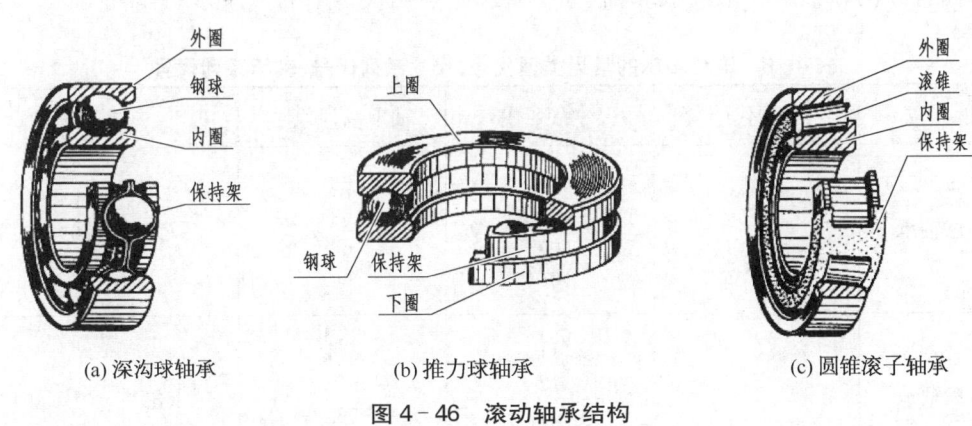

(a) 深沟球轴承　　　　(b) 推力球轴承　　　　(c) 圆锥滚子轴承

图4-46　滚动轴承结构

2. 滚动轴承的代号(GB/T 272—2017)

滚动轴承代号是表示轴承的结构、尺寸、公差等级、技术性能的产品特征符号。由基本

代号、前置代号和后置代号组成,排列方式如下:

| 前置代号 | 基本代号 | 后置代号 |

1)基本代号(滚针轴承例外) 基本代号表示滚动轴承的基本类型、结构和尺寸,是滚动轴承代号的基础。由轴承类型代号、尺寸系列代号、内径代号组成,其排列方式如下:

| 类型代号 | 尺寸系列代号 | 内径代号 |

(1)类型代号。类型代号用数字或字母(大写拉丁字母)表示,见表4-7。

表4-7 滚动轴承的类型代号

代号	轴 承 类 型	代号	轴 承 类 型
0	双列角接触球轴承	7	角接触球轴承
1	调心球轴承	8	推力圆柱滚子轴承
2	调心滚子轴承和推力调心滚子轴承	N	圆柱滚子轴承
3	圆锥滚子轴承	NN	双列或多列圆柱滚子轴承
4	双列深沟球轴承	U	外球面球轴承
5	推力球轴承	QJ	四点接触球轴承
6	深沟球轴承	C	长弧面滚子轴承(圆环轴承)

(2)尺寸系列代号。尺寸系列代号由滚动轴承的宽(高)度系列代号和直径系列代号组合而成,均用两位数字表示,见表4-8。它的主要作用是区别内径相同而宽(高)度和外径不同的轴承。尺寸系列代号有时可以省略:除圆锥滚子轴承外,其余各类轴承宽度系列代号"0"均省略;深沟球轴承和角接触球轴承的10尺寸系列代号中的"1"可以省略。

表4-8 滚动轴承的常见类型代号、尺寸系列代号、轴承系列代号

轴承类型	类型代号	尺寸系列代号	轴承系列代号	标准号
深沟球轴承	6 6 6 6	(1)0 (0)2 (0)3 (0)4	60 62 63 64	GB/T 276—2013
推力球轴承	5 5 5 5	11 12 13 14	511 512 523 524	GB/T 301—2015

(续表)

轴承类型	类型代号	尺寸系列代号	轴承系列代号	标准号
圆锥滚子轴承	3 3 3 3	02 03 13 20	302 303 313 320	GB/T 297—2015

(3) 内径代号。内径代号代表轴承的公称内径,见表4-9。

表4-9 滚动轴承内径代号及其示例

轴承公称内径/mm	内 径 代 号	示 例
0.6到10(非整数)	用公称内径直接表示,在其与尺寸系列代号之间用"/"分开	深沟球轴承 618/2.5 $d=2.5\,\mathrm{mm}$
1到9(整数)	用公称内径毫米数直接表示,对深沟及角接触轴承7、8、9直径系列,内径与尺寸系列代号之间用"/"分开	深沟球轴承 618/7、719/7C $d=7\,\mathrm{mm}$
10到17	10 00 12 01 15 02 17 03	深沟球轴承 6200 $d=10\,\mathrm{mm}$
20到480(22,28,32除外)	公称内径除以5的商数,商数为个位数时,需在商数左边加"0",如"06"	调心滚子轴承 23208 $d=40\,\mathrm{mm}$
大于和等于500以及22,28,32	用公称内径毫米数直接表示,但在与尺寸系列之间用"/"分开	调心滚子轴承 230/500 $d=500\,\mathrm{mm}$ 深沟球轴承 62/22 $d=22\,\mathrm{mm}$

2) 前置代号和后置代号 前置代号和后置代号是轴承在结构形状、尺寸、公差、技术要求等有改变时,在其基本代号左右添加的补充代号。具体内容可查阅有关的国家标准。

轴承基本代号标记示例:

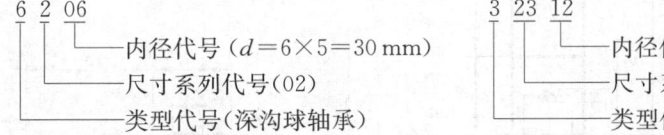

3. 滚动轴承的画法(GB/T 4459.7—2017)

滚动轴承的画法分为简化画法和规定画法。简化画法又分为通用画法和特征画法。在同一张图纸上,只能采用一种画法。

1) 简化画法

(1) 通用画法。用矩形线框及位于线框中央的十字形符号表示所有滚动轴承(图

4-47)。

(2) 特征画法。常用滚动轴承的特征画法见表4-10。

在垂直与轴承轴线的投影面上，无论滚动体的形状及尺寸如何，均可按图4-48的方法绘制。

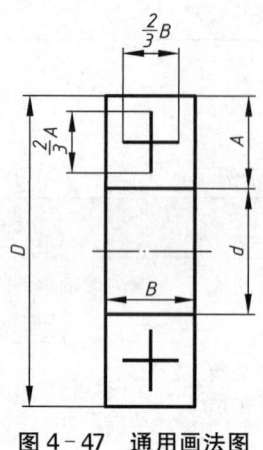

图4-47 通用画法图　　　图4-48 轴线垂直投影面的特征画法

表4-10 滚动轴承的特征画法与规定画法

轴承类型	特 征 画 法	规 定 画 法
深沟球轴承 (GB/T 276—2013)		
圆柱滚子轴承 (GB/T 283—2021)		

（续表）

轴承类型	特征画法	规定画法
角接触球轴承 (GB/T 292—2007)	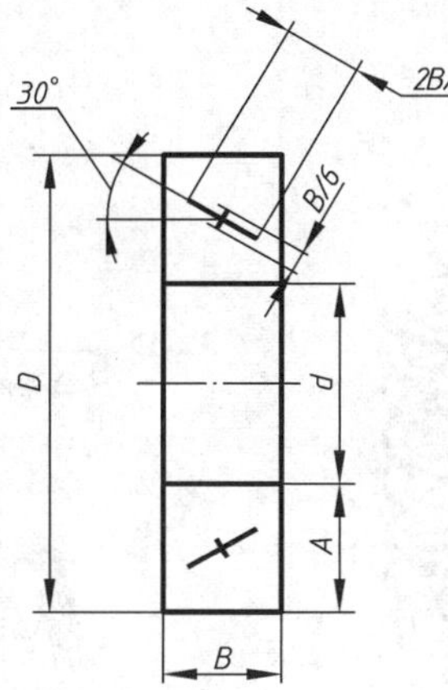	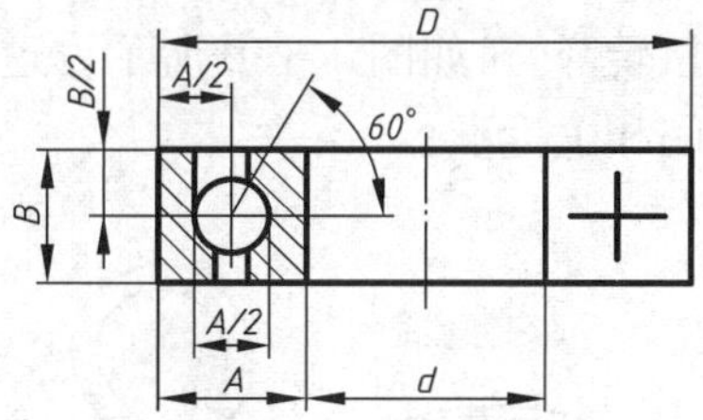
圆锥滚子轴承 (GB/T 297—2015)		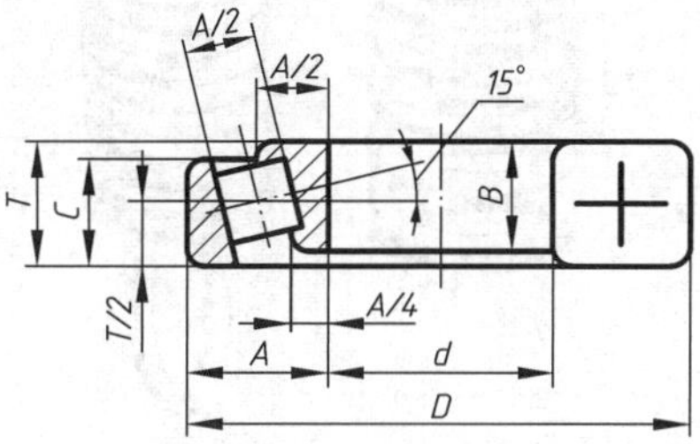
推力球轴承 (GB/T 301—2015)	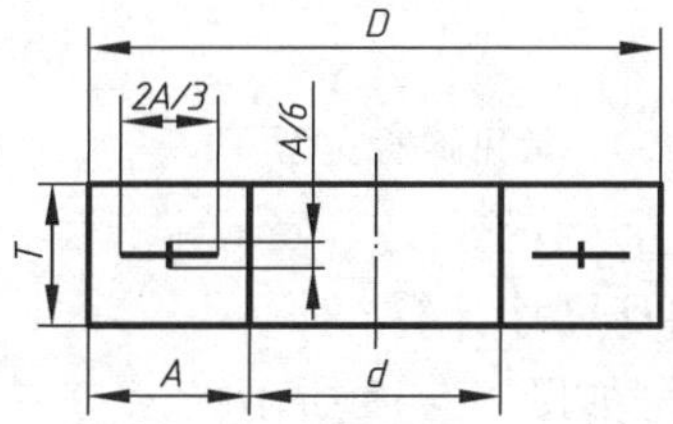	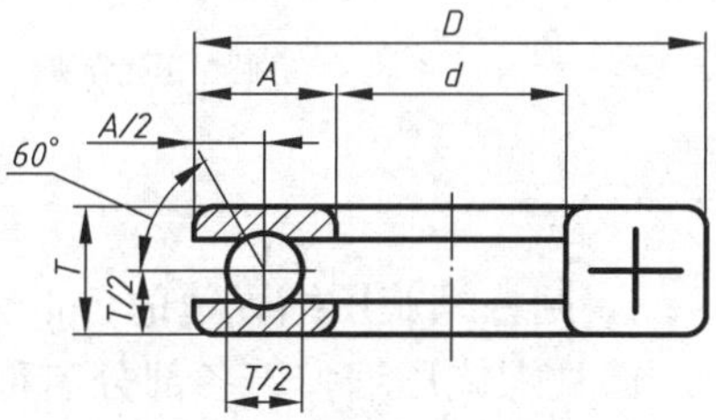

2) 规定画法　规定画法见表 4-10，在装配图中，规定画法一般绘制在轴的一侧，另一侧按通用画法绘制，如图 4-49 所示。

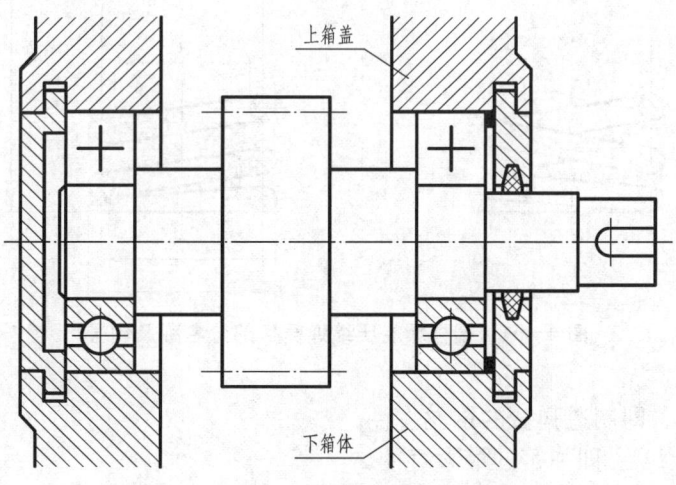

图 4-49　滚动轴承在装配图中的画法

(二) 弹簧

弹簧主要用于减震、夹紧、测力、储存和输出能量,它是一种常用件。弹簧种类很多,常见的有圆柱螺旋弹簧、板弹簧、平面涡卷弹簧等。圆柱螺旋弹簧又分为压缩弹簧、拉伸弹簧和扭转弹簧,如图 4-50 所示。这里仅介绍最常用的圆柱螺旋弹簧的表示方法,其他弹簧可查阅相关标准。

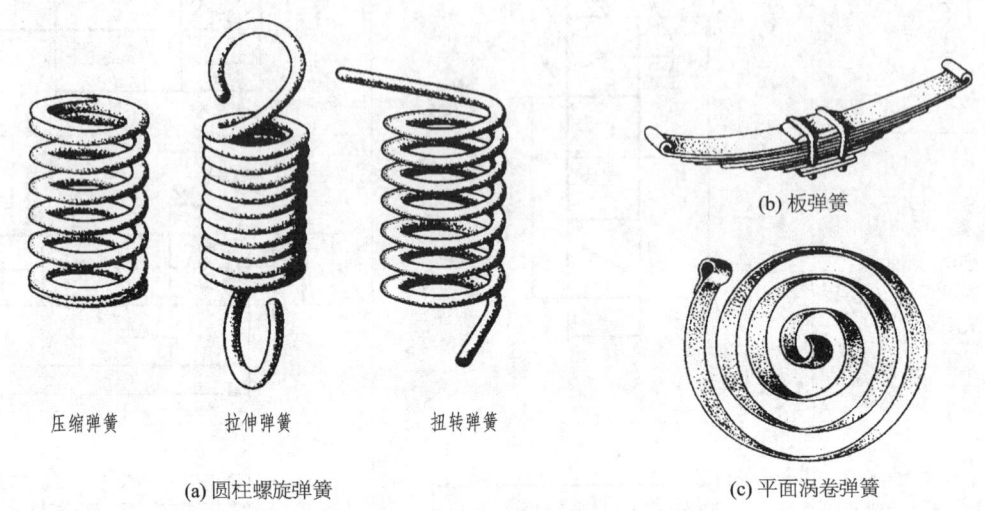

(a) 圆柱螺旋弹簧   (b) 板弹簧   (c) 平面涡卷弹簧

图 4-50 常见弹簧类型

1. 圆柱螺旋压缩弹簧的各部分名称及尺寸计算

圆柱螺旋压缩弹簧各部分名称及代号如图 4-51 所示。

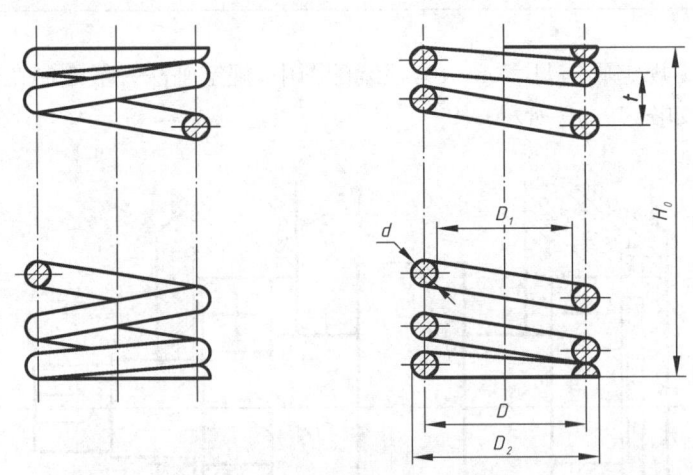

图 4-51 圆柱螺旋压缩弹簧各部分名称及代号

(1) 线直径 d。即制造弹簧的钢丝直径。
(2) 弹簧外径 D_2。即弹簧的最大直径。
(3) 弹簧内径 D_1。弹簧的最小直径,$D_1 = D_2 - 2d$。

(4) 弹簧中径 D。弹簧的平均直径，$D=(D_2+D_1)/2$。

(5) 支撑圈数 n_2。为了使压缩弹簧工作平稳，端面受力均匀，制造时需将弹簧两端并紧磨平。并紧磨平圈只起支撑或固定作用，故称为支撑圈。支撑圈有 1.5 圈、2 圈、2.5 圈三种，常用为 2.5 圈。

(6) 有效圈数 n。除支撑圈外，保持相等节距的圈称为有效圈，它是计算弹簧刚度时的圈数。

(7) 总圈数 n_1。支撑圈与有效圈之和为总圈数：$n_1=n+n_2$。

(8) 节距 t。即相邻两有效圈上对应点间的轴向距离。

(9) 自由高度 H_0。即弹簧无负荷时的高度：$H_0=nt+(n_2-0.5)d$。

(10) 展开长度 L。即弹簧展开后的钢丝长度：$L\approx n_1\sqrt{(\pi D)^2+t^2}$。

(11) 旋向。有左旋和右旋两种。

2. 圆柱螺旋压缩弹簧的规定画法

1) 单个弹簧画法（GB/T 4459.4—2003）

(1) 在投影面平行于轴线的视图中，各圈的轮廓线画成直线。

(2) 有效圈数在四圈以上时，可以每端只画出 1～2 圈（支撑圈除外），其余省略不画。

(3) 螺旋弹簧都可画成右旋，对必须保证的旋向要求应在"技术要求"中注明。

(4) 两端并紧磨平的螺旋压缩弹簧，不论支撑圈多少均按 2.5 圈绘制。必要时也可按支撑圈的实际结构绘制。画法步骤如图 4-52 所示。

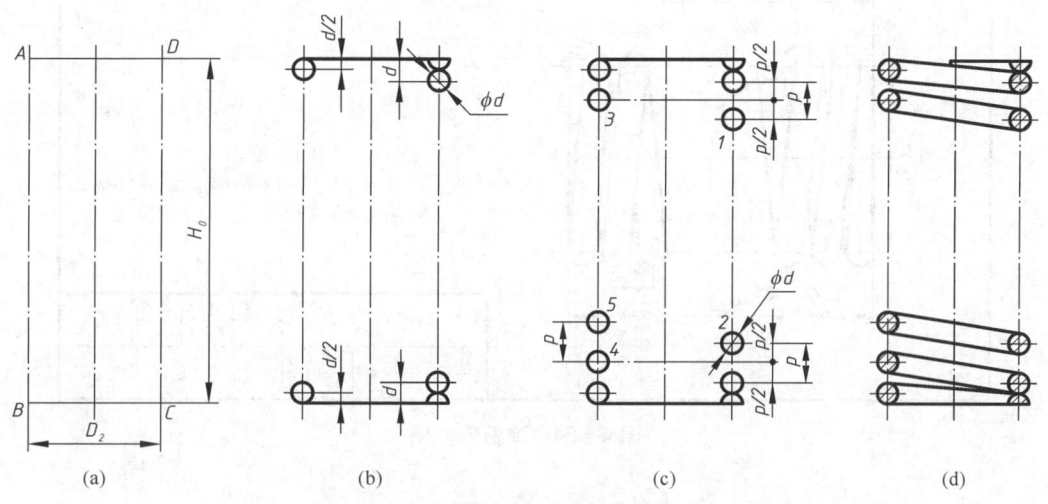

图 4-52 圆柱螺旋压缩弹簧画法步骤

2) 装配图中弹簧的简化画法　在装配图中，将弹簧看作实心物体，被弹簧挡住的结构一般不画，可见部分应画至弹簧的外轮廓或弹簧中径线。簧丝直径小于或等于 2 mm 的圆形剖面可以涂黑，如图 4-53a、b 所示，也可以采用示意画法，如图 4-53c 所示。

图 4-54 为弹簧零件图。图形上方的性能曲线是表达弹簧负荷与长度之间的变化关系，如负荷 $F_f=725.2$ N 时，弹簧相应的长度为 50 mm。

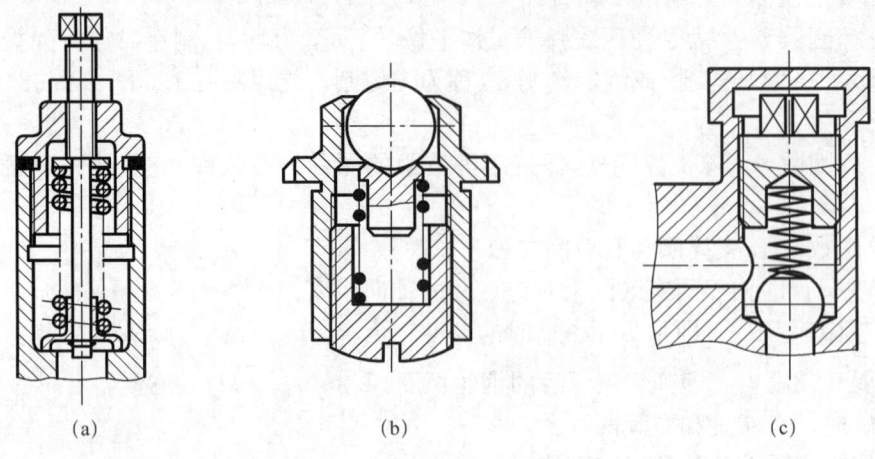

图 4-53 装配图中的弹簧画法

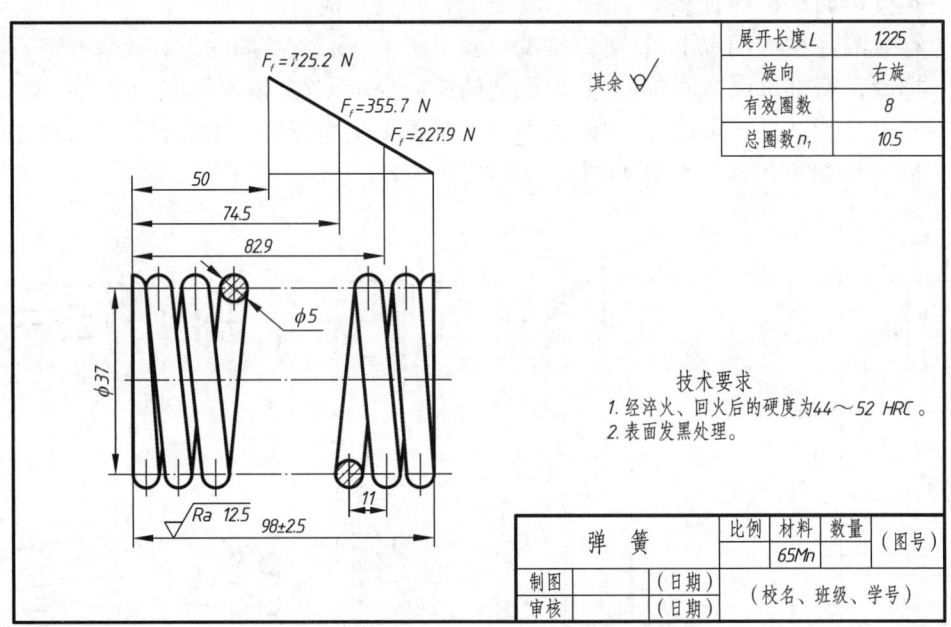

图 4-54 弹簧零件图

二、实践提高

（一）确定滚动轴承型号，补画滚动轴承

图 4-55 所示齿轮轴的两端都是用同一型号圆锥滚子轴承进行支撑的，结合图中所标尺寸，查表确定滚动轴承型号，并用规定画法补画出滚动轴承的另一侧。

1. 确定滚动轴承型号

根据图 4-55 所标尺寸，可知该齿轮轴两端所安装的圆锥滚子轴承内径为 25 mm、外径为 52 mm，通过查表确定出两端安装的圆锥滚子轴承的型号为 30205。

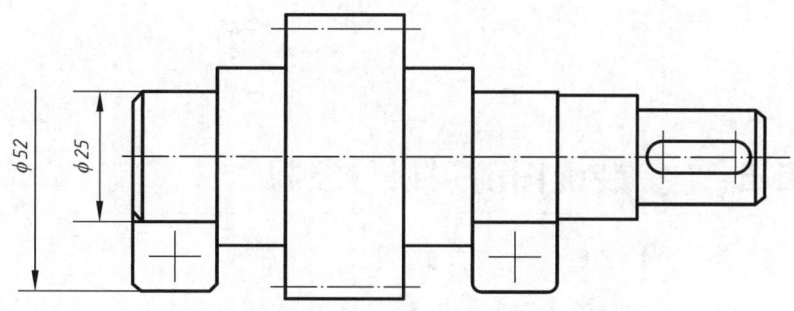

图 4-55　安装在齿轮轴上未画完的滚动轴承图

2. 补画滚动轴承

分析图 4-55，可知轴承内圈的轴向位置都是靠轴肩定位的，从而可判断两端圆锥滚子轴承须采用"面对面"的方式进行安装。按照滚动轴承的规定画法，完成滚动轴承的补画任务，如图 4-56 所示。

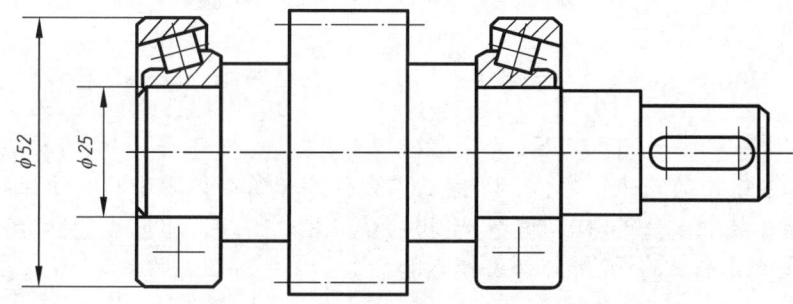

图 4-56　安装在齿轮轴上的滚动轴承图

（二）绘制圆柱压缩弹簧剖视图

已知一圆柱螺旋压缩弹簧，外径为 $\phi42$，总圈数为 9.5 圈，支撑圈数位 2.5 圈，节距为 12，钢丝直径为 $\phi6$，右旋，求钢丝的展开长度，并画出弹簧的剖视图。

（1）求出钢丝的展开长度：

$$D = D_2 - d = 42 - 6 = 36$$
$$L \approx n_1 \sqrt{(\pi D)^2 + t^2} = 9.5 \times \sqrt{(\pi \times 36)^2 + 12^2} = 1080$$

（2）根据已知尺寸，按规定画出弹簧的剖视图，如图 4-57 所示。

图 4-57　弹簧的剖视图

项目五　装配图的识读与绘制

装配图是表达机器或部件的技术图样,是产品设计、生产和使用中的重要技术文件之一。本项目主要介绍装配图的作用、内容、表达方法以及测绘部件、绘制装配图、由装配图拆画零件图的基本知识和技能。

任务一　认识装配图

【学习目标】
1. 了解装配图的作用和内容。
2. 掌握装配图的表达方法、尺寸标注、零部件序号的编排方法及明细栏的格式。
3. 能结合装配体轴测图(或模型、实物),分析装配图的工作原理、装配关系、视图表达方法、标注尺寸的类型、零件序号和明细栏。

基础任务——由装配图,判断零件个数

1. 任务要求

分析图 5-1,判断该图中一共绘制了几个零件。

2. 关联知识点

(1)装配图的规定画法;(2)装配图的简化画法和夸大画法。

一、相关知识

(一)装配图的作用和内容

1. 装配图的作用

装配图是用来表达机器或部件的工作原理、整体结构、零件间的装配与连接关系的技术图样,是产品设计、装配、调试、安装、维修等重要技术文件之一。在设计产品时,一般是根据工作原理先画出装配图,然后按照装配图,设计并拆画零件图。在制造产品时,需要根据装配图进行装配、检查和试验等工作。在使用和维护机器时,装配图是了解产品结构、正确使用、调试、维修产品的重要依据。

2. 装配图的内容

1) 一组视图　用来表达机器或部件的工作原理,零件间的相对位置及装配关系、连接方

式和主要零件的结构形状。

2) 必要的尺寸 用来表示装配体性能规格、外形以及装配、安装、检验、运输等方面所需要的尺寸。

3) 技术要求 用文字或符号说明装配体在装配、检验、安装、运输、使用等方面应达到的要求。如装配的准确度、检验方法与精度、涂饰要求等。

4) 零件的序号、明细栏和标题栏 零件序号是装配图中每种零部件的编号,明细栏中包括各零件名称、代号、数量和材料等。装配图中每种零件的序号与明细栏中的序号一致。标题栏内容与零件图的类似,含部件的名称、设计者姓名以及设计单位等。

(二) 装配图的表达方法

1. 规定画法

(1) 两相邻零件的接触面和配合面只画一条线,非配合、非接触表面不论间隙大小都必须画两条线,如图 5-1 所示。

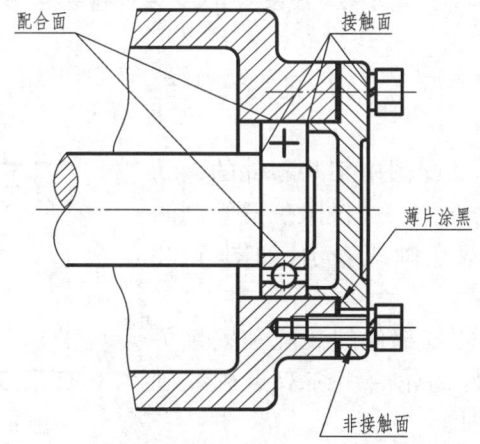

图 5-1 相邻零件的接触面和配合面、剖面线画法

(2) 同一零件在装配图中各视图的剖面线方向和间距要一致,相邻两零件的剖面线方向应相反或方向一致而间距不相等;若零件很薄(≤2mm),其剖面线可用涂黑代替,如图 5-1 所示。

(3) 对于装配图中紧固件以及实心的轴、球、手柄、键、销等零件,若按纵向剖切,且剖切面通过其对称平面或轴线时,则这些零件按不剖绘制。若需要表明零件的凹槽、销孔等结构,可用局部剖视表示,如图 5-2 所示。

2. 特殊画法

1) 拆卸画法 当某些零件遮住了所需表达的结构和装配关系,或在某一视图上不需要画出某些零件时,可假想将这些零件拆卸后绘制其相应的视图,并标注"拆去××零件",如图 5-12 所示的滑动轴承装配图中,俯视图就采用了拆卸画法。应注意,上述画法是一种假想,不等于机器中就没有这些零件了,所以在其他视图上,仍应画出它们的投影。

2) 沿结合面剖切画法 装配图中当需要表达某些内部结构时,可假想沿某两个零件结合面处剖切后投影。此时,零件的结合面不画剖面线,但被横向剖切的轴、螺栓、销等

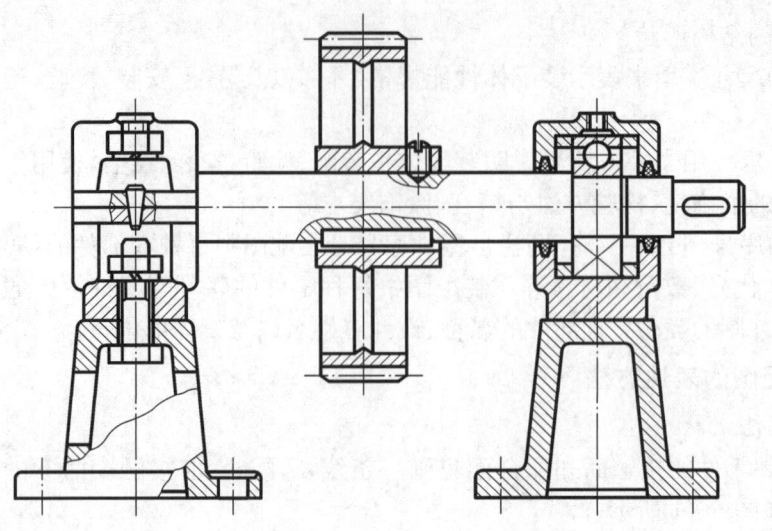

图 5-2 装配图中实心零件画法

实心杆件要画出剖面线,如图 5-4 中的 $A-A$ 剖视图。

3) 假想画法 为表达装配图中某些零件的运动范围或极限位置,可按运动件的一个极限位置绘制图形,而另一极限位置用细双点画线表示,如图 5-3 所示。

需要表达装配体与相邻零部件的装配和安装关系时,可将其他相邻零部件的轮廓用细双点画线画出,如图 5-4 所示的主视图。

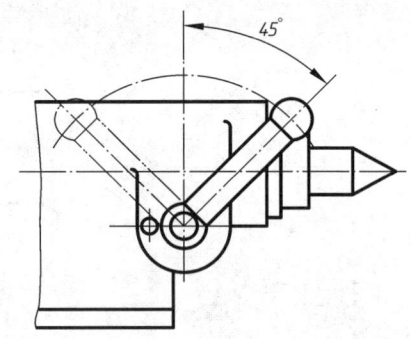

图 5-3 运动件的极限位置

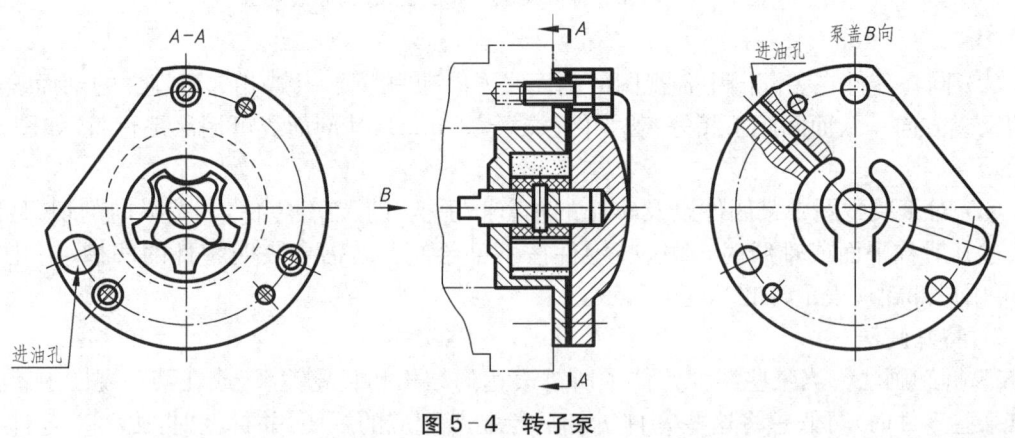

图 5-4 转子泵

4) 单独表达零件的画法 若装配图中某些零件的部分结构未表达清楚,可单独画出这些零件的有关视图,在视图上方注出该零件的视图名称,在相应视图附近用箭头指明投影方向,并注上同样的字母,如图 5-4 所示泵盖 B 向视图。

3. 简化画法

(1) 对于装配图中若干相同的零部件组，可详细地画出一组，其余只需用点画线表示出其位置，并给出零部件组的总数，如图 5-5 所示。

(2) 装配图中零件的某些工艺结构，如小圆角、倒角、退刀槽等允许不画，螺栓头部和螺母允许按简化画法，如图 5-4 所示。

4. 夸大画法

在装配图中，如直径、间隙或厚度小于（或等于）2mm 或较小的斜度与锥度等，允许该部分不按原绘图比例绘制，而适当夸大画出以便图形清晰。如图 5-1 中螺钉连接处的小间隙夸大画出、垫片夸大并涂黑画出。

5. 展开画法

在画传动关系的装配图时，为了表达轴线相互平行但不在同一平面的传动路线和装配关系，可假想按传动顺序沿轴线剖切，然后展开绘制，如图 5-6 所示。

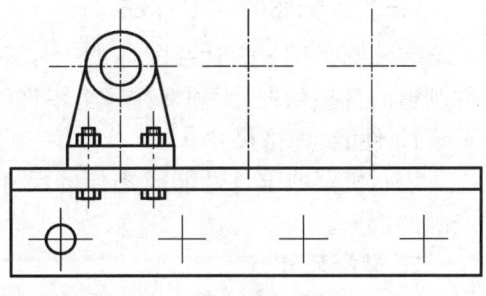

图 5-5 相同结构的简化画法

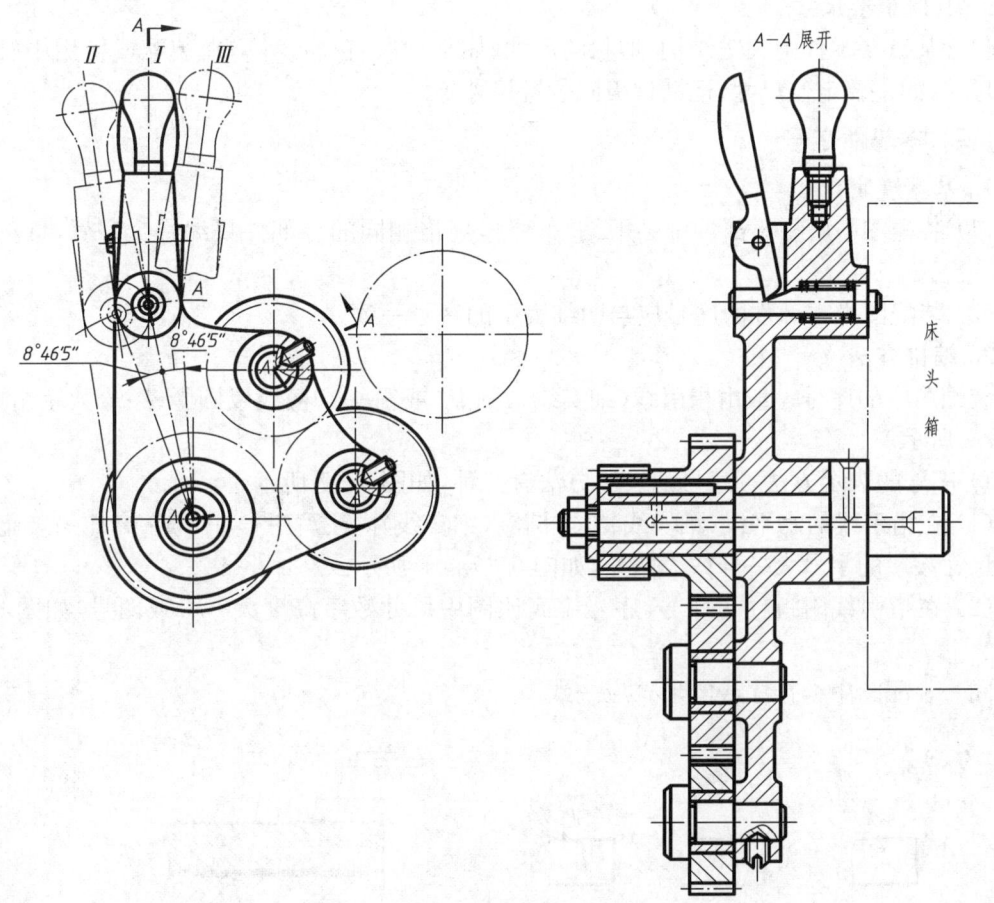

图 5-6 传动机构展开画法

(三)装配图的尺寸标注

装配图是用来表达装配体的工作原理、整体结构、零件间的装配与连接关系的,不是零件制造的直接依据,无须标注每个零件的全部尺寸,但应注出以下几类尺寸:

1. 性能、规格尺寸

表示机器或部件性能或规格的尺寸。这类尺寸往往是设计时就已确定,是设计和选用产品的依据。

2. 装配尺寸

装配尺寸包括配合尺寸和相对位置尺寸两类。

1) 配合尺寸　这类尺寸主要表示两个配合零件间的配合性质。

2) 相对位置尺寸　表示与装配有关的零件之间的相对位置尺寸。

3. 安装尺寸

表示将机器或部件安装到机座上所需要的尺寸。

4. 外形尺寸

表示机器或部件的总长、总宽和总高尺寸,反映了机器或部件在包装、运输和安装时所占空间的总体大小。

5. 其他重要尺寸

包含某重要零件上关键结构、形状的尺寸(如某轴段直径尺寸);在装配或使用中必须说明的尺寸,如主要定位尺寸、运动件极限位置尺寸等。

(四)零部件序号

1. 基本规定

(1) 装配图中所有零部件都必须编写序号,规格相同的零部件只编一个序号,且一般只标注一次。

(2) 装配图中零部件的序号应与明细表中的序号一致。

2. 编排方法

装配图中的序号一般由指引线(细实线)、圆点(或箭头)、横线或圆圈、序号数字组成,如图 5-7 所示。

1) 序号的表示方法　序号的表示方法有三种,如图 5-7 所示。

(1) 在指引线的水平线(细实线)上或圆圈(细实线)内注写序号,序号字高比该装配图中所注尺寸数字的字号大一号或大两号,如图 5-7a、b 所示。

(2) 在指引线附近注写序号,序号字高比图中尺寸数字高度大一号或两号,如图 5-7c 所示。

同一装配图中编排序号的形式应一致。

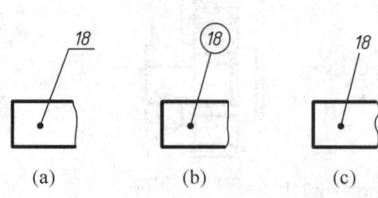

图 5-7　序号的表示方法

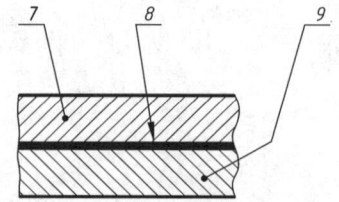

图 5-8　指引线画法

2) 指引线的表示方法 指引线(细实线)应自所指部分的可见轮廓内引出,并在末端画一圆点。若所指部分内不便画圆点时(很薄的零件或涂黑的剖面),可在指引线的末端画出箭头,并指向该部分的轮廓。指引线一般是一条直线,必要时可以曲折一次,如图 5-8 所示。

指引线不能相交,当通过剖面区域时,指引线不应与剖面线平行。也不要画成水平线或垂直线。

指引线可以画成折线,但只可曲折一次。

3) 公共指引线 对一组紧固件以及装配关系清楚的零件组,可采用公共指引线,如图 5-9 所示。

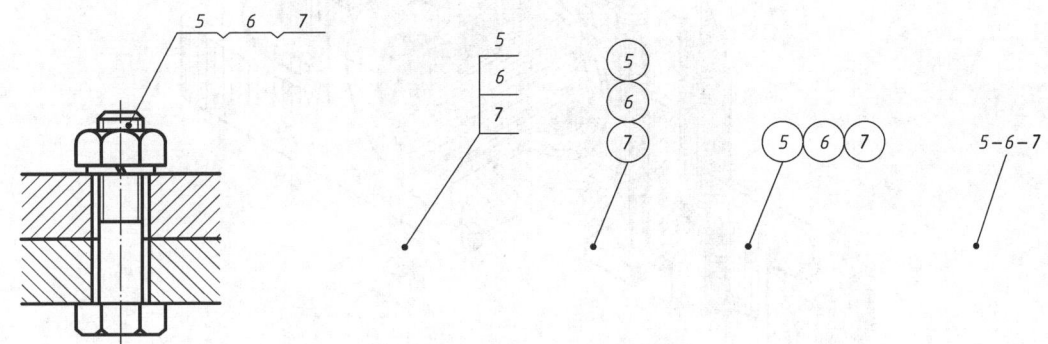

图 5-9 公共指引线画法

4) 装配图中序号 应沿水平或竖直方向整齐排列在视图外明显位置,尽可能均匀分布,并按顺时针或逆时针方向顺次排列。若在整个图上无法连续时,可只在每个水平方向或竖直方向顺次排列。

(五) 明细栏

明细栏是装配图中全部零件、部件的详细目录,其内容、格式在 GB/T 10609.2—2009 中已有规定,一般配置在标题栏上方,按由下而上的顺序填写,其格数根据需要而定。当由下而上延伸位置不够时,可紧靠标题栏的左边自下而上延续。如图 5-10 所示是本书推荐的学生用装配图明细栏格式。

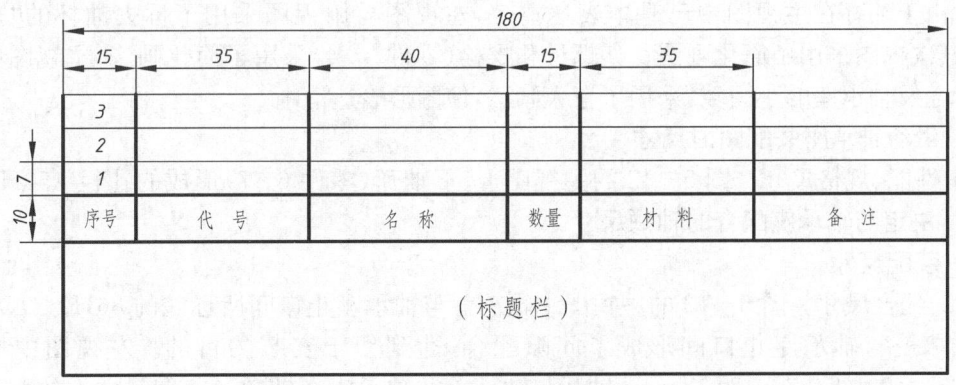

图 5-10 装配图明细栏格式

二、实践提高

对照滑动轴承座轴测图(图 5 - 11),分析滑动轴承座装配图(图 5 - 12),明确装配图的内容。

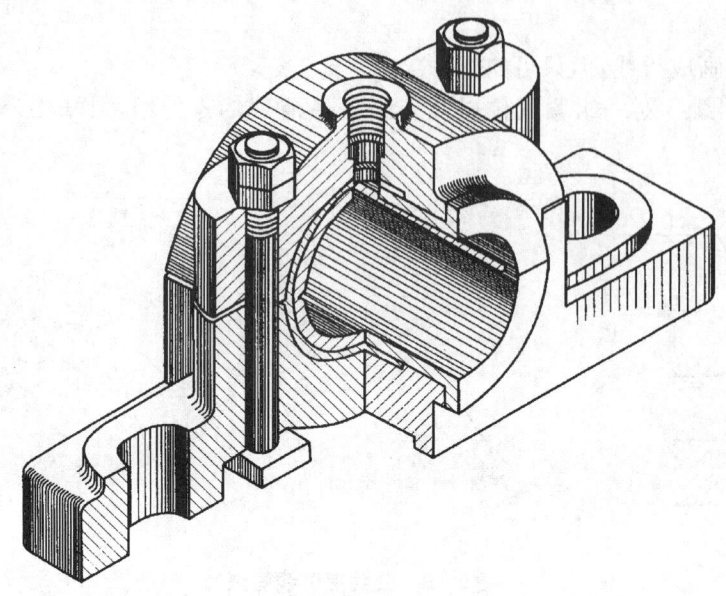

图 5 - 11 滑动轴承座轴测图

1. 滑动轴承座装配图的视图

滑动轴承的装配图采用了三个基本视图。三个视图均采用了半剖视图,比较清楚地表达了轴承盖、轴承座和上下轴瓦的装配关系和工作原理。视图的表达方法符合装配图的多种画法。首先视图采用了规定画法。如主视图中零件 6(上轴瓦)和相邻零件 7(下轴瓦)在剖开部分的剖面线方向相反,同一零件在主、左视图的剖面线方向和间距一致,接触面只画一条线;主视图剖开部分由于剖切面通过紧固件零件 3、4(螺母、螺栓)轴线,因此这两个零件是按不剖绘制的。从主视图的 A - A 剖切位置可知,俯视图采用了沿零件 5(轴承盖)与零件 8(轴承座)结合面的"沿结合面剖切画法",因此剖切部分仅零件 4(螺栓)因被剖切而绘制了剖面线。由于油杯在主视图中已基本表达清楚,左视图与俯视图采用了拆去油杯的"拆卸画法"。其次视图采用了简化画法。如螺母和螺栓(零件 3、4)采用了简化画法;主视图中螺栓与轴承盖及轴承座的小间隙,采用了夸大画法,使图形表达清晰。

2. 滑动轴承座装配图的尺寸

1) 性能、规格尺寸 图 5 - 12 的主视图上、下轴瓦(零件 6、7)形成的孔径 $\phi 50H8$ 为规格尺寸,决定与轴承座配合的轴颈尺寸。

2) 装配尺寸

(1) 配合尺寸。图 5 - 12 的主视图中轴承盖与轴承座止口间所标注的 86H9/f9,本尺寸说明轴承盖与轴承座止口间形成了间隙配合,达到便于安装的目的。左视图中标注的 60H8/k7、$\phi 60H8/k7$,说明了上、下轴瓦与轴承盖及轴承座在轴向及径向尺寸上的配合属于过渡配合,从而保证了轴瓦在使用过程中不出现转动和轴向移动,以满足工作要求。

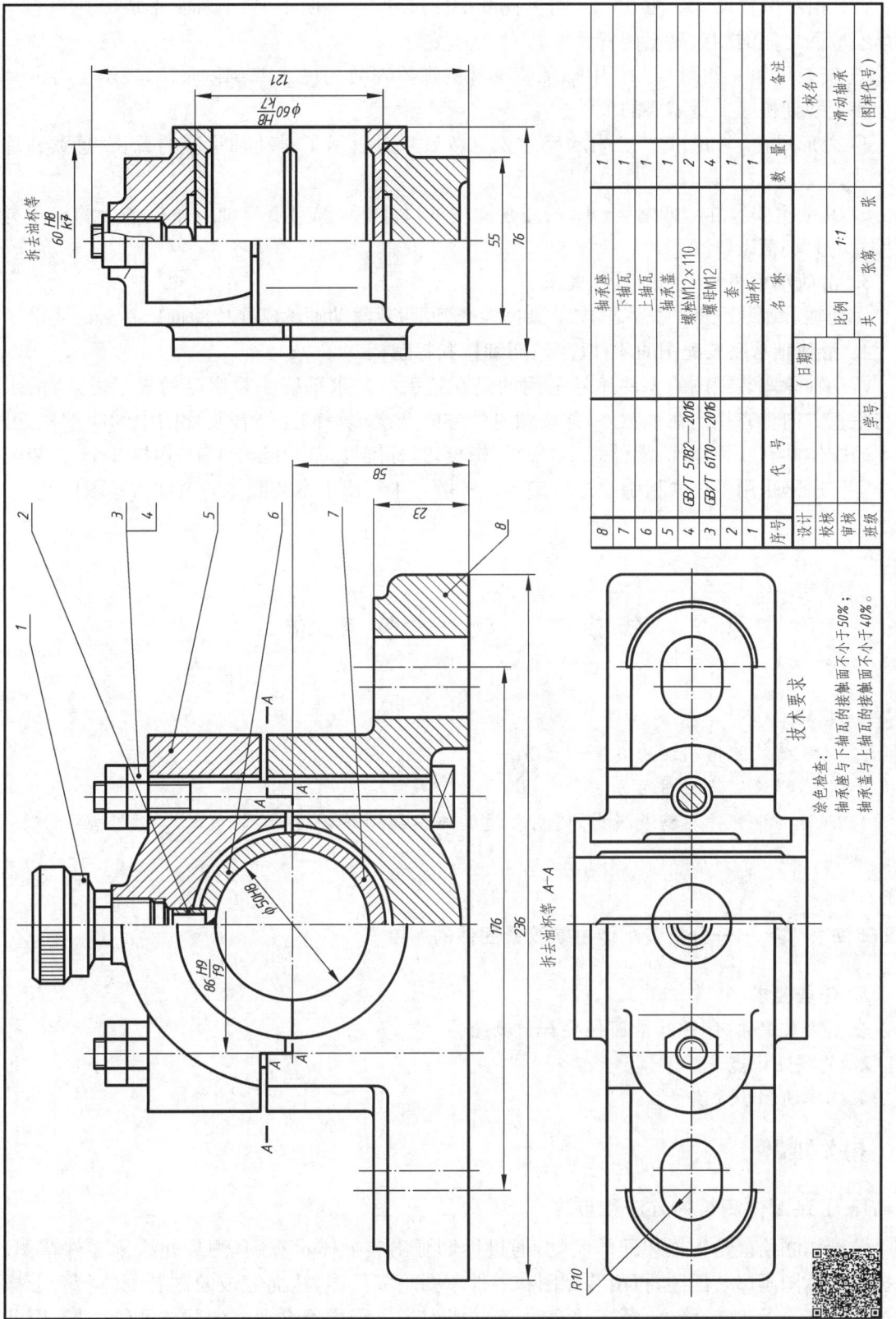

图 5-12 轴承座装配图

(2) 相对位置尺寸。图 5-12 的主视图中的尺寸 58 表明了上、下轴瓦形成的孔中心与轴承座底面之间的相对高度位置尺寸。

3) 安装尺寸　如图 5-12 中轴承座零件的螺栓安装孔尺寸 176 和 $R10$，表示了将滑动轴承座安装到机座上所需要的尺寸。

4) 外形尺寸　如图 5-12 中的尺寸 236、76、121 表示了滑动轴承座的总长、总宽和总高尺寸。

5) 其他重要尺寸　如图 5-12 的左视图中的尺寸 55，说明了与轴承座接触处的机座宽度尺寸的大小范围。

3. 滑动轴承座装配图的技术要求

滑动轴承座装配图的技术要求是涂色检查，说明了滑动轴承座在检验面应达到的要求。

4. 滑动轴承座装配图的零件序号、明细栏和标题栏

滑动轴承座装配图的零件序号采用的是在指引线的水平线注写序号的表示方式，沿水平与垂直方向整齐排列在视图外，并按顺时针方向依次填写的。结合装配图中的明细栏，可知本装配体共有 8 种零件，零件 3、4（螺母、螺栓）是标准件，其中螺母 4 个、螺栓 2 个，在装配图中零件序号采用了公共指引线进行编排。标题栏中写出了本装配体的名称与绘图比例。

任务二　测绘装配体

> 【学习目标】
> 1. 了解装配体测绘的方法和步骤。
> 2. 掌握绘制装配图的方法和步骤。
> 3. 能根据部件实物或模型，使用合适的工具拆卸装配体、绘制装配示意图、画出零件草图、完成装配图绘制。

基础任务——分析装配体中螺纹紧固件的测绘

1. 任务要求

在测绘装配体时，螺纹紧固件要如何测绘？

2. 关联知识点

装配体的测绘方法。

一、相关知识

（一）装配体测绘的方法和步骤

装配体测绘就是根据装配体实物，通过拆卸画出装配体示意图，测量并绘制零件草图，根据零件草图画出装配图，再由装配图和零件草图画零件图，从而完成绘制装配体整套图样的过程。在设备改造、维修、新产品设计、新技术引进过程中都会遇到装配体测绘问题，因此装配体测绘是工程技术人员的必备基本技能。装配体测绘的方法和步骤如下：

1. 了解和分析测绘对象

收集和阅读装配体的产品说明书或其他技术资料，了解生产与使用者及技术人员的使用情况和改进建议，认真观察分析装配体，了解其用途、性能、工作原理、结构特点、装配关系等，为测绘工作做好充分准备。

2. 画装配示意图、拆卸零件

1) 装配示意图　装配示意图是用来记录装配体上各个零件的相对位置、工作原理和装配关系的简图。是部件拆卸后重新装配和画装配图的依据。

装配示意图的画法没有严格规定，通常将零件看作透明体，且没有前后之分，均为可见，在画出外形轮廓的同时又画出内部结构。对一般零件用单线条画出零件的大致轮廓，对运动件可按国家标准规定的"机构运动简图"画出来。装配示意图一般只画一两个视图，相邻两零件的接触面或配合面之间应留有间隙，以便区别，如图5-14所示。

画装配示意图的顺序可从主要零件和较大的零件入手，按装配顺序和零件的位置把零件逐个画出。

装配体未拆卸之前，先要画出示意图的框架及明细栏。然后边拆边补充完善。全部零件应进行编号，并填写明细栏。

2) 拆卸零件　拆卸零件的过程也是了解部件中各零件作用、结构、装配关系的过程。拆卸前应仔细研究拆卸顺序和方法，拆卸零件一般由外向内按顺序逐级拆卸。

拆卸前对装配体中一些重要的装配尺寸，如零件间的相对位置尺寸、极限位置尺寸、装配间隙等，要先进行测量并作好记录，以便重新装配时能保持原来的要求。

对已拆的零件应加标签，并在标签上注明与装配示意图上零件相同的序号或名称。

对不可拆的连接和过盈配合的零件尽量不拆，对于难拆卸的零件要使用相应的工具，以免将零件损坏。

拆卸后应将全部零件妥善保管好，以免损坏或丢失。

3. 画零件草图

零件草图是绘制装配图的原始资料和依据，包含了零件图的所有内容，其测绘方法已在项目三中介绍过。在装配体测绘中画零件草图应注意：

(1) 标准件不必画草图，但要测出其主要尺寸，查阅有关标准确定其标记代号，并填写在明细栏中。所有非标准件都必须画出零件草图。

(2) 装配体中相互配合的零件，其基本尺寸相同，测绘时应根据工作要求正确制定配合状况，并分别标注在两零件草图上。

(3) 零件的各项技术要求（如表面粗糙度、尺寸公差、形状和位置公差、热处理后的硬度等），可根据零件在部件中的位置、作用等因素来确定，也可参考同类产品的图纸，用类比的方法来确定。

（二）画装配图的方法和步骤

通过零部件测绘，获得被测绘装配体的全部零件草图后，即可根据测得的各零件尺寸绘制装配图。绘制装配图的方法和步骤如下。

1. 拟定表达方案

装配图是用来表达装配体的工作原理、装配关系以及主要零件的结构形状的图样。要求能表达清楚装配体中各零件的装配关系,但不要求把每个零件的结构形状都表达得完全确定,要求图形便于绘制、便于标注、便于阅读。表达方案包括如何选择主视图、确定视图数量和表达方法。如果装配体比较复杂,可以同时考虑几种表达方案进行比较,择优确定。

1) 选择主视图　为便于识图与装配,主视图一般按装配体的工作位置放置。选择最能反映装配关系、传动路线、工作原理及结构形状的方向作为投射方向,同时投射方向还应该尽量多地反映零件间的相对位置关系。一般采用剖视表达内部结构、装配关系、传动路线。

2) 选择其他视图　其他视图用于补充主视图尚未表达清楚的装配关系和零件间的相对位置等内容,视图数量的确定以表达清楚、完整为依据(主要结构形状必须明确,次要的可在拆画零件图时构思)。可以采用视图、局部视图、剖视图等各种表达方法。

2. 做好准备工作

拟定表达方案以后,首先根据装配体的大小、复杂程度和视图数量确定绘图比例、选用图纸幅面,然后按视图数量与大小,考虑标题栏、明细栏、零件编号、尺寸标注和技术要求等所需位置进行合理布图。

3. 绘制装配图

(1) 画底稿。

① 绘制出各视图的主要基准线:主要轴线(装配干线)、对称中心线和作图基准线(主要零件的底面或端面等)。

② 由主视图开始,几个视图配合进行,绘制装配体的主体结构和相关的重要零件。画剖视图时,以主要干线为准,由内向外逐个画出各个零件,或视情况由外向内画。在画图时要考虑和解决有关零件的定位和相互遮挡的问题,一般先画可见零件,省略不画被遮挡的零件,提高绘图效率和图面质量。

③ 绘制其他次要零件和细节,逐步画出主体结构与重要零件的细节以及各种连接件如键、销、螺钉等。

(2) 检查底稿,加深描粗,画剖面线。

(3) 标注尺寸,编排零件序号,标明技术要求,填写明细栏与标题栏。

二、实践提高

拆卸千斤顶,绘制千斤顶装配示意图,测绘千斤顶完成零件草图,绘制千斤顶装配图。

1. 了解和分析千斤顶

千斤顶是机器安装和维修中常见的一种起重工具。如图5-13所示,起重螺杆外螺纹与底座的内螺纹构成一对螺旋机构,顶举重物时,旋转起重螺杆顶部孔中的旋转杆,即把起重螺杆从底座中旋出,套在起重螺杆上的顶盖将重物顶起。为使顶盖不随起重螺杆旋转,并且不脱落,用螺钉将顶盖和起重螺杆连接起来。

2. 拆卸千斤顶,绘制装配示意图

1) 拆卸千斤顶　选择合适的工具(一字起),按顺序拆卸千斤顶:①拧下螺钉4;②取下顶盖;③逆时针转动旋转杆,将起重螺杆自底座中旋出;④抽出旋转杆。

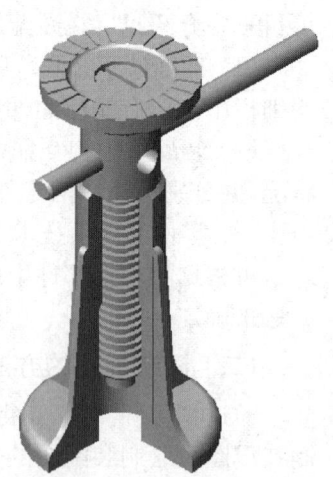

图5-13　千斤顶轴测图

2) 绘制千斤顶装配示意图 按先画底座,再画起重螺杆、旋转杆、顶盖、螺钉等零件,再把各零件编上序号,并列表注明顺序,画千斤顶的装配示意图,如图 5-14 所示。底座与顶盖等零件没有规定的符号,只需画出大致的轮廓;旋转杆、螺钉等零件可参考国家标准规定"机构运动简图"的符号画出;各零件不受其他零件遮挡的限制,作为透明体来表达。

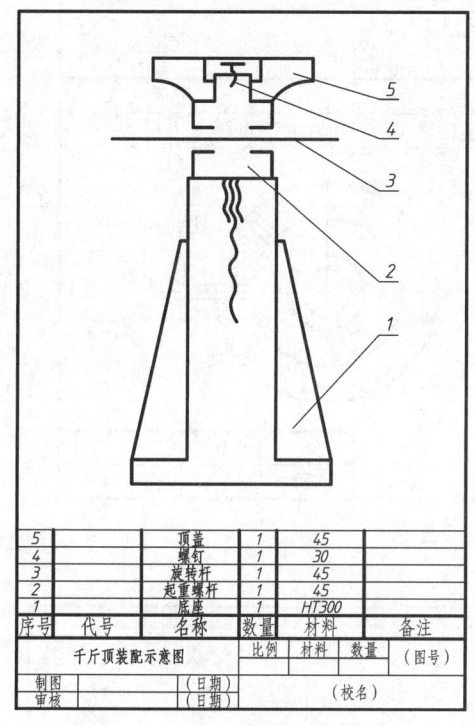

图 5-14 千斤顶装配示意图

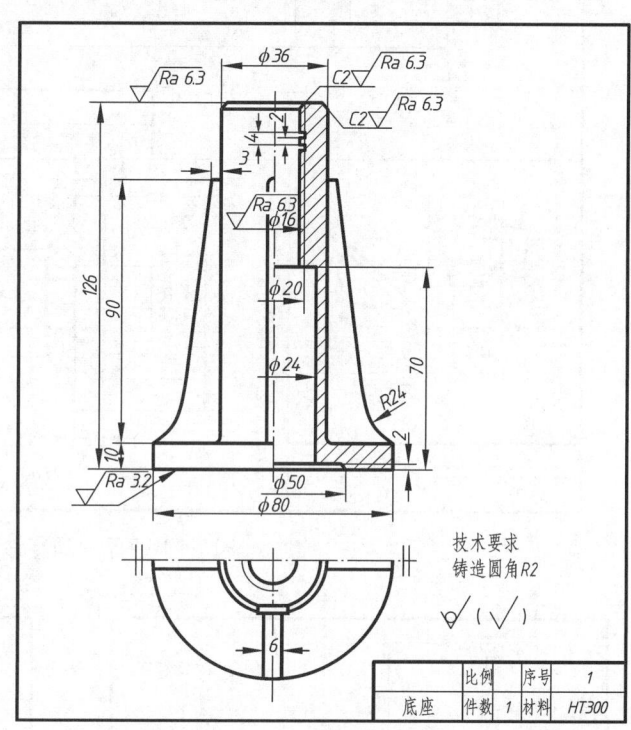

图 5-15 千斤顶零件草图(一)

3. 画千斤顶零件草图

按照零件测绘的要求,绘制千斤顶零件草图如图 5-15、图 5-16 所示。

4. 绘制千斤顶装配图

(1) 拟定表达方案。千斤顶装配图的主视图,按工作位置放置,采用局部剖视图,这样一方面反映了千斤顶的装配关系、工作原理、内部结构,另一方面反映了底座的外部结构形状。

由于千斤顶结构较简单,结合主视图与尺寸标注已基本将外形和各零件的主要结构表达清楚。只有确定工作性能的起重螺杆上矩形螺纹的形状和尺寸难以在主视图中清楚表示,对此选用了一个局部放大图加以表达。

(2) 确定比例、图幅。绘制装配图时要将装配体设置为最小装配位置,根据千斤顶的最大高度175,采用 1:1 绘图,选用了 A4 图幅。

(3) 绘制千斤顶底稿。按照绘制装配体底稿要求,绘制千斤顶底稿,具体过程如图 5-17~图 5-20 所示。

(4) 检查底稿,加深描粗,画剖面线,如图 5-21 所示。

(5) 标注尺寸,编排零件序号,标明技术要求,填写明细栏与标题栏,完成装配图绘制,如图 5-22 所示。

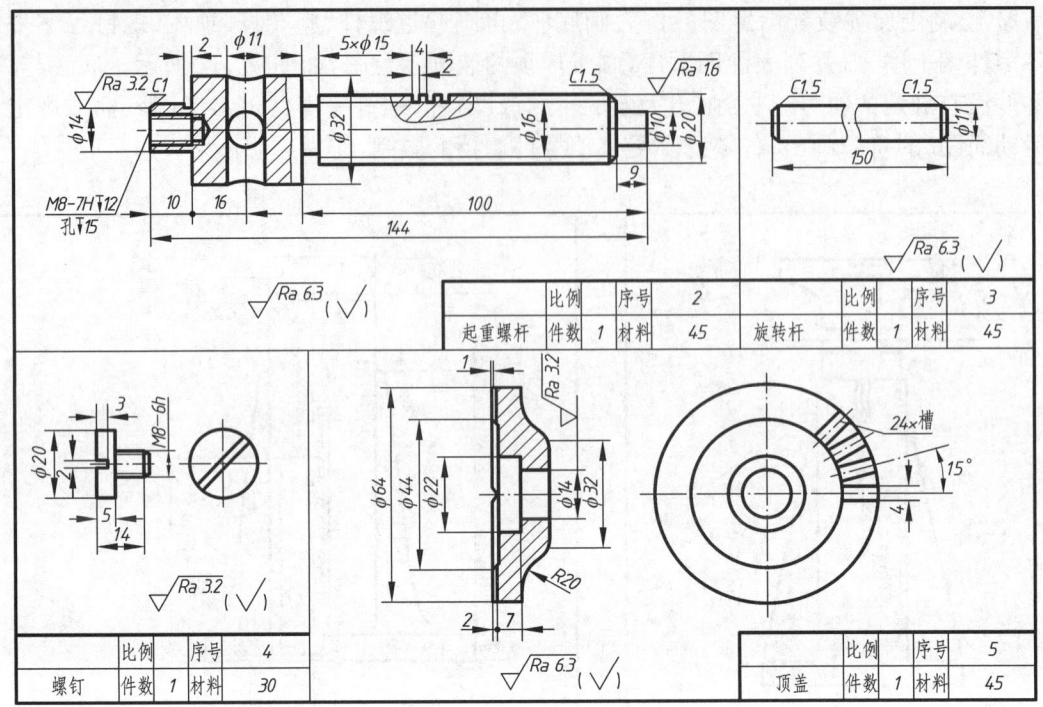

图 5-16 千斤顶零件草图(二)

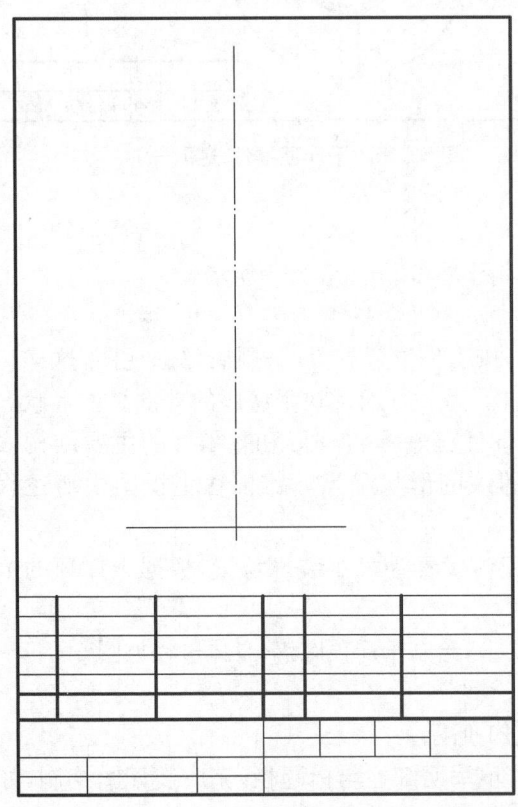

图 5-17 布图、作基准线

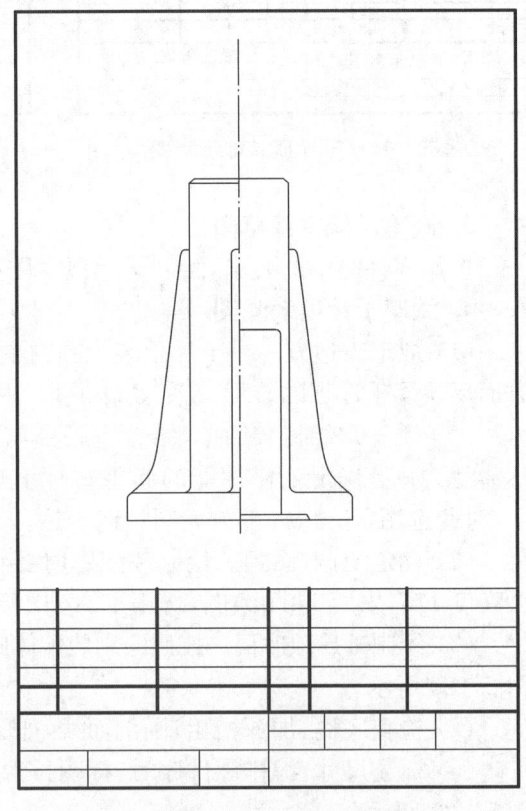

图 5-18 画底座轮廓

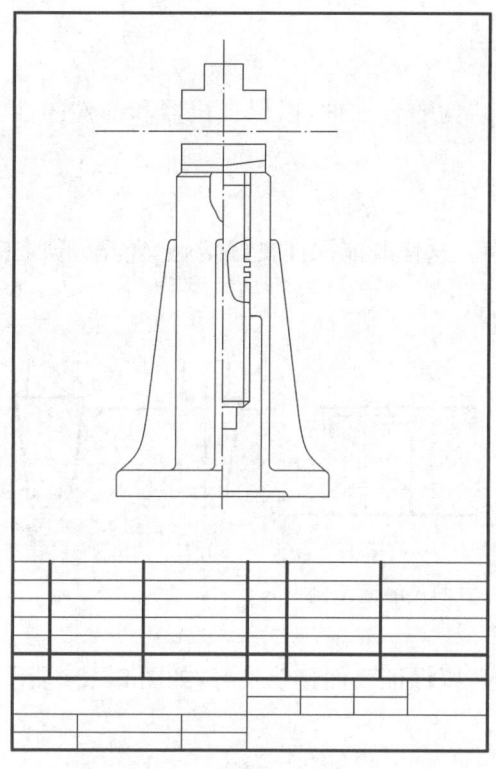

图 5-19 添加起重螺杆

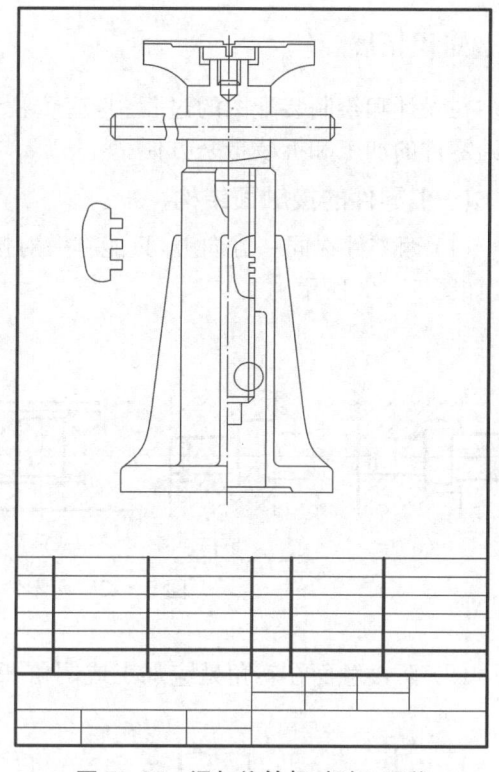

图 5-20 添加旋转杆、螺钉、顶盖

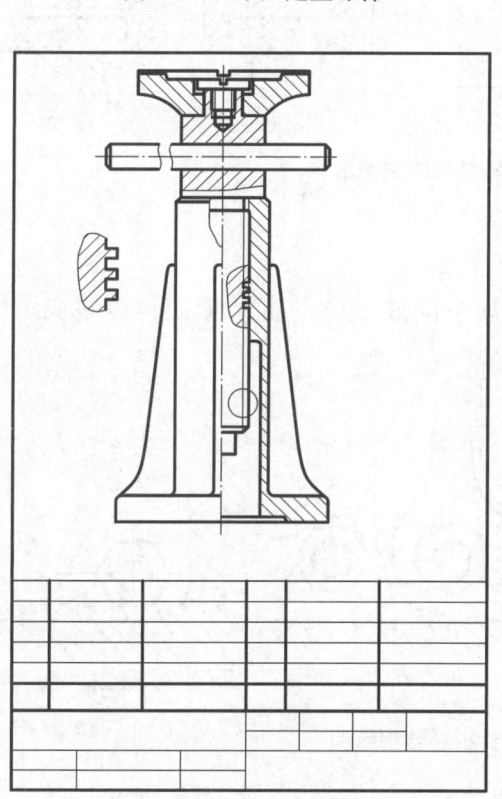

图 5-21 检查,描粗,画剖面线

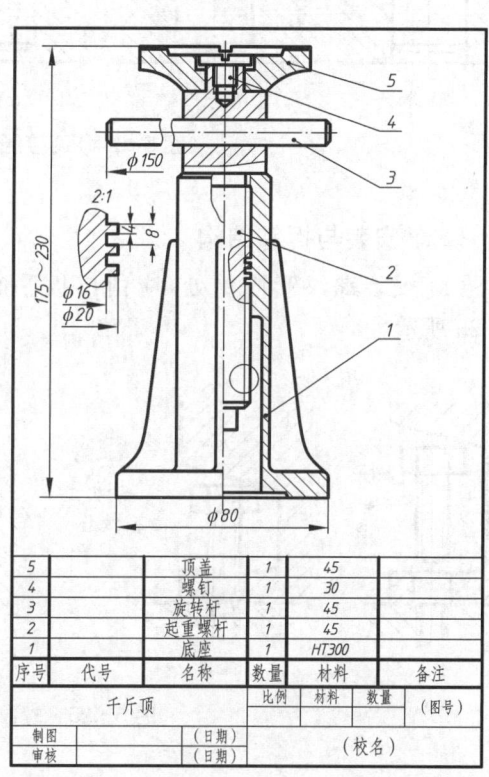

图 5-22 标尺寸,编序号,写明细栏、标题栏

三、知识拓展

在设计和绘制装配图的过程中,应重视装配结构的合理性,以保证机器和部件的性能,并给零件的加工和拆装带来方便。

(一)零件的接触面结构

(1)两零件在同一方向上,只能有一对接触面。这样既能保证良好接触又能降低加工成本,如图 5-23 所示。

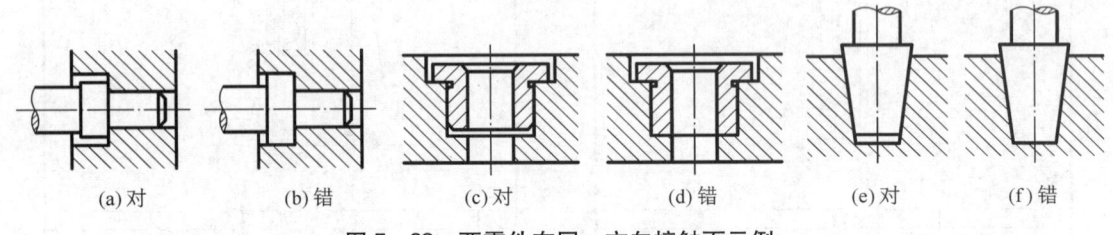

图 5-23 两零件在同一方向接触面示例

(2)两接触面在转角处应加工成倒角、凹槽等,以保证表面接触良好,如图 5-24 所示。

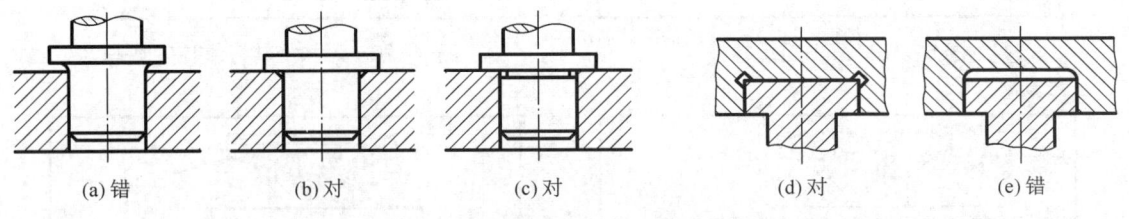

图 5-24 两接触面在转角处的结构示例

(二)安装与拆卸结构

(1)安装螺纹紧固件处,应留出扳手的转动空间或足够的拆装紧固件的空间,如图 5-25 所示。

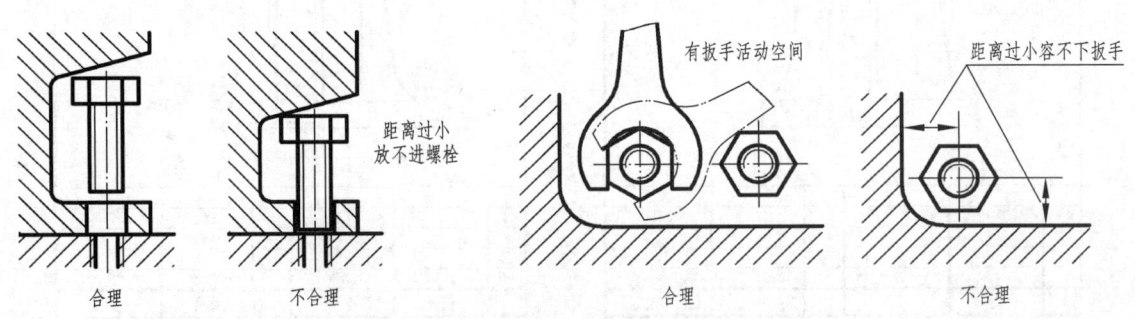

图 5-25 螺纹紧固件拆装结构示例

(2)滚动轴承的安装与拆卸应考虑方便性和合理性,如图 5-26 所示。

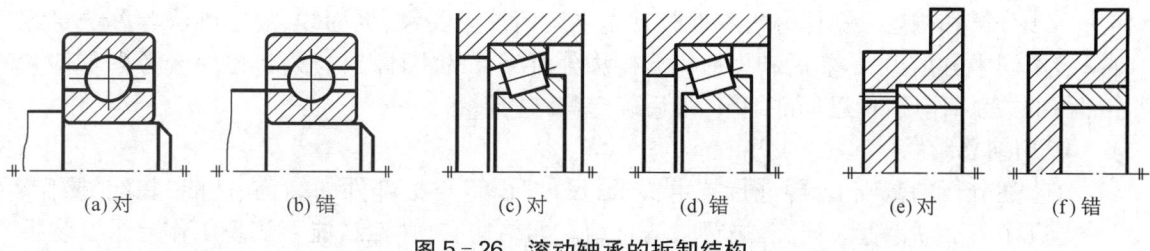

图 5-26 滚动轴承的拆卸结构

任务三　识读装配图、拆画装配体零件图

【学习目标】
1. 掌握读装配图的方法和步骤。
2. 掌握由装配图拆画零件图的方法和步骤。
3. 能看懂装配图,并能从中拆画零件图。

基础任务　——判断装配图中销的类型

1. 任务要求

阅读图 5-27,判断图中零件 9(销)的类型与尺寸。

2. 关联知识点

读装配图的方法。

一、相关知识

(一) 识读装配图的方法和步骤

在机械设备的设计、制造、安装、使用、维修和技术革新等活动中,经常需要通过阅读装配图来了解相关设备的名称、用途、性能和工作原理,了解各零件间的相对位置、装配关系、连接方式以及装拆顺序,弄懂各零件(特别是几个主要零件)的结构形状和作用。阅读装配图的方法和步骤一般如下:

1. 概括了解

读装配图,首先要看标题栏,从标题栏可了解到装配体名称、比例、数量和大致用途。然后通过明细栏了解各组成件的名称、数量及零件的材料等。再初步看视图,分析表达方法和视图的配置,弄清楚各视图表达重点。

2. 分析工作原理和装配关系

在概括了解基础上,采用假想运动法,假想拆装法,从传动关系入手,沿各装配干线,分析机器或部件的工作原理和装配关系,这是看懂装配图的一个重要环节。

3. 分析视图,看懂零件的结构形状

经过上述分析后,大部分零件结构形状已基本清楚,但少数复杂零件的结构形状或细节需进一步分析和构思。具体分析零件时首先要运用投影关系、剖面线、规定画法等办法将零件从装配图中分离出来,然后利用形体分析法分析零件的主体结构形状,再综合考虑零件和相邻件的关系、作用,构思局部细节,最后确定其结构形状。

4. 归纳总结

在上述分析的基础上,再进行技术要求、尺寸分析,再把部件的结构、性能、装配、操作、维修等几个方面联系起来研究,进行归纳总结。如结构有何特点,能否实现工作要求？装拆顺序如何？操作和维修是否方便？对部件有一个全面的了解。

(二) 由装配图拆画零件图

在产品设计过程中,通常根据使用要求,先画出部件装配图,然后根据装配图拆画零件工作图。由装配图拆画零件图的方法步骤一般如下:

1. 确定零件形状

用投影关系、剖面线等办法将零件从装配图中分离出来,分析并确定其主体结构形状,根据其功用和装配关系以及工艺要求,构思局部结构、补充装配图中的简化结构,完善零件结构形状。

2. 确定表达方案

根据零件的结构形状、工作或加工位置选择表达方案,不能照搬装配图。

3. 确定零件图的尺寸

零件图的尺寸按规定标注,但由于零件图是从装配图拆画而来的,其尺寸数值的确定要注意以下几点:

(1) 装配图上注出的相关尺寸不允许作任何变动。配合尺寸一般应加注偏差数值。

(2) 螺栓、螺母、销、钉等标准件的尺寸以及与标准件结合的有关结构尺寸,如通孔、沉孔、螺孔等尺寸,一般应从相应的标准中查出。

(3) 工艺结构和标准结构尺寸应根据有关标准确定。

(4) 有些尺寸(如齿轮分度圆尺寸等)需要通过计算确定。

(5) 一些非标准件的有关尺寸,若在明细栏中已有数据,则应以明细栏中注写的数据为准,如弹簧的尺寸、垫片厚度等。

(6) 其他装配图中未注出的尺寸可从图中测量,按比例调整转换并适当圆整。

4. 确定零件的技术要求

在彻底读懂装配图及深入了解零件作用的基础上,根据零件的功能作用,参考有关资料或采用类比法,合理确定表面粗糙度、几何公差、热处理等技术要求。

二、实践提高——识读机用虎钳装配图、拆画活动钳身零件图

(一) 识读机用虎钳装配图

机用虎钳装配图如图 5-27 所示。

1. 概括了解

从图 5-27 中明细栏和图中序号可知,该虎钳是由活动钳身、固定钳身、螺母、螺杆等 11 种零件组成。该装配图采用了 3 个基本视图,1 个局部视图,1 个局部放大图,1 个移出断面图来表达。

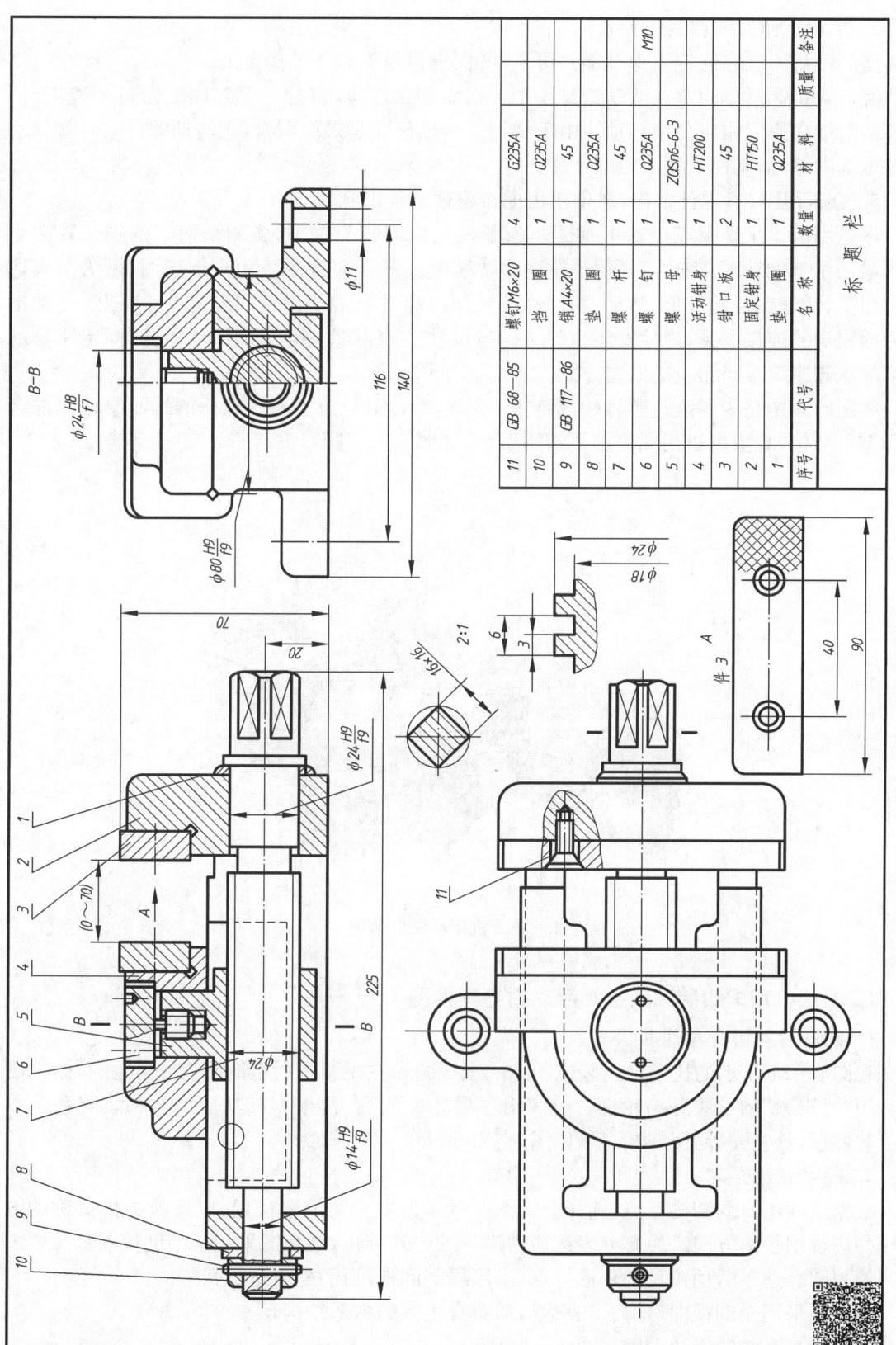

图 5-27 机用虎钳装配图

2. 了解工作原理和装配关系

活动钳身 4 装在固定钳身 2 上并可滑动,固定钳身安装在工作台上。

螺钉 6 将螺母 5 固定在活动钳身 4 中。销 9 和挡圈 10 将螺杆 7 与固定钳身 2 连接,使螺杆 7 只能在固定钳身 2 中转动。由于螺杆 7 与螺母 5 是螺旋配合,当转动螺杆 7 时就带动了螺母 5 的移动,从而夹紧或松开工件。

3. 分析视图,看零件结构,想象机用虎钳整体结构形状

该机用虎钳采用了三个基本视图。为了表达内部装配关系,各图采取了剖视。其中主视图采用了全剖视图,表达了机用虎钳的主要装配关系。左视图采用半剖视图,是为了表达固定钳身、活动钳身的外形,活动钳身与固定钳身、螺母与活动钳身的配合关系,螺钉与螺母及活动钳身的连接关系,螺栓安装孔的结构与尺寸。俯视图主要表示活动钳身、固定钳身的外部形状和钳口板与钳身的固定方式。

移出断面图是为了表达螺杆端部结构。局部放大图是为了表达螺杆的螺纹结构。综合各个零件结构,想象出机用虎钳整体结构形状,如图 5-28 所示。

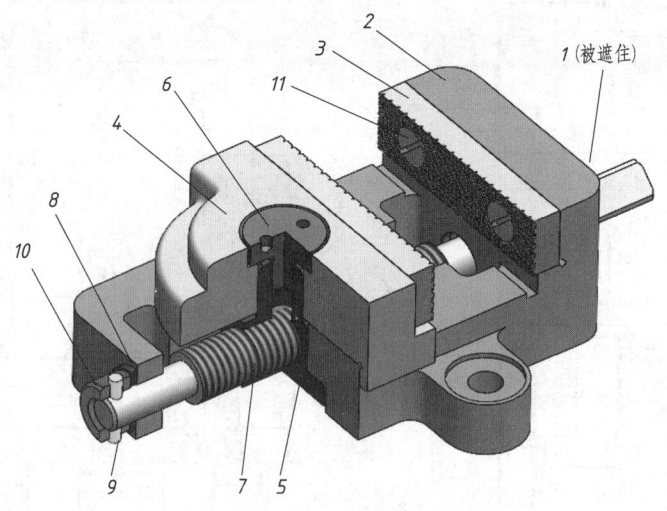

图 5-28 机用虎钳立体图

(二)从机用虎钳装配图拆画活动钳身零件图

1. 确定活动钳身零件形状

在图 5-27 所示的机用虎钳装配图中的主视图和左视图中利用剖面线分离轮廓,俯视图中利用"对投影"的方法分离轮廓。分离出主要轮廓线后,再根据其功能用途和装配关系以及工艺要求,补充完善其结构形状,如图 5-29 所示。

2. 确定表达方案

根据活动钳身的结构特点,选择了工作位置作为主视图放置位置,以反映结构对称的方向作为主视图投射方向。为充分表达活动钳身的内外结构,主视图采用了半剖视图。

俯视图表达了活动钳身的外形特点,采用局部剖视,目的是表达螺孔结构。

左视图采用全剖视图,是为了表达活动钳身主体的内部结构。

活动钳身具体的表达方案如图 5-30 所示。

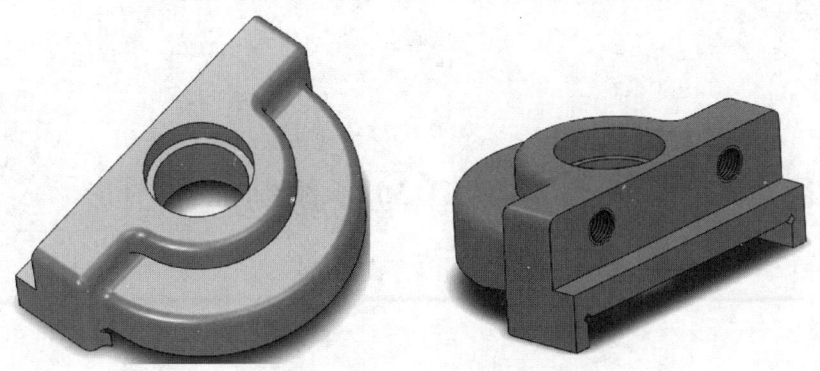

图 5-29 活动钳身直观图

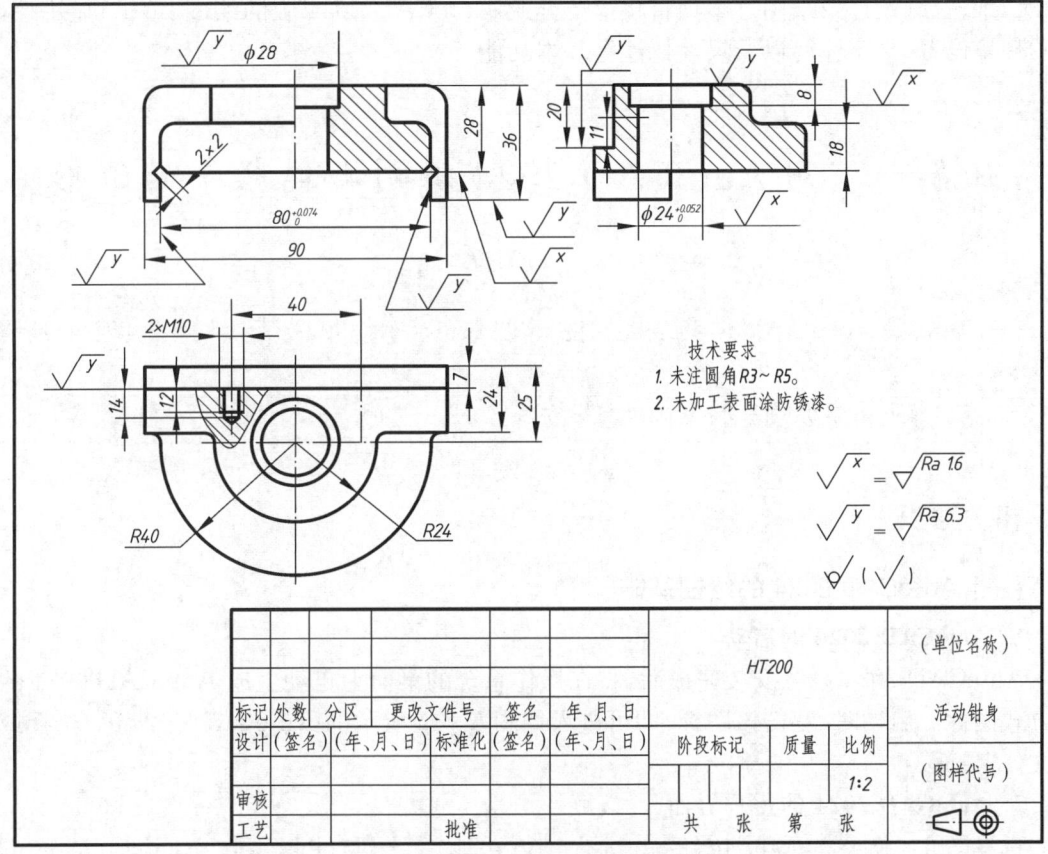

图 5-30 活动钳身零件图

3. 确定零件图的尺寸

活动钳身零件图的尺寸按照有关要求确定,如活动钳身 2×M10 的中心距 40 和钳口板、固定钳身上的相应尺寸一样;螺孔和退刀槽是根据有关标准确定的。

4. 确定零件的技术要求

根据活动钳身零件的功能作用,参考有关资料,采用类比法,确定了表面粗糙度、几何公差、热处理等技术要求,如图 5-30 所示(图中标题栏为国际推荐格式)。

项目六　用 AutoCAD 2024 绘制二维图形

AutoCAD 是由美国 Autodesk 公司于 20 世纪 80 年代初为在计算机上应用 CAD 技术而开发的绘图程序软件包,经过不断地完善,现已经成为国际上广为流行的绘图工具,主要用于二维、三维设计及绘图。本项目将简要介绍 AutoCAD 2024 版的绘图、编辑、显示控制、绘图环境设置、文字注写以及尺寸标注等基本功能。

任务一　用 AutoCAD 2024 绘制与编辑平面图形

【学习目标】
1. 熟悉 AutoCAD 2024 的绘图环境,掌握 AutoCAD 2024 的基本绘图命令和编辑命令。
2. 掌握平面图形的基本绘制和编辑方法。

一、相关知识

(一) AutoCAD 2024 的绘图基础

1. AutoCAD 2024 的启动

AutoCAD 2024 系统安装完成后,将在操作系统的桌面上自动生成 AutoCAD 2024 的快捷方式图标。启动时,双击该图标,即可进入如图 6-1a 所示的 AutoCAD 2024 的"选择或新建文件"界面。

2. AutoCAD 2024 的用户界面

选择图 6-1a 的"新建"按钮,就进入图 6-1b"草图与注释工作空间"界面,这也是 AutoCAD 的默认用户界面。界面有标题栏、下拉菜单、功能区、绘图窗口、状态栏以及命令行等几部分。

1) 标题栏　标题栏在屏幕的顶部,用于显示软件的名称及当前打开的文件名。若是刚刚启动,也没有打开任何图形文件,则文件名——Drawing 1 将显示在标题栏中。

2) 功能区工具栏和菜单栏　"草图与注释工作空间"界面中的功能区是各类工具栏的集合,用户可以直接在上面选择图标按钮进行命令操作,与经典的工具栏作用类似,为方便称呼,本书后续对功能区就简称工具栏。AutoCAD 2024 提供了 50 多个工具栏,通过这些工具栏可实现大部分操作,其中默认的工具栏有"绘图""修改""注释""图层"等多个工具栏。

菜单栏提供 AutoCAD 2024 的所有命令，用户只要单击下拉菜单栏中的任一主菜单，便可以得到其一系列的子菜单，使用下拉菜单也可方便地进行命令操作，如图 6-2 所示。

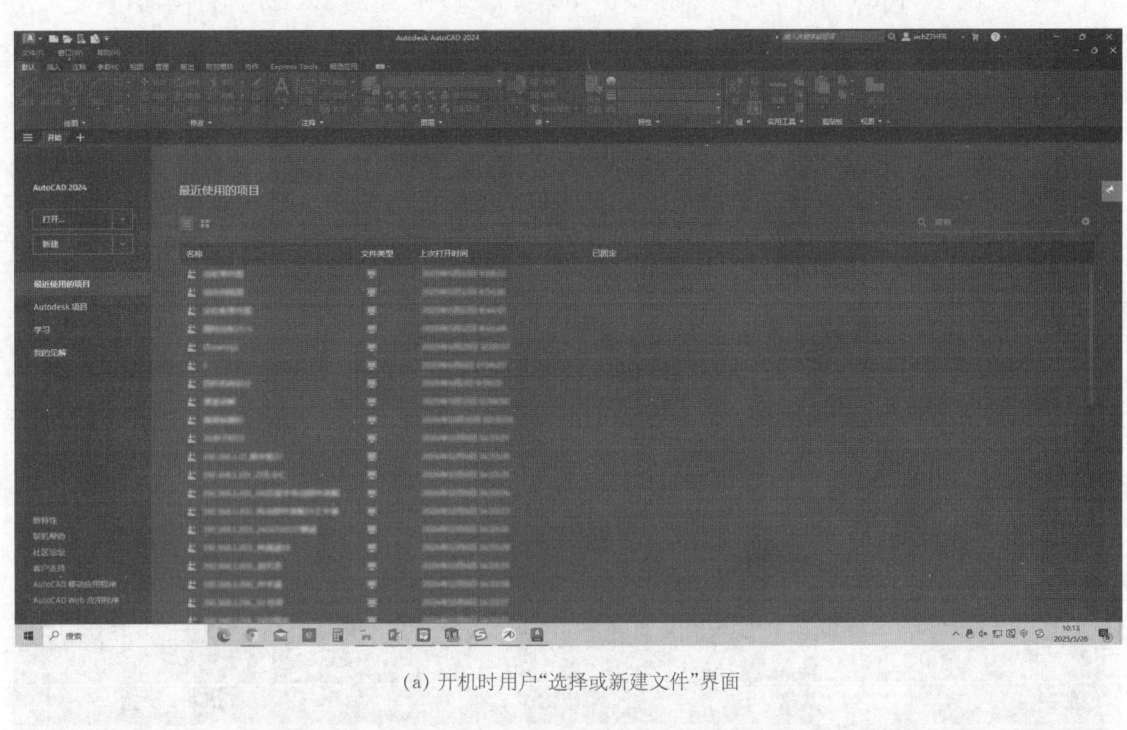

(a) 开机时用户"选择或新建文件"界面

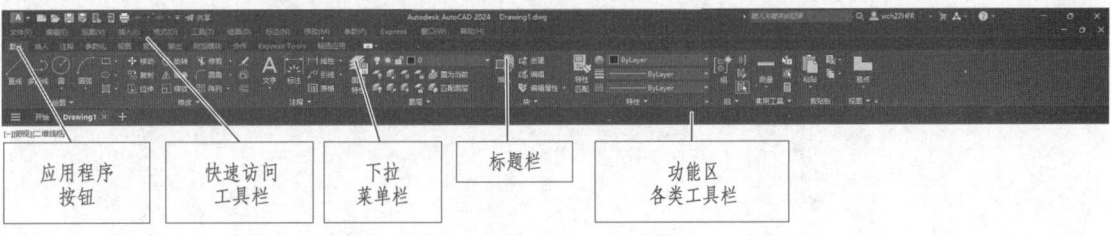

(b) "草图与注释工作空间"界面

图 6-1 AutoCAD 用户界面

3) 快速访问工具栏　快速访问工具栏位于屏幕顶部左侧。默认状态下，它包括"标准"工具栏的常用命令和自定义快速访问工具栏控件。用户可以添加、删除和重新定位命令，实现显示或隐藏菜单栏等功能。

4) 绘图区　AutoCAD 2024界面上最大的空白窗口便是绘图区，亦称视图窗口，它是用户绘图的地方。视窗中有十字光标和用户坐标系图标。

5) 命令行　在屏幕的下方是命令行，是用户使用键盘输入各种命令的直接显示。在绘图时，用户要注意命令行的各种提示，以便准确快捷地绘图。

6) 状态栏　AutoCAD 2024界面的底部是状态栏。它显示当前十字光标的坐标和AutoCAD 2024绘图辅助工具的切换按钮。单击切换按钮，可在 ON 和 OFF 状态之间进行切换。绘图区的左下角有图纸空间与模型空间的切换按钮，用它可方便地在图纸空间与模型空间之间进行切换。

3. AutoCAD 2024 的命令输入方式

1) 键盘输入　当命令窗口中出现"键入命令："时，用户可以通过键盘输入命令，如输入"LINE↙或 L↙"(↙表示输入 Enter 键)。如直接输入 Enter 键，将执行上一个命令。

2) 下拉菜单输入　下拉菜单是一种级联的层次结构。下拉菜单栏中所显示的为主菜单，用鼠标左键单击主菜单将弹出相应的下拉菜单。例如，单击下拉菜单栏中的"绘图(D)"菜单，将弹出相应的"绘图"下拉菜单，如图 6-2 所示。

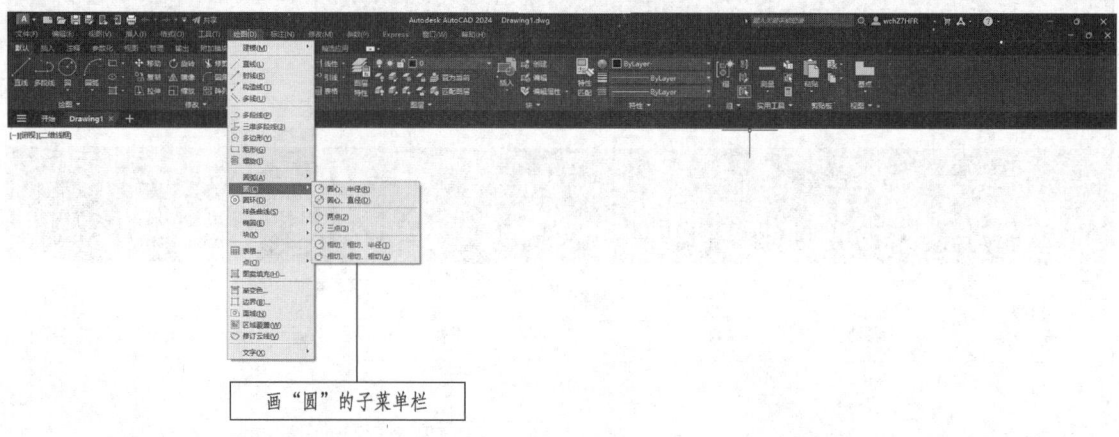

画"圆"的子菜单栏

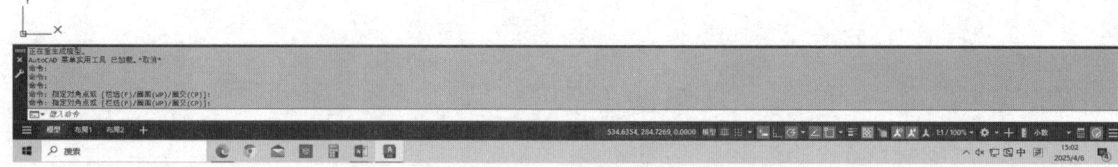

图 6-2　下拉菜单的层次结构

3) 工具栏输入　工具栏由若干工具按钮组成，这些工具按钮分别代表一些常用的命令，使用它们可以快捷地调用各种命令，来完成大部分的绘图工作。操作时，用户直接单击工具栏中的工具按钮就可以调用相应的命令，然后根据对话框中的内容或命令行的提示执行下一步的操作。AutoCAD 2024 工具栏具有提示功能，即当用户将鼠标指针移动到工具栏中的某一工具按钮上并停留片刻时（不要单击），该工具按钮将呈现凸起状态，同时出现一个文本框显示该命令的名称，并在状态栏中显示有关该命令功能的详细说明。

4. AutoCAD 2024 的数据输入方式

为了完成需要的工作，大多数命令都要求提供某些有关的参数。

1) 坐标点输入　在 AutoCAD 2024 中，可以用鼠标或键盘来输入一个点。用鼠标输入点时，将绘图区中的十字光标移到需要的位置，单击鼠标左键即可，该操作称为拾取点。在拾取点时，用户可以使用对象捕捉、坐标捕捉和坐标过滤器等工具提高工作效率。使用键盘输入点时，坐标的各个分量之间用逗号分隔，如(X, Y, Z)；注意：此时的逗号必须在英文状态下输入。如果不需要三维点时，Z 坐标可以省略。由键盘输入的坐标可以采用直角坐标系或极坐标系形式的绝对坐标或相对坐标。

(1) 直角坐标。在二维空间中，直角坐标是将点看作从原点(0, 0)出发的沿 X 轴与 Y 轴的位移。例如，点(-5, 8)表示该点在负 X 轴 5 个图形单位与正 Y 轴 8 个图形单位的位置上。

(2) 极坐标。极坐标系是使用一个距离值和角度值来定位一个点。也就是说，使用极坐标系输入的任意一点均是用相对于原点(0, 0)的距离和角度表示的。例如，点(10＜45)表示该点在距原点 10 个图形单位、该点和原点的连线与 X 轴夹角为 45°的位置上。

(3) 绝对坐标。绝对坐标将点看作对原点(0, 0)的位移，表示方法为"X 坐标，Y 坐标""距离＜角度"。例如"10, 20"表示距离原点在 X 轴 10 个图形单位、Y 轴 20 个图形单位位置上的点；"10＜150"表示距离原点为 10 个图形单位、角度为 150°处的点。

(4) 相对坐标。使用相对坐标时，用户通过输入相对于当前点的位移或者距离和角度的方法来输入新点，直角坐标与极坐标都可以采用相对坐标的方式来定位点。

AutoCAD 2024 规定，在相对坐标的前面要添加一个@号，用来表示与绝对坐标的区别。例如，"@10, 25"表示距当前点沿在 X 轴正方向 10 个图形单位，沿 Y 轴正方向 25 个图形单位的新点；"@10＜45"表示距当前点的距离为 10 个单位，与 X 轴夹角为 45°的点。

需要说明的是，打开状态栏中的"动态输入"（点击按钮　），系统默认为相对坐标状态，此时输入点坐标时，不用在输入的点坐标前加@，其效果与添加了@的一致。

2) 数值输入　一般情况下，数值的输入（整型或实型）只能由键盘来完成，但有些情况下也可以由鼠标输入。例如，距离和角度等。

3) 字符串输入　字符串的输入只能由键盘来完成，输入时可以包含特殊含义的字符。

4) 精确输入　AutoCAD 2024 为用户提供了多种绘图的辅助工具，它位于用户界面底部的状态栏中，如栅格、捕捉、正交、极轴追踪和对象捕捉等，以帮助用户更容易、更准确地创建和修改图形对象。用户可通过"草图设置"对话框（图 6-3）对这些辅助工具进行设置，以便更加灵活、方便地使用这

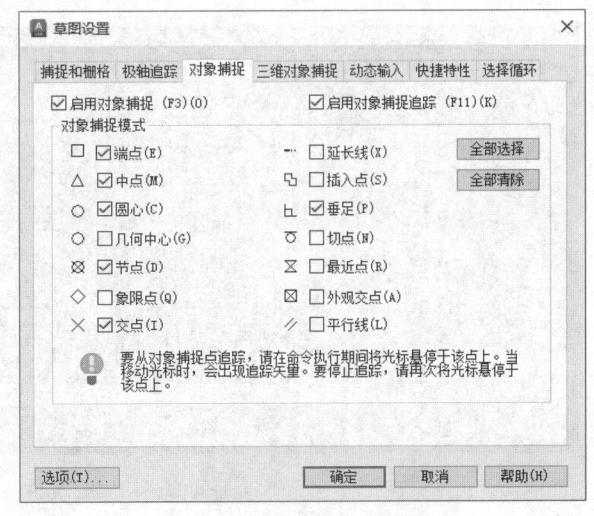

图 6-3　"草图设置"对话框

些工具绘制图形。

5. 文件管理

1) 创建新的图形文件　在 AutoCAD 2024 中,用户可以单击"应用程序按钮"或"快速访问工具栏"中的"新建"按钮或在命令行输入"qnew"或"qn",来创建一个新的图形文件。

2) 打开已有的图形　在 AutoCAD 2024 中,用户可以单击"应用程序按钮"或"快速访问工具栏"中的"打开"按钮或在命令行输入"open",来打开一个已有的图形文件。

3) 保存图形　在 AutoCAD 2024 中,用户可以单击"应用程序按钮"或"快速访问工具栏"中的"保存"按钮或在命令行输入"save",来保存图形文件。执行该命令后,如果当前图形已经命名,则系统自动将该图形保存在磁盘中。

4) 退出 AutoCAD 2024　在 AutoCAD 2024 中,用户可以单击屏幕右上角或"应用程序按钮"中的"关闭"按钮或在命令行输入"quit",来进行退出程序的操作。

6. AutoCAD 2024 的基本绘图环境设置

使用 AutoCAD 2024 绘图时,可以根据用户的需要来设置基本绘图环境,然后再进行绘图。

1) 系统选项设置　利用 AutoCAD 2024 提供的"选项"对话框,用户可以方便地对系统的绘图环境进行设置和修改,如设置文件保存版本、改变窗口颜色等。比较快捷的调用方法为:①命令行中键入"OP↙";②在绘图区单击右键,在弹出菜单中单击"选项";③选取菜单栏"工具"菜单→"选项",然后打开"选项"对话框。

2) 图形界限设置　用来确定绘图的范围。调用方法:在命令状态下,单击屏幕菜单栏中"格式"菜单中的"图形界限"命令,或命令行输入"LIMITS"。

3) 图层设置　利用 AutoCAD 2024,可以用不同的线型、线宽、颜色来绘图,也可以将所绘制对象放在不同的图层上。调用方法:在"图层"工具栏上单击"图层特性"按钮,或单击菜单栏"格式"→"图层"命令,或在命令行键入"LAYER"并按 Enter 键,都可以打开"图层特性管理器"对话框,如图 6-4 所示。

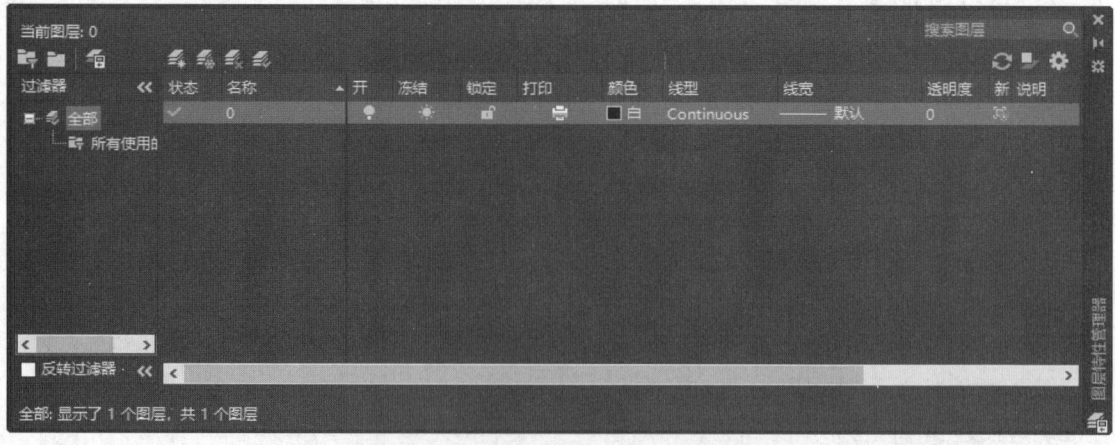

图 6-4　"图层特性管理器"对话框

(二) AutoCAD 2024 的基本绘图命令

工程图样中的图形都是由基本图形元素(如点、直线、圆和圆弧)组成的。了解这些基本图形元素的画法,是绘制整个图形的基础。

1. 直线(LIEN)

1) 输入命令　可以采用下列方法之一:

菜单栏:选取"绘图"菜单→"直线"命令。

工具栏:单击"绘图"工具栏中的"直线"按钮 。

命令行:L。

2) 功能　创建一系列连续的直线段,每条线段都是可以单独进行编辑的直线对象。

3) 操作　执行上面命令之一,系统提示如下:

指定第一个点:

指定下一点或[放弃(U)]:

指定下一点或[闭合(C)/放弃(U)]:

4) 命令说明

(1) 在提示"指定第一个点:"时,在绘图区的适当位置单击左键,确定直线的第一点位置。

(2) 在提示"指定下一点或[放弃(U)]:"时,在绘图区的适当位置单击左键,确定直线的端点位置,即可绘制出一条直线;如果要放弃前面绘制的线段,输入"U✓"即可。

(3) 在提示"指定下一点或[放弃(U)]:"时,继续在屏幕适当位置单击左键,画出第二条直线;同样也可放弃刚才绘制的直线。

(4) 在提示"指定下一点或[闭合(C)/放弃(U)]:"时,若输入"C"或左键点击命令提示中的"闭合(C)",会将刚才画的一系列直线的闭合,形成一个封闭的多边形,同时结束这一次的直线绘制。

(5) 在绘制直线过程中,直接按 Enter 键,将结束命令,Enter 键一般是结束命令操作的指令。

(6) 在操作命令过程中,点击命令行中各种命令提示中的选项字母与输入命令提示选项的字母作用一样。本书在后续的命令操作中,只写了输入命令提示选项的字母一种方法,用户实际操作时点击和输入字母的方法都可取。

2. 圆(CIRCLE)

在 AutoCAD 2024 中,系统提供了 6 种绘制圆弧的方式。圆的子菜单列出其方式,如图 6-5 所示。

1) 输入命令　可以采用下列方法之一:

菜单栏:选取"绘图"菜单→"圆"命令。

工具栏:单击"绘图"工具栏中的"圆"按钮 。

命令行:C。

2) 功能　在指定位置绘制圆。

3) 操作

命令:_circle 指定圆的圆心或[三点(3P)/两点(2P)/切点、切点、半径(T)]:

图 6-5　圆的子菜单

指定圆的半径或[直径(D)]：

命令说明　这样绘制的是已知圆心和半径的圆。

3. 圆弧(ARC)

在 AutoCAD 2024 中，系统提供了 11 种绘制圆弧的方式。圆弧的子菜单列出其方式，如图 6-6 所示。

1）输入命令　可以采用下列方法之一：

菜单栏：选取"绘图"菜单→"圆弧"命令。

工具栏：单击"绘图"工具栏中的"圆弧"按钮 。

命令行：A。

2）功能　根据指定的方式绘制圆弧。

3）操作

命令：_arc 指定圆弧的起点或[圆心(C)]：

指定圆弧的第二个点或[圆心(C)/端点(E)]：

指定圆弧的端点：

4）命令说明　这样绘制的是过三个已知点的圆弧。

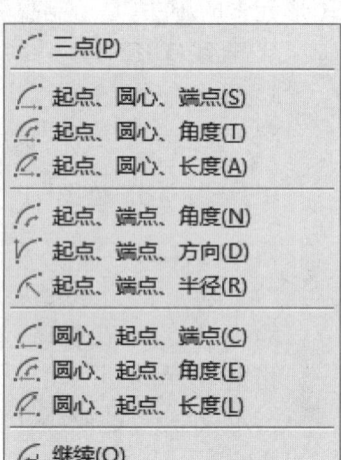

图 6-6　圆弧的子菜单

4. 椭圆(ELLIPSE)

在 AutoCAD 2024 中，提供了三种方式绘制椭圆及椭圆弧，即中心点法、轴端点法和椭圆弧法。椭圆子菜单列出其方式，如图 6-7 所示。下面是"中心点法"的一个操作过程。

1）输入命令　可以采用下列方法之一：

菜单栏：选取"绘图"菜单→"椭圆"命令。

工具栏：单击"绘图"工具栏中的"椭圆"按钮 。

命令行：EL。

图 6-7　椭圆子菜单

2）功能　根据指定方式画椭圆或椭圆弧。

3）操作

命令：_ellipse

指定椭圆的轴端点或[圆弧(A)/中心点(C)]：_c

指定椭圆的中心点：

指定轴的端点：

指定另一条半轴长度或[旋转(R)]：

命令说明　这样绘制的是过椭圆中心，已知椭圆长、短半轴长度的椭圆。

5. 矩形(RECTANG)

1）输入命令　可以采用下列方法之一：

菜单栏：选取"绘图"菜单→"矩形"命令。

工具栏：单击"绘图"工具栏中的"矩形"按钮 。

命令行：REC。

2）功能　绘制矩形，并能按要求绘制倒角和圆角。

3) 操作

命令:_rectang

指定第一个角点或[倒角(C)/标高(E)/圆角(F)/厚度(T)/宽度(W)]:

指定另一个角点或[面积(A)/尺寸(D)/旋转(R)]:

4) 命令说明　这样绘制的是已知两对角点的一般矩形。

6. 正多边形(POLYGON)

运用正多边形命令可绘制边数在3～1024之间的正多边形。

1) 输入命令　可以采用下列方法之一:

菜单栏:选取"绘图"菜单→"多边形"命令。

工具栏:单击"绘图"工具栏中的"多边形"按钮 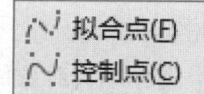。

命令行:POL。

2) 功能　绘制正多边形。

3) 操作　执行上面命令之一,系统提示如下:

输入侧面数<4>:

指定正多边形的中心点或[边(E)]:

输入选项[内接于圆(I)/外切于圆(C)]<I>:

指定圆的半径:

4) 命令说明　这样绘制的是内接或外切圆的正多边形。

7. 样条曲线(SPLINE)

样条曲线是通过一系列给定点的光滑曲线,用来表示波浪线、折断线等。AutoCAD 2024提供了"拟合"和"控制点"两种方式绘制样条曲线,如图6-8所示。下面是"拟合"样条曲线的操作过程。

图6-8　样条曲线子菜单

1) 输入命令　可以采用下列方法之一:

菜单栏:选取"绘图"菜单→"样条曲线"命令。

命令按钮:单击"样条曲线"按钮 。

命令行:SPL。

2) 功能　创建通过指定点的平滑曲线。

3) 操作

命令:_spline

指定第一个点或[方式(M)/节点(K)/对象(O)]:(指定起点)

输入下一个点或[起点切向(T)/公差(L)]:

输入下一个点或[端点相切(T)/公差(L)/放弃(U)]:(指定第3点)

输入下一个点或[端点相切(T)/公差(L)/放弃(U)/闭合(C)]:(指定第4点)

输入下一个点或[端点相切(T)/公差(L)/放弃(U)/闭合(C)]:(按Enter键)

8. 图案填充(HATCH)

在绘制机械图时,经常需要对某些图形区域填入剖面线或其他剖面符号,以表达该物体的材料等。AutoCAD 2024提供了快捷有效的图案填充和编辑功能。

1) 输入命令　可以采用下列方法之一：

菜单栏：选取"绘图"菜单→"图案填充"命令。

命令按钮：单击"图案填充"按钮 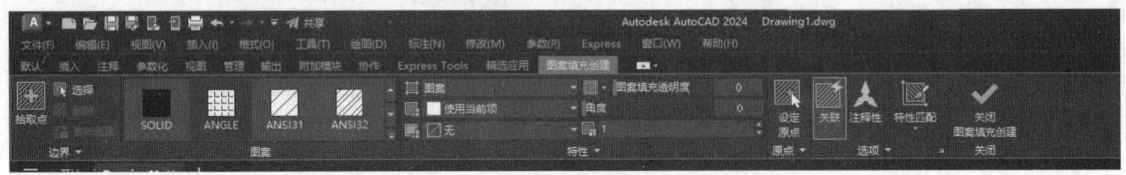。

命令行：H 或 BH。

2) 功能　对封闭区域或选定对象进行填充。

3) 操作

命令：_hatch

此时将显示"图案填充创建"选项卡，如图 6-9 所示。用户可根据具体的选项卡和命令行提示，进行图案填充。

图 6-9　"图案填充创建"选项卡

4) 命令说明　在机械图中，常用的剖面符号是一组平行的细实线时，可根据绘图要求将图案填充卡中的"图案"选项选定为"ANSI31"，同时根据要求设置角度和比例选项。

(三) AutoCAD 2024 的基本编辑命令

在绘制图形时，使用绘图命令只能创建一些基本的图形对象，而运用删除、复制、移动等编辑命令可以大大地提高绘图效率和质量。

1. 选择编辑对象的方式

编辑命令都需要选择编辑的对象，一般可先选择对象再执行编辑命令，也可先执行编辑命令再选择对象。AutoCAD 2024 提供了多种选择编辑对象的方式，下面仅介绍其中最常用的三种：

1) 点取方式　在编辑命令提示"选择对象"时，十字光标变为"口"形状，将其移至被选对象上单击，对象变为虚线，表示该对象已被选中。这种方法适合选择少量或分散的对象。

2) 窗口方式　在编辑命令提示"选择对象"时，通过对角线左侧和右侧的两个端点来定义一个矩形框，凡完全落在矩形框内的对象即被选中。

3) 窗交方式　在编辑命令提示"选择对象"时，通过对角线的右侧和左侧两个端点来定义一个矩形框，凡完全落在矩形框内以及与矩形框相交的对象即被选中。

在编辑命令提示"选择对象"时，直接按 Enter 键，表示结束对象的选择。

另外，在命令窗口中提示"命令："时，也可用上述方法先选择编辑对象，再执行编辑命令，可对已选对象进行编辑。

实际上，在点取对象时，用鼠标在屏幕上从左向右拖出一个矩形窗口，则实现窗口选择功能；若在屏幕上从右向左拖出一个矩形窗口，则实现窗交选择功能。

2. 删除 (ERASE)

1) 输入命令　可以采用下列方法之一：

菜单栏：选取"修改"菜单→"删除"命令。

工具栏：单击"修改"工具栏中的"删除"按钮 。

命令行：E。

2) 功能　删除指定对象。

3) 操作

命令：_erase

选择对象：(选择要删除的对象)

选择对象：(按 Enter 键或继续选择对象)

4) 命令说明

(1) 结束选择对象时，删除命令将同时结束，并在屏幕上擦去该对象。

(2) 也可在命令状态下先选择对象，再按"Delete"键来完成对象的删除。

3. 修剪(TRIM)

1) 输入命令　可以采用下列方法之一：

菜单栏：选取"修改"菜单→"修剪"命令。

工具栏：单击"修改"工具栏中的"修剪"按钮 。

命令行：TRIM。

2) 功能　将图形中选定的对象某一边界之外的部分切除。

3) 操作

命令：_trim

当前设置：投影=UCS，边=延伸，模式=标准

选择剪切边...(选择剪切边界线)

选择对象或[模式(O)]<全部选择>：找到 1 个(选择剪切边界线)

选择对象：(按 Enter 键或继续选择对象)

选择要修剪的对象，或按住 Shift 键选择要延伸的对象，或[剪切边(T)/栏选(F)/窗交(C)/模式(O)/投影(P)/边(E)/删除(R)]：(选择要剪切的对象、按 Enter 键结束)

4) 命令说明　上述是按照标准模式修剪对象，要先确定剪切边后，才剪切几何对象。当选择快速模式修剪时，则不用选择剪切边，直接修剪对象。

4. 偏移(OFFSET)

1) 输入命令　可以采用下列方法之一：

菜单栏：选取"修改"菜单→"偏移"命令。

工具栏：单击"修改"工具栏中的"偏移"按钮 。

命令行：O。

2) 功能　将选定的线、圆、弧等对象作平行或同心偏移复制。

3) 操作

命令：_offset

当前设置：删除源=否　图层=源　OFFSETGAPTYPE=0

指定偏移距离或[通过(T)/删除(E)/图层(L)]<通过>：(指定偏移距离)

选择要偏移的对象，或[退出(E)/放弃(U)]<退出>：(选择要偏移的对象)

指定要偏移的那一侧上的点,或[退出(E)/多个(M)/放弃(U)]<退出>:(指定偏移方位)

选择要偏移的对象,或[退出(E)/放弃(U)]<退出>:(按 Enter 键或继续选择对象)

5. 移动(MOVE)

1)输入命令　可以采用下列方法之一:

菜单栏:选取"修改"菜单→"移动"命令。

工具栏:单击"修改"工具栏中的"移动"按钮。

命令行:M。

2)功能　将图形中选定的对象移动到其他指定的位置。

3)操作

命令:_move

选择对象:找到 1 个(选择要移动的对象)

选择对象:(按 Enter 键或继续选择对象)

指定基点或[位移(D)]<位移>:

指定第二个点或<使用第一个点作为位移>:

4)命令说明　对象移动的距离与方向是以基点和第二点的连线为依据的。

6. 复制(COPY)

1)输入命令　可以采用下列方法之一:

菜单栏:选取"修改"菜单→"复制"命令。

工具栏:单击"修改"工具栏中的"复制"按钮。

命令行:CO。

2)功能　将图形中选定的对象复制到其他指定的位置。

3)操作

命令:_copy

选择对象:找到 1 个(选择要复制的对象)

选择对象:(按 Enter 键或继续选择对象)

当前设置:复制模式=多个

指定基点或[位移(D)/模式(O)]<位移>:

指定第二个点或[阵列(A)]<使用第一个点作为位移>:

指定第二个点或[阵列(A)/退出(E)/放弃(U)]<退出>:

4)命令说明　在输入基点后,复制命令将进行连续复制或线性整列操作,如要结束复制命令可直接按 Enter 键。

7. 旋转(ROTATE)

1)输入命令　可以采用下列方法之一:

菜单栏:选取"修改"菜单→"旋转"命令。

工具栏:单击"修改"工具栏中的"旋转"按钮。

命令行:ROT。

2)功能　将所选对象绕指定点(称为旋转基点)旋转指定的角度。

3) 操作

命令:_rotate

UCS 当前的正角方向:ANGDIR=逆时针　ANGBASE=0

选择对象:找到 1 个(选择要旋转的对象)

选择对象:(按 Enter 键或继续选择对象)

指定基点:(确定旋转基点)

指定旋转角度,或[复制(C)/参照(R)]<0>:(输入旋转角度)

4) 命令说明　在旋转对象时,以源对象与对象目标位置之间的夹角为角度值,逆时针为正值,顺时针为负值。如果要将对象旋转至一个参照方向,可使用"参照(R)"选项。这种旋转方法在摆正对象和将对象与图形中的其他对象对齐中,非常有用。

8. 镜像(MIRROR)

1) 输入命令　可以采用下列方法之一:

菜单栏:选取"修改"菜单→"镜像"命令。

工具栏:单击"修改"工具栏中的"镜像"按钮  。

命令行:MI。

2) 功能　将图形中选定的对象对称复制到其他指定的位置。

3) 操作

命令:_mirror

选择对象:找到 1 个(选择要镜像的对象)

选择对象:(按 Enter 键或继续选择对象)

指定镜像线的第一点:指定镜像线的第二点:

要删除源对象吗?[是(Y)/否(N)]<否>:

4) 命令说明　镜像命令操作中提示"要删除源对象吗?[是(Y)/否(N)]<否>:"时,输入"N",则保留源对象,并镜像再复制一个新对象;输入"Y",则删除源对象,只镜像复制一个新对象。

9. 阵列(ARRAY)

AutoCAD 2024 提供了"矩形阵列""环形阵列"和"路径阵列"三种方式阵列复制对象,如图 6-10 所示。下面是"矩形阵列"的操作过程。

1) 输入命令　可以采用下列方法之一:

菜单栏:选取"修改"菜单→"阵列"命令。

命令按钮:单击"修改"工具栏中的"阵列"按钮  。

图 6-10　阵列子菜单

命令行:AR。

2) 功能　可以在矩形、环形或路径阵列中复制对象。

3) 操作

命令:_array

此时选择对象后,会显示"阵列创建"选项卡(这一选项卡会因阵列方式不同而有变化),如图 6-11 所示。用户可按照提示根据需要执行阵列操作。

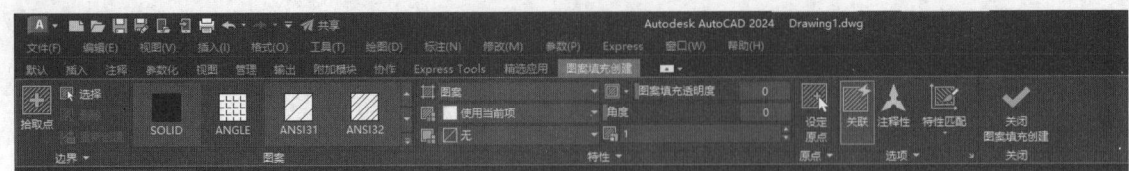

图 6-11 "阵列创建"选项卡

10. 缩放(SCALE)

1) 输入命令　可以采用下列方法之一：

菜单栏：选取"修改"菜单→"缩放"命令。

工具栏：单击"修改"工具栏中的"缩放"按钮 [缩放]。

命令行：SC。

2) 功能　将对象按比例放大或缩小。

3) 操作

命令：_scale

选择对象：找到 1 个(选择要缩放的对象)

选择对象：(按 Enter 键或继续选择对象)

指定基点：(指定基点)

指定比例因子或[复制(C)/参照(R)]<1.0000>：(指定比例因子)

11. 倒角(CHAMFER)

1) 输入命令　可以采用下列方法之一：

菜单栏：选取"修改"菜单→"倒角"命令。

工具栏：单击"修改"工具栏中的"倒角"按钮 [倒角]。

命令行：CHA。

2) 功能　对两条相交直线或多线段等对象绘制倒角。

3) 操作

命令：_chamfer

("修剪"模式)当前倒角距离 1＝0.0000，距离 2＝0.0000

选择第一条直线或[放弃(U)/多段线(P)/距离(D)/角度(A)/修剪(T)/方式(E)/多个(M)]：d

指定第一个倒角距离<0.0000>：10

指定第二个倒角距离<10.0000>：

选择第一条直线或[放弃(U)/多段线(P)/距离(D)/角度(A)/修剪(T)/方式(E)/多个(M)]：

选择第二条直线，或按住 Shift 键选择直线以应用角点，或[距离(D)/角度(A)/方法(M)]：

12. 圆角(FILLET)

1) 输入命令　可以采用下列方法之一：

菜单栏：选取"修改"菜单→"圆角"命令。

工具栏：单击"修改"工具栏中的"圆角"按钮 [圆角]

命令行:F。

2) 功能　用指定半径的圆弧光滑连接两对象。

3) 操作

命令:_fillet

当前设置:模式＝修剪,半径＝0.0000

选择第一个对象或[放弃(U)/多段线(P)/半径(R)/修剪(T)/多个(M)]:r

指定圆角半径＜0.0000＞:10

选择第一个对象或[放弃(U)/多段线(P)/半径(R)/修剪(T)/多个(M)]:

选择第二个对象,或按住 Shift 键选择以应用角点或[半径(R)]:

13. 分解(EXPLODE)

1) 输入命令　可以采用下列方法之一:

菜单栏:选取"修改"菜单→"分解"命令。

工具栏:单击"修改"工具栏中的"分解"按钮 。

命令行:EXPL。

2) 功能　将复合对象分解为其组成对象。

3) 操作

命令:_explode

选择对象:找到 1 个(选择要分解的对象)

选择对象:(按 Enter 键或继续选择对象)

14. 打断(BREAK)

1) 输入命令　可以采用下列方法之一:

菜单栏:选取"修改"菜单→"打断"命令。

工具栏:单击"修改"工具栏中的"打断"按钮 。

命令行:BR。

2) 功能　在两点之间打断选定对象。

3) 操作

命令:_break

选择对象:(选择对象指定打断点 1)

指定第二个打断点或[第一点(F)]:(指定打断点 2)

二、实践提高

绘制吊钩平面图,如图 6-12 所示。

绘制过程:

第一步:设置图形界限。

根据图形尺寸,将图形界限的两个点分别设为(0,0)和(60,80)。执行"缩放视图"命令的"全部(A)"选项,全屏显示图形界限。

第二步:设置对象捕捉。

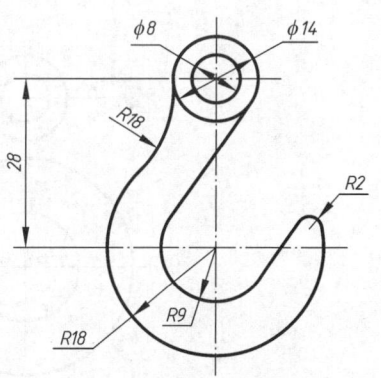

图 6-12　吊钩平面图

右击状态行栏上的"对象捕捉"→"设置",设置捕捉模式:圆心、交点和切点。

第三步:绘制中心线。

(1) 单击"图层"工具栏中的"图层特性"按钮 ,打开"图层特性管理器",设置线型,并将"点画线"图层置为当前,利用"直线命令"绘制水平和垂直中心线,如图 6-13a 所示。

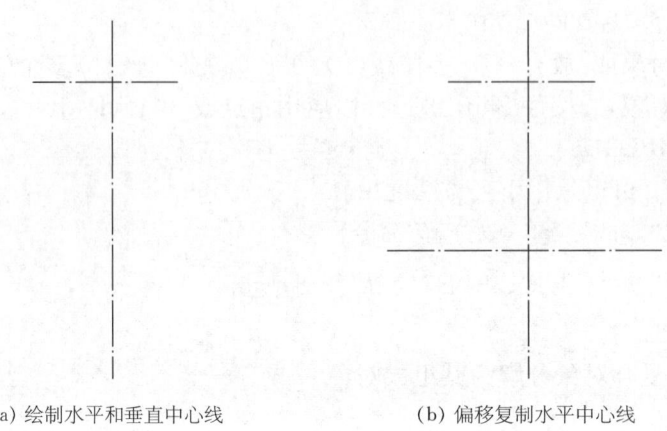

(a) 绘制水平和垂直中心线　　　　(b) 偏移复制水平中心线

图 6-13　绘制中心线

(2) 单击"修改"→"偏移" ,将水平线向下偏移,复制另一条水平线,如图 6-13b 所示。

第四步:绘制 $\phi 8\,\text{mm}$、$\phi 14\,\text{mm}$、$R9\,\text{mm}$、$R18\,\text{mm}$ 四个圆。

单击"图层"工具栏中"图层"下拉箭头,选择"粗实线"图层,利用交点捕捉功能先后捕捉中心线的两个交点,分别绘制 $\phi 8\,\text{mm}$、$\phi 14\,\text{mm}$、$R9\,\text{mm}$、$R18\,\text{mm}$ 四个圆,如图 6-14 所示。

第五步:绘制 $\phi 14\,\text{mm}$ 圆与 $R9\,\text{mm}$ 圆的公切线。

单击"绘图"→"直线" ,配合"切点"捕捉绘制公切线,如图 6-15 所示。

第六步:偏移公切线。

单击"修改"→"偏移" ,将刚绘制的公切线向右下方偏移 18 mm,如图 6-16 所示。

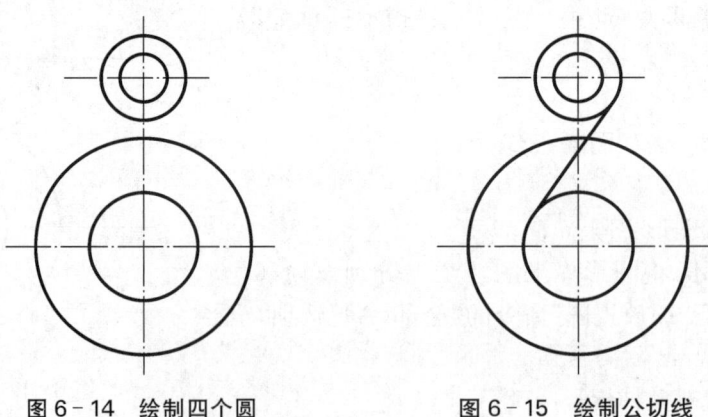

图 6-14　绘制四个圆　　　　图 6-15　绘制公切线

第七步:绘制左上角 $R18\,\mathrm{mm}$ 的圆。

单击"绘图"→"圆" ,选择"相切、相切、半径"选项,绘制 $R18\,\mathrm{mm}$ 的圆,如图 6-17 所示。

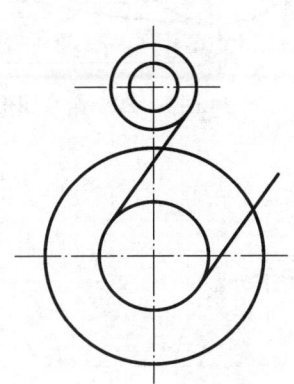

图 6-16 偏移公切线

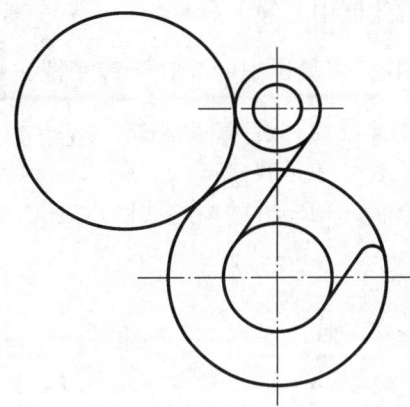

图 6-17 绘制 $R18\,\mathrm{mm}$、$R2\,\mathrm{mm}$ 的圆

第八步:绘制右边 $R2\,\mathrm{mm}$ 的圆。

单击"修改"→"圆角" 圆角 。

第九步:裁剪多余图线,完成全图,如图 6-18 所示。

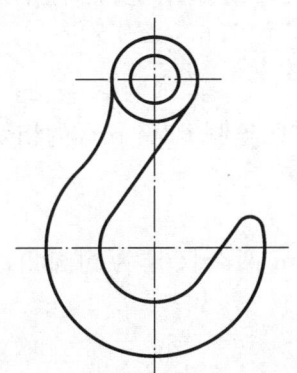

图 6-18 偏移公切线

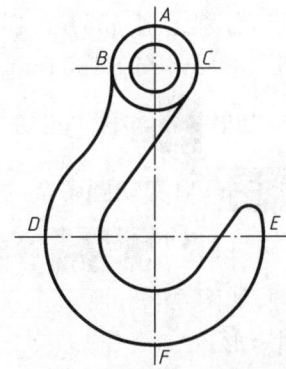

图 6-19 绘制 $R18\,\mathrm{mm}$、$R2\,\mathrm{mm}$ 的圆

第十步:对中心线进行裁剪。

为使图形更加美观,可将过长的中心线进行裁剪,删除多余部分,如图 6-19 所示。

单击"修改"→"打断" 。

通过以上操作,即可得到如图 6-12 所示图形,保存图形文件。

三、知识拓展

绘制组合图形,如图 6-20 所示。

绘制过程:

第一步：设置图形界限。

根据图形尺寸，将图形界限的两个点分别设为(0,0)和(90,50)。执行"缩放视图"命令的"全部(A)"选项，全屏显示图形界限。

第二步：绘制中心线。

单击"图层"工具栏中的"图层特性"按钮 ，打开"图层特性管理器"，选择"点画线"图层，利用"正交"模式绘制水平和垂直中心线。偏移复制另外一条中心线，绘制 $R13\,mm$ 的中心线圆，如图 6-21 所示。

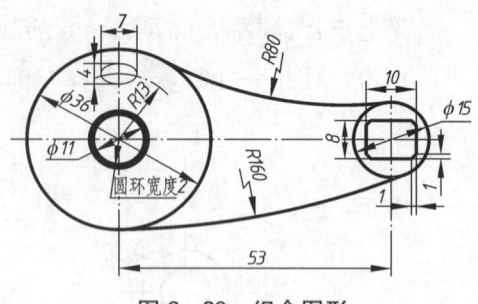

图 6-20　组合图形

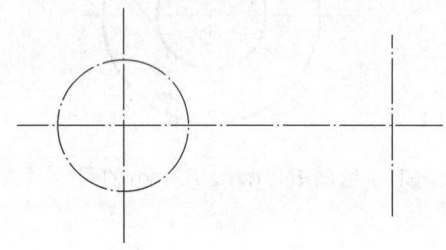

图 6-21　绘制中心线

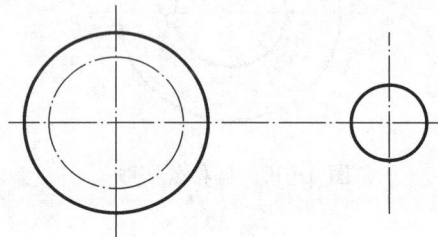

图 6-22　绘制 $\phi36\,mm$、$\phi15\,mm$ 两个圆

第三步：绘制 $\phi36\,mm$、$\phi15\,mm$ 两个圆。

单击"图层"工具栏中"图层"下拉箭头，选择"粗实线"图层，利用交点捕捉功能先后捕捉中心线的两个交点，分别绘制 $\phi36\,mm$、$\phi15\,mm$ 两个圆，如图 6-22 所示。

第四步：绘制 $R80\,mm$ 与 $R160\,mm$ 两个圆。

单击"绘图"→"圆" ，选择"相切、相切、半径"选项，绘制 $R160\,mm$ 的相切圆，单击"修改"→"修剪" ，对相切圆多余的图线进行剪切。

单击"修改"→"圆角" ，$\phi36\,mm$、$\phi15\,mm$ 两个圆作为倒圆角的对象，绘制 $R80\,mm$ 的相切圆，如图 6-23 所示。

第五步：绘制矩形。

单击"绘图"→"矩形" ，绘制长为 $10\,mm$、高为 $8\,mm$ 的矩形，并单击"修改"→"倒角" ，完成对矩形的倒角，如图 6-24 所示。

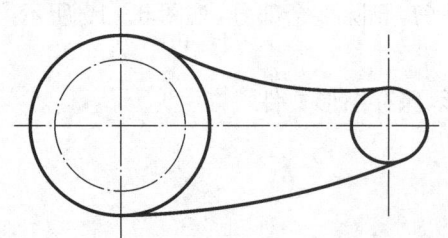

图 6-23　绘制 $R80\,mm$ 与 $R160\,mm$ 两个圆

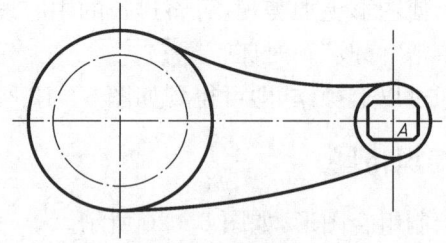

图 6-24　绘制矩形

第六步:绘制椭圆。

单击"绘图"→"椭圆" ,绘制长轴为 7 mm、短轴为 4 mm 的椭圆,如图 6-25 所示。

第七步:绘制圆环。

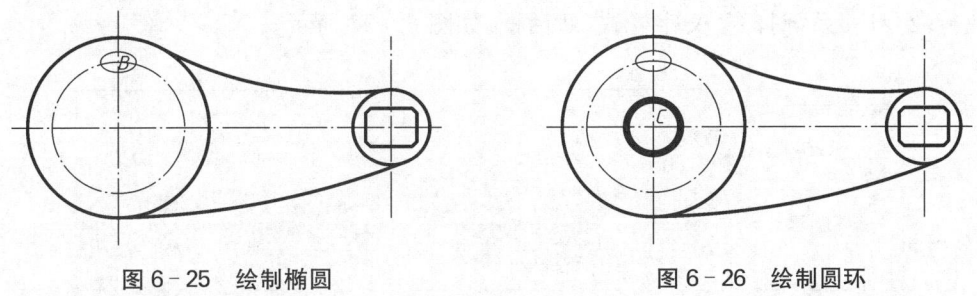

图 6-25 绘制椭圆　　　　　　　图 6-26 绘制圆环

单击"绘图"→"圆环" ,得到如图 6-26 所示图形。

第八步:对中心线进行裁剪。

根据《机械制图》国家标准,对中心线进行裁剪,删除多余部分,即可得到如图 6-20 所示图形,保存图形文件。

任务二　用 AutoCAD 2024 完成平面图形的文字与尺寸标注

【学习目标】
1. 能根据图形特点,灵活应用各种方法,快速高效地绘制平面图形。
2. 掌握创建、修改文字样式的方法。
3. 能根据需要正确创建、修改标注样式。

一、相关知识

(一) AutoCAD 2024 的文字注写

在工程图样中,一般都有文字注释,用于表达一些非图形信息,例如注写技术要求、标题栏和明细栏等。AutoCAD 2024 提供了强大的注写及编辑功能,包括设置文字样式、单行文字注写、多行文字注写和文本编辑等。

1. 创建文字样式

在文本注写前,首先应设置文字样式,这样才能注写出符合要求的文字。设置文本样式,包括文字的字体、高度、宽度比例、倾斜角度以及颠倒、反向、垂直参数等。

1) 输入命令　可以采用下列方法之一:

菜单栏:选取"格式"菜单→"文字样式"命令。

工具栏:在文字工具栏中单击 按钮。

命令行:ST。

2）操作格式

命令：

执行命令后,系统打开"文字样式"对话框,如图 6-27 所示。

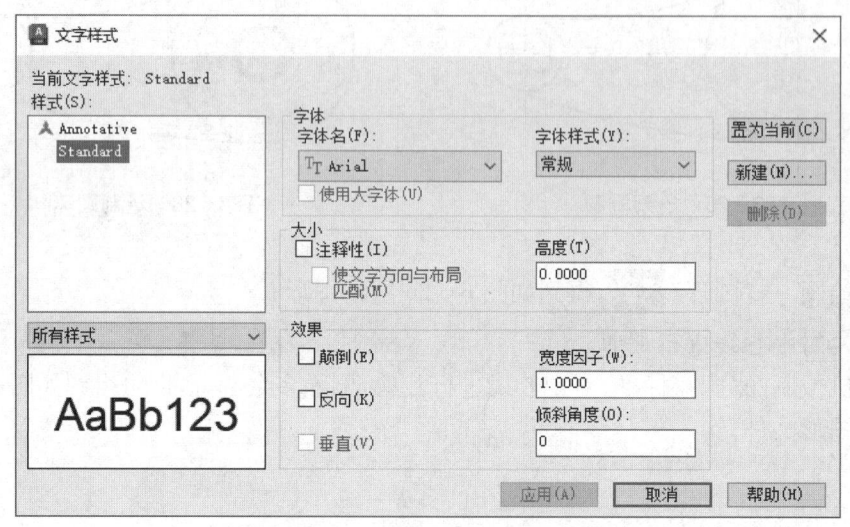

图 6-27 "文字样式"对话框

3）命令说明　在"文字样式"对话框中,各项含义如下：

（1）样式名。在"样式"列表框中列出了当前可以使用的文字样式,默认的样式为 Standard。

（2）新建。单击该按钮,弹出"新建文字样式"对话框。在"样式"文本框中输入新建文字样式名称后,单击"确定"按钮,新建文字样式将显示在"样式"列表框中。

（3）重命名。右击"样式"列表框中的文字样式,在弹出菜单中单击"重命名"按钮,此时该文字样式名文本框转为可修改状态,用户可在文本框中输入新的名字,但无法重命名默认的 Standard 样式。

（4）删除。单击"样式"列表框中的文字样式,可以删除一个已有的文字样式,但无法删除当前文字样式、已经被使用的文字样式和默认的 Standard 样式。

（5）字体。可以设置文字样式使用的字体和字高等属性,在"字体名"下拉列表框中可以选择字体,在"高度"文本框中可以设置文字高度。

（6）效果。可以设置文字的显示效果,如颠倒、反向、垂直、宽度因子以及倾斜角度。

（7）预览。位于"文字样式"对话框左下角,可以预览所选择或设置的文字样式效果。

2. 标注单行文字(DTEXT)

1）输入命令　可以采用下列方法之一：

菜单栏:选取"绘图"菜单→"文字"子菜单→"单行文字"命令。

工具栏：单击"绘图"工具栏中的"文字"按钮 A 单行文字。

命令行：DT。

2) 功能　标注单行的文字用来创建比较简短的文字对象。

3) 操作

命令：_dtext

当前文字样式："Standard"　文字高度：　2.5000　注释性：否　对正：右（显示当前文字样式和高度等）

指定文字的起点或[对正(J)/样式(S)]：（指定文字的起点或选项）

指定高度<2.5000>：（指定文字高度）

指定文字的旋转角度<0>：（指定文字的旋转角度值）

输入文字：（输入文字内容）

输入文字：（输入文字内容或按 2 次 Enter 键结束操作）

4) 选项说明　该命令中各选项的功能如下：

(1) 指定文字的起点。用于指定文字标注的起点，并默认为左对齐方式。

(2) 对正。指定文字的对齐方式。在命令行输入"J"，按 Enter 键后，系统提示："输入选项[左(L)/居中(C)/右(R)/对齐(A)/中间(M)/布满(F)/左上(TL)/中上(TC)/右上(TR)/左中(ML)/正中(MC)/右中(MR)/左下(BL)/中下(BC)/右下(BR)]："

(3) 样式。用于确定已定义的文字样式作为当前文字样式。

3. 标注多行文字(MTEXT)

1) 输入命令　可以采用下列方法之一：

菜单栏：选取"绘图"菜单→"文字"子菜单→"多行文字"命令。

工具栏：单击"绘图"工具栏中的"文字"按钮 A 多行文字。

命令行：T 或 MT。

2) 功能　标注多行的文字用来创建较为复杂的文字说明，如图样的技术要求等。

3) 操作

命令：_mtext

当前文字样式："Standard"文字高度：2.5　注释性：否（显示当前文字样式和高度等）

指定第一角点：（指定多行文字框的第一角点位置）

指定对角点或[高度(H)/对正(J)/行距(L)/旋转(R)/样式(S)/宽度(W)/栏(C)]：（指定对角点或选项）

4) 命令说明

(1) 在输入单行文字时，按一次 ENTER 键，另起一行输入文字；按两次 ENTER 键，结束文字输入。

(2) 当执行多行文字命令，在绘图区域当中指定了第一角点和对角点后，系统会显示"文字编辑器"选项卡和输入文字区域框，如图 6-28 所示；用户可在选项卡中对文字格式进行编辑，然后在光标显示的位置输入想要输入的文字，完成后在文字输入框格外点击，或单击选项卡中的"关闭"按钮即可。特殊单位符号按约定格式输入，度数(°)：%%d、正/负(±)：%%p、直径(ϕ)：%%c。

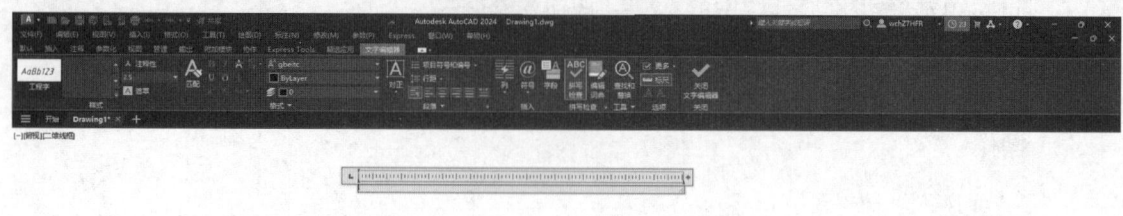

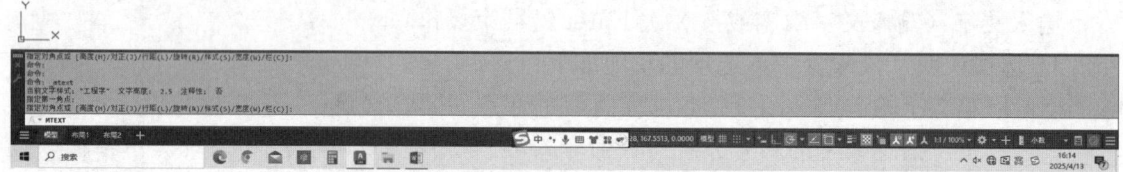

图 6-28 "文字编辑器"选项卡

(3) 按单行文字命令输入的每一行文字是一个独立的对象；而按多行文字输入命令一次性输入的所有文字都是一个对象。

(二) AutoCAD 2024 的尺寸标注

图形只能表达物体的形状，而物体的大小和结构间的相对位置必须要由尺寸标注来确定。AutoCAD 2024 提供了 10 多种尺寸标注类型，如图 6-29 所示为"标注"菜单栏中列出的尺寸标注类型。

尺寸标注样式用于控制标注的格式和外观，AutoCAD 2024 中的标注均与一定的标注样式相关联。

调出"标注样式管理器"可以采用下列方法之一：

菜单栏："标注"菜单（或"格式"菜单）→"标注样式"命令。

工具栏：单击"标注"工具栏中的"标注样式"按钮 。

命令行：DIMSTY。

执行输入命令后，将弹出"标注样式管理器"对话框，如图 6-30 所示。

1. 选项功能

1) 当前标注样式　显示当前选定的标注样式。当前样式将应用于所创建的标注。

2) 样式　显示图形中所有的标注样式。选择的当前样式将被亮显。

图 6-29 "标注"菜单栏

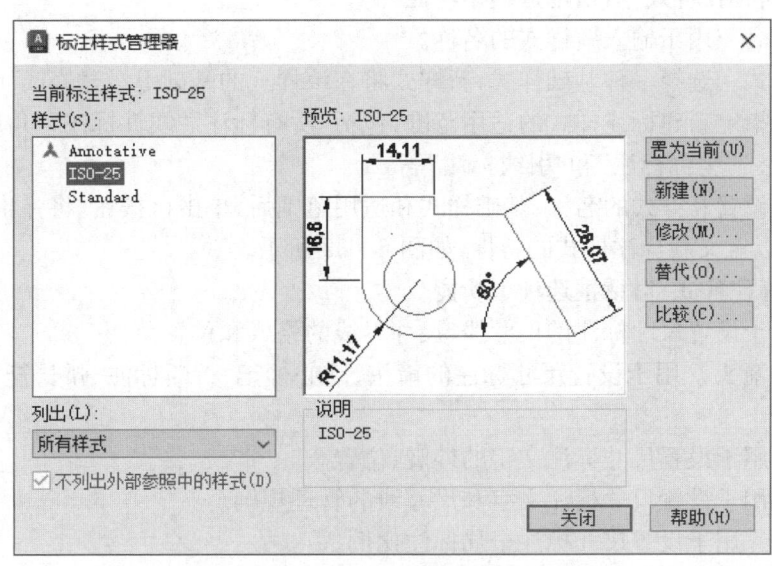

图 6-30 "标注样式管理器"对话框

3) 列出　控制"样式"列表框中显示哪些标注样式。若选择"所有样式",则"样式"列表框中将显示图形中的所有标注样式;若选择"正在使用的样式",则"样式"列表框中仅显示当前图形中已经使用的标注样式。

4) 不列出外部参照中的样式　勾选该复选框,在"样式"列表框中将不显示外部参照图形中的标注样式。只有在当前图形中已经插入外部参照图形的情况下,该选项才能使用。

5) 预览　显示"样式"列表框中某个选定标注样式的标注预览图形。

6) 说明　说明"样式"列表框中选择的标注样式。

7) 置为当前　单击该按钮,可将"样式"列表框中选定的标注样式置为当前的标注样式。

8) 新建　单击该按钮,将弹出"创建新标注样式"对话框,如图 6-31 所示,可创建新标注样式。

9) 修改　单击该按钮,将弹出"修改标注样式"对话框,可以对已经创建的标注样式进行修改。注意:当修改某个标注样式后,凡是用该标注样式标注的尺寸,不论是已经标注的尺寸,还是将要标注的尺寸,都将自动按修改后的标注样式设置进行更新。

10) 替代　单击该按钮,将弹出"替代当前样式"对话框,可以对替代样式进行修改,替代方式常用于要标注尺寸的样式与某个标注样式很接近,而又略有不同的情况。此时可设置一个临时标注样式来替代主样式进行标注,而用主样式已经标注的尺寸不会发生任何变化。

11) 比较　单击该按钮,将弹出"替代当前样式"对话框。用户可比较两种标注样式的区别。

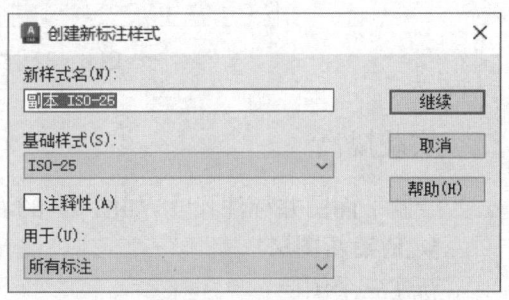

图 6-31 "创建新标注样式"对话框

2. "创建新标注样式"对话框选项卡功能

1) 新样式名 用于输入新样式的名称。

2) 基础样式 选择一种基础样式,新样式将在该样式的基础上经过修改而成。

3) 用于 指定新建标注样式的适用范围,包括"所有标注""线性标注""角度标注""半径标注""直径标注""坐标标注"和"引线标注"等。

4) 继续 设置新样式的名称、基础样式和适用范围后,单击该按钮,将弹出"新建标注样式"对话框,可以定义新标注样式的特性,如图 6-32 所示。

3. "新建标注样式"对话框选项卡功能

1) 线 用于设置尺寸标注的尺寸线、尺寸界线的格式和位置。

2) 符号和箭头 用于设置尺寸标注的箭头、圆心标记、折断标注、弧长符号和半径及线性折弯的格式。

3) 文字 用于设置尺寸标注文字的外观、位置。

4) 调整 用于设置尺寸标注文字和尺寸线的管理规则。

5) 主单位 用于设置尺寸标注全局标注比例。

6) 换算单位 用于设置尺寸标注换算单位的格式和精度。

7) 公差 用于设置尺寸标注公差的格式。

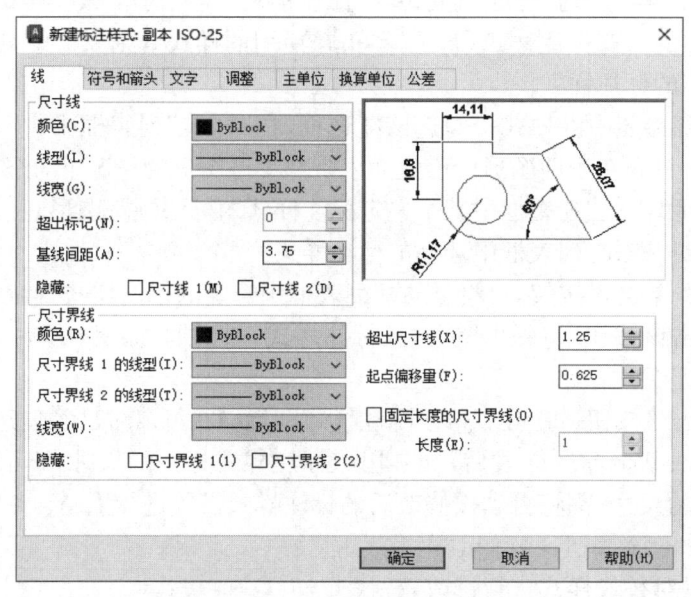

图 6-32 "新建标注样式"对话框

二、实践提高

绘制平面图并标注尺寸,如图 6-33 所示。

1. 创建新图层

新建三个图层:

新建"粗实线"图层,线宽设为 0.5 mm,其余属性默认;

新建"尺寸"图层,颜色设为青色,线宽设为 0.25 mm,其余属性默认;

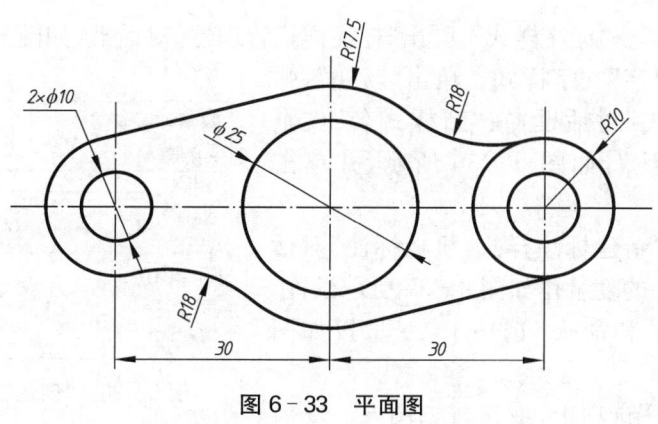

图 6-33 平面图

新建"中心线"图层,颜色设为红色,线型为 CENTER2,线宽设为 0.25 mm,其余属性默认。

2. 设置图形界限

根据图形尺寸,将图形界限的两个点分别设为(0,0)和(100,60)。执行"缩放视图"命令的"全部(A)"选项,全屏显示图形界限。

3. 设置文字样式

(1) 单击"格式"→"文字样式",弹出"文字样式"对话框,如图 6-27 所示。

(2) 新建"工程字"文字样式。单击"新建",弹出"新建文字样式"对话框,在"样式名"文本框中输入"工程字",如图 6-34 所示,并单击"确定"。

图 6-34 "新建文字样式"对话框

(3) 在"文字样式"对话框中做相应的设置,如图 6-35 所示,然后单击"关闭"。

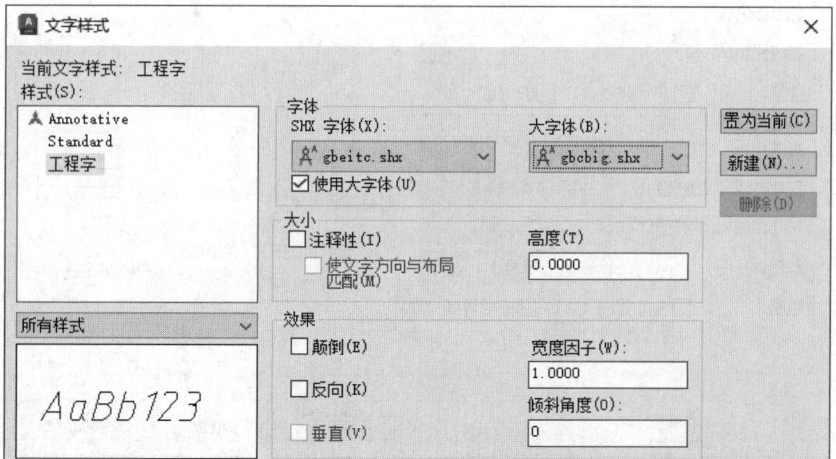

图 6-35 "文字样式"对话框

4. 设置标注样式

(1) 单击"格式"→"标注样式",弹出"标注样式管理器"对话框,如图 6-30 所示。

(2) 新建"工程字"文字样式。单击"新建",弹出"创建新标注样式"对话框,在"新样式名"文本框中输入"机械标注",如图 6-36 所示,并单击"继续"。

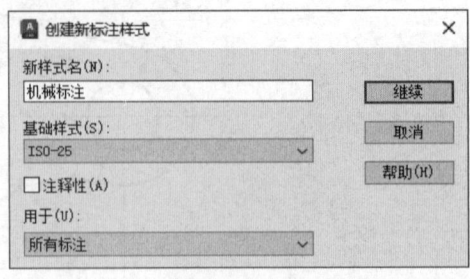

(3) 在弹出的"新建标注样式:机械标注"对话框中,"线"选项卡中的变量作如图 6-37 所示设置。

(4) 单击"符号和箭头"选项卡,变量按如图 6-38 所示设置。

(5) 单击"文字"选项卡,变量按如图 6-39 所示设置。

(6) 单击"主单位"选项卡,变量按如图 6-40 所示设置。

(7) 单击"确定",返回到主对话框,新标注样式显示在"样式"列表中,基本"机械标注"样式的创建完成,如图 6-41 所示。

(8) 在图 6-41 所示对话框中,单击"新建",出现"创建新标注样式"对话框,在"用于"下拉列表框中选择"角度标注",如图 6-42 所示,并单击"继续"。

图 6-36 "创建新标注样式"对话框

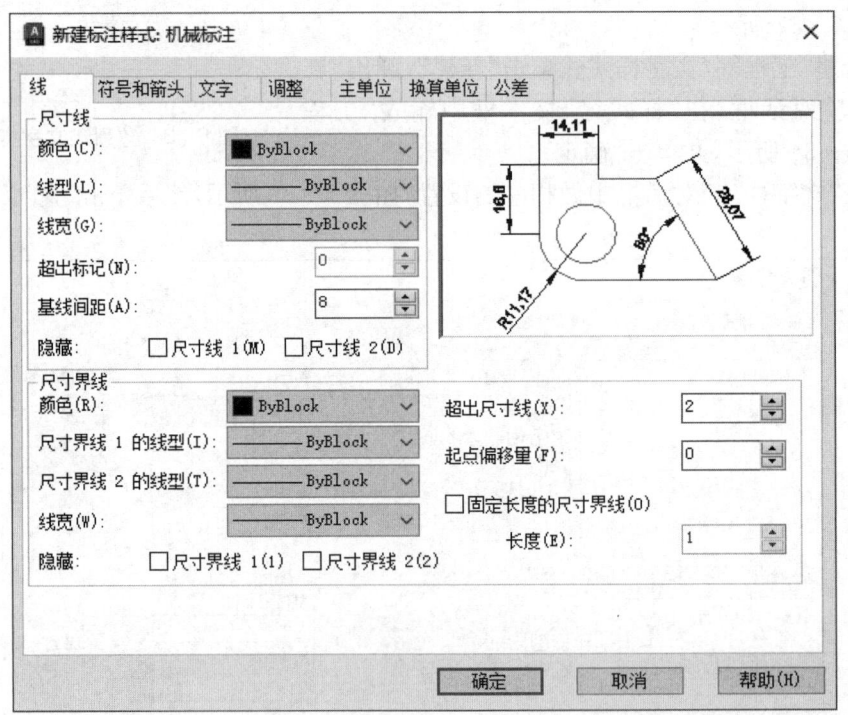

图 6-37 设置尺寸线、尺寸界线

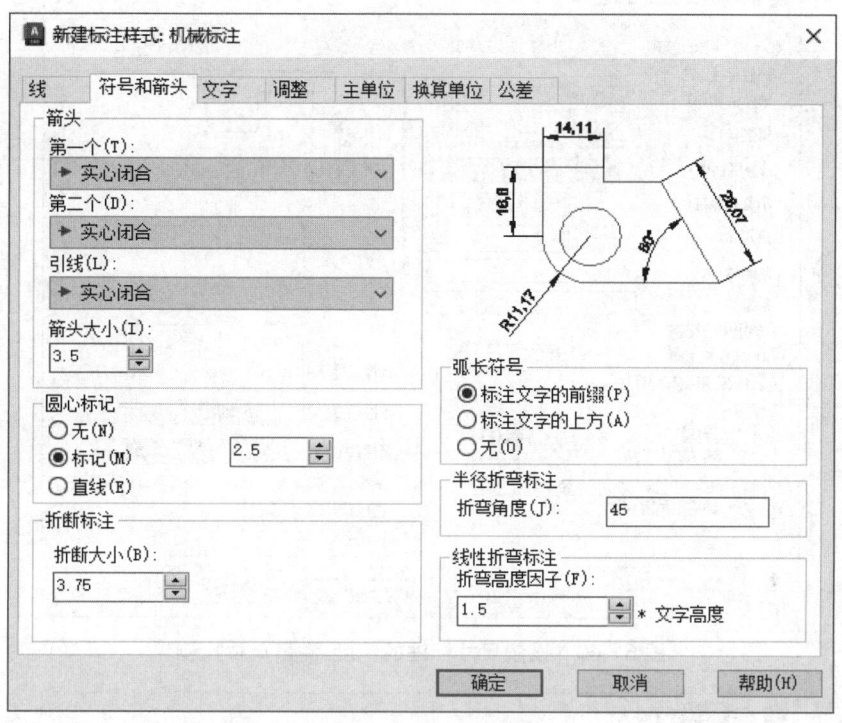

图 6-38 设置符号和箭头

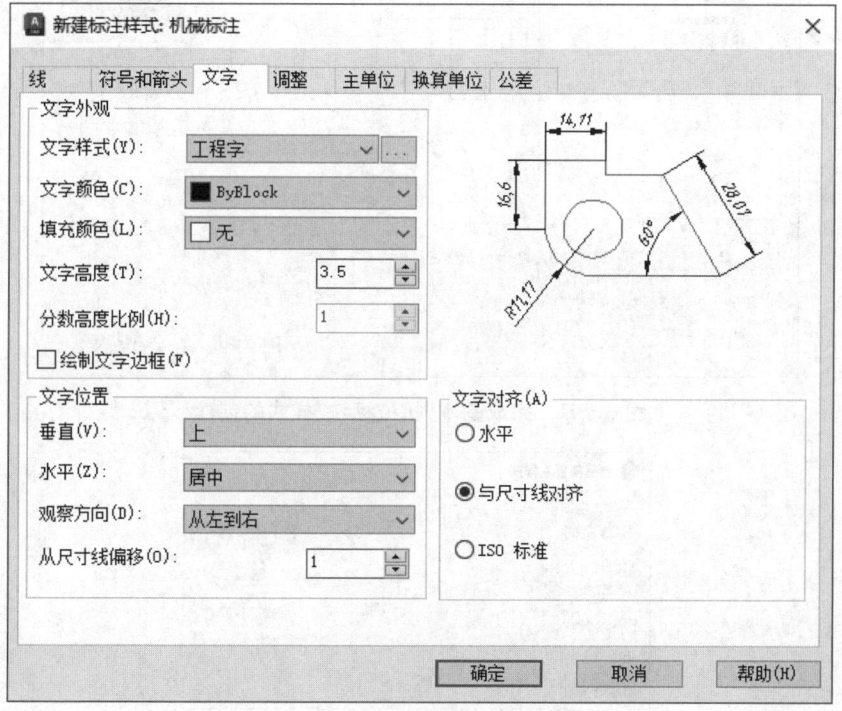

图 6-39 设置文字特性

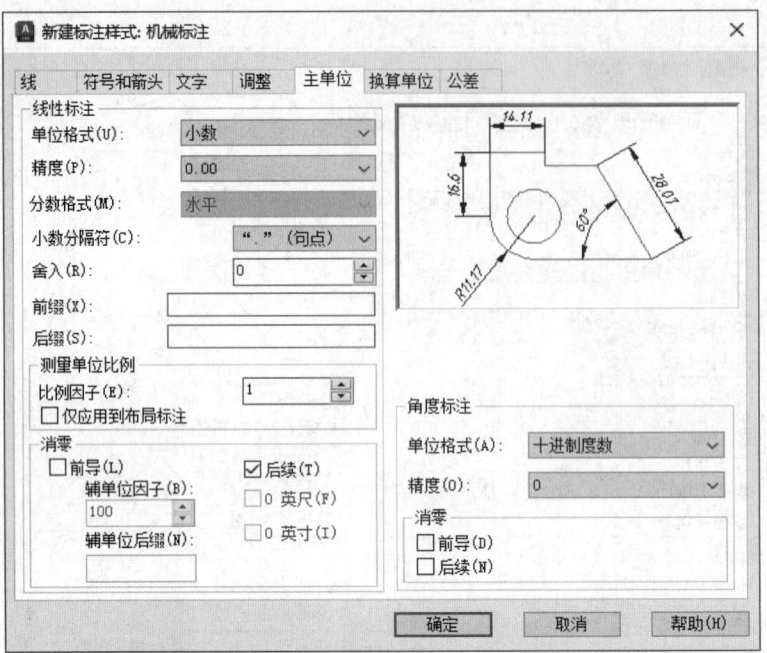

图6-40 设置尺寸标注的精度、测量单位比例

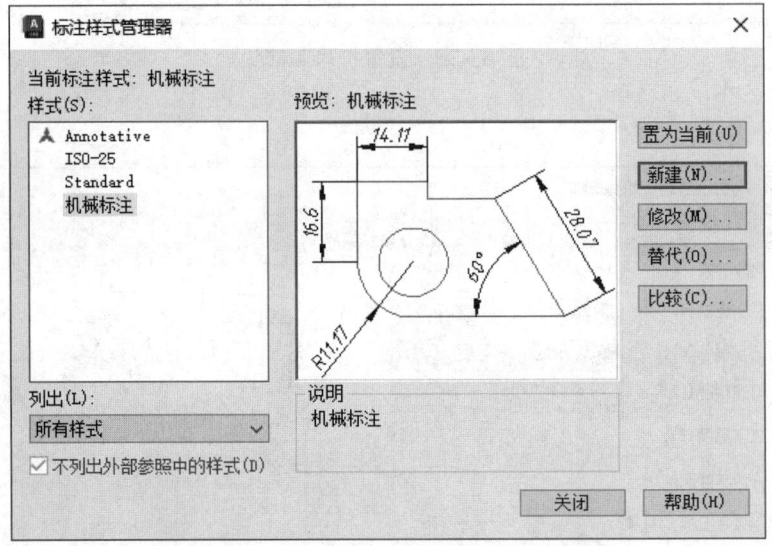

图6-41 完成基本"机械标注"样式的创建

图6-42 建立"角度标注"子样式

(9) 在出现的"新建标注样式:机械标注:角度"对话框中,分别单击"文字""主单位"选项卡,对相关变量做如图 6-43、图 6-44 所示设置。

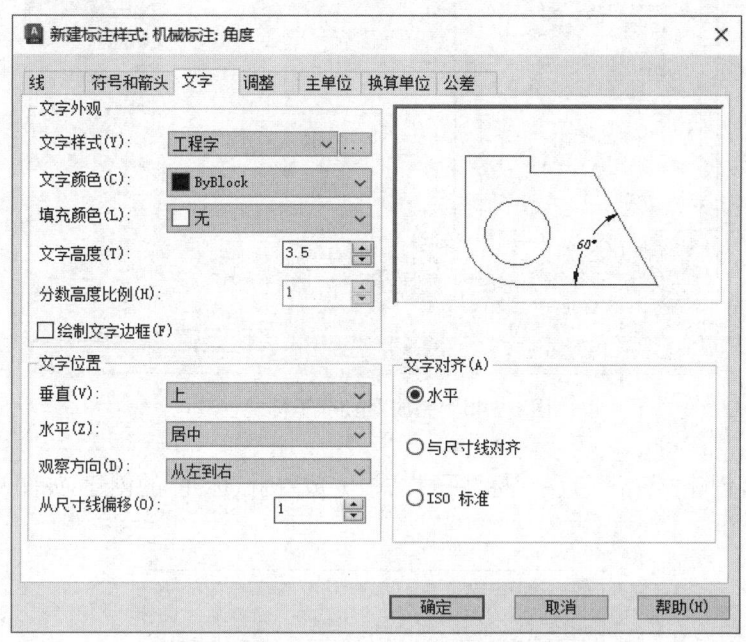

图 6-43 在"角度"子样式中设置文字对齐方式

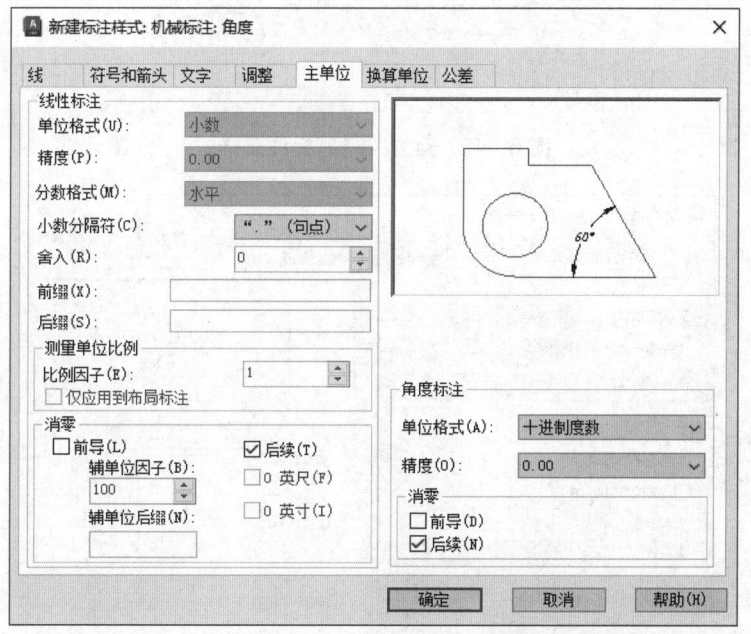

图 6-44 在"角度"子样式中设置角度标注精度、消零方式

(10) 单击"确定",返回到主对话框,角度标注子样式显示在"样式"列表中,"机械标注"中的"角度"子样式创建完成,如图 6-45 所示。

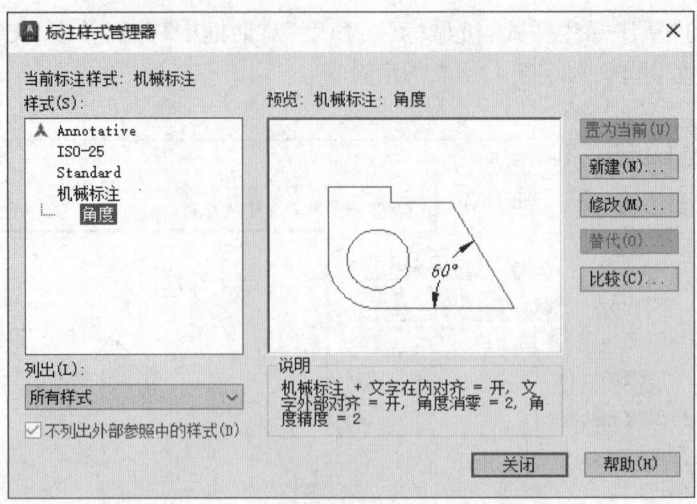

图 6-45 完成"角度"子样式创建

(11) 同理,创建"半径""直径"标注子样式,完成"机械标注"的创建,如图 6-46～图 6-51 所示。

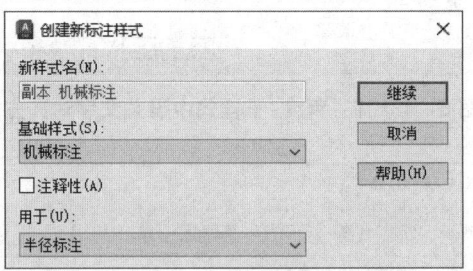

图 6-46 建立"半径"标注子样式

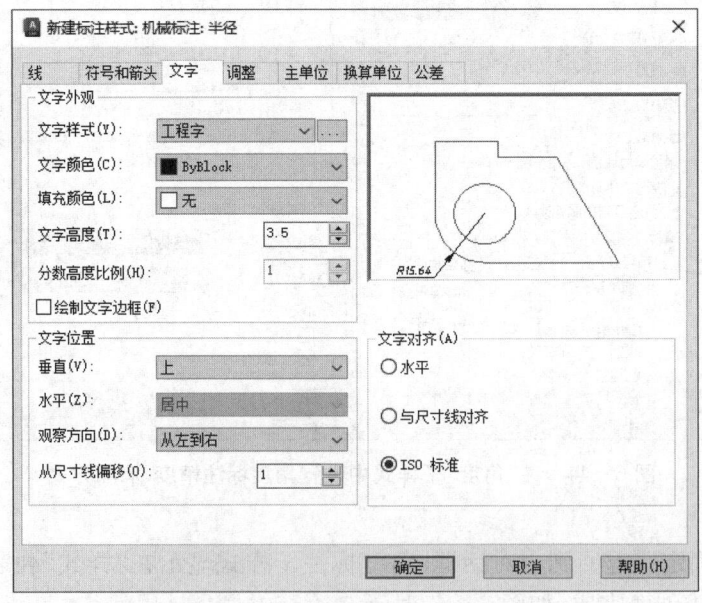

图 6-47 在"半径"标注子样式中设置文字对齐方式

项目六 用AutoCAD 2024绘制二维图形 | 241

图 6-48 建立"直径"标注子样式

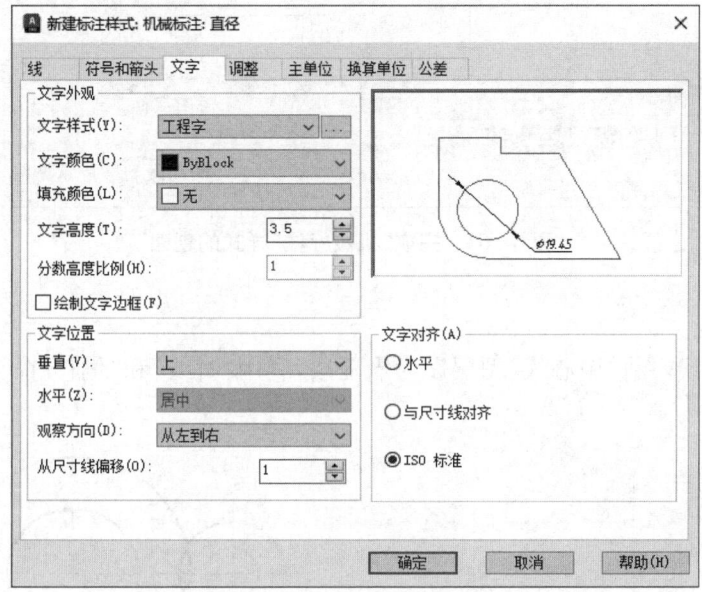

图 6-49 在"直径"标注子样式中设置文字对齐方式

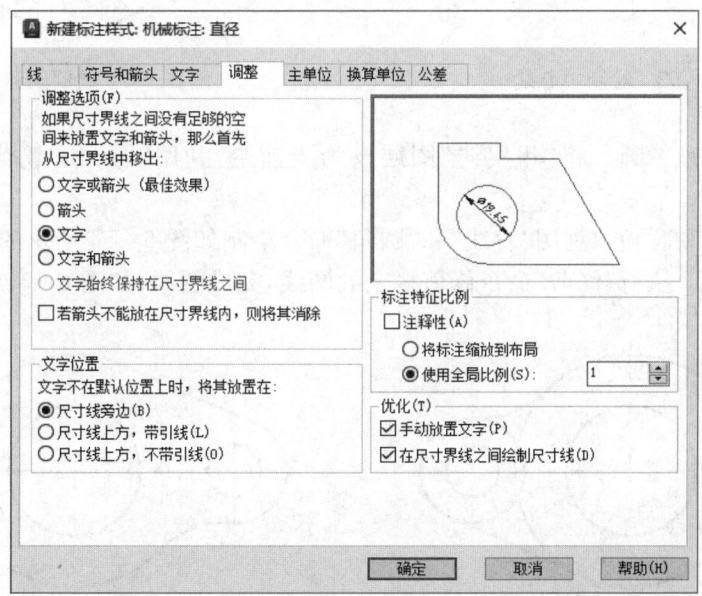

图 6-50 在"直径"标注子样式中设置调整选项

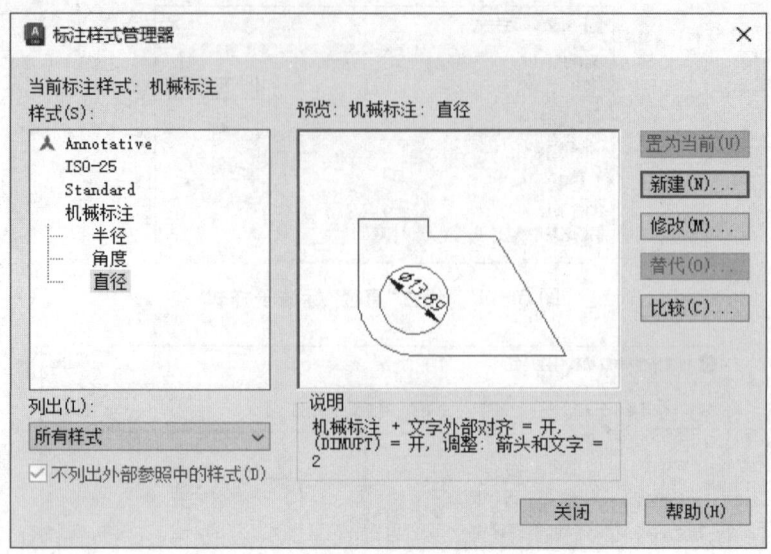

图 6-51 完成"机械标注"样式的创建

5. 绘制图形

1)绘制中心线 将"中心线"图层设为当前层,利用"直线"和"偏移"命令绘制如图 6-52 所示的中心线。

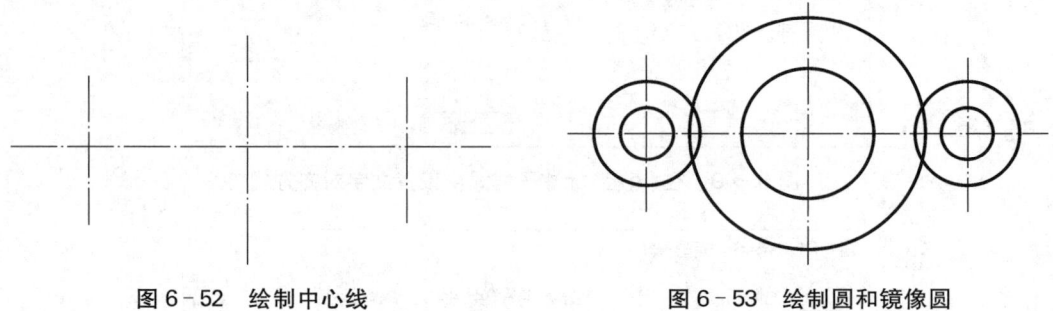

图 6-52 绘制中心线　　　　　　图 6-53 绘制圆和镜像圆

2)绘制圆和镜像圆 将"粗实线"图层设为当前层,利用"圆"和"镜像"命令绘制如图 6-53 所示的圆。

3)绘制切线和圆角 利用"直线"和"圆角"命令绘制如图 6-54 所示的切线和圆角。

4)修剪图形 执行"修剪"命令修剪多余的图线,完成图形,如图 6-55 所示。

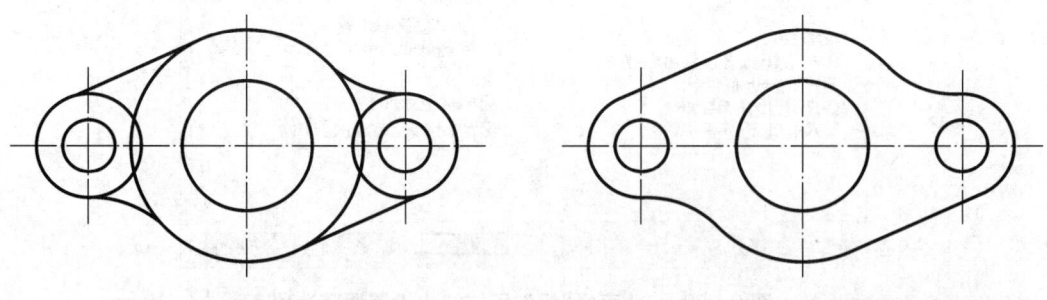

图 6-54 绘制切线和圆角　　　　　　图 6-55 修剪多余的图线完成图形

6. 标注尺寸

按如图 6-33 所示标注完整尺寸。

三、知识拓展

绘制轴承座三视图,并标注尺寸,如图 6-56 所示。

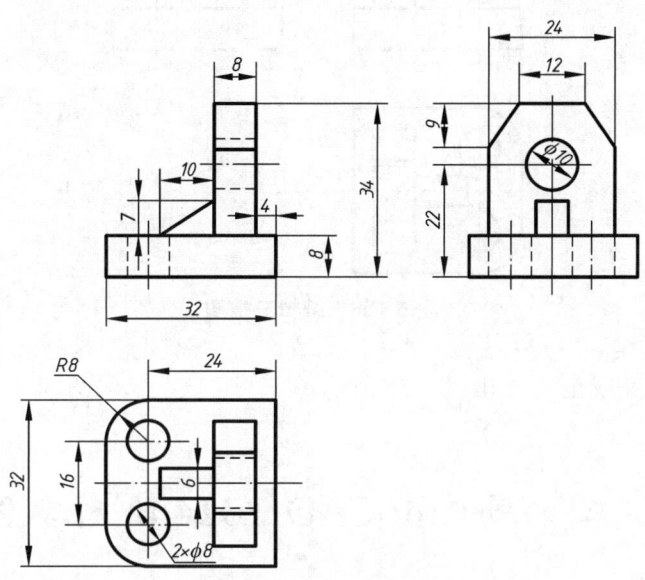

图 6-56 轴承座三视图

绘制步骤：
（1）设置图形界限、图层、文字样式、标注样式。
（2）按投影关系绘制三视图。画图时应根据组合体的结构特征,用形体分析法进行画图,如图 6-57 所示。

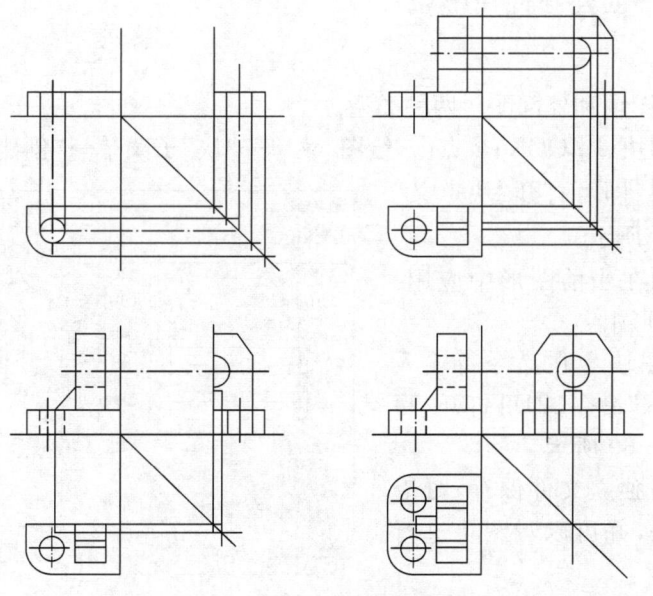

图 6-57 用形体分析法进行画图

(3) 编辑完成三视图,如图 6-58 所示。

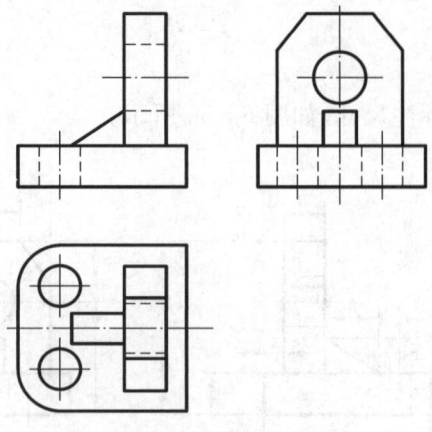

图 6-58　编辑三视图

(4) 标注尺寸,完成全图,如图 6-56 所示。

任务三　用 AutoCAD 2024 绘制零件图

【学习目标】
1. 掌握创建块、插入块的操作。
2. 掌握零件图的绘制。

一、相关知识——创建与使用图块

1. 创建图块

图块分为内部图块和外部图块两种类型。

1) 创建内部图块(BLOCK)　点击"绘图"菜单→"块"子菜单→"创建"命令,或直接点击"创建"按钮 ,即可打开"块定义"对话框,如图 6-59 所示。

内部图块只能在当前图形中应用,而不能插入其他图形中。

2) 创建外部图块　在命令行输入"WB"或"WBLOCK"命令,即可打开"写块"对话框,如图 6-60 所示。

外部图块作为独立文件保存,可以插入任何图形中去,并可以对图块进行打开和编辑。

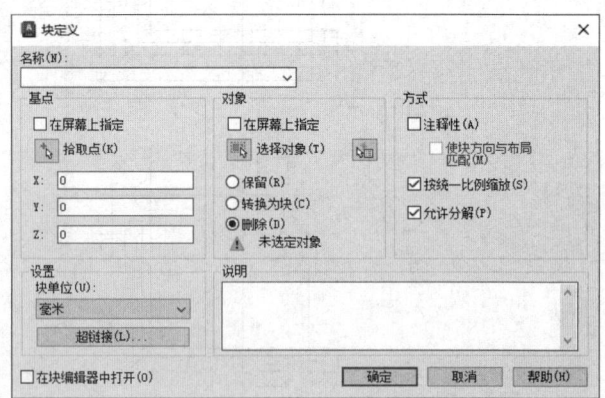

图 6-59　"块定义"对话框

图 6-60 "写块"对话框

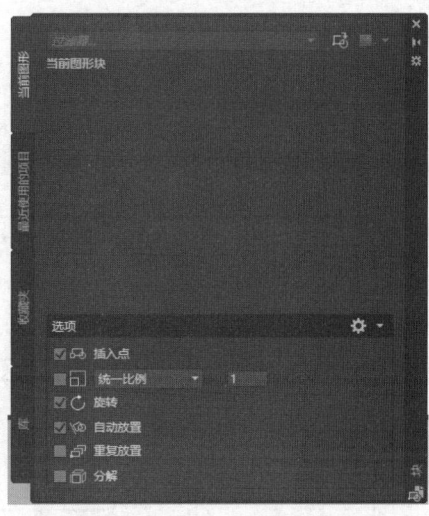

图 6-61 "插入块"选项框

2. 插入图块(INSERT)

点击"插入"菜单→"块"命令,或直接点击"插入"按钮,即可打开"插入"选项,如图 6-61 所示。

二、实践提高

绘制拨叉零件图,如图 6-62 所示。

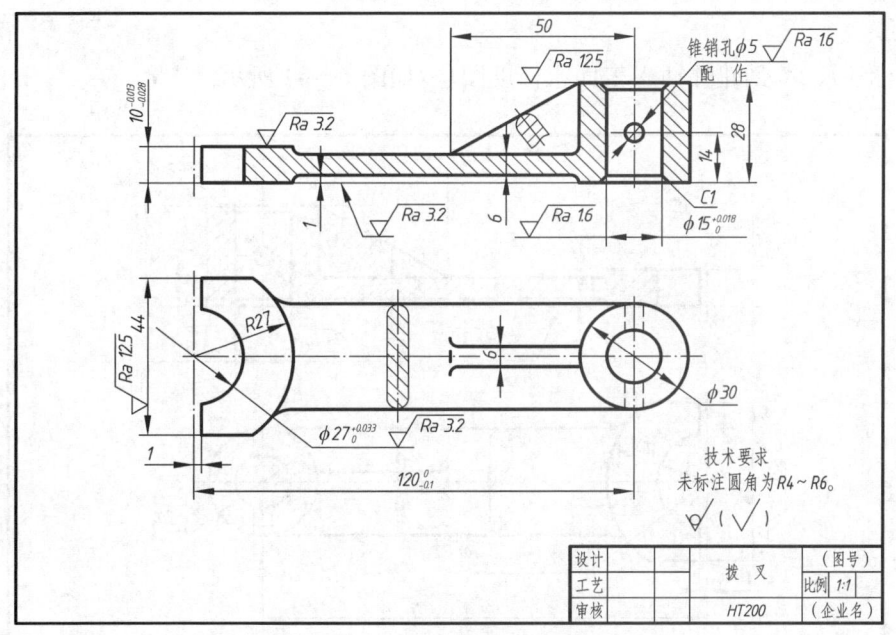

图 6-62 拨叉零件图

绘制步骤如下:
(1) 根据零件的结构形状和大小确定表达方法、比例和图幅。本例采用 1∶1 比例,A4

图纸,横放。

(2) 设置作图环境。设置"对象捕捉"为端点、中点、圆心、象限点及交点;设置图层、图形界限、文字样式、标注样式。

(3) 绘制视图,如图 6-63 所示。

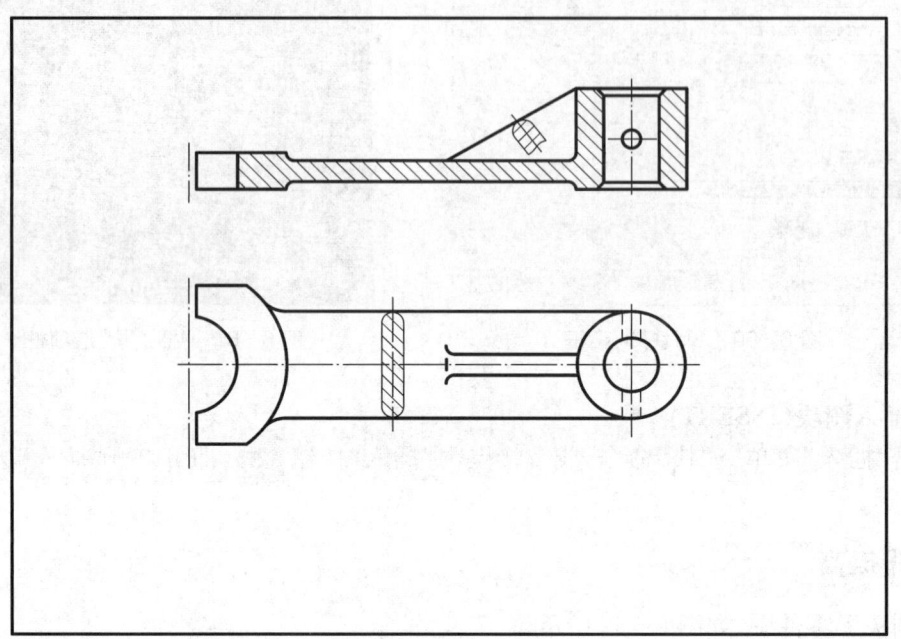

图 6-63　绘制视图

(4) 标注尺寸,创建并插入表面粗糙度图块,如图 6-64 所示。

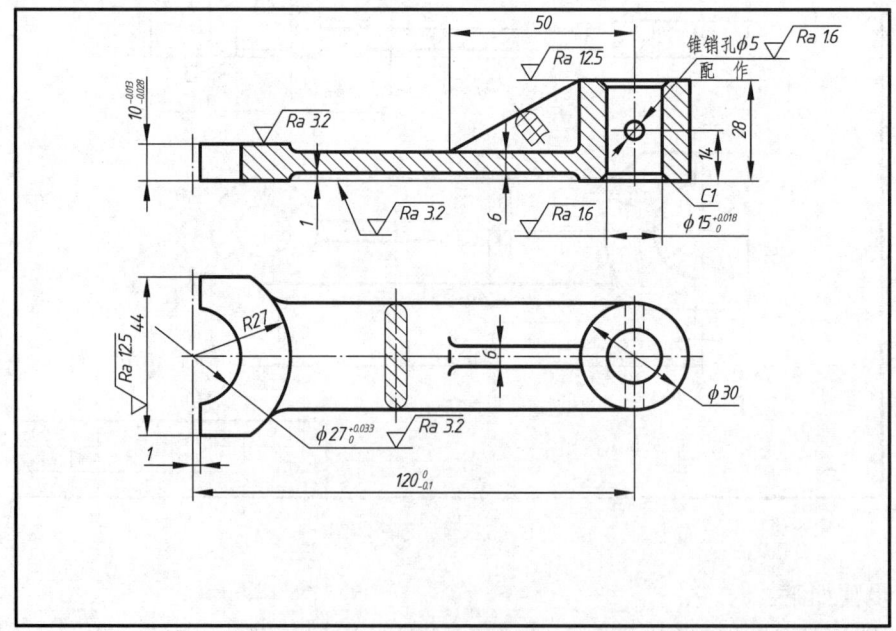

图 6-64　标注尺寸及表面粗糙度

(5) 作图框与标题栏，完成零件图，如图 6-62 所示。

任务四　用 AutoCAD 2024 绘制装配图

【学习目标】
1. 掌握机械样板文件的建立及调用方法。
2. 能由已有的零件图拼画装配图。

一、相关知识——样板图

为了提高绘图效率，避免重复操作，可以在设置图层、文字样式、标注样式、图框和标题栏等内容后将其保存为样板文件，使用时直接调用即可。但这些样板文件和我国的国家标准不完全符合。为了保证图纸的规范，在绘制专业图样前应该建立符合国家标准的样板文件。建立方法如下：

(1) 建立新图形文件。单击"新建"按钮 ![btn]，弹出如图 6-65 所示的"选择样板"对话框，按需要在"样式"文本框中选择样板文件，单击"打开"，并以此选中样板文件为基础建立样板文件。

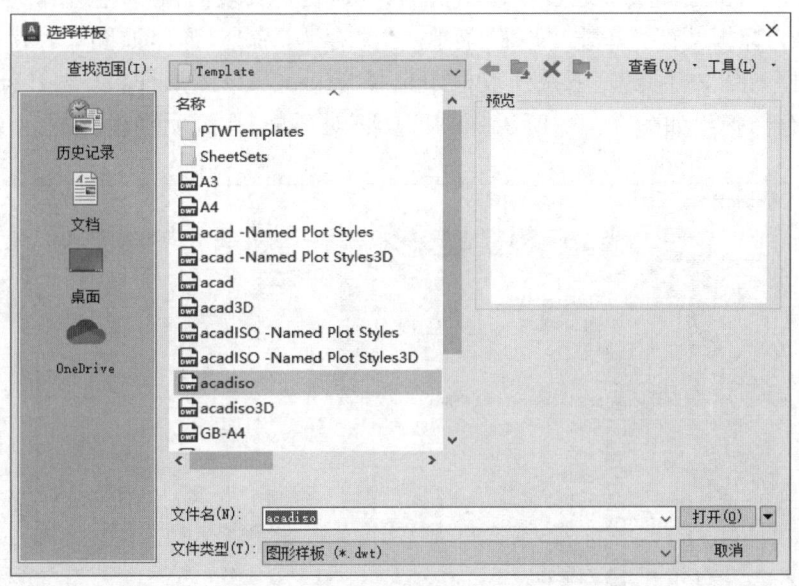

图 6-65　"选择样板"对话框

(2) 设置绘图单位。单击"格式"菜单→"单位"命令，或在命令行输入"units"，弹出如图 6-66 所示的"图形单位"对话框，并进行相应设置。

(3) 设置文字样式、图层、标注样式。

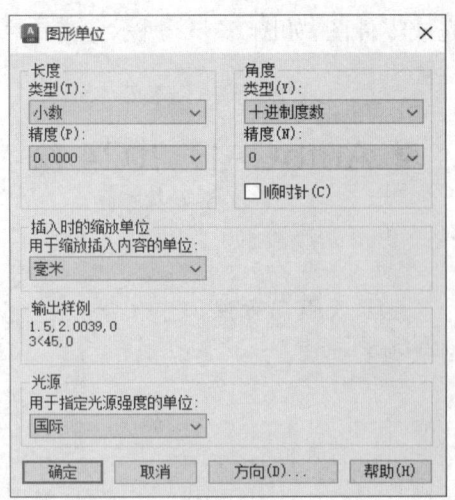

图 6-66 "图形单位"对话框

(4) 绘制图框。按照图幅要求绘制图框线。

(5) 绘制标题栏并将标题栏定义为属性块：

① 绘制标题栏并填写内容；

② 将标题栏中非固定内容定义为属性；

③ 将整个标题栏定义为块，并将右下角点作为块的插入点。

(6) 定义常用符号图块。通过创建图块的方法，自定义表面粗糙度、基准符号等图块。

(7) 保存为样板文件。单击"文件"菜单→"另存为"命令，弹出如图 6-67 所示的"图形另存为"对话框，在"文件类型"下拉列表框中选择"AutoCAD 图形样板（*.dwt）"，输入文件名。单击"保存"，弹出如图 6-68 所示"样板选项"对话框，在说明中输入提示文字，单击"确

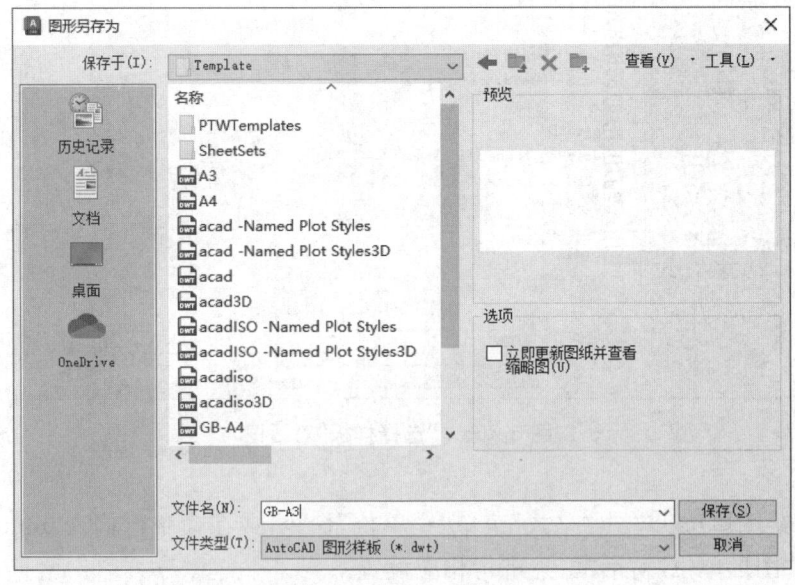

图 6-67 "图形另存为"对话框

项目六 用AutoCAD 2024绘制二维图形

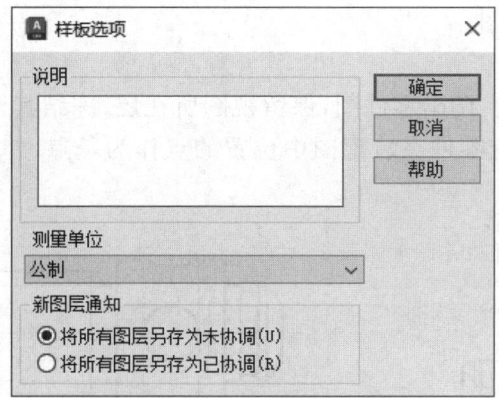

图6-68 "样板选项"对话框

定",完成样板文件的建立。

二、实践提高

绘制千斤顶装配图,如图6-69所示。

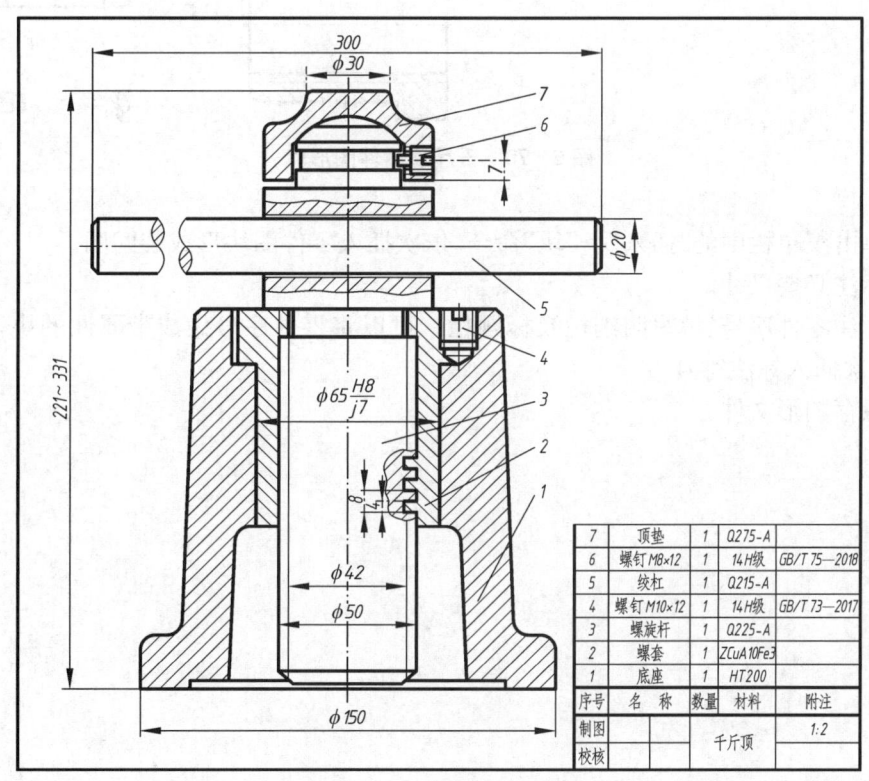

图6-69 千斤顶装配图

绘制步骤如下:
(1) 确定表达方法、比例和图幅。

(2) 打开相应的样板图。

(3) 设置作图环境。

(4) 建立零件图形库。调出零件图,保留视图所在层,冻结其他层,把图形建成图块,零件序号作为块名,选取确定零件在装配图中位置的点作为基点,并用"×"表示插入点,如图6-70所示。

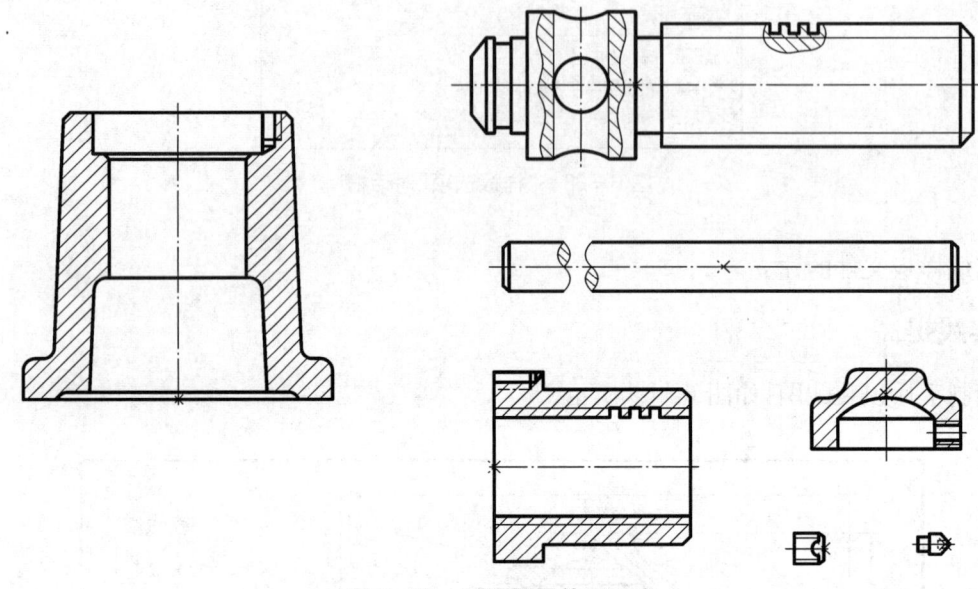

图6-70 千斤顶零件图形库

(5) 单击菜单栏中的"插入"→"块"命令,依次插入零件图块形成装配图。

(6) 标注必要尺寸。

(7) 标注零件序号、填写明细栏及标题栏。可以将零件序号做成带属性的块,等指引线画好后,依次插入标注符号。

(8) 保存图形文件。

附 录

附表1 普通螺纹直径与螺距系列(GB/T 193—2003)、基本尺寸(GB/T 196—2003)摘录 （mm）

公称直径 D、d		螺 距 P		粗牙中径 D_2、d_2	粗牙小径 D_1、d_1
第一系列	第二系列	粗牙	细 牙		
3		0.5	0.35	2.675	2.459
	3.5	0.6		3.110	2.850
4		0.7	0.5	3.545	3.242
	4.5	0.75		4.013	3.688
5		0.8		4.480	4.134
6		1	0.75	5.350	4.917
	7	1		6.350	5.917
8		1.25	1, 0.75	7.188	6.647
10		1.5	1.25, 1, 0.75	9.026	8.376
12		1.75	1.5, 1.25, 1	10.863	10.106
	14	2	1.5, 1.25*, 1	12.701	11.835
16		2	1.5, 1	14.701	13.835
	18	2.5	2, 1.5, 1	16.376	15.294
20		2.5		18.376	17.294
	22	2.5	2, 1.5, 1	20.376	19.294
24		3	2, 1.5, 1	22.051	20.752
	27	3	2, 1.5, 1	25.051	23.752
30		3.5	(3), 2, 1.5, 1	27.727	26.211
	33	3.5	(3), 2, 1.5	30.727	29.211
36		4	3, 2, 1.5	33.402	31.670
	39	4		36.402	34.670
42		4.5	3, 2, 1.5	39.077	37.129
	45	4.5		42.077	40.129
48		5		44.752	42.587
	52	5		48.752	46.587

(续表)

公称直径 D、d		螺距 P		粗牙中径 D_2、d_2	粗牙小径 D_1、d_1
第一系列	第二系列	粗牙	细牙		
56		5.5	4, 3, 2, 1.5	52.428	50.046
	60	5.5		56.428	54.046
64		6		60.103	57.505
	68	6		64.103	61.505

注:1. 优先选用第一系列,括号内尺寸尽可能不用,第三系列未列入。
  2. *:M14×1.25 仅用于火花塞。

附表 2 六角头螺栓(GB/T 5782—2016)摘录

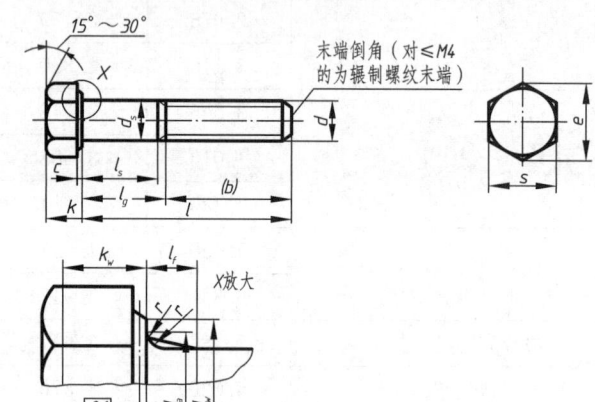

标记示例
螺纹规格 d = M12、公称长度 l = 80 mm、性能等级为 8.8 级、表面氧化、产品等级为 A 级的六角头螺栓:
螺栓 GB/T 5782 M12×80

(mm)

螺纹规格 d			M3	M4	M5	M6	M8	M10	M12	M16	M20	M24	M30	M36	M42	M48
螺距 P			0.5	0.7	0.8	1	1.25	1.5	1.75	2	2.5	3	3.5	4	4.5	5
b 参考	$l_{公称}$≤125		12	14	16	18	22	26	30	38	46	54	66	—	—	—
	125<$l_{公称}$≤200		18	20	22	24	28	32	36	44	52	60	72	84	96	108
	$l_{公称}$>200		31	33	35	37	41	45	49	57	65	73	85	97	109	121
c	max		0.4	0.4	0.5	0.5	0.6	0.6	0.6	0.8	0.8	0.8	0.8	0.8	1.0	1.0
	min		0.15	0.15	0.15	0.15	0.15	0.15	0.15	0.2	0.2	0.2	0.2	0.2	0.3	0.3
d_a	max		3.6	4.7	5.7	6.8	9.2	11.2	13.7	17.7	22.4	26.4	33.4	39.4	45.6	52.6
d_s	公称=max		3.00	4.00	5.00	6.00	8.00	10.00	12.00	16.00	20.00	24.00	30.00	36.00	42.00	48.00
	min	产品等级 A	2.86	3.82	4.82	5.82	7.78	9.78	11.73	15.73	19.67	23.67	—	—	—	—
		产品等级 B	2.75	3.70	4.70	5.70	7.64	9.64	11.57	15.57	19.48	23.48	29.48	35.38	41.38	47.38
d_w	min	产品等级 A	4.57	5.88	6.88	8.88	11.63	14.63	16.63	22.49	28.19	33.61	—	—	—	—
		产品等级 B	4.45	5.74	6.74	8.74	11.47	14.47	16.47	22	27.7	33.25	42.75	51.11	59.95	69.45
e	min	产品等级 A	6.01	7.66	8.79	11.05	14.38	17.77	20.03	26.75	33.53	39.98	—	—	—	—
		产品等级 B	5.88	7.50	8.63	10.89	14.20	17.59	19.85	26.17	32.95	39.55	50.85	60.79	71.3	82.6
l_f	max		1	1.2	1.2	1.4	2	2	3	3	4	4	6	6	8	10

（续表）

螺纹规格 d			M3	M4	M5	M6	M8	M10	M12	M16	M20	M24	M30	M36	M42	M48
螺距 P			0.5	0.7	0.8	1	1.25	1.5	1.75	2	2.5	3	3.5	4	4.5	5
k	公称		2	2.8	3.5	4	5.3	6.4	7.5	10	12.5	15	18.7	22.5	26	30
	产品等级	A max	2.125	2.925	3.65	4.15	5.45	6.58	7.68	10.18	12.715	15.215	—	—	—	—
		A min	1.875	2.675	3.35	3.85	5.15	6.22	7.32	9.82	12.285	14.785	—	—	—	—
		B max	2.2	3.0	3.26	4.24	5.54	6.69	7.79	10.29	12.85	15.35	19.12	22.92	26.42	30.42
		B min	1.8	2.6	2.35	3.76	5.06	6.11	7.21	9.71	12.15	14.65	18.28	22.08	25.58	29.58
k_w min	产品等级	A	1.31	1.87	2.35	2.70	3.61	4.35	5.12	6.87	8.6	10.35	—	—	—	—
		B	1.26	1.82	2.28	2.63	3.54	4.28	5.05	6.8	8.51	10.26	12.8	15.46	17.91	20.71
r min			0.1	0.2	0.2	0.25	0.4	0.4	0.6	0.6	0.8	0.8	1	1	1.2	1.6
s	公称=max		5.50	7.00	8.00	10.00	13.00	16.00	18.00	24.00	30.00	36.00	46	55.0	65.0	75.0
	min 产品等级	A	5.32	6.78	7.78	9.78	12.73	15.73	17.73	23.67	29.67	35.38	—	—	—	—
		B	5.20	6.64	7.64	9.64	12.57	15.57	17.57	23.16	29.16	35.00	45	53.8	63.1	73.1
l（商品规格范围）			20~30	25~40	25~50	30~60	40~80	45~100	50~120	65~160	80~200	90~240	110~300	140~360	160~440	180~480
l（系列）			20, 25, 30, 35, 40, 45, 50, 55, 60, 65, 70, 80, 90, 100, 110, 120, 130, 140, 150, 160, 180, 200, 220, 240, 260, 280, 300, 320, 340, 360, 380, 400, 420, 440, 460, 480													

注：图示 l_g 与 l_s 表中未列出。

附表3 双头螺柱

$b_m = 1d$ (GB/T 897—1988)　$b_m = 1.25d$ (GB/T 898—1988)
$b_m = 1.5d$ (GB/T 899—1988)　$b_m = 2d$ (GB/T 900—1988) 摘录

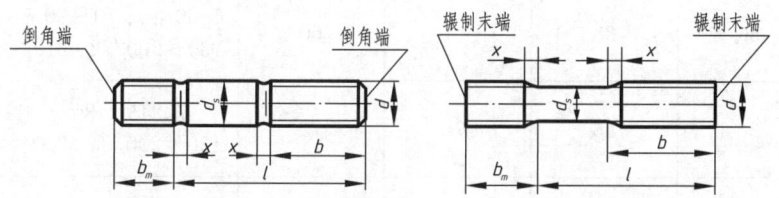

末端按 GB/T 2—1985 的规定；$d_s \approx$ 螺纹中径（仅适用于B型）

标记示例

两端均为粗牙普通螺纹，$d = 10$ mm、$l = 50$ mm、性能等级为4.8级、不经表面处理、B型、$b_m = 1d$ 的双头螺柱：

螺柱 GB/T 897　M10×50

旋入机件一端为粗牙普通螺纹，旋螺母一端为螺距 $P = 1$ mm 的细牙普通螺纹，$d = 10$ mm、$l = 50$ mm，性能等级为4.8级、不经表面处理、A型、$b_m = 1d$ 的双头螺柱：

螺柱 GB/T 897　AM10—M10×1×50

(续表)

(mm)

螺纹规格 d	b_m（公称）				l/b
	GB/T 897 —1988	GB/T 898 —1988	GB/T 899 —1988	GB/T 900 —1988	
M2			3	4	12～16/6、20～25/10
M2.5			3.5	5	16/8、20～30/11
M3			4.5	6	16～20/6、25～40/12
M4			6	8	16～20/8、25～40/14
M5	5	6	8	10	16～20/10、25～50/16
M6	6	8	10	12	20/10、25～30/14、35～70/18
M8	8	10	12	16	20/12、25～30/16、35～90/22
M10	10	12	15	20	25/14、30～35/16、40～120/26、130/32
M12	12	15	18	24	25～30/16、35～40/20、45～120/30、130～180/36
M16	16	20	24	32	30～35/20、40～50/30、60～120/38、130～200/44
M20	20	25	30	40	35～40/25、45～60/35、70～120/46、130～200/52
M24	24	30	36	48	45～50/30、60～70/45、80～120/54、130～200/60
M30	30	38	45	60	60/40、70～90/50、100～120/66、130～200/72、210～250/85
M36	36	45	54	72	70/45、80～110/60、120/78、130～200/84、210～300/97
M42	42	52	63	84	70～80/50、90～110/70、120/90、130～200/96、210～300/109
M48	48	60	72	96	80～90/60、100～110/80、120/102、130～200/108、210～300/121
l（系列）	12、16、20、25、30、35、40、45、50、60、70、80、90、100、110、120、130、140、150、160、170、180、190、200、210、220、230、240、250、260、280、300				

附表 4　Ⅰ型六角螺母(GB/T 6170—2015)摘录

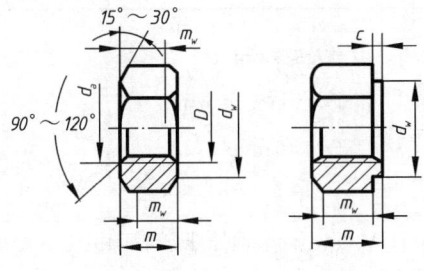
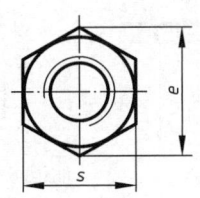

标记示例
螺纹规格 D = M12、性能等级为 8 级、不经表面处理、产品等级为 A 级的Ⅰ型六角螺母：
螺母 GB/T 6170　M12

(mm)

螺纹规格 D		M1.6	M2	M2.5	M3	M4	M5	M6	M8	M10	M12
螺距 P		0.35	0.4	0.45	0.5	0.7	0.8	1	1.25	1.5	1.75
c	max	0.2	0.2	0.3	0.4	0.4	0.5	0.5	0.6	0.6	0.6
d_a	max	1.84	2.3	2.9	3.45	4.6	5.75	6.75	8.75	10.8	13
	min	1.60	2.0	2.5	3.00	4.0	5.00	6.00	8.00	10.0	12
d_w	min	2.4	3.1	4.1	4.6	5.9	6.9	8.9	11.6	14.6	16.6
e	min	3.41	4.32	5.45	6.01	7.66	8.79	11.05	14.38	17.77	20.03
m	max	1.30	1.60	2.00	2.40	3.2	4.7	5.2	6.80	8.40	10.80
	min	1.05	1.35	1.75	2.15	2.9	4.4	4.9	6.44	8.04	10.37
m_w	min	0.8	1.1	1.4	1.7	2.3	3.5	3.9	5.2	6.4	8.3
s	公称=max	3.20	4.00	5.00	5.50	7.00	8.00	10.00	13.00	16.00	18.00
	min	3.02	3.82	4.82	5.32	6.78	7.78	9.78	12.73	15.73	17.73
螺纹规格 D		M16	M20	M24	M30	M36	M42	M48	M56	M64	
螺距 P		2	2.5	3	3.5	4	4.5	5	5.5	6	
c	max	0.8	0.8	0.8	0.8	0.8	1.0	1.0	1.0	1.0	
d_a	max	17.3	21.6	25.9	32.4	38.9	45.4	51.8	60.5	69.1	
	min	16.0	20.0	24.0	30.0	36.0	42.0	48.0	56.0	64.0	
d_w	min	22.5	27.7	33.3	42.8	51.1	60	69.5	78.7	88.2	
e	min	26.75	32.95	39.55	50.85	60.79	72.02	82.6	93.56	104.86	
m	max	14.8	18.0	21.5	25.6	31	34.0	38.0	45.0	51.0	
	min	14.1	16.9	20.2	24.3	29.4	32.4	36.4	43.4	49.1	
m_w	min	11.3	13.5	16.2	19.4	23.5	25.9	29.1	34.7	39.3	
s	公称=max	24.00	30.00	36	46	55.0	65.0	75.0	85.0	95.0	
	min	23.67	29.16	35	45	53.8	63.1	73.1	82.8	92.8	

注：1. A 级用于 $D \leqslant 16$ 的螺母；B 级用于 $D > 16$ 的螺母，本表仅按优选的螺纹规格列出。
　　2. 螺纹规格为 M8~M64，细牙，A 级和 B 级的Ⅰ型六角螺母，请查阅 GB/T 6171—2016。

附表5　小垫圈——A级(GB/T 848—2002)、平垫圈——A级(GB/T 97.1—2002)、平垫圈——C级(GB/T 95—2002)、大垫圈——A级(GB/T 96.1—2002)摘录

$\sqrt{} = \begin{cases} \sqrt{Ra\ 1.6} & \text{用于 } h \leq 3\ mm \\ \sqrt{Ra\ 3.2} & \text{用于 } 3\ mm < h \leq 6\ mm \\ \sqrt{Ra\ 6.3} & \text{用于 } h > 6\ mm \end{cases}$

标记示例

1. 小垫圈　小系列,公称规格8mm、由钢制造的硬度等级为200 HV级、不经表面处理、产品等级为A级的平垫圈的标记：垫圈 GB/T 848　8

2. 平垫圈　标准列,公称规格8mm、由钢制造的硬度等级为200 HV级、不经表面处理、产品等级为A级的平垫圈的标记：垫圈 GB/T 97.1　8

3. 平垫圈　标准列,公称规格8mm、硬度等级为100 HV级、不经表面处理、产品等级为C级的平垫圈的标记：垫圈 GB/T 95　8

4. 大垫圈　大系列,公称规格8mm、由钢制造的硬度等级为200 HV级、不经表面处理、产品等级为A级的平垫圈的标记：垫圈 GB/T 96.1　8

(mm)

	规格(螺纹大径)		3	4	5	6	8	10	12	16	20	24	30	36
内径 d_1	公称(min)	GB/T 848—2002	3.2	4.3	5.3	6.4	8.4	10.5	13	17	21	25	31	37
		GB/T 97.1—2002	3.2	4.3	5.3	6.4	8.4	10.5	13	17	21	25	31	37
		GB/T 95—2002	3.4	4.5	5.5	6.6	9	11	13.5	17.5	22	26	33	39
		GB/T 96.1—2002	3.2	4.3	5.3	6.4	8.4	10.5	13	17	21	25	33	39
	max	GB/T 848—2002	3.38	4.48	5.48	6.62	8.62	10.77	13.27	17.27	21.33	25.33	31.39	37.62
		GB/T 97.1—2002	3.38	4.48	5.48	6.62	8.62	10.77	13.27	17.27	21.33	25.33	31.39	37.62
		GB/T 95—2002	3.7	4.8	5.8	6.96	9.36	11.42	13.93	17.93	22.52	26.52	33.62	40
		GB/T 96.1—2002	3.38	4.48	5.48	6.62	8.62	10.77	13.27	17.27	21.33	25.52	33.62	39.62
外径 d_2	公称(max)	GB/T 848—2002	6	8	9	11	15	18	20	28	34	39	50	60
		GB/T 97.1—2002	7	9	10	12	16	20	24	30	37	44	56	66
		GB/T 95—2002	7	9	10	12	16	20	24	30	37	44	56	66
		GB/T 96.1—2002	9	12	15	18	24	30	37	50	60	72	92	110
	min	GB/T 848—2002	5.7	7.64	8.64	10.57	14.57	17.57	19.48	27.48	33.38	38.38	49.38	58.8
		GB/T 97.1—2002	6.64	8.64	9.64	11.57	15.57	19.48	23.48	29.48	36.38	43.38	55.26	64.8
		GB/T 95—2002	6.1	8.1	9.1	10.9	14.9	18.7	22.7	28.7	35.4	42.4	54.1	64.1
		GB/T 96.1—2002	8.64	11.57	14.57	17.57	23.48	29.48	36.38	49.38	59.26	70.8	90.6	108.6
厚度 h	公称	GB/T 848—2002	0.5	0.5	1	1.6	1.6	1.6	2	2.5	3	4	4	5
		GB/T 97.1—2002	0.5	0.8	1	1.6	1.6	2	2.5	3	4	4	5
		GB/T 95—2002	0.5	0.8	1	1.6	1.6	2	2.5	3	3	4	4	5
		GB/T 96.1—2002	0.8	1	1	1.6	2	2.5	3	3	4	5	6	8
	max	GB/T 848—2002	0.55	0.55	1.1	1.8	1.8	1.8	2.2	2.7	3.3	4.3	4.3	5.6
		GB/T 97.1—2002	0.55	0.9	1.1	1.8	1.8	2.2	2.7	3.3	3.3	4.3	4.3	5.6
		GB/T 95—2002	0.6	1	1.2	1.9	1.9	2.3	2.8	3.6	3.6	4.6	4.6	6
		GB/T 96.1—2002	0.9	1.1	1.1	1.8	2.2	2.7	3.3	3.3	4.3	5.6	6.6	9
	min	GB/T 848—2002	0.45	0.45	0.9	1.4	1.4	1.4	1.8	2.3	2.7	3.7	3.7	4.4
		GB/T 97.1—2002	0.45	0.7	0.9	1.4	1.4	1.8	2.3	2.7	2.7	3.7	3.7	4.4
		GB/T 95—2002	0.4	0.6	0.8	1.3	1.3	1.7	2.2	2.4	2.4	3.4	3.4	4
		GB/T 96.1—2002	0.7	0.9	0.9	1.4	1.8	2.3	2.7	2.7	3.7	4.4	5.4	7

附表6 标准型弹簧垫圈(GB/T 93—1987)、轻型弹簧垫圈(GB/T 859—1987)摘录

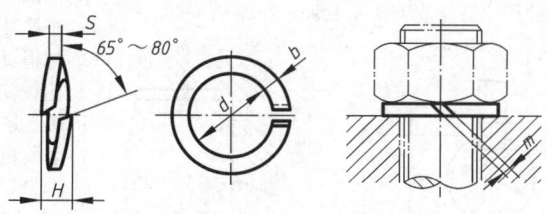

标记示例

规格 16 mm、材料为 65Mn、表面氧化的标准型弹簧垫圈:

垫圈 GB/T 93 16

规格 16 mm、材料为 65Mn、表面氧化的轻型弹簧垫圈:

垫圈 GB/T 859 16

(mm)

规格(螺纹大径)			2	2.5	3	4	5	6	8	10	12	16	20	24	30	36	42	48
d	min		2.1	2.6	3.1	4.1	5.1	6.1	8.1	10.2	12.2	16.2	20.2	24.5	30.5	36.5	42.5	48.5
	max		2.35	2.85	3.4	4.4	5.4	6.68	8.68	10.9	12.9	16.9	21.04	25.5	31.5	37.7	43.7	49.7
$S(b)$ 公称	GB/T 93—1987		0.5	0.65	0.8	1.1	1.3	1.6	2.1	2.6	3.1	4.1	5	6	7.5	9	10.5	12
S 公称	GB/T 859—1987		—	—	0.6	0.8	1.1	1.3	1.6	2	2.5	3.2	4	5	6	—	—	—
b 公称	GB/T 859—1987		—	—	1	1.2	1.5	2	2.5	3	3.5	4.5	5.5	7	9	—	—	—
H	GB/T 93—1987	min	1	1.3	1.6	2.2	2.6	3.2	4.2	5.2	6.2	8.2	10	12	15	18	21	24
		max	1.25	1.63	2	2.75	3.25	4	5.25	6.5	7.75	10.25	12.5	15	18.75	22.5	26.25	30
	GB/T 859—1987	min	—	—	1.2	1.6	2.2	2.6	3.2	4	5	6.4	8	10	12	—	—	—
		max	—	—	1.5	2	2.75	3.25	4	5	6.25	8	10	12.5	15	—	—	—
$m \leqslant$	GB/T 93—1987		0.25	0.33	0.4	0.55	0.65	0.8	1.05	1.3	1.55	2.05	2.5	3	3.75	4.5	5.25	6
	GB/T 859—1987		—	—	0.3	0.4	0.55	0.65	0.8	1	1.25	1.6	2	2.5	3	—	—	—

注: m 应大于零。

附表7 普通平键和键槽的尺寸与公差(摘自 GB/T 1095—2003,GB/T 1096—2003)摘录

普通平键键槽的尺寸与公差(GB/T 1095—2003)

技术条件
1. 平键轴槽的长度公差为 H14。
2. 轴槽及轮毂槽的宽度 b 对轴线或轮毂轴心线的对称度公差按 7～9 级选取。
3. 表面粗糙度：
 (1) 轴或轮毂键槽宽度 b 两侧面 Ra 的上限值 1.6～3.2 μm。
 (2) 轴或轮毂键槽底面 Ra 的上限值 6.3 μm。

普通平键的形式与尺寸(GB/T 1096—2003)

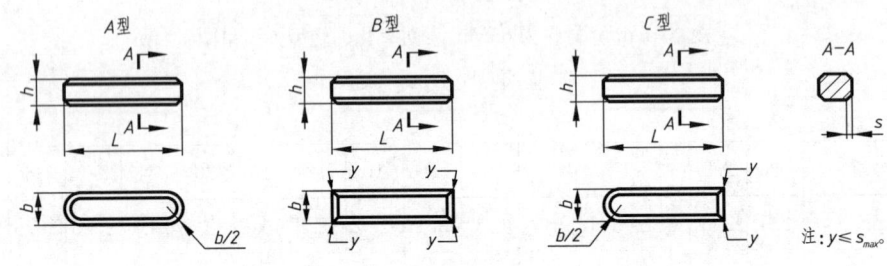

标记示例

GB/T 1096—2003 键 16×10×100 （普通 A 型平键：$b=16$、$h=10$、$L=100$）
GB/T 1096—2003 键 B16×10×100 （普通 B 型平键：$b=16$、$h=10$、$L=100$）
GB/T 1096—2003 键 C16×10×100 （普通 C 型平键：$b=16$、$h=10$、$L=100$）

(mm)

轴	键		键 槽									
公称直径 d	键尺寸 $b \times h$ (h8)(h11)	倒角或倒圆 s	宽度 b					深度				半径 r
			基本尺寸 b	极限偏差				轴 t_1		毂 t_2		
				正常联结	紧密联结	松联结		基本尺寸	极限偏差	基本尺寸	极限偏差	
				轴 N9	毂 JS9	轴和毂 P9	轴 H9	毂 D10					min	max
>10～12	4×4	0.25～0.40	4	0 −0.030	±0.015	−0.012 −0.042	+0.030 0	+0.078 +0.030	2.5	+0.1 0	1.8	+0.1 0	0.08	0.16
>12～17	5×5		5						3.0		2.3		0.16	0.25
>17～22	6×6		6						3.5		2.8			
>22～30	8×7	0.40～0.60	8	0 −0.036	±0.018	−0.015 −0.051	+0.036 0	+0.098 +0.040	4.0		3.3			
>30～38	10×8		10						5.0		3.3			
>38～44	12×8		12						5.0		3.3		0.25	0.40
>44～50	14×9		14	0 −0.043	±0.0215	−0.018 −0.061	+0.043 0	+0.120 +0.050	5.5		3.8			
>50～58	16×10		16						6.0	+0.2 0	4.3	+0.2 0		
>58～65	18×11		18						7.0		4.4			
>65～75	20×12	0.60～0.80	20	0 −0.052	±0.026	−0.022 −0.074	+0.052 0	+0.149 +0.065	7.5		4.9		0.40	0.60
>75～85	22×14		22						9.0		5.4			
>85～95	25×14		25						9.0		5.4			
>95～110	28×16		28						10		6.4			

注：1. L 系列：6, 8, 10, 12, 14, 16, 18, 20, 22, 25, 28, 32, 36, 40, 45, 50, 56, 63, 70, 80, 90, 100, 110, 125, 140, 160, 180, 200, 220, 250, 280, 320, 360, 400, 450, 500。
2. GB/T 1095—2003 中无"轴 公称直径 d"一列，表中列出仅供参考。

附表8 圆柱销 不淬硬钢和奥氏体不锈钢(GB/T 119.1—2000)、
圆柱销 淬硬钢和马氏体不锈钢(GB/T 119.2—2000)摘录

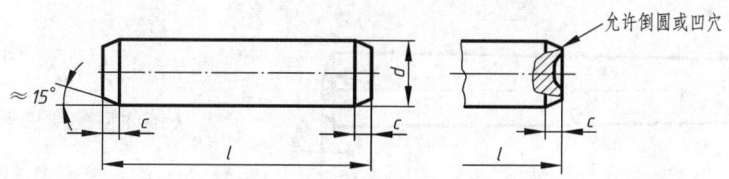

标记示例

公称直径 $d=6$ mm、公差为 m6、公称长度 $l=30$ mm、材料为钢、不经淬火、不经表面处理的圆柱销：

销 GB/T 119.1 6m6×30

公称直径 $d=6$ mm、公差为 m6、公称长度 $l=30$ mm、材料为钢、普通淬火（A 型）、表面氧化处理的圆柱销：

销 GB/T 119.2 6×30

(mm)

d（公称）		1.5	2	2.5	3	4	5	6	8
$c\approx$		0.3	0.35	0.4	0.5	0.63	0.8	1.2	1.6
l（商品长度范围）	GB/T 119.1	4～16	6～20	6～24	8～30	8～40	10～50	12～60	14～80
	GB/T 119.2	4～16	5～20	6～24	8～30	10～40	12～50	14～60	18～80
d（公称）		10	12	16	20	25	30	40	50
$c\approx$		2	2.5	3	3.5	4	5	6.3	8
l（商品长度范围）	GB/T 119.1	18～95	22～140	26～180	35～200以上	50～200以上	60～200以上	80～200以上	95～200以上
	GB/T 119.2	22～100以上	26～100以上	40～100以上	50～100以上	—	—	—	—
l（系列）		3,4,5,6,8,10,12,14,16,18,20,22,24,26,28,30,32,35,40,45,50,55,60,65,70,75,80,85,90,95,100,120,140,160,180,200,…							

注：1. 公称直径 d 的公差：GB/T 119.1—2000 规定为 m6 和 h8，GB/T 119.2—2000 仅有 m6。其他公差由供需双方协定。
2. GB/T 119.2—2000 中淬硬钢按淬火方法不同，分为普通淬火（A 型）和表面淬火（B 型）。
3. 公称长度大于 200 mm，按 20 mm 递增。

附表9 圆锥销(GB/T 117—2000)摘录

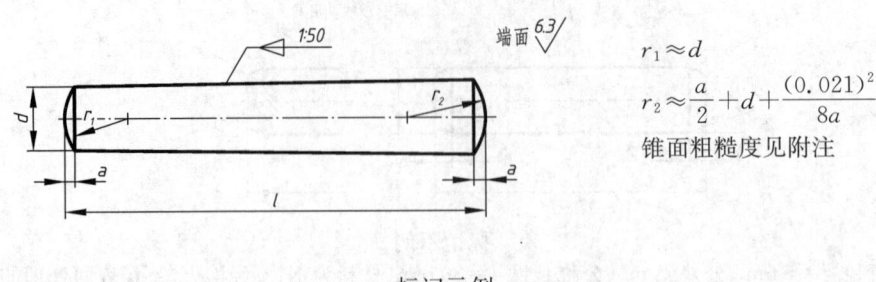

$r_1 \approx d$

$r_2 \approx \dfrac{a}{2} + d + \dfrac{(0.021)^2}{8a}$

锥面粗糙度见附注

标记示例

公称直径 $d=6\,\text{mm}$、公称长度 $l=30\,\text{mm}$、材料为35钢、热处理硬度28~38 HRC、表面氧化处理的A型圆锥销：

销 GB/T 117 6×30

(mm)

d(公称)	0.6	0.8	1	1.2	1.5	2	2.5	3	4	5
$a\approx$	0.08	0.1	0.12	0.16	0.2	0.25	0.3	0.4	0.5	0.63
l(商品长度范围)	4~8	5~12	6~16	6~20	8~24	10~35	10~35	12~45	14~55	18~60
d(公称)	6	8	10	12	16	20	25	30	40	50
$a\approx$	0.8	1	1.2	1.6	2	2.5	3	4	5	6.3
l(商品长度范围)	22~90	22~120	26~160	32~180	40~200以上	45~200以上	50~200以上	55~200以上	60~200以上	65~200以上
l(系列)	2，3，4，5，6，8，10，12，14，16，18，20，22，24，26，28，30，32，35，40，45，50，55，60，65，70，75，80，85，90，95，100，120，140，160，180，200，…									

注：1. 公称直径 d 的公差规定为h10，其他公差如a11、c11和f8由供需双方协定。
2. 圆锥销有A型和B型。A型为磨削，锥面表面粗糙度 $Ra=0.8\,\mu\text{m}$，B型为切削或冷镦，锥面表面粗糙度 $Ra=3.2\,\mu\text{m}$。
3. 公称长度大于200 mm，按20 mm递增。

附表 10　开口销（GB/T 91—2000）摘录

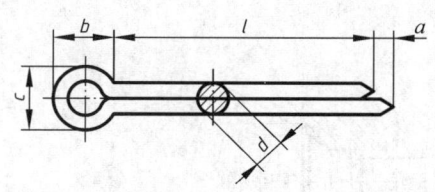

标记示例
公称规格为 5 mm、公称长度 $l=50$ mm、材料为 Q215 或 Q235、不经表面处理的开口销：

销 GB/T 91　5×50

（mm）

公称规格			0.6	0.8	1	1.2	1.6	2	2.5	3.2
d		max	0.5	0.7	0.9	1.0	1.4	1.8	2.3	2.9
		min	0.4	0.6	0.8	0.9	1.3	1.7	2.1	2.7
a		max	1.6	1.6	1.6	2.50	2.50	2.50	2.50	3.2
b		≈	2	2.4	3	3	3.2	4	5	6.4
c		max	1.0	1.4	1.8	2.0	2.8	3.6	4.6	5.8
适用的直径	螺栓	>	—	2.5	3.5	4.5	5.5	7	9	11
		≤	2.5	3.5	4.5	5.5	7	9	11	14
	U形销	>	—	2	3	4	5	6	8	9
		≤	2	3	4	5	6	8	9	12
商品长度范围			4~12	5~16	6~20	8~25	8~32	10~40	12~50	14~63
公称规格			4	5	6.3	8	10	13	16	20
d		max	3.7	4.6	5.9	7.5	9.5	12.4	15.4	19.3
		min	3.5	4.4	5.7	7.3	9.3	12.1	15.1	19.0
a		max	4	4	4	4	6.30	6.30	6.30	6.30
b		≈	8	10	12.6	16	20	26	32	40
c		max	7.4	9.2	11.8	15.0	19.0	24.8	30.8	38.5
适用的直径	螺栓	>	14	20	27	39	56	80	120	170
		≤	20	27	39	56	80	120	170	—
	U形销	>	12	17	23	29	44	69	110	160
		≤	17	23	29	44	69	110	160	—
商品长度范围			18~80	22~100	32~125	40~160	45~200	71~250	112~280	160~280
l（系列）			4，5，6，8，10，12，14，16，18，20，22，25，28，32，36，40，45，50，56，63，71，80，90，100，112，125，140，160，180，200，224，250，280							

注：1. 公称规格等于开口销孔的直径。对销孔直径推荐的公差为：
　　　公称规格≤1.2：H13；公称规格>1.2：H14。
　　　根据供需双方协定，允许采用公称规格为 3、6 和 12 mm 的开口销。
　　2. 用于铁道和在 U 形销中开口销承受交变横向力的场合，推荐使用的开口销规格应较本表规定加大一挡。

附表11 中心孔(GB/T 145—2001)、中心孔表示法(GB/T 4459.5—1999)摘录

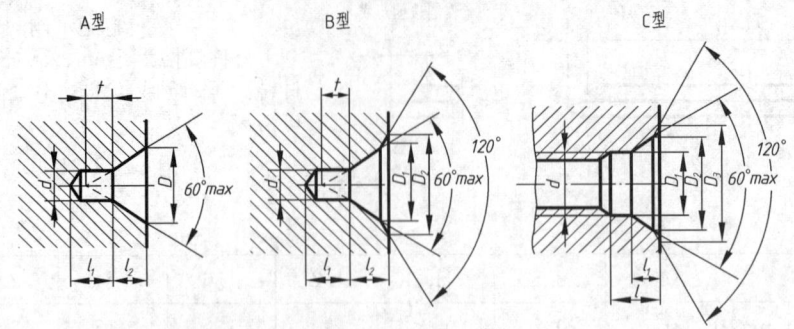

(D、l_2 制造厂可任选其一)　　(D_2、l_2 制造厂可任选其一)

中心孔尺寸　　　　　　　　　　　　　　　　　　　　　　　　　　　　　　　(mm)

A型				B型					C型					
d	D	l_2	t 参考	d	D_1	D_2	l_2	t 参考	d	D_1	D_2	D_3	l	l_1 参考
2.00	4.25	1.95	1.8	2.00	4.25	6.30	2.54	1.8	M4	4.3	6.7	7.4	3.2	2.1
2.50	5.30	2.42	2.2	2.50	5.30	8.00	3.20	2.2	M5	5.3	8.1	8.8	4.0	2.4
3.15	6.70	3.07	2.8	3.15	6.70	10.00	4.03	2.8	M6	6.4	9.6	10.5	5.0	2.8
4.00	8.50	3.90	3.5	4.00	8.50	12.50	5.05	3.5	M8	8.4	12.2	13.2	6.0	3.3
(5.00)	10.60	4.85	4.4	(5.00)	10.60	16.00	6.41	4.4	M10	10.5	14.9	16.3	7.5	3.8
6.30	13.20	5.98	5.5	6.30	13.20	18.00	7.36	5.5	M12	13.0	18.1	19.8	9.5	4.4
(8.00)	17.00	7.79	7.0	(8.00)	17.00	22.40	9.36	7.0	M16	17.0	23.0	25.3	12.0	5.2
10.00	21.20	9.70	8.7	10.00	21.20	28.00	11.66	8.7	M20	21.0	28.4	31.3	15.0	6.4

注：1. 尺寸 l_1 取决于中心钻的长度，此值不应小于 t 值(对 A 型、B 型)。
　　2. 括号内的尺寸尽量不采用。
　　3. R 型中心孔未列入。

中心孔表示法

要求	符号	表示法示例	说明
在完工的零件上要求保留中心孔		GB/T 4459.5-B2.5/8	采用 B 型中心孔 $d=2.5$ mm　$D_1=8$ mm 在完工的零件上要求保留
在完工的零件上可以保留中心孔		GB/T 4459.5-A4/8.5	采用 A 型中心孔 $d=4$ mm　$D_1=8.5$ mm 在完工的零件上是否保留都可以
在完工的零件上不允许保留中心孔		GB/T 4459.5-A1.6/3.35	采用 A 型中心孔 $d=1.6$ mm　$D_1=3.35$ mm 在完工的零件上不允许保留

注：在不致引起误解时，可省略标记中的标准号。

附表 12　深沟球轴承(GB/T 276—2013)摘录

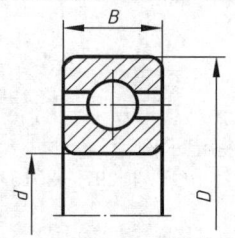

标记示例
滚动轴承 60204 GB/T 276—2013

60000 型

轴承代号	外形尺寸			轴承代号	外形尺寸		
	d	D	B		d	D	B
00 系列				03 系列			
6000	10	26	8	6304	20	52	15
6001	12	28	8	63/22	22	36	16
6002	15	32	9	6305	25	62	17
6003	17	35	10	63/28	28	68	18
6004	20	42	12	6306	30	72	19
6005	25	47	12	63/32	32	75	20
6006	30	55	13	6307	35	80	21
6007	35	62	14	6308	40	90	23
6008	40	68	15	6309	45	100	25
6009	45	75	16	6310	50	110	27
6010	50	80	16	6311	55	120	29
02 系列				6312	60	130	31
6202	15	35	11	6313	65	140	33
6203	17	40	12	6314	70	150	35
6204	20	47	14	04 系列			
32/22	22	50	14	6404	20	72	19
6205	25	52	15	6405	25	80	21
62/28	28	58	16	6406	30	90	23
6206	30	62	16	6407	35	100	25
62/32	32	65	17	6408	40	110	27
6207	35	72	17	6409	45	120	29
6208	40	80	18	6410	50	130	31
6209	45	85	19	6411	55	140	33
6210	50	90	20	6412	60	150	35
6211	55	100	21	6413	65	160	37
6212	60	110	22	6414	70	180	42
6213	65	120	23	6415	75	190	45

附表 13 圆锥滚子轴承(GB/T 297—2015)摘录

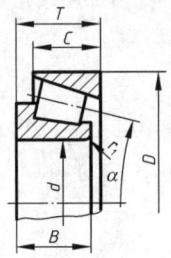

标记示例
滚动轴承 30205 GB/T 297—2015

30000 型 (mm)

轴承代号	d	D	T	B	C	α	轴承代号	d	D	T	B	C	α
02 系列							29 系列						
30202	15	35	11.75	11	10	—							
30203	17	40	13.25	12	11	12°57′10″	32904	20	37	12	12	9	12°
30204	20	47	15.25	14	12	12°57′10″	329/22	22	40	12	12	9	12°
30205	25	52	16.25	15	13	14°02′10″	32905	25	42	12	12	9	12°
30206	30	62	17.25	16	14	14°02′10″	329/28	28	45	12	12	9	12°
302/32	32	65	18.25	17	15	14°	32906	30	47	12	12	9	12°
30207	35	72	18.25	17	15	14°02′10″	329/32	32	52	14	14	10	12°
30208	40	80	19.75	18	16	14°02′10″	32907	35	55	14	14	11.5	11°
30209	45	85	20.75	19	16	15°06′34″	32908	40	62	15	15	12	10°55′
30210	50	90	21.75	20	17	15°38′32″	32909	45	68	15	15	12	12°
30211	55	100	22.75	21	18	15°06′34″	32910	50	72	15	15	12	12°50′
30212	60	110	23.75	22	19	15°06′34″	32911	55	80	17	17	14	11°39′
30213	65	120	24.75	23	20	15°06′34″	30 系列						
30214	70	125	26.25	24	21	15°38′32″							
30215	75	130	27.25	25	22	16°10′20″	33005	25	47	17	17	14	10°55′
30216	80	140	28.25	26	22	15°38′32″	33006	30	55	20	20	16	11°
13 系列							33007	35	62	21	21	17	11°30′
31305	25	62	18.25	17	13	28°48′39″	33008	40	68	22	22	18	10°40′
31306	30	72	20.75	19	14	28°48′39″	33009	45	75	24	24	19	11°05′
31307	35	80	22.75	21	15	28°48′39″	33010	50	80	24	24	19	11°55′
31308	40	90	25.25	23	17	28°48′39″	33011	55	90	27	27	21	11°45′
31309	45	100	27.25	25	18	28°48′39″	33012	60	95	27	27	21	12°20′
31310	50	110	29.25	27	19	28°48′39″	33013	65	100	27	27	21	13°05′
31311	55	120	31.5	29	21	28°48′39″	33014	70	110	31	31	25.5	10°45′
31312	60	130	33.5	31	22	28°48′39″	33015	75	115	31	31	25.5	11°15′
31313	65	140	36	33	23	28°48′39″	33016	80	125	36	36	29.5	10°30′
31314	70	150	38	35	25	28°48′39″	32 系列						
31315	75	160	40	37	26	28°48′39″							
31316	80	170	42.5	39	27	28°48′39″	33205	25	52	22	22	18	13°10′
23 系列							332/28	28	58	24	24	19	12°45′
32305	25	62	25.25	24	20	11°18′36″	33206	30	62	25	25	19.5	12°50′
32306	30	72	28.75	27	23	11°51′35″	332/32	32	65	26	26	20.5	13°
32307	35	80	32.75	31	25	11°51′35″	33207	35	72	28	28	22	13°15′
32308	40	90	35.25	33	27	12°57′10″	33208	40	80	32	32	25	13°25′
32309	45	100	38.25	36	30	12°57′10″	33209	45	85	32	32	25	14°25′
32310	50	110	42.25	40	33	12°57′10″	33210	50	90	32	32	24.5	15°25′
32311	55	120	45.5	43	35	12°57′10″	33211	55	100	35	35	27	14°55′
32312	60	130	48.5	46	37	12°57′10″	33212	60	110	38	38	29	15°05′
32313	65	140	51	48	39	12°57′10″	33213	65	120	41	41	32	14°35′
32314	70	150	54	51	42	12°57′10″	33214	70	125	41	41	32	15°15′
32315	75	160	58	55	45	12°57′10″	33215	75	130	41	41	31	15°55′
32316	80	170	61.5	58	48	12°57′10″							

附表 14 公称尺寸至 3 150 mm 的标准公差数值（GB/T 1800.1—2020）

基本尺寸/mm		标准公差等级																		
		公差值/μm											公差值/mm							
大于	至	IT01	IT0	IT1	IT2	IT3	IT4	IT5	IT6	IT7	IT8	IT9	IT10	IT11	IT12	IT13	IT14	IT15	IT16	IT17	IT18
—	3	0.3	0.5	0.8	1.2	2	3	4	6	10	14	25	40	60	0.1	0.14	0.25	0.4	0.6	1	1.4
3	6	0.4	0.6	1	1.5	2.5	4	5	8	12	18	30	48	75	0.12	0.18	0.3	0.48	0.75	1.2	1.8
6	10	0.4	0.6	1	1.5	2.5	4	6	9	15	22	36	58	90	0.15	0.22	0.36	0.58	0.9	1.5	2.2
10	18	0.5	0.8	1.2	2	3	5	8	11	18	27	43	70	110	0.18	0.27	0.43	0.7	1.1	1.8	2.7
18	30	0.6	1	1.5	2.5	4	6	9	13	21	33	52	84	130	0.21	0.33	0.52	0.84	1.3	2.1	3.3
30	50	0.6	1	1.5	2.5	4	7	11	16	25	39	62	100	160	0.25	0.39	0.62	1	1.6	2.5	3.9
50	80	0.8	1.2	2	3	5	8	13	19	30	46	74	120	190	0.3	0.46	0.74	1.2	1.9	3	4.6
80	120	1	1.5	2.5	4	6	10	15	22	35	54	87	140	220	0.35	0.54	0.87	1.4	2.2	3.5	5.4
120	180	1.2	2	3.5	5	8	12	18	25	40	63	100	160	250	0.4	0.63	1	1.6	2.5	4	6.3
180	250	2	3	4.5	7	10	14	20	29	46	72	115	185	290	0.46	0.72	1.15	1.85	2.9	4.6	7.2
250	315	2.5	4	6	8	12	16	23	32	52	81	130	210	320	0.52	0.81	1.3	2.1	3.2	5.2	8.1
315	400	3	5	7	9	13	18	25	36	57	89	140	230	360	0.57	0.89	1.4	2.3	3.6	5.7	8.9
400	500	4	6	8	10	15	20	27	40	63	97	155	250	400	0.63	0.97	1.55	2.5	4	6.3	9.7
500	630			9	11	16	22	32	44	70	110	175	280	440	0.7	1.1	1.75	2.8	4.4	7	11
630	800			10	13	18	25	36	50	80	125	200	320	500	0.8	1.25	2	3.2	5	8	12.5
800	1000			11	15	21	28	40	56	90	140	230	360	560	0.9	1.4	2.3	3.6	5.6	9	14
1000	1250			13	18	24	33	47	66	105	165	260	420	660	1.05	1.65	2.6	4.2	6.6	10.5	16.5
1250	1600			15	21	29	39	55	78	125	196	310	500	780	1.25	1.95	3.1	5	7.8	12.5	19.5
1600	2000			18	25	35	46	65	92	150	230	370	600	920	1.5	2.3	3.7	6	9.2	15	23
2000	2500			22	30	41	55	78	110	175	280	440	700	1100	1.75	2.8	4.4	7	11	17.5	28
2500	3150			26	36	50	68	96	135	210	330	540	860	1350	2.1	3.3	5.4	8.6	13.5	21	33

注：1. 基本尺寸大于 500 mm 的 IT1 至 IT5 的标准公差数值为试行。
2. 基本尺寸小于 1 mm 或等于 1 mm 时，无 IT14 至 IT18。

附表 15 轴的极限偏

基本尺寸/mm		a*	b*		c			d				e		
大于	至	11	11	12	9	10	11	8	9	10	11	7	8	9
—	3	−270 −330	−140 −200	−140 −240	−60 −85	−60 −100	**−60 −120**	−20 −34	**−20 −45**	−20 −60	−20 −80	−14 −24	−14 −28	−14 −39
3	6	−270 −345	−140 −215	−140 −260	−70 −100	−70 −118	**−70 −145**	−30 −48	**−30 −60**	−30 −78	−30 −105	−20 −32	−20 −38	−20 −50
6	10	−280 −370	−150 −240	−150 −300	−80 −116	−80 −138	**−80 −170**	−40 −62	**−40 −76**	−40 −98	−40 −130	−25 −40	−25 −47	−25 −61
10	14	−290 −400	−150 −260	−150 −330	−95 −138	−95 −165	**−95 −205**	−50 −77	**−50 −93**	−50 −120	−50 −160	−32 −50	−32 −59	−32 −75
14	18													
18	24	−300 −430	−160 −290	−160 −370	−110 −162	−110 −194	**−110 −240**	−65 −98	**−65 −117**	−65 −149	−65 −195	−40 −61	−40 −73	−40 −92
24	30													
30	40	−310 −470	−170 −330	−170 −420	−120 −182	−120 −220	**−120 −280**	−80 −119	**−80 −142**	−80 −180	−80 −240	−50 −75	−50 −89	−50 −112
40	50	−320 −480	−180 −340	−180 −430	−130 −192	−130 −230	**−130 −290**							
50	65	−340 −530	−190 −380	−190 −490	−140 −214	−140 −260	**−140 −330**	−100 −146	**−100 −174**	−100 −220	−100 −290	−60 −90	−60 −106	−60 −134
65	80	−360 −550	−200 −390	−200 −500	−150 −224	−150 −270	**−150 −340**							
80	100	−380 −600	−220 −440	−220 −570	−170 −257	−170 −310	**−170 −390**	−120 −174	**−120 −207**	−120 −260	−120 −340	−72 −107	−72 −126	−72 −159
100	120	−410 −630	−240 −460	−240 −590	−180 −267	−180 −320	**−180 −400**							
120	140	−460 −710	−260 −510	−260 −660	−200 −300	−200 −360	**−200 −450**	−145 −208	**−145 −245**	−145 −305	−145 −395	−85 −125	−85 −148	−85 −185
140	160	−520 −770	−280 −530	−280 −680	−210 −310	−210 −370	**−210 −460**							
160	180	−580 −830	−310 −560	−310 −710	−230 −330	−230 −390	**−230 −480**							
180	200	−660 −950	−340 −630	−340 −800	−240 −355	−240 −425	**−240 −530**	−170 −242	**−170 −285**	−170 −355	−170 −460	−100 −146	−100 −172	−100 −215
200	225	−740 −1 030	−380 −670	−380 −840	−260 −375	−260 −445	**−260 −550**							
225	250	−820 −1 110	−420 −710	−420 −880	−280 −395	−280 −465	**−280 −570**							
250	280	−920 −1 240	−480 −800	−480 −1 000	−300 −430	−300 −510	**−300 −620**	−190 −271	**−190 −320**	−190 −400	−190 −510	−110 −162	−110 −191	−110 −240
280	315	−1 050 −1 370	−540 −860	−540 −1 060	−330 −460	−330 −540	**−330 −650**							
315	355	−1 200 −1 560	−600 −960	−600 −1 170	−360 −500	−360 −590	**−360 −720**	−210 −299	**−210 −350**	−210 −440	−210 −570	−125 −182	−125 −214	−125 −265
355	400	−1 350 −1 710	−680 −1 040	−680 −1 250	−400 −540	−400 −630	**−400 −760**							
400	450	−1 500 −1 900	−760 −1 160	−760 −1 390	−440 −595	−440 −690	**−440 −840**	−230 −327	**−230 −385**	−230 −480	−230 −630	−135 −198	−135 −232	−135 −290
450	500	−1 650 −2 050	−840 −1 240	−840 −1 470	−480 −635	−480 −730	**−480 −880**							

B/T 1800.2—2020)摘录 (μm)

f					g			h						
5	6	**7**	8	9	5	**6**	7	5	**6**	**7**	8	**9**	10	**11**	12
−6 −10	−6 −12	**−6** **−16**	−6 −20	−6 −31	−2 −6	**−2** **−8**	−2 −12	0 −4	**0** **−6**	**0** **−10**	0 −14	**0** **−25**	0 −40	**0** **−60**	0 −100
−10 −15	−10 −18	**−10** **−22**	−10 −28	−10 −40	−4 −9	**−4** **−12**	−4 −16	0 −5	**0** **−8**	**0** **−12**	0 −18	**0** **−30**	0 −48	**0** **−75**	0 −120
−13 −19	−13 −22	**−13** **−28**	−13 −35	−13 −49	−5 −11	**−5** **−14**	−5 −20	0 −6	**0** **−9**	**0** **−15**	0 −22	**0** **−36**	0 −58	**0** **−90**	0 −150
−16 −24	−16 −27	**−16** **−34**	−16 −43	−16 −59	−6 −14	**−6** **−17**	−6 −24	0 −8	**0** **−11**	**0** **−18**	0 −27	**0** **−43**	0 −70	**0** **−110**	0 −180
−20 −29	−20 −33	**−20** **−41**	−20 −53	−20 −72	−7 −16	**−7** **−20**	−7 −28	0 −9	**0** **−13**	**0** **−21**	0 −33	**0** **−52**	0 −84	**0** **−130**	0 −210
−25 −36	−25 −41	**−25** **−50**	−25 −64	−25 −87	−9 −20	**−9** **−25**	−9 −34	0 −11	**0** **−16**	**0** **−25**	0 −39	**0** **−62**	0 −100	**0** **−160**	0 −250
−30 −43	−30 −49	**−30** **−60**	−30 −76	−30 −104	−10 −23	**−10** **−29**	−10 −40	0 −13	**0** **−19**	**0** **−30**	0 −46	10 **−74**	0 −120	**0** **−190**	0 −300
−36 −51	−36 −58	**−36** **−71**	−36 −90	−36 −123	−12 −27	**−12** **−34**	−12 −47	0 −15	**0** **−22**	**0** **−35**	0 −54	**0** **−87**	0 −140	**0** **−220**	0 −350
−43 −61	−43 −68	**−43** **−83**	−43 −106	−43 −143	−14 −32	**−14** **−39**	−14 −54	0 −18	**0** **−25**	**0** **−40**	0 −63	**0** **−100**	0 −160	**0** **−250**	0 −400
−50 −70	−50 −79	**−50** **−96**	−50 −122	−50 −165	−15 −35	**−15** **−44**	−15 −61	0 −20	**0** **−29**	**0** **−46**	0 −72	**0** **−115**	0 −185	**0** **−290**	0 −460
−56 −79	−56 −88	**−56** **−108**	−56 −137	−56 −186	−17 −40	**−17** **−49**	−17 −69	0 −23	**0** **−32**	**0** **−52**	0 −81	**0** **−130**	0 −210	**0** **−320**	0 −520
−62 −87	−62 −98	**−62** **−119**	−62 −151	−62 −202	−18 −43	**−18** **−54**	−13 −75	0 −25	**0** **−36**	**0** **−57**	0 −89	**0** **−140**	0 −230	**0** **−360**	0 −570
−68 −95	−68 −108	**−68** **−131**	−68 −165	−68 −223	−20 −47	**−20** **−60**	−20 −83	0 −27	**0** **−40**	**0** **−63**	0 −97	**0** **−155**	0 −250	**0** **−400**	0 −630

基本尺寸/mm		js			k			m			n			p		
大于	至	5	6	7	5	**6**	7	5	**6**	7	5	**6**	7	5	**6**	7
—	3	±2	±3	±5	+4 0	**+6** **0**	+10 0	+6 +2	+8 +2	+12 +2	+8 +4	**+10** **+4**	+14 +4	+10 +6	**+12** **+6**	+16 +6
3	6	±2.5	±4	±6	+6 +1	**+9** **+1**	+13 +1	+9 +4	+12 +4	+16 +4	+13 +8	**+16** **+8**	+20 +8	+17 +12	**+20** **+12**	+24 +12
6	10	±3	±4.5	±7.5	+7 +1	**+10** **+1**	+16 +1	+12 +6	+15 +6	+21 +6	+16 +10	**+19** **+10**	+25 +10	+21 +15	**+24** **+15**	+30 +15
10	14	±4	±5.5	±9	+9 +1	**+12** **+1**	+19 +1	+15 +7	+18 +7	+25 +7	+20 +12	**+23** **+12**	+30 +12	+26 +18	**+29** **+18**	+36 +18
14	18															
18	24	±4.5	±6.5	±10.5	+11 +2	**+15** **+2**	+23 +2	+17 +8	+21 +8	+29 +8	+24 +15	**+28** **+15**	+36 +15	+31 +22	**+35** **+22**	+43 +22
24	30															
30	40	±5.5	±8	±12.5	+13 +2	**+18** **+2**	+27 +2	+20 +9	+25 +9	+34 +9	+28 +17	**+33** **+17**	+42 +17	+37 +26	**+42** **+26**	+51 +26
40	50															
50	65	±6.5	±9.5	±15	+15 +2	**+21** **+2**	+32 +2	+24 +11	+30 +11	+41 +11	+33 +20	**+39** **+20**	+50 +20	+45 +32	**+51** **+32**	+62 +32
65	80															
80	100	±7.5	±11	±17.5	+18 +3	**+25** **+3**	+38 +3	+28 +13	+35 +13	+48 +13	+38 +23	**+45** **+23**	+58 +23	+52 +37	**+59** **+37**	+72 +37
100	120															
120	140	±9	±12.5	±20	+21 +3	**+28** **+3**	+43 +3	+33 +15	+40 +15	+55 +15	+45 +27	**+52** **+27**	+67 +27	+61 +43	**+68** **+43**	+83 +43
140	160															
160	180															
180	200	±10	±14.5	±23	+24 +4	**+33** **+4**	+50 +4	+37 +17	+46 +17	+63 +17	+51 +31	**+60** **+31**	+77 +31	+70 +50	**+79** **+50**	+96 +50
200	225															
225	250															
250	280	±11.5	±16	±26	+27 +4	**+36** **+4**	+56 +4	+43 +20	+52 +20	+72 +20	+57 +34	**+66** **+34**	+86 +34	+79 +56	**+88** **+56**	+108 +56
280	315															
315	355	±12.5	±18	±28.5	+29 +4	**+40** **+4**	+61 +4	+46 +21	+57 +21	+78 +21	+62 +37	**+73** **+37**	+94 +37	+87 +62	**+98** **+62**	+119 +62
355	400															
400	450	±13.5	±20	±31.5	+32 +5	**+45** **+5**	+68 +5	+50 +23	+63 +23	+86 +23	+67 +40	**+80** **+40**	+103 +40	+95 +68	**+108** **+68**	+131 +68
450	500															

注：1. 基本尺寸小于 1 mm 时，各级的 a 和 b 均不采用。
   2. 黑体字为优先公差带。

（续表）

r 5	r 6	r 7	s 5	s 6	s 7	t 5	t 6	t 7	u 6	u 7	v 6	x 6	y 6	z 6
-14 -10	+16 +10	+20 +10	+18 +14	**+20** **+14**	+24 +14	—	—	—	**+24** **+18**	+28 +18	—	+26 +20	—	+32 +26
-20 -15	+23 +15	+27 +15	+24 +19	**+27** **+19**	+31 +19	—	—	—	**+31** **+23**	+35 +23	—	+36 +28	—	+43 +35
-25 -19	+28 +19	+34 +19	+29 +23	**+32** **+23**	+38 +23	—	—	—	**+37** **+28**	+43 +28	—	+43 +34	—	+51 +42
-31 -23	+34 +23	+41 +23	+36 +28	**+39** **+28**	+46 +28	—	—	—	**+44** **+33**	+51 +33	—	+51 +40	—	+61 +50
-37 -28	+41 +28	+49 +28	+44 +35	**+48** **+35**	+56 +35	—	—	—	**+54** **+41**	+62 +41	+60 +47	+67 +54	+76 +63	+86 +73
-45 -34	+50 +34	+59 +34	+54 +43	**+59** **+43**	+68 +43	+50 +41	+54 +41	+62 +41	**+61** **+48**	+69 +48	+68 +55	+77 +64	+88 +75	+101 +88
-54 -41	+60 +41	+71 +41	+66 +53	**+72** **+53**	+83 +53	+59 +48	+64 +48	+73 +48	**+76** **+60**	+85 +60	+84 +68	+96 +80	+110 +94	+128 +112
-56 -43	+62 +43	+73 +43	+72 +59	**+78** **+59**	+89 +59	+65 +54	+70 +54	+79 +54	**+86** **+70**	+95 +70	+97 +81	+113 +97	+130 +114	+152 +136
-66 -51	+73 +51	+86 +51	+86 +71	**+93** **+71**	+106 +71	+79 +66	+85 +66	+96 +66	**+106** **+87**	+117 +87	+121 +102	+141 +122	+163 +144	+191 +172
-69 -54	+76 +54	+89 +54	+94 +79	**+101** **+79**	+114 +79	+88 +75	+94 +75	+105 +75	**+121** **+102**	+132 +102	+139 +120	+165 +146	+193 +174	+229 +210
-81 -63	+88 +63	+103 +63	+110 +92	**+117** **+92**	+132 +92	+106 +91	+113 +91	+126 +91	**+146** **+124**	+159 +124	+168 +146	+200 +178	+236 +214	+280 +258
-83 -65	+90 +65	+105 +65	+118 +100	**+125** **+100**	+140 +100	+119 +104	+126 +104	+139 +104	**+166** **+144**	+179 +144	+194 +172	+232 +210	+276 +254	+332 +310
-86 -68	+93 +68	+108 +68	+126 +108	**+133** **+108**	+148 +108	+140 +122	+147 +122	+162 +122	**+195** **+170**	+210 +170	+227 +202	+273 +248	+325 +300	+390 +365
-97 -77	+106 +77	+123 +77	+142 +122	**+151** **+122**	+168 +122	+152 +134	+159 +134	+174 +134	**+215** **+190**	+230 +190	+253 +228	+305 +280	+365 +340	+440 +415
-100 -80	+109 +80	+126 +80	+150 +130	**+159** **+130**	+176 +130	+164 +146	+171 +146	+186 +146	**+235** **+210**	+250 +210	+277 +252	+335 +310	+405 +380	+490 +465
-104 -84	+113 +84	+130 +84	+160 +140	**+169** **+140**	+186 +140	+186 +166	+195 +166	+212 +166	**+265** **+236**	+282 +236	+313 +284	+379 +350	+454 +425	+549 +520
-117 -94	+126 +91	+146 +94	+181 +158	**+190** **+158**	+210 +158	+200 +180	+209 +180	+226 +180	**+287** **+258**	+304 +258	+339 +310	+414 +385	+449 +470	+604 +575
-121 -98	+130 +98	+150 +98	+198 +170	**+202** **+170**	+222 +170	+216 +196	+225 +196	+242 +196	**+313** **+284**	+330 +284	+369 +340	+454 +425	+549 +520	+669 +640
-133 -108	+144 +108	+165 +108	+215 +190	**+226** **+190**	+247 +190	+241 +218	+250 +218	+270 +218	**+347** **+315**	+367 +315	+417 +385	+507 +475	+612 +580	+742 +710
-139 -114	+150 +114	+171 +114	+233 +208	**+244** **+208**	+265 +208	+263 +240	+272 +240	+292 +240	**+382** **+350**	+402 +350	+457 +425	+557 +525	+682 +650	+822 +790
-153 -126	+166 +126	+189 +126	+259 +232	**+272** **+232**	+295 +232	+293 +268	+304 +268	+325 +268	**+426** **+390**	+477 +390	+511 +475	+626 +590	+766 +730	+936 +900
-159 -132	+172 +132	+195 +132	+279 +252	**+292** **+252**	+315 +252	+319 +294	+330 +294	+351 +294	**+471** **+435**	+492 +485	+566 +530	+696 +660	+856 +820	+1 036 +1 000
			+272 +232	**+272** **+232**	+295 +232	+357 +330	+370 +330	+393 +330	**+530** **+490**	+553 +490	+635 +595	+780 +740	+980 +920	+1 140 +1 100
			+279 +252	**+292** **+252**	+315 +252	+387 +360	+400 +360	+423 +360	**+580** **+540**	+603 +540	+700 +660	+860 +820	+1 040 +1 000	+1 290 +1 250

附表 16 孔的极限...

基本尺寸/mm		A*	B*		C		D				E		F		
大于	至	11	11	12	11	12	8	9	10	11	8	9	6	7	8
—	3	+330 +270	+200 +140	+240 +140	+120 +60	+160 +60	+34 +20	+45 +20	+60 +20	+80 +20	+28 +14	+39 +14	+12 +6	+16 +6	+20 +6
3	6	+345 +270	+215 +140	+260 +140	+145 +70	+190 +70	+48 +30	+60 +30	+78 +30	+105 +30	+38 +20	+50 +20	+18 +10	+22 +10	+28 +10
6	10	+370 +280	+240 +150	+300 +150	+170 +80	+230 +80	+62 +40	+76 +40	+98 +40	+130 +40	+47 +25	+61 +25	+22 +13	+28 +13	+35 +13
10	14	+400 +290	+260 +150	+330 +150	+205 +95	+275 +95	+77 +50	+93 +50	+120 +50	+160 +50	+59 +32	+75 +32	+27 +16	+34 +16	+43 +16
14	18														
18	24	+430 +300	+290 +160	+370 +160	+240 +110	+320 +110	+98 +65	+117 +65	+149 +65	+195 +65	+73 +40	+92 +40	+33 +20	+41 +20	+53 +20
24	30														
30	40	+470 +310	+330 +170	+420 +170	+280 +120	+370 +120	+119 +80	+142 +80	+180 +80	+240 +80	+89 +50	+112 +50	+41 +25	+50 +25	+64 +25
40	50	+480 +320	+340 +180	+430 +180	+290 +130	+380 +130									
50	65	+530 +340	+380 +190	+490 +190	+330 +140	+440 +140	+146 +100	+174 +100	+220 +100	+290 +100	+106 +60	+134 +60	+49 +30	+60 +30	+76 +30
65	80	+550 +360	+390 +200	+500 +200	+340 +150	+450 +150									
80	100	+600 +380	+440 +220	+570 +220	+390 +170	+520 +170	+174 +120	+207 +120	+260 +120	+340 +120	+126 +72	+159 +72	+58 +36	+71 +36	+90 +36
100	120	+630 +410	+460 +240	+590 +240	+400 +180	+530 +180									
120	140	+710 +460	+510 +260	+660 +260	+450 +200	+600 +200	+208 +145	+245 +145	+305 +145	+395 +145	+148 +85	+185 +85	+68 +43	+83 +43	+106 +43
140	160	+770 +520	+530 +280	+680 +280	+460 +210	+610 +210									
160	180	+830 +580	+560 +310	+710 +310	+480 +230	+630 +230									
180	200	+950 +660	+630 +340	+800 +340	+530 +240	+700 +240	+242 +170	+285 +170	+355 +170	+460 +170	+172 +100	+215 +100	+79 +50	+96 +50	+122 +50
200	225	+1 030 +740	+670 +380	+840 +380	+550 +260	+720 +260									
225	250	+1 110 +820	+710 +420	+880 +420	+570 +280	+740 +280									
250	280	+1 240 +920	+800 +480	+1 000 +480	+620 +300	+820 +300	+271 +190	+320 +190	+400 +190	+510 +190	+191 +110	+240 +110	+88 +56	+108 +56	+137 +56
280	315	+1 370 +1 050	+860 +540	+1 060 +540	+650 +330	+850 +330									
315	355	+1 560 +1 200	+960 +600	+1 170 +600	+720 +360	+930 +360	+299 +210	+350 +210	+440 +210	+570 +210	+214 +125	+265 +125	+98 +62	+119 +62	+151 +62
355	400	+1 710 +1 350	+1 040 +680	+1 250 +680	+760 +400	+970 +400									
400	450	+1 900 +1 500	+1 160 +760	+1 390 +760	+840 +440	+1 070 +440	+327 +230	+385 +230	+480 +230	+630 +230	+232 +135	+290 +135	+108 +68	+131 +68	+165 +68
450	500	+2 050 +1 650	+1 240 +840	+1 470 +840	+880 +480	+1 110 +488									

附　录

(GB/T 1800.2—2020)摘录　　　　　　　　　　　　　　　　　　　　　　　　　　(μm)

G		H							JS			K		
6	7	6	7	8	9	10	11	12	6	7	8	6	7	8
−8 −2	+12 +2	+6 0	+10 0	+14 0	+25 0	+40 0	+60 0	+100 0	±3	±5	±7	0 −6	**0** **−10**	0 −14
−12 −4	+16 +4	+8 0	+12 0	+18 0	+30 0	+48 0	+75 0	+120 0	±4	±6	±9	+2 −6	**+3** **−9**	+5 −13
−14 −5	+20 +5	+9 0	+15 0	+22 0	+36 0	+58 0	+90 0	+150 0	±4.5	±7.5	±11	+2 −7	**+5** **−10**	+6 −16
−17 −6	+24 +6	+11 0	+18 0	+27 0	+43 0	+70 0	+110 0	+180 0	±5.5	±9	±13.5	+2 −9	**+6** **−12**	+8 −19
−20 −7	+28 +7	+13 0	+21 0	+33 0	+52 0	+84 0	+130 0	+210 0	±6.5	±10.5	±16	+2 −11	**+6** **−15**	+10 −23
−25 −9	+34 +9	+16 0	+25 0	+39 0	+62 0	+100 0	+160 0	+250 0	±8	±12.5	±19.5	+3 −13	**+7** **−18**	+12 −27
−29 −10	+40 +10	+19 0	+30 0	+46 0	+74 0	+120 0	+190 0	+300 0	±9.5	±15	±23	+4 −15	**+9** **−21**	+14 −32
−34 −12	+47 +12	+22 0	+35 0	+54 0	+87 0	+140 0	+220 0	+350 0	±11	±17.5	±27	+4 −18	**+10** **−25**	+16 −38
−39 −14	+54 +14	+25 0	+40 0	+63 0	+100 0	+160 0	+250 0	+400 0	±12.5	±20	±31.5	+4 −21	**+12** **−28**	+20 −43
−44 −15	+61 +15	+29 0	+46 0	+72 0	+115 0	+185 0	+290 0	+460 0	±14.5	±23	±36	+5 −24	**+13** **−33**	+22 −50
−49 −17	+69 +17	+32 0	+52 0	+81 0	+130 0	+210 0	+320 0	+520 0	±16	±26	±40.5	+5 −27	**+16** **−36**	+25 −56
−54 −18	+75 +18	+36 0	+57 0	+89 0	+140 0	+230 0	+360 0	+570 0	±18	±28.5	±44.5	+7 −29	**+17** **−40**	+28 −61
−60 −20	+83 +20	+40 0	+63 0	+97 0	+155 0	+250 0	+400 0	+630 0	±20	±31.5	±48.5	+8 −32	**+18** **−45**	+29 −68

（续表）

基本尺寸/mm		M			N			P		R		S		T		U
大于	至	6	7	8	6	7	8	6	7	6	7	6	7	6	7	7
—	3	−2 −8	−2 −12	−2 −16	−4 −10	−4 −14	−4 −18	−6 −12	−6 −16	−10 −16	−10 −20	−14 −20	−14 −24	—	—	−18 −28
3	6	−1 −9	0 −12	+2 −16	−5 −13	−4 −16	−2 −20	−9 −17	−8 −20	−12 −20	−11 −23	−16 −24	−15 −27	—	—	−19 −31
6	10	−3 −12	0 −15	+1 −21	−7 −16	−4 −19	−3 −25	−12 −21	−9 −24	−16 −25	−13 −28	−20 −29	−17 −32	—	—	−22 −37
10	14	−4 −15	0 −18	+2 −25	−9 −20	−5 −23	−3 −30	−15 −26	−11 −29	−20 −31	−16 −34	−25 −36	−21 −39	—	—	−26 −44
14	18															
18	24	−4 −17	0 −21	+4 −29	−11 −24	−7 −28	−3 −36	−18 −31	−14 −35	−24 −37	−20 −41	−31 −44	−27 −48	—	—	−33 −54
24	30													−37 −50	−33 −54	−40 −61
30	40	−4 −20	0 −25	+5 −34	−12 −28	−8 −33	−3 −42	−21 −37	−17 −42	−29 −45	−25 −50	−38 −54	−34 −59	−43 −59	−39 −64	−51 −76
40	50													−49 −65	−45 −70	−61 −86
50	65	−5 −24	0 −30	+5 −41	−14 −33	−9 −39	−4 −50	−26 −45	−21 −51	−35 −54	−30 −60	−47 −66	−42 −72	−60 −79	−55 −85	−76 −106
65	80									−37 −56	−32 −62	−53 −72	−48 −78	−69 −88	−64 −94	−91 −121
80	100	−6 −28	0 −35	+6 −48	−16 −38	−10 −45	−4 −58	−30 −52	−24 −59	−44 −66	−38 −73	−64 −86	−58 −93	−84 −106	−78 −113	−111 −146
100	120									−47 −69	−41 −76	−72 −94	−66 −101	−97 −119	−91 −126	−131 −166
120	140	−8 −33	0 −40	+8 −55	−20 −45	−12 −52	−4 −67	−36 −61	−28 −68	−56 −81	−48 −88	−85 −110	−77 −117	−115 −140	−107 −147	−155 −195
140	160									−58 −83	−50 −90	−93 −118	−85 −125	−127 −152	−119 −159	−175 −215
160	180									−61 −86	−53 −93	−101 −126	−93 −133	−139 −164	−131 −171	−195 −235
180	200	−8 −37	0 −46	+9 −63	−22 −51	−14 −60	−5 −77	−41 −70	−33 −79	−68 −97	−60 −106	−113 −142	−105 −151	−157 −186	−149 −195	−219 −265
200	225									−71 −100	−63 −109	−121 −150	−113 −159	−171 −200	−163 −209	−241 −287
225	250									−75 −104	−67 −113	−131 −160	−123 −169	−187 −216	−179 −225	−267 −313
250	280	−9 −41	0 −52	+9 −72	−25 −57	−14 −66	−5 −86	−47 −79	−36 −88	−85 −117	−74 −126	−149 −181	−138 −190	−209 −241	−198 −250	−295 −347
280	315									−89 −121	−78 −130	−161 −193	−150 −202	−231 −263	−220 −272	−330 −382
315	355	−10 −46	0 −57	+11 −78	−26 −62	−16 −73	−5 −94	−51 −87	−41 −98	−97 −133	−87 −144	−179 −215	−169 −226	−257 −293	−247 −304	−369 −426
355	400									−103 −139	−93 −150	−197 −233	−187 −244	−283 −319	−273 −330	−414 −471
400	450	−10 −50	0 −63	+11 −86	−27 −67	−17 −80	−6 −103	−55 −95	−45 −108	−113 −153	−103 −166	−219 −259	−209 −272	−317 −357	−307 −370	−467 −530
450	500									−119 −159	−109 −172	−239 −279	−229 −292	−347 −387	−337 −400	−517 −580

注：1. ＊基本尺寸小于1mm时，各级的A和B均不采用。
   2. 黑体字为优先公差带。

参考文献

[1] 姚茂河.机械制图[M].北京:高等教育出版社,2009.
[2] 王姣,邵娟琴.工程制图习题集[M].北京:化学工业出版社,2017.
[3] 王成华,辛海霞.AutoCAD 2018 二维绘图技术[M].北京:化学工业出版社,2020.
[4] 潘安霞,付春梅.使用 AutoCAD 软件的工程绘图项目教程[M].北京:机械工业出版社,2014.
[5] 刘力,王冰.机械制图习题集[M].5 版.北京:高等教育出版社,2020.
[6] 胡建生.机械制图[M].5 版.北京:机械工业出版社,2023.
[7] 李广慧,萧时诚.工程制图基础[M].2 版.上海:上海科学技术出版社,2014.
[8] 姚民雄,华红芳.机械制图[M].北京:电子工业出版社,2009.
[9] 王幼龙.机械制图[M].北京:高等教育出版社,2006.
[10] 全国产品尺寸和几何技术规范标准化委员会.GB/T 1182—2018 产品几何技术规范(GPS)几何公差形状、方向、位置和跳动公差标注[S].北京:中国标准出版社,2018.
[11] 全国产品尺寸和几何技术规范标准化委员会.GB/T 131—2006 产品几何技术规范(GPS)技术产品文件中表面结构的表示法[S].北京:中国标准出版社,2007.
[12] 全国滚动轴承标准化技术委员会.GB/T 272—2017 滚动轴承代号方法[S].北京:中国标准出版社,2017.
[13] 全国技术产品文件标准化技术委员会.GB/T 4459.7—2017 机械制图 滚动轴承表示法[S].北京:中国标准出版社,2017.
[14] 全国滚动轴承标准化技术委员会.GB/T 292—2023 滚动轴承 角接触球轴承 外形尺寸[S].北京:中国标准出版社,2023.